21世纪高等学校计算机
专业实用规划教材

网页设计技术实用教程
从基础到前沿
（HTML5+CSS3+JavaScript）

◎ 刘继山　编著

清华大学出版社

北京

内 容 简 介

本书兼顾高校教学与业界实用之需要，力求在覆盖网页设计基础知识和技能的同时跟踪其前沿技术进展，以满足初学者与进阶者的学习需要。全书共 17 章，精要、清晰、通俗、全面地讲述了网页设计原理、基本知识、最新实用技术和工具，主要包括网页内容组织语言 HTML5、外观样式设计语言 CSS3、动态交互语言 JavaScript 和网站开发工具 Dreamweaver CS5。

本书采用独特的编写方法，每章都从本章导读开始，以案例作为引导；然后通过大量实用示例及开发工具示范、讲解技术的运用；正文详列参考资源及术语脚注；章末进行了小结，增加了外文文献研读训练和深度知识探究的进阶学习，设计了实用的思考与实践作业。

本书可作为普通高校计算机及相关专业教材，也可作为从事网页设计与制作、网站开发、网页编程等行业的人员的参考书。

图书在版编目(CIP)数据

网页设计技术实用教程：从基础到前沿（HTML5＋CSS3＋JavaScript)/刘继山编著.—北京：清华大学出版社，2017(2019.2重印)

(21世纪高等学校计算机专业实用规划教材)

ISBN 978-7-302-45353-6

Ⅰ.①网…　Ⅱ.①刘…　Ⅲ.①网页制作工具－高等学校－教材　Ⅳ.①TP393.092.2

中国版本图书馆 CIP 数据核字(2016)第 260833 号

责任编辑：刘　星　王冰飞
封面设计：刘　键
责任校对：时翠兰
责任印制：李红英

出版发行：清华大学出版社
　　网　　　址：http://www.tup.com.cn, http://www.wqbook.com
　　地　　　址：北京清华大学学研大厦 A 座　　　　　　　邮　　编：100084
　　社 总 机：010-62770175　　　　　　　　　　　　　　邮　　购：010-62786544
　　投稿与读者服务：010-62776969，c-service@tup.tsinghua.edu.cn
　　质量反馈：010-62772015，zhiliang@tup.tsinghua.edu.cn
　　课件下载：http://www.tup.com.cn,010-62795954
印 装 者：北京九州迅驰传媒文化有限公司
经　　销：全国新华书店
开　　本：185mm×260mm　　印　张：32　　　　　字　　数：822 千字
版　　次：2017 年 2 月第 1 版　　　　　　　　　　印　　次：2019 年 2 月第 3 次印刷
印　　数：3001~3500
定　　价：69.00 元

产品编号：061475-01

前　言

在本书成稿之际,时间已是 21 世纪的第 16 个年头,当今时代正迎来互联网应用大发展的契机,仅看电子商务就可见一斑。我国电子商务近年来飞速发展,2014 年中国电子商务市场交易规模 12.3 万亿元,同比增长 21.3％,其中 B2B 电子商务市场占比超七成,网络购物占比超两成;移动购物市场规模增速超 200％,而背后支持电子商务发展的则是众多高效、安全运行的网站。在 2015 年 3 月的人大会议开幕式上,李克强总理提出"互联网＋"国家战略。随着互联网应用的发展,对 PC 网站及移动平台网站开发人才的需求将日益增加,进而对掌握网页设计前沿技术人才的培养提出了更高要求。

进入 2016 年,Web 前端页面设计技术发生了很大变化,从 Web 1.0 的主流技术 HTML(Hyper Text Markup Language)和 CSS(Cascading Style Sheets)技术,Web 2.0 的以 JavaScript、DOM、异步数据请求为技术的 Ajax 应用,发展到目前支持富图形和富媒体(Graphically-Rich and Media-Rich)内容、兼顾 PC 网站和移动终端网页设计的 HTML5 和 CSS3 技术。

HTML 即超文本标记语言,是一种用来制作超文本文档的简单标记语言,是设计 Web 页面的基础。HTML5 是一个新的 Web 标准的集合,它包括全新定义和更为规范化的 HTML 标签。CSS 即层叠样式表,它通过提供页面元素的各种样式来格式化 HTML 文档,并使页面产生动态效果。CSS 用来辅助 HTML,是 HTML 不可分割的一项技术,要制作精美的网页离不开 CSS。CSS3 是 CSS2 技术的升级版本,是全球互联网发展的未来趋势,因为 CSS3 使用的新技术将简化网站的开发流程,也会带来更好的用户体验。CSS3 以及全新的 JavaScript API 接口既可以进行 PC 网站开发,也可以进行移动网站和 APP 的开发。

HTML5 和 CSS3 等网页设计的最新技术正在快速发展,这些技术正在或已经得到了所有最新版本的浏览器的支持,包括 Android 和 iPhone 开发的移动浏览器。众所周知,现在的移动平台和 APP 广受人们欢迎,但掌握 HTML5 的网页设计者却很少。

JavaScript 是由 Netscape 公司开发的、介于 Java 与 HTML 之间、基于对象事件驱动的编程语言,是制作具有动态性和交互性页面的首选脚本语言。因为它的开发环境简单,不需要 Java 编译器,而是直接运行在 Web 浏览器中,所以备受 Web 设计者的青睐,正日益受到全球的关注。

网页设计技术课程不仅是电子商务专业的必修课程,也是计算机科学与技术、信息管理与信息系统等专业的重要选修内容。近年来,高校教学由于受到学时、学分、课程数量的限制,不可能把网页设计的不同技术分散设置为多种课程,但在选用教材时发现,选择一本能够集成网页设计的多种技术,既能满足初学者入门,又能尽快跟上最新技术进展的教材是困难的。从内容上看,目前图书多把 HTML、CSS、JavaScript 以及开发工具等割裂开来,独立

II

成册。从现有书籍的写作方法上看,来自业界的技术工程师作者,由于缺乏高校一线教学的工作经历,所编写图书的内容和体例多与教学大纲的要求不一致,缺乏配套的实验及习题等;有些图书逻辑性稍差、可读性不够;出自教师的图书则对新技术的跟踪不够及时,实践性不足。

基于以上分析,亟须编写出反映最新技术变化,满足高校教学需要的高质量的网页设计技术教材。

本书编者长期从事网站建设、网页设计类课程的教学工作,参与制定电子商务专业教学大纲;了解高校学生的学习特点及教学需求;主编或参编过包括国家十一五规划教材在内的十多部教材,为编写高校教学用书奠定了基础。本书是在编者的 2007 版《商务网站页面设计技术》教材多年使用的基础上,在参考了现有大量同类书刊、资料吸收众家之长后结合多年网页设计课程教学的经验以及本人主持的辽宁省教学研究项目实施中的成果和体会与网页设计的最新技术进展优化增改而成的。

本 书 的 内 容

本书共 17 章,讲述了从网页设计实用技术基础到最新前沿的内容,在体系上力求完整、清晰、易学易用,并与当前业界网页实际使用的技术结合,体现教材的实用性。

本书从结构上分为 4 个部分,包括网页设计概述、HTML5 标签设计、CSS3 样式设计以及 JS(JavaScript)网页交互设计,如下图所示,此外还包括贯穿全书的先进的网页设计工具——DWCS5(Dreamweaver CS5)的运用。

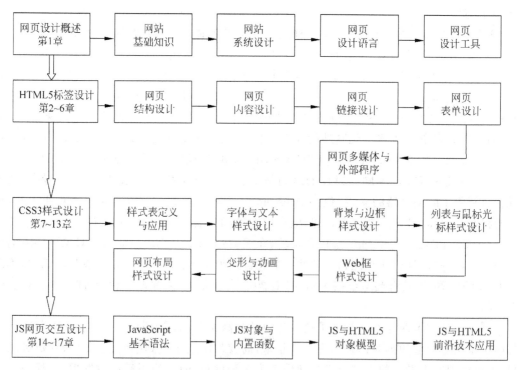

"网页设计概述"部分分 4 个小节,从宏观角度概述了网站和网页的基本知识、技术,其中"网站基础知识"一节介绍了网站的概念、构成、分类、体系架构和开发技术;"网站系统设

计"一节讲述了网站设计原则，以及网站名称、主题、形象、栏目、页面、风格和结构的设计；"网页设计语言"一节则对 HTML、CSS、JavaScript 语言进行了总体介绍；"工欲善其事，必先利其器"，网页设计离不开好的工具支持，在"网页设计工具"一节我们选用业界成熟、先进的 Dreamweaver CS5 进行了讲解。

"HTML5 标签设计"部分分 5 章讲述了组成网页的各标签（标记）的设计，其中第 2 章讲解了网页结构设计，包括网页开头、主体结构标记及全局属性设计；第 3 章讲解了网页内容设计，包括段落、区块、列表、表格等页面内容及格式化相关标记的设计；第 4～6 章分别讲解了网页的超链接、表单、多媒体与外部程序相关标记的设计。

"CSS3 样式设计"部分分 7 章讲述了网页外观样式的设计，首先第 7 章对网页中样式表的定义与应用进行说明；接着第 8～13 章分别讲解了网页中字体与文本、背景与边框、列表与鼠标光标、Web 框、变形与动画、页面布局等的设计。

"JS 网页交互设计"部分分 4 章讲述了 JavaScript 语言及其在网页动态交互设计中的应用，在第 14 章介绍 JavaScript 基本语法的基础上，第 15～17 章分别讲解了 JavaScript 的对象、事件与内置函数，浏览器对象模型 BOM 和文档对象模型 DOM，JavaScript 与 HTML5 前沿技术应用，包括地理位置定位和在线地图的使用、基于 Web 存储技术实现数据的客户端存储等。

本书的特点

如何紧跟网页设计技术的发展趋势，适应业界对网页设计人才的技术需求，在教材的内容选择、编写方法和体例设计方面做出创新，从而编写出视觉舒适、可读性好、内容实用、有助于提高能力和扩展视野、符合高校教学需要的教材，是编者一直在思考的问题，本书的完成也是对这种长期思考的总结。本书具有如下特点。

1. 立足精品导向、能力引领

全书的编写始终树立精品意识，以国家级精品教材标准为目标导向，并借鉴众多同类教材的编写经验，在内容上兼顾知识的基础性和前沿性、网页的创意性和技术实用性以及大学教学的学术性；在体例设计上参考国家级规划教材的要求；在编写思想上遵守"授人以鱼不如授人以渔"的原则，重在能力的提高，而非知识的灌输，以帮助读者快速提升网页设计技术和实际应用能力。

2. 内容系统完整、重点突出

本书旨在使读者完整、系统地了解并掌握从事网站前端页面设计必需的基础知识和实用前沿技术，在内容上力求系统完整、重点突出。

在核心内容方面，本书根据网页设计课程大纲要求选取了网页设计基础，HTML5、CSS3、JavaScript 三种前端技术和 Dreamweaver CS5 工具等内容。但由于各部分内容较多，限于篇幅不可能面面俱到，为此本书又根据业界技术的实际需求进行了重点选讲。

在附属内容方面，为了检验学生对各章内容的综合理解和掌握程度，每章都精心设计了实用的作业题，包括思辨题、网页设计实践题及案例分析，旨在通过问题解答、实践环节操作和案例研读巩固本章的知识要点，体现"实践出真知"的道理；同时为了扩展读者的视野，每章都给出了需要进阶学习的知识；为了便于学生及时阅读国外网站、资料，还增加了专业外文文献学习能力训练，力求尽快打开读者通向外部世界的大门。

3. 讲述通俗简洁、条理清晰

本书面向初学者,从零基础讲起并迅速追踪到前沿技术。考虑到目前大多数院校课时压缩、强调学生自学能力培养的实际情况,本书的编写力求做到深入浅出、通俗易懂、表述简洁、条理清晰。本书对基础知识、基本技术技能和设计原理的讲述比较细致,在难懂的地方一般补充了图表、示例说明、注释和脚注;对每个示例中需要特别注意和说明的地方使用了单独的格式,使读者能够快速地把握知识的重点;所用程序、结构层次清晰,对关键代码给出了详细的注释,具有可读性和可理解性;对 DW 工具的操作列出了详细步骤。全书力求避免大量的纯文字性、抽象描述,避免空洞、无内容。本书各章内容结构清晰,内容之间联系紧凑、自然,难度循序渐进、逻辑性强,如下图所示。

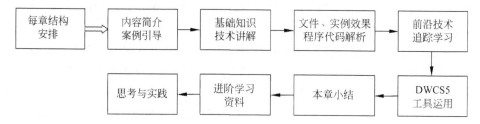

鉴于编者多年的教学经验和对"教"与"学"的深刻感悟,加之本书又是经多次润色、修改和完善写成,因而本书基本贯彻了上述意图,编写方法符合学生的阅读和自主学习习惯。

4. 选材基础实用、跟踪前沿

本书首先讲述了零基础读者需要的基础知识和基本技术,在 2007 版《商务网站页面设计技术》的基础上进行了增补和完善;同时尽可能地反映近年来网页设计技术的最新发展,并在每章的基础知识后增加了对应的前沿技术,如增加了 HTML5 的最新内容,扩充了最新发布的浏览器支持的 CSS3 特性,补充了地理位置定位和在线地图的使用,基于 Web 存储技术实现数据的客户端存储等;通过追踪新技术与时俱进,使读者很快地学习到前沿技术;各章节内容的选择都会摒弃业界不常用的技术,并且在每章的引例选择、内容讲述、示例设计、课后作业各方面紧紧围绕业界网页设计技术的实际需要,突出应用性、时效性和实践性。

本书从网页设计的实际需求出发,既有理论又有技术,信息量大、知识结构完整,可以更好地满足网页设计的教学与实践需要。

5. 案例引导、示例辅助、图文并茂

目标明确是高效学习的开始,在深入学习技术之前首先需要了解其在网页设计实践中的作用和目的,为此本书每章都以业界的主流网站案例作为引导,从中引出本章所讲述技术的内容及用法。考虑到大多数技术或代码比较抽象、难懂,在讲述时都辅之以精心设计的典型实例,通过具体示例来说明相关技术的使用技巧,并运用工具软件详细地说明操作步骤,以此实现讲述的简洁性、通俗易懂性;同时将各种技术的应用效果都用图片方式展示出来,做到图文并茂、形象直观。在编写上,总体遵循案例引导、示例辅助,从具体例子到抽象概念再到复杂技术的叙述方法。所有示例都经过上机测试,确保运行结果准确无误,读者可以直接在浏览器下打开该文件查看运行效果,并通过对实例代码的理解、模仿和改进,可以随时用到实际项目中,做到即学即用。

6. 版式设计的人性化、精细化

在体例格式设计上,本书以国家级规划教材的要求为标准,并借鉴了同类教材的编写经验,以做到全书版式设计的人性化、精细化,保持教材内容和体例编排的先进性。

根据形式服务于内容的原则,从可读性、易理解性视角编排全书及各章节内容的逻辑顺序;从章节标题的命名到内容取舍都做了精心安排;增加了引导案例、了解本章技术的应用;插入了脚注,以方便读者跟踪前沿或追本溯源,了解详细内容;注意页面空间的节约,提高每页的知识含量,同时兼顾版面设计的精美,对文本、图像、代码各方面的视觉显示都做了细致工作;希望通过图文、布局、字体设置等变换减轻读者的阅读疲劳,从视觉上、可读性方面提供给读者友好的、人性化的界面。

本书面向的读者

本书适合从零基础起步,想迅速掌握网页设计前沿技术,提高 Web 前端页面设计能力的读者,例如:

- 高等学校电子商务及相关专业网页设计的学生;
- 有志于成为 Web 页面前端开发软件工程师的人员;
- 从事 Web 开发相关专业教学的高校教师;
- 业界从事网站开发、培训、运营与管理的工作人员。

教学或自主学习建议

考虑到教学学时的限制,建议教学采取课内外结合的方式;抓好教学三部曲,即课前预习布置、课堂难点精讲与重点讨论、课后作业检查;通过微信、QQ 等现代信息技术加强对学生课外自主学习各环节的监督、检查,并进行在线答疑、辅导。

自主学习时可以采用小组互助学习、互相讨论的方式,边学习、掌握技术原理,边运行网页示例源代码,并在理解的基础上修改网页源文件,结合业界网页设计实际案例进一步深刻体会技术的运用。

本书提供的支持服务

为方便教师备课和一般读者学习,本书提供了较为完善的教辅材料,包括各章的教学大纲、电子课件,示例源程序代码及其使用的 CSS 样式文件、JS 文件,以及各种图像、视频等资源文件,章末习题解答、课外参考资料或链接。

读者可以通过清华大学出版社的官方网站获取,或通过申请加入 QQ、微信群等途径与作者互动,获得相关的教学、答疑等支持服务。

致谢与说明

在本书的编写过程中得到了清华大学出版社领导魏江江、编辑刘星及同仁的大力支持和帮助,在此向他们表示最诚挚的谢意!东北财经大学电子商务专业的张弛、曹培、王云、王雪菲、李景林等研究生为本书的资料整理、编辑、程序调试等做了大量工作,在此对他们的辛勤劳动表示衷心的感谢!本书的编写参阅了许多专家、学者的大量著述,编者从中受益匪浅,这里也对他们表示感谢。

在本书的编写过程中编者始终以"求真务实、尽善尽美"要求自己,不仅在编写前做了充分的准备,而且编写几经修改、润色,历时近两年的时间才最终完稿。尽管编者在编写过程中力求做到准确无误,但由于水平有限,不足和疏漏之处在所难免,恳请读者不吝赐教。

刘继山

2017 年 1 月于大连·东财园

E-mail:wdduf@163.com

目　　录

第1章   网页设计概述

本章导读：

    网页是网站的主要组成部分，在学习网页设计之前必须要从总体上掌握网站的相关基础知识、网站系统的设计方法、网页的设计语言以及网页设计工具。本章首先向读者讲解网站的概念、构成，网站的分类、体系架构及开发技术；然后介绍网站系统的设计，包括网站设计的原则，网站的各个部分，例如名称、主题、形象、栏目、页面、风格和结构的设计；接着对网页设计的 3 种主要语言进行介绍，包括页面内容显示与描述语言 HTML、网页外观样式设计语言 CSS 和网页动态交互语言 JavaScript；最后讲述了常用的网站设计工具，以及使用业界先进的可视化工具 Dreamweaver CS5 来进行网站搭建和网页设计的方法。

1.1   网站基础知识

1.1.1   网站的概念、构成

    网站(Website)是在 Internet 上拥有域名或地址并提供一定网络服务的主机，是存储文件的空间，以服务器为载体。人们可以通过浏览器等进行访问、查找文件，也可以通过远程文件传输(FTP)方式上传、下载网站文件。当机构或个人建立了自己的网站，上传到了互联网，就在这一世界最大的市场——互联网当中有了自己的位置，可以宣传、展示自己的产品了。

    网站由网站域名(或网址)、网站软件系统和网站空间 3 个部分构成，如图 1.1 所示。

1. 网站域名

    互联网上的服务器都有一个数字化的地址，叫 IP 地址，如百度网站的 IP 地址为 202.108.22.5。域名(domain name)是与网络上的数字型 IP 地址相对应的字符型地址，如百度网站的域名为 www.baidu.com，其中 com 是该域名的后缀，它是

图 1.1   网站的构成

一个表示工商企业的顶级域名(国际域名)；baidu 是这个域名的主体，为二级域名；前面的 www 是万维网网络名，为 www 的域名。域名可以注册，申请包括国内域名和国际域名申请，cn 域名的管理机构为"中国互联网络信息中心"[①]。具体申请方法请读者查阅相关资料。

---

    ① 中国互联网络信息中心(China Internet Network Information Center，CNNIC)是经国家主管部门批准，于 1997 年 6 月 3 日组建的管理和服务机构，行使国家互联网络信息中心的职责。

2. 网站空间

完成域名注册只是完成了建立网站的第一步,只有拥有了网站空间(即主机),由主机供应商提供一个 IP 地址,完成域名解析(将 IP 地址与域名对应起来)和主机的设置后,用我们的域名构成的网址才能被访问到。网站空间由专门的独立服务器或租用的虚拟主机承担,现在许多网站都可以提供用户使用的免费空间,如虎翼网(http://www.51.net/)等。对于网站空间的申请或租用等详细内容请读者查阅相关资料。

3. 网站软件系统

网站软件系统是放在网站空间里面的程序、文件系统,表现为网站前台和网站后台两个部分。衡量一个网站的性能,通常从网站空间大小、网站位置、网站连接速度、网站软件配置、网站提供服务等几个方面考虑。

4. 万维网与网页

万维网(常写成 Web、WWW、W3,英文全称为 World Wide Web)也称"环球网",是 Internet(因特网)上由许多互相链接的超文本组成的系统,提供具有一定格式的由文本、图像、声音、视频、动画等多媒体信息组成的网页文件,供用户通过 Internet 访问。用户只要操作计算机的鼠标就可以在 Web 客户端利用浏览器访问 Internet 上 Web 服务器的页面,获取希望得到的文本、图像、视频和声音等信息。在这个系统中,每个有用的事物称为一种"资源",并且由统一资源标识符(URI)标识,这些资源通过超文本传输协议(Hypertext Transfer Protocol)传送给使用者,而后者通过单击链接获得资源。万维网联盟(World Wide Web Consortium,W3C)又称 W3C 理事会,1994 年 10 月在麻省理工学院(MIT)计算机科学实验室成立。万维网联盟的建立者是万维网的发明者蒂姆·伯纳斯·李,这是一个对网络标准进行制定的非营利组织,例如 HTML、XHTML、CSS、XML 的标准就是由 W3C 制定的,其作用是使计算机能够对万维网上不同形式的信息进行更有效的存储和通信。对于 W3C 组织的更多信息,请读者访问 W3C 的官方网站(http://www.w3.org)。

万维网并不等同于 Internet,它只是互联网所能提供的服务之一。因特网(Internet)指的是一个硬件的网络,全球的所有计算机通过网络连接后便形成了因特网,而万维网更倾向于浏览网页的功能。

网页是构成网站的基本元素,是万维网中的一"页",它是存放在世界上某一台计算机中的纯文本文件,是超文本标记语言格式,文件扩展名为.html 或.htm。

网页通过各种各样的标记对页面上的文字、图片、表格、声音等元素进行描述(例如字体、颜色、大小),而浏览器则对这些标记进行解释并生成页面,于是就得到了我们通常所看到的画面。网页中通常有以下几种元素。

(1) 文本:文本是网页上最重要的信息载体和交流工具,网页中的主要信息一般都是文本形式。

(2) 图像:图像在网页中具有提供信息并展示直观形象的作用,包括静态图像和动画图像两种类型。

(3) 动画:动画在网页中的作用是有效地吸引访问者的更多注意。

(4) 声音:声音是多媒体和视频网页重要的组成部分。

(5) 视频:视频使网页效果更加精彩且富有动感。

(6) 表格:表格是在网页中用来控制页面信息的布局方式。

（7）导航栏：导航栏在网页中是一组超链接，其链接的目的端是网页中重要的页面。

（8）表单：表单在网页中通常用来联系数据库，并接收访问用户在浏览器端输入的数据，利用服务器的数据库为客户端与服务器端提供更多的互动。

1.1.2 网站的分类

网站作为一种信息资源有一定的受众面，网站的运营主体不同，其服务的受众也不同。按照网站的运营主体（即网络内容服务对象）不同，网站大致分为政府网站、企业网站、电子商务网站、教育和科研机构网站、个人网站、非营利性机构网站以及其他类型网站等。

这里以电子商务网站为例进行介绍，其按照不同的分类标准可以划分为很多种，如图1.2所示。

图1.2 电子商务网站的分类

1. 按照技术划分

（1）静态网站：网站建设初期常常采用这种形式，网站设计者把内容设计成静态模式，访问者只能被动地浏览网站建设者所提供的网页内容，例如企业简介、产品简介等。

（2）动态网站：综合利用静态网页、中间件和数据库技术实现网站与用户之间的相互操作。根据用户的不同要求，网站能够提供不同的信息，使访问者与网站之间能够进行信息交流。例如在网上实现消费者问卷调查，需要用户填写表单并提交给服务器进行统计；再如要实现网上销售，需要设计"购物车"网页，记录客户所选的产品信息以及订单信息，这些信息都需要与服务器进行数据交互。

2. 按照平台划分

（1）B2B（Business to Business，商家对商家）网站：B2B网站一般以信息发布与"撮合"为主，主要建立企业之间商务活动的"桥梁"。例如国内著名的电子商务网站"阿里巴巴"（http://china.alibaba.com/）就是这类网站，图1.3所示为阿里巴巴中文网站的主页。

【案例】 阿里巴巴集团经营多项业务，另外也从关联公司的业务和服务中取得经营商业生态系统上的支援，其业务和关联公司的业务包括淘宝网、天猫、聚划算、全球速卖通、阿里巴巴国际交易市场、1688、阿里妈妈、阿里云、蚂蚁金服、菜鸟网络等。2014年，阿里巴巴总营收762.04亿元人民币、净利润243.20亿元人民币。其国际贸易网站（www.alibaba.com）主要针对全球进出口贸易，中文网站（www.alibaba.com.cn）针对国内贸易买家和卖家。

此外，著名的"中华网企业E家"、大名鼎鼎的环球资源网（http://www.globalsources.com）和万国商业网（http://www.busytrade.com）等网站也提供这类服务。

图 1.3 阿里巴巴中文网站的主页

(2) B2C(Business to Customer,商家对个人)网站:B2C 表示商业机构对消费者的电子商务,这种形式的电子商务一般以网络零售业为主,主要借助因特网开展在线销售活动,例如经营各种书籍、鲜花、计算机、通信用品等商品。著名的亚马逊就属于这种站点,图 1.4所示为亚马逊中文网站的主页。

图 1.4 亚马逊中文网站的主页

【案例】 亚马逊(http://www.amazon.com)是网络上最早开始经营电子商务的企业之一,亚马逊成立于 1995 年,一开始只经营网络的书籍销售业务,现在则涉及范围相当广的其他产品,已成为全球商品品种最多的网上零售商和全球第二大互联网企业,在其名下包括 AlexaInternet、a9、lab126 和互联网电影数据库（Internet Movie Database，IMDB）等子公司。

此外，当当（www. dangdang. com）、卓越（www. joyo. com）、云网（http://www. cncard. net/）和贝塔斯曼在线（http://www. bolchina. com）也属于这种网站。

（3）C2C(Customer to Customer，个人对个人)网站：C2C 网站主要是为个人之间的交易提供平台，通过 C2C 平台，卖方可以提供商品上网拍卖，买方可以自行选择商品进行竞价，C2C 网站从双方的交易中收取中介费。例如美国的 eBay 就是这类网站，图 1.5 所示为 aBay 网站的主页。

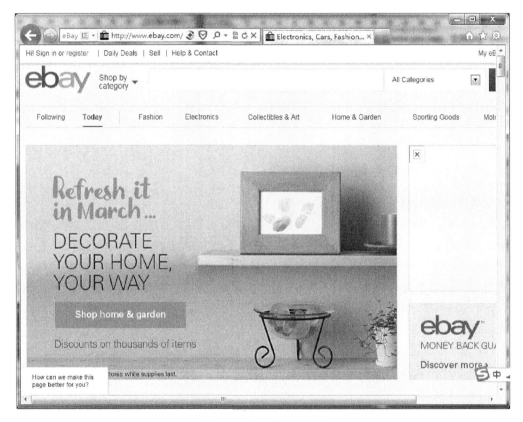

图 1.5　eBay 网站的主页

【案例】　eBay(http://www. ebay. com/)是一个可让全球民众上网买卖物品的线上拍卖及购物网站。eBay 于 1995 年 9 月 4 日由 Pierre Omidyar 以 Auctionweb 的名称在加利福尼亚州圣荷西创立，人们可以在 eBay 上通过网络出售商品。

此外，易趣网(eachnet)、雅宝、酷必得等也属于 C2C 商务网站。目前这类网站在电子商务网站中占的比重较少，这是电子商务发展的一个重要方面。

3. 按照电子商务阶段划分

（1）企业内部管理网站：企业内部管理网站是采用 Internet 技术在统一的行政和安全控制管理之下构建的企业内部的信息管理平台。其主要目的是服务于企业的内部管理，将企业内部各个职能部门的管理统一到这个网站平台上。它可以实现多种功能，主要包括办公自动化、内部协作、企业人力资源管理、营销管理、客户服务、员工培训。

（2）宣传式网站：宣传式网站是在网上树立企业形象的网站，是为大众客户提供企业宣传、商品信息发布服务的网站，以提高访问率和站点知名度为目标，一般不会开展深层次的商业活动，主要以宣传企业为目的。建立宣传式网站是利用网站开展商务活动的第一步，也是目前我国许多上网企业采用的网站形式。

（3）营销式网站：营销式网站是以销售商品为目的的赢利性网站，主要利用网站开展商品展示、推广和营销宣传活动，也可以接受网上订货。营销式网站是企业利用网站开展商务活动的重要步骤，目前我国已经有许多企业建立了自己的营销式网站。

（4）交易式网站：交易式网站除了在网上提供企业宣传、商品和服务的有关信息发布以及网络营销活动功能外，还支持商品交易的全过程，并提供相应的交易服务。

（5）行业式网站：行业式网站是社会上各行各业根据自身需要创建的本行业的商务网站，目的是开展行业性的电子商务活动，例如化工网站、钢铁网站等。

（6）交易中介式网站：交易中介式网站主要用于建立交易平台，让其他企业或个人到此网站进行交易，收取一定的中介服务费用或服务器存储空间租用费用，开展 B2B、B2C 或 C2C 形式的交易活动，常见的有网上商城、网上拍卖和网上信息提供等。

在上述网站中，前 4 种属于企业内部网站，后两种属于跨企业网站。

1.1.3　网站的体系架构

1. 网站的逻辑体系架构

网站的体系架构设计需要考虑很多因素，例如可扩展性、可维护性、可靠性和安全性等。一般来说，网站在逻辑上都会分为多个层次，这种逻辑分层是基于功能的，和物理上的结构没有必然的联系。网站在逻辑上通常采用三层体系结构。所谓三层体系结构就是将一个网站应用系统划分为表示层(Presentation Layer)、业务逻辑层(Business Logic Layer)和数据层(Data Access Layer) 3 个不同的层次。每个层次之间相对独立、分工合作，共同组成一个功能完整的网站应用系统，如图 1.6 所示。

（1）表示层：包括处理用户界面和用户交互的组件，表示层可以使用 HTML、CSS、JavaScript、Java Servlet、JSP、Java Applet 等进行开发。

图 1.6　网站逻辑层次结构

（2）业务逻辑层：包括解决业务问题的组件，可以是多个协同工作的组件，共同完成某个业务功能，例如商品价格计算等。业务逻辑层通常使用功能强大且稳定的语言开发，例如 C++、Java 等语言。

（3）数据层：网站中相对稳定、持续的部分，它向业务逻辑层提供数据，通常由一个或多个数据库系统组成，例如 MySQL、SQL Server 2003、Oracle 等。

将网站应用系统在逻辑上划分为不同层次，优点在于让每个层次互相独立。例如，可以更改系统的"表示层"，从而最大程度地减少对商务逻辑层和数据层的影响；也可以根据网站功能的需求在业务逻辑层中加入不同的业务处理组件，或在数据层中加入不同的数据库系统，从而尽可能地减少对其他层的影响。

2. 网站的物理体系架构

物理上的分层与上面讨论的逻辑分层不同，它是将逻辑上的三层结构物理地分成两层、三层甚至多层体系架构。

（1）基于 C/S 的两层体系架构：基于 C/S 的两层体系架构是将逻辑上的三层结构物理地分成两层，组成"客户机/服务器"的体系架构。例如可以将表示层和业务逻辑层组合到客户层中，而将数据层作为一个独立的层放到服务器端，从而形成"胖"客户端、"瘦"服务器端的 C/S 架构，如图 1.7 所示。

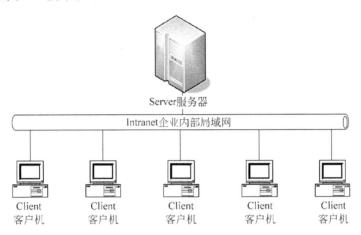

图 1.7　基于 C/S 的两层体系架构

在这种 C/S 架构下，当用户需要访问数据库服务器中的数据时，由客户机的应用程序通过网络向数据库服务器发送查询服务请求，数据库服务器则根据客户机的服务请求自动完成查询任务，然后通过网络将查询结果返回给客户机。在这个过程中，客户机与数据库服务器之间只需要传输服务请求与查询结果，而不需要传输任何数据库文件。

在基于 C/S 的两层体系架构中，也可以将业务逻辑层的一部分和数据层组合到服务器端，从而形成"瘦"客户端、"胖"服务器端的 C/S 架构。

（2）基于 B/S 的三层体系架构：基于 B/S 的三层体系架构是将逻辑上的三层结构中的每一层划分到 3 个物理上分开的层中，即 Web 服务器层、应用程序层和数据库服务层，三者组成"浏览器/服务器"的体系架构。

① 表示层在由一个或多个 Web 服务器构建的空间里运行。

② 业务逻辑层在由一个或多个应用服务器构建的空间里运行。应用服务器是必不可少的，它们为商务逻辑层组件提供了运行环境以及可靠的和必要的支持，而且还能够管理这些组件。

③ 数据层由一个或多个数据库系统组成，其中可能包括由存储过程组成的和数据存取相关的逻辑模块。

基于 B/S 的三层体系架构如图 1.8 所示。

在网站的 B/S 模式下，客户机与服务器之间通过 HTTP 协议进行通信。首先，客户通过浏览器向 Web 服务器发送 HTTP 请求，这个请求通过 Internet 传送到被访问的服务器，服务器响应请求并进行处理之后生成特定的 HTML 文档，然后再用 HTTP 协议将此 HTML 文档通过 Internet 返回到客户端的浏览器显示出来。

网站的 Web 服务器接收到的 HTTP 请求通常分为两种情况：一种情况是请求一个静态的 HTML 网页，此时 Web 服务器在自身服务器上查找到相应的页面并将该页面发送出

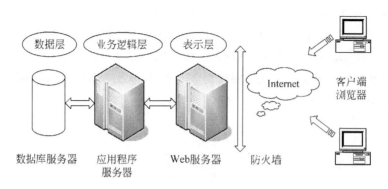

图 1.8　基于 B/S 的三层体系架构

去即可；另一种情况是请求一个以.asp 或者.jsp 结尾的动态网页,此时 Web 服务器无法自行直接处理,需要将这个请求转交给应用程序服务器处理,若应用程序服务器也不能自行完成全部处理,则将根据需要访问数据库服务器进行相应的处理,最终再将处理结果生成 HTML 文档由 Web 服务器发送回客户端浏览器。

1.1.4　网站的开发技术

网站开发技术包括客户端静态网页设计技术和服务器端动态网页编程技术。

1. 客户端静态网页设计技术

客户端静态网页设计技术主要包括 HTML、CSS、JavaScript、XML、XHTML、VBScript、Java Applet、DHTML、WML 和 VRML 等语言,下面进行简要介绍。

1) HTML 语言

HTML 是英文 Hypertext Markup Language 的缩写,意思为超文本标记语言,它是通过一套标记标签(markup tag)来描述网页,在 WWW 上发布信息的语言。通过 HTML 语言,人们把要发布的信息组装好,即编写为超文本文档,称为 HTML 文档,然后进行发布。任何一个页面,其基础结构和基本组成部分都是 HTML,没有 HTML 语言就没有我们现在所看到的丰富多彩的页面和 WWW 的各种应用。

HTML 语言最初是由蒂姆·伯纳斯·李于 1980 年在欧洲的核研究组织开发的一种能够让页面相互链接的程序。在当时,HTML 语言由于国家超级计算应用中心(National Center for Supercomputing Application,NCSA)的 Mosaic 浏览器的流行而得到推广。20世纪 90 年代,由于网络飞速发展,使得 HTML 达到了空前的繁荣。

1995 年 11 月 IETF(互联网工程任务组)倡导开发了 HTML 2.0 规范。

1996 年,万维网联盟(World Wide Web Consortium,W3C)的 HTML Working Group 开始组织编写新的 HTML 规范,在对原有版本改进的基础上,1997 年 1 月,HTML 3.2 版本问世,该版本极大地丰富了 HTML 的功能。

1998 年 4 月,W3C 发布了 HTML 4.0 版本,将 HTML 语言推向了一个新的高度。

1999 年 12 月,W3C 发布了 HTML 4.01 版本,该版本对 HTML 4.0 的功能做了进一步完善。

HTML5 是用于取代 HTML 4.01 和 XHTML 1.0 标准的 HTML 版本,它的开发是通过谷歌、苹果、诺基亚、中国移动等几百家公司一起酝酿的技术,这个技术最大的好处在于它是一个公开的技术。2012 年 12 月 17 日，W3C 正式宣布凝结了大量网络工作者心血的 HTML5 规范已经定稿。W3C 的发言稿称：“HTML5 是开放的 Web 网络平台的奠基石”。HTML 语言的具体内容请读者参见 1.3.1 节及后面章节的介绍。

2) CSS 语言

CSS 的全称是层叠样式表(Cascading Style Sheets)，简称样式表，它是近几年才发展起来的一种设计网页外观样式的工具，用于控制网页样式并允许将样式信息与网页内容分离。它通过提供各种样式来格式化 HTML 文档页面元素(例如文本、图像、表单、表格等)，还可以使页面产生动态效果。

网页内容结构和格式控制相分离，使得网页可以仅由内容构成，而将所有网页的格式控制指向某个 CSS 样式表文件，大大方便了网页的查看和修改。

CSS 用来辅助 HTML，是 HTML 不可分割的一项技术，如果要制作精美的网页离不开 CSS，CSS 的出现大大简化了 HTML 文档的设计。现在 CSS 已经被大多数浏览器支持，成为网页设计必不可少的工具之一。

用 CSS 技术制作网页可以有效地对页面的布局、字体、颜色、背景和其他效果进行更加精确的控制，可以实现一些以前必须通过图片转换才能够实现的功能，从而能更快地下载页面；可以使页面的字体变得更漂亮，更容易编排，使页面真正让人赏心悦目；可以将站点上所有网页的风格都使用一个 CSS 文件进行控制，只要修改这个 CSS 文件，那么整个站点的所有页面都会随之发生变动，不用再一页一页地更新了。CSS 的具体内容请读者参见 1.3.2 节及后面章节的介绍。

3) JavaScript 语言

虽然通过 HTML 语言的描述可以实现文字、表格、声音、图像、动画等多媒体信息的发布，但是采用单纯的 HTML 技术存在一定的缺陷，那就是它只能提供一种静态的信息资源，缺少动态的效果。这里所说的动态效果分为两种：一种是客户端的动态效果，就是我们看到的 Web 页面是活动的，可以处理各种事件，例如鼠标移动时图片会有翻转效果等；另一种是客户端与服务器端交互产生的动态效果。

如果要实现客户端的动态效果，JavaScript 无疑是一个适合的工具。JavaScript 的出现使得信息和用户之间不仅仅只是一种显示和浏览的关系，而是实现了一种实时的、动态的、可交换式的表达能力。正因为如此，JavaScript 脚本深受广大用户的喜爱和欢迎，成为众多脚本语言中较优秀的一种。

JavaScript 最初起源于 Netscape 公司推出的 LiveScript 语言，后来 Netscape 和 Sun 公司将 LiveScript 命名为 JavaScript。最终 JavaScript 被提交到欧洲计算机制造商协会(ECMA)[①]，作为中立的 ECMA 开始了标准化脚本语言之路，并将其命名为 ECMAScript。自从 JavaScript 诞生以来，JavaScript 语言规范就不断发展，从 1.1 发展到 2010 年 7 月的 1.8.5 版本，再到目前正在制定的 2.0 标准，不断完善 JavaScript 数据表现和控制的能力。目前 JavaScript 正在酝酿着自问世以来最大规模的改进，引进了类(class)、接口(interface)

[①] Ecma 国际(Ecma International)是一家国际性会员制度的信息和电信标准组织，在 1994 年之前名为欧洲计算机制造商协会(European Computer Manufacturers Association)。Ecma 国际的任务包括与有关组织合作开发通信技术和消费电子标准，鼓励准确的标准落实，以及标准文件与相关技术报告的出版。

等面向对象语言才具有的语法,其目的是使 JavaScript 成为功能更加强大的脚本编程语言。如果读者需要了解 JavaScript 的更多信息,可以访问 Ecma 国际网站(http://www.ecma-international.org/)等资源。

使用 JavaScript 的目的是与 HTML 语言、CSS 样式表结合,设计出具有动态性、交互性且外观更加漂亮的页面。具体内容请读者参见 1.3.3 节及后面章节的介绍。

4) VBScript 语言

VBScript 也是一种脚本语言,与 JavaScript 非常相似,能够实现的网页功能也类似。VBScript 的优点是对初学者来说入门容易、易学易用,缺点是 VBScript 编写的脚本程序只能用于 Microsoft 公司的 IIS 服务器端,客户端由 IE 浏览器解释执行。

5) Java Applet

Java 的程序分为两种类型,即 Java Application 和 Java Applet,其中 Java Applet 应用于网页中,但它不是可以独立运行的程序,它编译后生成的字节码文件必须嵌入到用 HTML 语言编写的网页文件中,并由客户端的 Web 浏览器内部所包含的 Java 解释器解释运行。

6) XML 语言

可扩展标记语言 XML(eXtensible Markup Language)和 HTML 一样是通用标识语言标准(SGML)的一个子集。HTML 是为了显示数据而设计的,而 XML 则是为了描述数据而设计的,它将重点放在什么是数据、如何存放数据上面。HTML 页面的标记都是预定义好的,页面设计者只能够使用 HTML 标准定义好的标记,例如< p >和< h1 >;而 XML 语言则可以让用户根据需要自行定义标记及属性名,也可以包含具体的描述,从而可以使 XML 文档的结构复杂到任意程度。

7) WML 语言

无线标记语言 WML(Wireless Markup Language)和 HTML 语言同出一家,都属于 XML 语言这一大家族。使用 HTML 语言写出的内容可以在计算机上用 IE 或 Netscape 等浏览器阅读,而使用 WML 语言写出的文件则是专门用来在手机等一些无线终端显示屏上显示,供人们阅读的,并且同样可以向使用者提供人机交互界面,接收使用者输入的查询等信息,然后向使用者返回他所想要获得的最终信息。

8) VRML 语言

现在,人们已不满足于用 HTML 语言编制的二维 Web 页面,三维世界的诱惑开始吸引更多的人,虚拟现实要在 Web 网上展示其迷人的风采,于是 VRML 语言出现了。VRML 是一种面向对象的语言,它类似 Web 超链接所使用的 HTML 语言,也是一种基于文本的语言,并可以运行在多种平台之上,只不过能够更多地为虚拟现实环境服务。

2. 服务器端动态网页编程技术

服务器端动态网页编程技术主要包括 Java、Java Servlet、CGI、ASP 和 ASP. NET、PHP 和 JSP 等,其中 ASP 是 Microsoft 公司推出的 Active Server Pages 的缩写;JSP 是 Sun 公司倡导的 Java Server Pages 的缩写;PHP 是 Rasmus Lerdorf 在 1994 年构思出来的一种服务器内置式的 Script 语言。3 种技术相似,但也有差别。例如,ASP 调用的后台组件是 COM 组件,而 JSP 调用的后台组件是基于 Java 技术的组件 Java Beans。通过这些技术我们可以结合 HTML 页面、ASP 指令、JSP 指令和相关组件建立动态的、交互的、高效的 Web

服务器程序,这样我们就不必担心客户端浏览器是否能够运行我们所编写的代码了,因为所有的程序都是在服务器端执行,服务器端仅仅将执行的结果返回给客户端浏览器,这样也减轻了客户端浏览器的负担,提高了交互的速度。

1.2　网站系统设计

1.2.1　网站的设计原则

1. 兼容性

(1)兼顾浏览器和分辨率:不同用户使用的浏览器和分辨率可能不同,有的用户使用Microsoft Internet Explorer(简称 IE),有的用户使用 Netscape Communicator(简称 Netscape);有的浏览器的分辨率采用 800×600 像素,有的采用 1024×768 像素。这些不同的配置对于同一个网页来说其显示效果是不一样的,而且不同的浏览器所支持的脚本语言是不同的。例如 JavaScript 是跨平台的脚本语言,VBScript 在 Netscape 上得不到支持。

兼顾浏览器与分辨率是网页设计中考虑较多的问题,因此在设计时应尽可能使网页在不同的浏览器中都能浏览,而分辨率通常显示在网页上对用户进行提示。

有些网站采用滚动字幕的形式,或在标题栏(Title)中嵌入“重要提示”,例如“建议采用800×600 像素、IE 5.0 以上浏览器浏览本网站”,以提醒访问者的注意。

(2)兼顾搜索引擎:由于不同的搜索引擎在网页支持方面存在差异,因此在设计网页时要考虑对搜索引擎的兼容,否则可能会影响网站在搜索引擎中的排名。在设计网页时不要只注意外观漂亮,因为许多平常设计网页时常用到的元素(例如 frameset、map 等)到了搜索引擎那里会产生问题。

(3)兼顾访问者的国籍:网站无国界,由于网站面向全球用户,所以建设网站时需要尽量兼顾不同国家用户的语言、文化、思维、伦理道德等因素。

2. 性能性

(1)带宽适当:影响网站性能的瓶颈之一就是网络的带宽,企业必须根据自己网站的实际情况确定适当的带宽。带宽可以从网站的主题和内容以及定位、反应时间、同时在线用户数目、提供的服务协议等方面进行考虑。

(2)下载快速:人们浏览一个网站是为了获取某些需要的信息,页面下载速度是一个优秀网站的第一要素,用来提高用户性能的一个比较容易的方法就是减少页面上图片的大小和复杂性。

3. 先进性

先进性指网站建设应注重应用新技术。新技术引发了传统商务所没有的交互服务等方式,使客户在购物时更加方便,选择商品的范围更广。随着技术的发展,会有更多运用新技术所推出的服务项目,给顾客带来更多的便利。网站生存在很大程度上将依赖对新技术的应用,以保持网站的先进性。

先进的技术能够保证将所要传达的信息在网站中完美表现。技术在于运用,如何在合适的地方运用合适的技术是网站成功的关键。

4. 内容性

(1)内容的标准化与个性化:要想使网站让人记忆深刻,不仅要有标准化的内容,而且最好能在网站内容的设计上增加一些个性元素，使浏览者有亲切的感受，从而为目标对象提供个性化服务，仿佛整个网站是专门为特定对象服务的，缺乏个性的网站是没有竞争力和生存价值的。

（2）内容的实用性：网站的服务最重要的还是网站的实用性，包装再好没有实际的内容将很难留住浏览者。网站中的内容要真实、可靠，诚信的服务和品牌是网站发展的基础。

（3）内容的可扩展性：互联网本身是不断发展的，不论其技术还是信息都在不断进步和更新，所以在进行网站建设的时候就要预留能适应未来发展的空间。

5. 伦理性

伦理性是指网站的建设要遵循网络伦理。所谓的网络伦理，是指因特网上的一种特有的商业道德，即尊重用户的个人信息，例如保护个人信息和不向用户发送未经许可的商业信息。

6. 便利性

（1）网站层次适中：网站层次主要指从主页到达用户所需页面的层次。好的设计应遵循"三次点击原则"，即网站中由任一页面到达最终目的页面的点击次数不超过三次，而且网页内容要便于阅读。这些都要求网页的组织与分类要规范。

（2）访问的方便性：网站吸引用户访问的基本目的无非是为了扩大网站的知名度和吸引力、将潜在顾客转化为实际顾客、将现有顾客发展为忠诚顾客等。虽然网站设计没有统一的标准，但是为用户提供方便的使用是一个成功网站必备的条件，包括方便的导航系统、必要的帮助信息、常见问题的解答、尽量简单的用户注册程序以及方便多样的联系信息，例如电话和传真、电子邮件、留言板、即时信息等。

1.2.2　网站名称及主题设计

1. 网站名称设计

定位网站的名称是网站设计的第一步，网站的名称就像现实生活中的企业名称一样，它的好坏将直接影响网站的点击率，从而影响网站的形象和对外推广。一般情况下，网站名称的设计应该遵循以下规则。

（1）名称要规范：名称规范是指名称要合法、合情、合理，不能用反动、色情迷信或危害社会安全的词语。

（2）名称要简便：网站的名称不可以太长，字数应该控制在 6 个字以内，如知名的网站"淘宝"、"阿里巴巴"等。其次，网站的名称也不能太拗口。另外，如果是国内网站，根据中文网站浏览者的特点，除非是特别需要，网站名称最好用中文名称，不要使用英文或者中英文混合型名称。例如，Beyond Studio 和超越工作室相比，后者更亲切、好记一些。

（3）名称要有特色：网站名称要能体现企业的特色，这样可以给浏览者更多的视觉冲击和空间想象力。例如世界上著名的网上书店"Amazon（亚马逊）"和曾是中国电子商务企业旗舰网站的"8848"让人很容易联想起世界上最长的"亚马逊"河流和世界上最高的山峰"珠穆朗玛"，这些网站的名称都很有特色。

（4）名称要有内涵：网站名称最好能体现一定的内涵，切忌空洞无物。例如由阿里巴巴公司投资创办的、国内领先的个人网络交易平台"淘宝网"，其含义是"没有淘不到的宝贝，没有卖不出的宝贝"；而"易趣网"则意味着"交易的乐趣、乐趣的交换"，这些都是具有丰富内涵的网站名称。

2. 网站主题设计

网站的主题也就是网站的题材,它决定了网站的内容,体现了企业的形象。主题可以按照企业的网上业务的类别进行划分。目前商务网站的主题种类繁多,例如金融服务、家电产品、建材家居、汽车资讯、医疗保健等。对主题的设计要考虑以下几点。

(1) 主题小而内容精:网站的主题定位要准确,制作一个包罗万象的网站,把所有认为精彩的内容都放在上面,会让人感觉没有主题和特色,样样都有,却样样肤浅,而且可能给未来网站的维护和更新带来困难。网站的特点之一就是时效性,没有即时更新的内容,网站就失去了生命力。网站主题越集中,一般情况下网站所有者在这方面投入的精力会越多,因此所提供信息的质量也会越高。实践表明主题明确的网站要比主体宽泛的网站更受欢迎。

(2) 主题最好是自己擅长的内容:主题应该围绕企业比较熟悉的核心业务进行选择,这样选择的主题既突出了自己的核心业务,并且在制作时也会感到得心应手、游刃有余。

(3) 主题不要太滥,目标不要太高:主题"太滥"是指到处可见、人人都有的主题,例如免费信息、软件下载等。目标"太高"是指选择的主题目前已经有非常优秀、知名的网站,难以超过它们。

1.2.3 网站形象设计

网站和实体公司一样,也需要有整体的包装和公司形象(Corporate Identity,CI)设计。例如麦当劳、SONY、可口可乐等著名的网站都有全球统一的标志、色彩和产品包装,给用户留下了深刻的印象。

网站的 CI 设计是指通过网站的视觉效果来展示企业的形象。有创意的 CI 设计将会极大地提升网站的形象,给用户留下难以忘却的印象,使他们成为网站的常客,只有这样才能使企业得到长足的发展。网站的形象设计可以从以下几个方面入手。

1. 网站徽标设计

徽标(Logo)就如同商标一样,是站点特色和内涵的集中体现,看见它就让大家联想起某某站点。徽标可以是中文、英文字母,可以是符号、图案,也可以是动物或者人物,等等。一般情况下,公司的标志或注册商标可以直接拿来作为网站的徽标。如果没有现成的标志使用,则需要进行设计制作。

徽标图像的设计创意来自网站的名称和内容。例如百度网站是用汉语拼音字母及"百度"作为徽标;搜狐网站把 SOHU 几个字母设计得很有特色。有的还用有趣、可爱的动物或卡通形象或者产品标识作为徽标,如图 1.9 所示。

图 1.9 百度、搜狐和捷豹汽车网站的徽标

网站徽标设计创意的思路有以下几种。

(1) 代表性:选用网站有代表性的人物、动物、花卉等,可以将其作为设计的蓝本,加以

卡通化和艺术化。例如捷豹汽车的卡通猎豹、背靠背服饰的卡通人物、麦当劳的小丑、牡丹集团的牡丹花及格力集团的商标等,如图 1.10 所示。

图 1.10　背靠背、牡丹集团和格力集团网站的徽标

(2) 专业性:选择可以代表本专业的物品作为徽标。例如中国建设银行的铜板标志、美国苹果电脑公司的苹果标志、奔驰汽车的方向盘标志等,如图 1.11 所示。

图 1.11　中国建设银行、奔驰汽车和苹果电脑公司的徽标

(3) 最常用、最简单的方式是用自己网站的英文名称作为徽标:采用不同的字体、字母的变形组合可以很容易地制作自己的标志,例如起亚汽车、金利来服饰、雪花啤酒网站的徽标,如图 1.12 所示。

图 1.12　起亚汽车、金利来服饰、雪花啤酒网站的徽标

2. 网站标准色设计

网站给人的第一印象来自视觉感受,因此确定网站的标准色彩是很重要的一步。美术设计将这项工作称为定色调、定调子。不同的色彩及色彩的搭配产生不同的效果,它不仅关系到网站内容的传达,还可能影响到浏览者的情绪。这种色彩的心理效应早就为广告业的设计师们所利用,并以企业的标准色的形式出现在企业形象之中,形成了商业文化的一个重要特点。

(1) 标准色彩是指能够体现网站形象和延伸内涵的色彩。企业自己的标准色,也就是该企业在标志、产品及宣传品等方面统一使用的固定的颜色,如"IBM"的深蓝色、"肯德基"的红色,已经成为它们的标志和象征。我国的一些大企业也确定了自己的标准色,如"中国邮政"的绿色、"联想集团"的蓝色、"希望集团"的蓝色,等等。这种色彩与这个企业的形象已经融为一体,成为企业的象征,使人们对它由熟悉了解而产生信任感和认同感。如果将IBM 改用红色或金黄色,将麦当劳的 M 改为深蓝色,我们一定很惊诧、不敢确认。

(2) 网站上使用的企业标准色一方面要能体现企业形象,另一方面要有自己的特点,便于与其他公司的网站区分开。一般来说,一个网站的标准色彩不超过 3 种,太多则让人眼花缭乱。在具体应用时以标准色为中心,利用它的明度变化产生不同的色彩。标准色彩要广泛地运用于网站的标志、标题、主菜单和背景色块,使网站给人以整体、统一的印象。其他色彩只是作为对比和衬托,绝不能喧宾夺主。适合作为网页标准色彩的有蓝色、黄/橙色、黑/灰/白色三大系列。

3. 网站标准字体设计

网站的标准字体方案是指用于网页标志、标题和主菜单的特有字体。一般网站的默认字体是宋体,为了体现站点的特有风格,我们可以根据需要选择一些特别的字体。例如,针对少年儿童消费群体的商务站点可以用咪咪体,能给人以活泼童真的印象;传统艺术站点用大小篆、隶书,可以衬托出网站的文化;高新技术站点可以用艺术体,以显示出简洁、强烈的现代感;而政府站点的标准字体应在宋体、黑体、楷体中做选择,显得庄重、大方。设计者可以根据自己的网站所表达的内涵选择更适合的字体。

4. 网站宣传标语设计

企业和网站的宣传标语或广告语即用一句话甚至一个词来高度概括企业和网站的精神和目标。例如网易公司著名的广告语"网易,网聚人的力量"。

现代社会是一个信息爆炸、生活节奏加快的社会,人们没有时间、没有耐心记住那些冗长而又无关紧要的东西,因此在传达信息时往往要求高度精练、明确、好记,把网站的"卖点"提炼精化为几个字的广告词,既表达了网站的内涵又使人过目不忘,留下深刻的印象,这也是网站形象设计要考虑的问题。

徽标、色彩、字体和网站宣传标语是一个网站树立形象的关键,设计并完成这4项工作,网站的整体形象就有了一个基本的轮廓,下一步工作就可以进行网站的详细设计。

1.2.4　网站栏目设计

网站栏目实质上是一个网站内容的大纲索引,就好比一本书的目录,对用户访问网站起导航作用。栏目应该将网站的主要内容明确地显示出来,在设计栏目的时候要仔细考虑、合理安排。下面对栏目设计的原则、内容等进行说明。

1. 栏目设计的原则

(1)栏目的选择要"精":栏目的选择和划分总体上要突出一个"精"字,要体现网站的核心内容,要尽可能将网站最有价值的内容列在栏目上,这样才能够重点突出。

(2)栏目的划分要细致、合理:要根据网站的内容和所提供的服务按不同主题和层次划分为不同的栏目。栏目的划分要合理,栏目设置不能有重叠、交叉,栏目名称忌意义不明确,否则容易造成混淆。大家要对各个栏目细致规划,包括设定每个栏目的名称、所包含的子栏目及页面的数量和内容,以及各栏目之间的逻辑结构等。

(3)栏目要紧扣网站主题:一般的做法是将网站的主题按一定的方法分类并将它们作为网站的主栏目。主栏目个数在总栏目中要占绝对优势,这样网站才显得专业、主题突出,容易给人留下深刻的印象。

(4)栏目的布局摆放要协调、合理:栏目的布局摆放要根据其重要性做出合理安排,尽可能方便访问者的浏览和查询。重要栏目(如网站核心业务相关栏目、经常更新的栏目等)要放在网站的显著位置,一些辅助栏目(如关于本站、版权信息等)可以不放在主栏目里,以免冲淡主题,可以放在网站的次要位置。例如可以将网站的各个主要栏目集中放在页面顶部导航栏的位置,而将一些辅助栏目放在页面底部。

(5)栏目的层次要适当:网站的栏目分层设置可以使网站的内容安排有条理、结构关系清楚。网页的内容一般分为几个层次,上下呈线型分布结构,所以处于线型末端的内容需要用鼠标单击几次才能找到,如果它与另一条线型末端的内容之间没有链接,浏览者只有沿原路退回才能浏览到它,也就是通常所说的"藏得太深"。由于这个原因,网站的主要内容一定要放在首页或一、二级栏目中,如果因版式问题不得不放在较深的位置,一定要设法为它在首页安排超链接,同时在其他网页中放置多个超链接。用超链接打破单一的线型结构,可以使用户方便地从一个栏目切换到另一个栏目。

2. 栏目的主要内容

网站的具体栏目因网站的功能、类型不同,在栏目的数量、标题命名方面会有所差别,下面以商务网站为例说明核心栏目和辅助栏目的常用参考目录名称。

(1)核心栏目的常用参考目录:核心栏目是涉及商务活动过程中核心业务的栏目,例如用户管理、广告管理、商品管理、订单管理、支付管理、物流管理等。核心栏目及其子栏目的常用参考目录如图 1.13 所示。

图 1.13　商务网站的核心栏目

(2)辅助栏目:辅助栏目对于完成商务活动过程中的核心业务起辅助作用,辅助栏目的常用参考目录如图 1.14 所示。

图 1.15 是海尔商城(http://www.ehaier.com/)的辅助栏目。

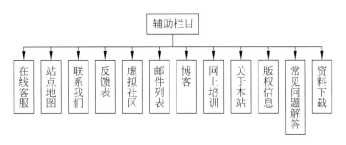

图 1.14　辅助栏目的参考目录

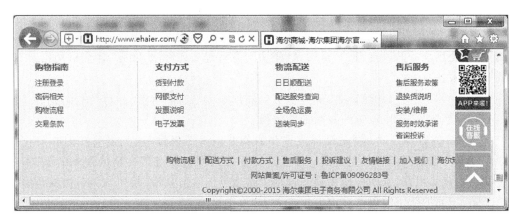

图 1.15　海尔商城的辅助栏目

1.2.5　网站页面设计

页面设计涉及的内容较多,包括页面设计原则、组成网页的各要素(例如网页插图、字体、表格、线条与形状、导航栏、链接)以及页面布局、首页的设计。

1. 页面设计原则

(1)保证页面快速下载:没有什么比要花很长时间下载页面更糟糕的了,大家应尽量避免使用过多的图片及体积过大的图片。一般将主要页面的容量控制在 50KB 以内,平均 30KB 左右,确保普通浏览者的页面等待时间不超过 10 秒。

(2)避免长文本页面:在一个站点上如果有许多只有文本的页面是令人乏味的。如果网站上有大量的基于文本的文档,应当以 Adobe Acrobat 格式的文件形式来放置,以便网站的访问者能离线阅读,从而节省宝贵的时间。

(3)页面长度要适宜:长的页面的传输时间明显要比短的页面的传输时间长,太长的页面的传输会使访问者在等待中失去耐心。有研究显示,如果一个网站页面的主体在 15 秒之内显现不出来,访问者会很快地失去对该站的兴趣,因此我们应该注意对页面长度的设计。通常页面长度建议为一屏半到两屏,原则上长度不超过 3 屏、宽度不超过一屏,并且不要使用横跨整个屏幕的图像,要避免访问者向右滚动屏幕,占 75% 的屏幕宽度是一个好的建议。

(4)利用空白分割:为了吸引访问者的眼球,页面上要注意保留合适大小的空白,如图 1.16 所示。使页面上的元素之间有足够的空隙,这比使用其他方法(如闪烁、旋转等)能吸引更多的注意力。另外,不要用图像、文本和不必要的动画充斥网页,即使有足够的空间,

网页设计概述

在设计时也应该避免使用。

图 1.16　使用空白的页面

(5) 保持网页风格统一：网页上所有的图像、文字(包括背景颜色、区分线、字体、标题、注脚等)要使用统一的风格,贯穿全站,这样访问者看起来才舒服、顺畅,才会对网站留下"很专业"的印象。

所有页面都要使用导航标志,例如在每页的顶端(或底部)都有一小串图标,尤其是要用"返回到首页"链接,可以在每个页面都这样做。

(6) 网页内容要易读：网站设计最重要的就是网页要易读,这就需要我们必须花心思来规划文字与背景颜色的搭配方案。注意不要让背景颜色冲淡了文字的视觉效果,不要用花里胡哨的色彩组合,否则会使用户阅读网页很费劲。一般来说,浅色背景下以深色文字为佳。另外,不要把文字的规格设得太小或太大,文字太小,读起来让人难受；文字太大,或者文字视觉效果变化频繁,让人看起来不舒服。

(7) 网页命名要简洁：一个网站不可能只由一个网页组成,它有许多子页面,为了使这些页面有效地被关联起来,最好给这些页面起一些有代表性的而且简洁、易记的网页名称,这样既有助于以后管理网页,并且在向搜索引擎提交网页时更容易被别人索引到。在给网页命名时最好使用自己常用的或符合页面内容的小写英文字母,这直接关系到页面上的链接。

2. 网页色彩设计

网页的色彩选择、搭配和运用是网页设计的重点之一。网页的色调、背景、文字、图标、边框、链接应该采用什么样的色彩,应该如何搭配,什么样的色彩才能最好地表达出网站的内涵,都是网页设计一开始就必须解决的问题。网页色彩的运用一般应考虑色彩的鲜明性、独特性、适合性和联想性；网页色彩的搭配要注意黑白与彩色,以及同类色、邻近色和对比色的运用。详细内容请读者查阅相关资料。

3. 网页插图

这里所说的插图是广义的,包括广告、图画、照片、文字等。网页中的插图设计是网站建设的主要内容之一。就信息发布的角度而言,插图可以起到文字说明不了的作用,同时插图也是装饰网页的主要手段。

(1) 网页插图大致可以分为两大类型,一是照片类,二是绘画类。照片类插图是指由数码相机、扫描仪得到的图像；绘画类插图来自于手工绘画或软件制作,例如大家常见的卡通图画、装饰图案、文字图形、3D图像以及用图形图像软件处理加工过的照片等。

(2) 插图的使用应注意下面几点。

① 给图形加上文字说明：给每幅图形加上文字说明,在图形出现之前就可以使用户看到相关内容,尤其是导航按钮和大图片更应如此。这样一来,当网络速度很慢不能把图像下

载下来时,或者用户在使用文本类型的浏览器时,照样能阅读网页的内容。

② 多使用图像缩微图:比如有一张 800×600 像素的 1600 万色扫描图,所占空间约为 50KB。使用 Photoshop 这一类的图像编辑工具对原图进行重新取样,比如高度为 100 像素,Photoshop 会自动计算新图像的宽度。保存新图像为 small. jpg,它的大小现在应为 8KB 或更小。然后在源文件中添加这样一段 HTML 代码:

```
< img src = "big.jpg" lowsrc = "small.jpg" width = "800" height = "400">
```

那么浏览器在解释执行 lowsrc 命令时将在真正的画面载入之前先装载低分辨率的图像,这样就会让访问者清楚将会出现什么样的图片。

4. 网页字体

字体是网页的主要组成部分,是信息的主要载体。正确地选择字体,不仅关系到网页的美观,还对浏览者的阅读及信息的传达有直接影响。例如一般网页文字的字体是稳定的,阅读要求识别轻松、浓淡适宜。标题字部分则相当于广告性用字,如化妆品广告上的用字,就可以注重艺术、前卫,以传达出时尚风范来渲染女性色彩;专业性网站的字体可以庄重一些,以透露出严谨。

由于一般计算机字库的汉字字体太少,若设计者想用其他的艺术字体,则必须将字体做成图形图像格式,尤其是用软件制作的金属字、立体字等。这种字体主要用于网站名、广告、菜单、链接以及重要的标题。

5. 表格设计

大多数设计者需要用表格进行设计,表格既可以定义布局,又可以应付页面中不可预知的因素,但是表格也增加了显示页面的时间。为了避免这种缺陷,大家在处理表格的时候要使用一些技巧,例如要多使用小表格、使用 width 属性、把窗体放在表格里等,另外嵌套表格要尽量简单,最好不要超过 3 层。

6. 线条与形状

线条与形状的使用可以大大丰富网页的表现力,使页面呈现出更加丰富多彩的艺术效果。

(1) 直线与矩形的应用:直线条的艺术效果是流畅、挺拔、规矩、整齐。直线和矩形在页面上的重复组合可以呈现出井井有条、泾渭分明的视觉效果。

(2) 曲线与弧形的应用:曲线的效果是流动、活跃,具有动感。曲线和弧形在页面上的重复组合可以呈现流畅、轻快、富有活力的视觉效果。

7. 导航栏

每个网站都应该有一组导航工具,它出现在此网站的每一个页面中,称为导航栏 (Navigation Bar)。导航设计使用文本超链接或图片链接,使人们能够在网站上自由前进或后退。导航栏中的按钮应该包括主页、联系方式、反馈及其他一些用户感兴趣的内容,这些内容应该与站点结构图中的主要题目相关联。

导航栏有一排、两排、多排、图片导航等各种情况的布局,有时候是横排,有时候是竖排。另外还有一些动态的导航栏,例如很精彩的 Flash 导航等。

网站导航要清晰,容易查找。清晰的导航还要求用户进入目的页的点击次数不能超过 3 次。如果超过 3 次还找不到,用户可能就没有耐心访问了。

绝大多数好的站点在每一页同样的位置上都有相同的导航条,使浏览者能够很直观地从每一页上访问网站的任何部分。图 1.17 所示为海尔商城(http://www.ehaier.com/)的导航栏。

图 1.17　海尔商城的导航栏

8. 链接设计

在制作图像或文本超链接时要尽可能使用相对超链接,这是因为这样做网页的可移植性比较强,例如在把一组源文件移到另一个地方时,相对路径名仍然有效,而不需要重新修改链接的目标地址;另外,使用相对超链接时输入量也较少。

所有的超链接应清晰、无误地向用户标识出来。链接带下画线为通常的默认风格,顶部导航或特殊位置为了观赏性可用样式表取消下画线。

链接文本的颜色最好用约定俗成的,即未访问的用蓝色,点击过的用紫色或栗色。总之,文本超链接一定要和页面中的其他文字有所区分,激活后的链接颜色、鼠标指针移到其上时的链接颜色要和本身的颜色进行区分,以便给用户清楚的导向。

9. 页面布局设计

动手制作网页的第一步是设计版面的布局。布局是一个设计的概念,指的是在一个限定的面积范围内合理安排、布置图像和文字的位置,把文章、信息按照孰重孰轻的秩序陈列出来,同时将页面装饰、美化起来。

1) 网页版面布局的基本概念

(1) 页面尺寸:网页的版面指的是访问者从浏览器看到的完整的一个页面(可以包含框架和层)。页面尺寸和显示器大小及分辨率有关,分辨率越高页面尺寸越大。因为浏览器也会占用不少空间,留给页面的范围变得越来越小。例如分辨率在 1024×768 的情况下,页面的显示尺寸为 1007×600。在网页设计过程中,如果需要在同一页面显示超过 3 屏的内容,那么最好能在上面做页面内部链接,以方便访问者浏览。

(2) 页面造型:造型就是创造出来的物体形象,这里是指页面的整体形象。虽然显示器和浏览器都是矩形的,但对于页面的造型,用户可以充分运用自然界中的其他形状以及它们的组合,例如矩形、圆形、三角形、菱形等。

对于不同的形状,它们所代表的意义是不同的。例如矩形代表着正式、规则,很多 ICP 和政府网页都是以矩形为整体造型;圆形代表着柔和、团结、温暖、安全等,许多时尚站点喜欢以圆形为页面整体造型;三角形代表着力量、权威、牢固等,许多大型的商业站点为显示它的权威性常以三角形为页面整体造型;菱形代表着平衡、协调、公平,一些交友站点常运用菱形作为页面整体造型。虽然不同形状代表着不同意义,但目前的网页制作多数是结合多个图形加以设计。

（3）页面区域：一个页面可以划分为几个固定区域。

① 标题栏（Header）：用来放置页面头部的信息，例如标题、站点名字的图片、公司名称、公司标志 Logo、导航栏以及旗帜广告或商标图片等，这样访问者能很快地知道这个站点中是什么内容。为了保持页面风格的一致，也便于用户方便地使用导航栏，标题栏需要在网站的每一页中都出现。图 1.18 所示为京东商城（https://www.jd.com/）的标题栏。

图 1.18　京东商城的标题栏

② 页尾栏（Footer）：页尾栏和标题栏相呼应，放置公司的详细地址、版权声明或其他相关信息。为了保持页面风格的一致，页尾栏也需要在网站的每一页中都出现。图 1.19 所示为京东商城（https://www.jd.com/）的页尾栏。

图 1.19　京东商城的页尾栏

③ 菜单栏（Navlink）：放置菜单的区域。菜单是页面的重要组成部分，菜单的集合被定义为导航条。

菜单栏可能位于页面的左边，也可能位于页面的右边，还有可能与标题栏和页尾栏在一起，这就要求大家在设计时考虑这种灵活性，使得系统具备可扩展性。图 1.20 所示为京东商城（https://www.jd.com/）的菜单栏，它位于页面的左边。

④ 内容栏（Body）：整个网站的内容部分，内容有可能是以下几种类型。

- 纯文字型：最容易处理，使用 HTML 就可以排列出一定的格式。
- 文字和图片型：需要考虑文字和图片的排列方式，图片位于文字上方还是文字下方等。

图 1.20　京东商城的菜单栏

- 功能型：本内容有可能是系列新闻、论坛或电子购物产品列表等，这样的页面都不是静态 HTML 能直接处理的，需要和数据库连接，属于动态页面，功能型内容可以用专门软件完成。图 1.21 所示为京东商城的内容栏。

图 1.21　京东商城的内容栏

2）页面布局的类型

网页布局大致可分为对称型布局、随意型布局、框架型布局和封面型布局几种，下面分别论述。

（1）对称型布局。

- "T"字型："T"字型结构布局是指页面顶部为网站标志、广告条，下方左面为主菜单，右面显示内容的布局，因为菜单条背景较深，整体效果类似英文字母 T，所以我们称之为"T"字型布局。这是网页设计中使用最广泛的一种布局方式，如图 1.22 所示。
- "同"字型："同"字型结构布局是指页面顶部为主菜单，下方左侧为二级栏目条，右侧为链接栏目条，屏幕中间显示具体内容的布局。"同"字型布局的网页非常普遍。这种布局的优点是页面结构清晰、左右对称、主次分明；缺点是规矩呆板，如果细节色彩上缺少变化，很容易让人感觉乏味。
- "国"字型："国"字型布局是一些大型网站喜欢的类型，是在"同"字型布局的基础上演化而来的。即最上面是网站的标题以及横幅广告条；左右分列一些小条内容，如左面是主菜单，右面放友情链接等；中间是主要部分，与左右一起罗列到底；最下面是网站的一些基本信息、联系方式、版权声明等。这种结构是我们在网上见到的差不多最多的一种结构类型。这种布局的优点是充分利用版面，信息量大，与其他页面的链接多，切换方便；缺点是页面拥挤，四面封闭，如图 1.23 所示。

图 1.22 "T"字型布局

图 1.23 "国"字型布局

- 左右型：左右型布局是采取左右分割屏幕的办法形成的对称布局,在左右部分内自由安排文字图像和链接,单击左边的链接时,在右边显示链接的内容。它的优点是既活泼、自由,又可显示较多的文字、图像;缺点是将两部分有机地结合比较困难,也不适合数据巨大的网站。
- 拐角型：在拐角型结构中,上面是标题及广告横幅,接下来的左侧是一窄列链接等,右列是很宽的正文,下面是网站的一些辅助信息。在这种类型中,一种很常见的类型是最上面是标题及广告,左侧是导航链接。
- 标题正文型：这种类型即最上面是标题或类似的东西,下面是正文,例如一些文章页面或注册页面等就是这种类型。

(2) 随意型布局。

随意型布局打破了"同"字型、"国"字型布局的菜单框架结构,页面布局像一张宣传海报,以一张精美图片作为页面的设计中心,菜单栏目自由地摆放在页面上,其常用于时尚类站点。随意型布局的优点显而易见,即漂亮、吸引人;缺点是显示速度慢、文字信息量少。它适合于以图像为主要内容的站点。

(3) 框架型布局。

- 左右框架型：这是一种分为左右两页的框架结构,一般左面是导航链接,有时最上面会有一个小的标题或标志,右面是正文。我们见到的大部分大型论坛都是这种结构的,有些企业网站也喜欢采用。这种类型结构非常清晰,一目了然。
- 上下框架型：与上面类似,区别仅仅在于它是一种分为上下两页的框架。
- 综合框架型：上面两种结构的结合与变化,是相对复杂的一种框架结构,较为常见的是类似于"T"字型结构的,只是采用了框架结构而已。

(4) 封面型布局。

- 封面型：这种类型基本上出现在一些网站的首页,大部分为一些精美的平面设计结合一些小的动画,放上几个简单的链接或者仅是一个"进入"的链接,甚至直接在首页的图片上做链接而没有任何提示。这种类型大部分出现在企业网站和个人主页,如果处理好,会给人带来赏心悦目的感觉。封面型布局如图1.24所示。
- Flash型：与封面型结构类似,只是这种类型采用了目前非常流行的Flash技术。与封面型不同的是,由于Flash强大的功能,页面所表达的信息更丰富,其视觉效果和听觉效果如果处理得当,绝不差于传统的多媒体。

上面介绍了几种布局类型,在实际的页面布局设计中用户要具体情况具体分析：如果内容非常多,就要考虑用"国"字型或拐角型;如果内容不多但一些说明性的东西比较多,则可以考虑用标题正文型;如果是一个企业网站想展示一下企业形象,封面型是首选。总之,如何让自己的网站效果更好,还要靠自己多实践、多练习。

3) 页面布局设计的步骤

版面布局的设计一般要经过创意草图、粗略布局和最后定案3个步骤。

(1) 创意草图：草案的形成决定了将来网页的基本面貌。它类似一个设计创意,创意往往来自于一些现有设计作品,由这些现有作品的图形、图像、素材经组合、改造、加工而产生新的设计作品。例如,原有作品的背景色是黑色的,可以把它改成白色,就会变成另外一个样子。也就是说,将某一视觉元素中的某一描述参数加以改变,从而实现新的设计作品。

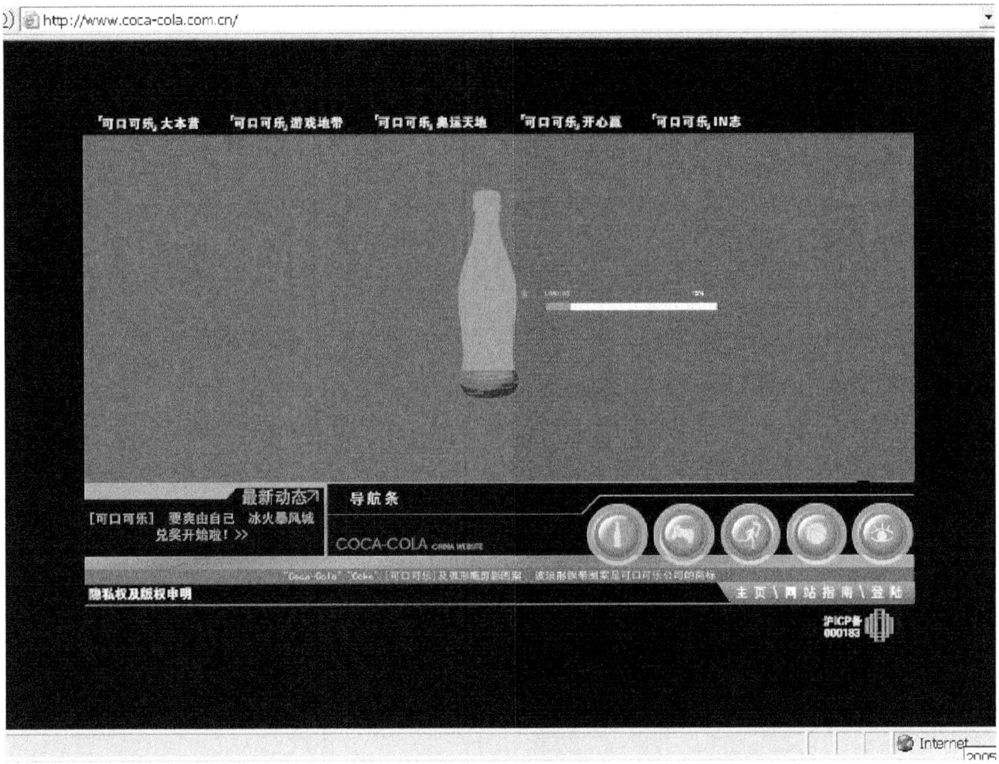

图 1.24　封面型布局

　　草图属于创造阶段,不讲究细腻工整,不必考虑细节功能,只以粗略的线条勾画出创意的轮廓即可。

　　(2) 粗略布局:即在草案的基础上将确定需要放置的页面元素安排到页面上,页面元素主要包括网站标志、主菜单、栏目条、广告位、邮件列表、计数器等。需要注意的是,我们必须遵循"突出重点、平衡协调"的原则将网站标志、主菜单、商品目录等重要模块放在最明显、最突出的位置,然后再考虑次要模块的排放。

　　(3) 最后定案:即将粗略布局精细化、具体化。大家在具体处理时可以遵循以下原则。

- 平衡:指画面的图像和文字的视觉分量在左右、上下几个方位基本相等,分布均匀,能达到平稳、平静的效果。
- 呼应:对不平衡的布局的补救措施,使一种元素同时出现在不同的地方,形成相互的联系。
- 对比:就是利用不同的色彩、线条等视觉元素相互对比,造成画面的多种变化,达到丰富视觉的效果。
- 疏密:疏密关系源于绘画的概念。疏,是指画面中元素稀少(甚至空白)的部分;密,是指画面中元素繁多的部分。在网页设计中就是空白的处理运用,太满、太密、太平均是任何版式设计的大忌,适当的疏密搭配可以使画面产生节奏感,体现出网页的格调与品位。

以上设计原则虽然枯燥,但是如果能运用到页面布局里,效果就会大不一样。例如,网

网页设计概述

页的白色背景太虚,则可以加些色块;版面零散,可以用线条和符号串联;画面文字过多,在右面可以插一张图片保持平衡。经过不断尝试和推敲,一个崭新的设计方案就会渐渐完整起来。

4) 网页布局的方法

网页布局的方法有两种,第一种为纸上布局,第二种为软件布局,下面分别加以介绍。

(1) 纸上布局法:许多网页制作者不喜欢先画出页面布局的草图,而是直接在网页设计器里边设计布局边加内容。这种不打草稿的方法难以设计出优秀的网页,所以在开始制作网页时要先在纸上画出页面的布局草图。

① 页面尺寸的选择:目前 800×600 的分辨率为约定俗成的浏览模式,所以为了照顾大多数访问者,页面尺寸以 800×600 的分辨率为准。

② 造型的选择:先在白纸上画出象征浏览器窗口的矩形,这个矩形就是布局的范围。选择一个形状作为整个页面的主题造型,例如要设计一个时尚站点,我们选择圆形,因为它代表柔和,和时尚、流行比较相称。然后在矩形框架里随意画,接着可以尝试增加一些圆形或者其他形状。

(2) 软件布局法:如果用户不喜欢或不方便用纸画出页面的布局意图,那么还可以利用软件完成这些工作。例如使用 Photoshop,将 Photoshop 所具有的对图像的编辑功能用到设计网页布局上更显得心应手。不像用纸来设计布局,用 Photoshop 可以方便地使用颜色、使用图形,并且可以利用层的功能设计出用纸张无法实现的布局想法。

5) 网页布局的技术

网页布局的技术可以选择 CSS(层叠样式表)、表格和框架。

(1) CSS 布局:在 HTML 4 标准中,CSS(层叠样式表)被提出来,它能完全精确地定位文本和图片。曾经无法实现的布局想法利用 CSS+DIV 网页布局技术都能实现,现在已经有越来越多的网站使用了 CSS+DIV 布局技术。

(2) 表格布局:现在,表格布局已经得到大量应用,大家随便浏览一个站点,它很有可能是用表格布局的。表格布局的优势在于能对不同对象加以处理,同时不用担心不同对象之间的影响,而且表格在定位图片和文本上比用 CSS 更加方便。表格布局唯一的缺点是当用了过多的表格时页面的下载速度会受到影响。如果要查看现有网站的表格布局,可以随便找一个站点的首页,保存为 HTML 文件,然后利用所见即所得的网页编辑工具打开它,这样大家就能看到这个页面是如何利用表格布局的了。

(3) 框架布局:从布局上考虑,框架结构不失为一个好的布局方法。它和表格布局一样,把不同对象放置到不同页面加以处理,因为框架可以取消边框,所以一般来说不影响整体美观。但可能是因为它的兼容性原因,框架结构的页面开始被许多人放弃。

以上技术的具体使用在以后章节中会有详细讲述。

10. 网站首页的设计

首页是企业网站的门面,代表着整个网站的形象,是用户进入网站的入口,因而首页的设计至关重要,是一个网站成功与否的关键。首页设计除了遵循一般网页的设计原则外,还有其独特的特点,具体表现在以下几个方面。

1) 设计原则

一个好的首页在内容上应该注意以下几点,以此作为首页设计的指导思想。

（1）要尽量精简：主页的作用好比一本书的封面，是为了吸引用户浏览网站的内容，因此主页的设置应以醒目为上，令人一目了然，不要为拼凑页面而设计，不要堆砌太多不必要的细节，或使画面过于复杂。

（2）要保持新鲜感：为保持新鲜感，应时刻确保主页提供最新的信息，应不断增加新内容，留下网站上时效性强的信息，去除过时的信息，保持网站上信息的有效性。

（3）要具有特色：主页上最好有醒目的图像、新颖的画面、美观的字体，使其别具特色，令人过目不忘。

（4）有明确、动态的内容：明确的内容可以使访问者一眼就能够看出这个网站的内容类别和特点；动态的内容是指首页上放置的是用户会经常看的、用到的内容，不要把不经常更新的内容放在首页上。

（5）使用简洁的版面：尽量用简洁的方式排放首页的内容，这样可以使用尽量少的页面空间放置尽量多的内容。

（6）抓住用户：如果用户不能够迅速地进入你的网站或操作不便捷，你的首页设计就是失败的，不要让用户失望而转向你的对手的网站。

2）功能模块（或栏目）设计

首页的内容模块是指在首页上显示的网站栏目。那么首页上应该放些什么内容呢？一般的站点需要下面这些模块。

网站标志(logo)与名称	广告条(banner)	主菜单(menu)
新闻(what's new)	搜索(search)	友情链接(links)
邮件列表(maillist)	计数器(count)	版权(copyright)
站点地图(site map)	导航栏(navigation bar)	最近更新
联系方式页面(contact page)	主要推荐	常见问题解答(FAOs)

选择哪些模块，实现哪些功能，是否需要添加其他模块，都是首页设计首先需要确定的。

（1）如果版面允许，在主菜单不能体现整个网站内容的情况下放个网站导航，既方便用户（因为没有人喜欢在菜单上一层层点下去寻找所要的东西），又能让人家知道你这个网站的大体栏目结构。

（2）如果首页没有安排版面放置最近更新内容信息，就有必要设立一个"最近更新"的栏目，这样做是为了照顾常来的访客，让主页更有人性化。

（3）如果主页内容庞大（超过 15MB），层次较多，又没有站内的搜索引擎，那么最好设置一个"本站指南"或"站点地图"栏目，可以帮助初访者快速找到他们想要的内容。

（4）如果是信息类网站，最近更新的内容和主要推荐的内容肯定要在第一屏。

3）布局设计

首页是网站的门户、入口，要放置的内容较多，因而首页的布局是所有页面中最为重要的，也是较为复杂的，首页布局设计应注意以下几点：

（1）在布局类型选择方面可以选择前面介绍的"T"字型布局、"国"字型布局等类型。

（2）在布局内容选择方面要做到主次分明、中心突出，将无助于突出网站特色的内容放在二级以下页面。

（3）在布局搭配方面要力求做到大小搭配、相互呼应，不要给用户造成呆板和拘束的感觉。

（4）在表现形式方面力求做到图文并茂、相得益彰。

4）色彩运用

首页的主色调是网站的色彩标志,它统领整个网站的着色风格,影响其他页面颜色的选择。其他页面的颜色选取要以首页的色彩为重要参考依据,并具有一定的继承性和连续性,从而使整个站点更像一个整体。

一般首页颜色应该选择正色,而非过渡色,这样便于其他页面相对于首页有一定的过渡。根据经验,首页颜色最好选取红色、黄色、蓝色、绿色、紫色、白色,至于如何选取和搭配要依据网站的特点和不同色彩给人的心理感觉来确定。

- 红色:一种激奋的色彩,有刺激效果,能使人产生冲动、愤怒、热情和活力的感觉。
- 黄色:具有快乐、希望、智慧和轻快的个性,它的明度最高。
- 蓝色:最具凉爽、清新、专业的色彩。它和白色混合,能体现柔顺、淡雅和浪漫的气氛(像天空的色彩)。
- 绿色:介于冷暖两种色彩的中间,给人和睦、宁静、健康、安全的感觉。它和金黄、淡白搭配,可以产生优雅、舒适的气氛。
- 紫色:紫色的低明度给人一种沉闷、神秘的感觉。在紫色中加入白色,可使其沉闷的性格消失,变得优雅、娇气,充满女性的魅力。
- 白色:具有洁白、明快、纯真、清洁的感受。
- 橙色:也是一种激奋的色彩,具有轻快、欢欣、热烈、温馨、时尚的效果。

网站色彩设计的示例如图 1.25 所示。

图 1.25　网站色彩设计示例

上面这些网站都有一个朴素的背景,最流行的就是白色和灰调渐变。这样的背景提供了一个又酷、又柔和、又中立的环境,让那些抢眼的颜色可以引导用户的目光。

1.2.6　网站风格设计

网站的风格(Style)是抽象的,是指网站的整体形象给浏览者的综合感受,它体现在网站内容与形式等各种元素中。网站的整体形象包括的因素较多,例如 CI 设计、版面布局、浏览方式、交互性、文字样式、内容的价值、图形图像的运用等。

风格是独特的,是一个网站区别于其他网站并吸引访问者的重要因素,在题材、表现手法、语言、组成页面要素的处理等方面形成特色就形成了网站的整体风格。网站设计者应根据企业的要求与具体情况找出特色,突出特点。例如"网易"的平易近人,"迪士尼"的生动活泼,"IBM"的专业严肃,这些网站都给人们留下了不同的感受。

风格是有个性的,个性可以通过网站的外表、内容、文字、交流等表现出来。

1. 网站整体风格设计的原则

网站整体风格的设计并没有固定的模式可以参照或者模仿,一般来说网站整体风格的设计应该注意以下几点。

(1)风格以内容为基础：确信风格是建立在有价值内容之上的。一个网站有风格但没有内容，就好比绣花枕头一包草，中看不中用。因此在设计网站时首先必须保证内容的质量和价值性，这是最基本的，也是毋庸置疑的。

(2)明确网站给人的印象：需要彻底搞清楚自己希望站点给人的印象是什么，可以从多方面来思考，例如有创意，专业，有(技术)实力，有美感，有冲击力；色彩是热情的红色、幻想的天蓝色，还是聪明的金黄色；值得信赖，信息最快，交流方便；敬业，认真投入，有深度，负责，纯真。

(3)强化网站印象的设计：在明确自己的网站印象之后开始努力建立和加强这种印象。在对网站印象细化之后还需要进一步找出其中最有特色的东西，就是最能体现网站风格的东西，并将它作为网站的特色加以重点强化、宣传。例如再次审查网站名称、域名、栏目名称是否符合这种个性，是否易记；审查网站标准色彩是否容易联想到这种特色，是否能体现网站的个性等。

(4)保持网站风格的一致性：作为电子商务网站，风格的一致性也是极其重要的。网站结构的一致性、色彩的一致性、导航的一致性、背景的一致性以及特别元素的一致性都是形成网站整体风格的重要因素。

另外，文稿的文笔风格也要统一。如果是多人合作，可以分别负责各自的栏目版块，但风格要一致，不要使读者觉得是拼凑的文字。

同时应使用统一的语气和人称，即使是多人合作维护，也要让访问者觉得是同一个人写的。

(5)适应网站的受众对象：网站的风格要根据受众对象来设计，不同的受众对象有其特殊的需求。

- 儿童受众者：这类网站的色彩要艳丽、活泼，可以根据孩子的特点适当增加一些互动性的内容。图1.26所示为中国儿童网网站(http://www.zget.org)。

图1.26　中国儿童网

- 女性受众者：这类网站的色彩要柔和、恬淡，风格以温馨、浪漫为基调，内容以时尚类为主。图1.27所示为聚美优品网站(http://bj.jumei.com)。

图1.27　聚美优品网站

- 青年受众者：这类网站的受众一般为青年，所以在色彩和设计风格上要追求青年的口味，画面精致、绚烂，可以包括音乐、游戏、服装、娱乐等与流行有关的内容。图1.28所示为一家针对青年的体育用品专卖店网站(http://www.li-ning.com.cn)。

图1.28　体育用品专卖店网站

- 知识受众者：这类网站是与科学、文化及艺术相关的专业网站，其受众主要是一些有相关专业基础的浏览者，在色彩和风格上应以突出内涵为主。图1.29所示为中国科学院网站(http://www.cas.ac.cn/)。

图 1.29　中国科学院网站

2．网站整体风格设计的技术处理

那么如何通过技术手段树立网站风格呢？可以从下面几点考虑。

（1）网站标志 Logo 尽可能地放在每个页面最突出的位置，一般放在页眉的位置。

（2）使用标准色彩和相近的底色（背景色）：文字链接的色彩、图片的色调、页面的底色、边框等色彩尽量使用与标准色彩一致或相近的色彩。

（3）突出标准字体：在关键的标题、菜单、图片里使用统一的标准字体。

（4）设计一条朗朗上口的宣传标语，把它做在 Banner 里或者放在页面中醒目的位置，告诉大家网站的特色。

（5）使用统一的图片处理效果：图片有强化视觉效果、营造网页气氛、活泼版面的作用，在处理时要注意图片阴影效果的方向、厚度、模糊度必须一样，图片的色彩和网页的标准色彩的搭配也要适当。

（6）设计站点特有的图符：应该创作一些站点特有的花边、线条、图案、符号或图标，例如在一个超链接前面可以放置☆、※、○、◇、□、△、◎、→等符号（在输入法的软键盘里以及字库 Windings 字体中可以查找到很多），这样虽然很简单的一个变化，却给人与众不同的感觉。

采取上述措施后，虽不能保证网站的艺术效果和品位，但网站的统一性、完整性会得到很大的改进。风格的形成不是一次完成的，大家可以在实践中不断强化、调整和修饰以形成。

1.2.7 网站结构设计

1. 网站的目录结构设计

一般来说,一个站点包含的目录、文件很多,大型站点更是如此。如果将所有的文件混杂在一起,则整个站点就会显得杂乱无章,自己看起来也很不舒服并且不易管理,因此需要对站点内部的目录结构进行规划。网站的目录结构是指网站中各种目录和文件的组织与存储结构。尽管目录结构对于访问者来说是不可见的,但对于网站的管理却是至关重要的。不合理的目录结构往往会使站点的维护、移植和扩充变得异常困难,因而如何科学合理地设计网站的目录结构是我们必须考虑的问题。

1) 目录的组织与存储管理

应该将网站的各个文件分门别类地放到不同的文件夹下,这样可以使整个站点的结构看起来条理清晰、井然有序,使人们通过浏览站点的结构就可以知道该站点的大概内容,这样做主要是为网页设计人员修改管理页面文件提供方便。一个科学合理的网站目录组织与存储结构能够减少内容维护与更新的间接成本,减少加载和刷新内容所需要的时间,能够方便维护者管理其内容,并能够通过收集和整理内容保证内容的高质量。一般情况下,网站可以按照内容、功能、文件类型等不同方式进行目录的组织与存储。

(1) 按内容模块存储:一个网站包括很多版块,在存储这些内容的时候可以考虑按照内容将相关的文件存储在相同的文件夹下。

(2) 按功能模块存储:对于已经按照内容存储的文件,在很多时候可能仍然相当零乱,因为很多不同功能的文件存放在一起,当需要进行查找、修改时也会有很多麻烦,这时应该考虑再按功能模块进行存储。

(3) 按文件类型存储:对于已经按照上面两种存储方式存储的文件,有时候还需要根据其文件类型将相同类型的文件存储在一个文件夹下,以便于查看和管理。

2) 目录结构设计的原则

(1) 不要将所有文件都存放在根目录下:网站的文件数量较多,为了将各种文件分类存放,一般不把所有文件都存储在根目录下。这样做的好处有两个,一是可以加快文件的上传速度(服务器一般会为根目录建立一个文件索引,当将所有文件都放在根目录下时,那么即使只上传、更新一个文件,服务器也需要将所有文件再检索一遍,建立新的索引文件,因此如果文件数量比较大,上传的速度就会变慢);二是可以使文件管理有序(把众多的文件分门别类存放在不同的子目录中,可以避免文件组织的杂乱无章,有利于文件的检索、编辑、更新、删除,从而提高文件的管理效率)。

(2) 按栏目内容建立子目录:这么做的好处是根据特定栏目可以立即找到相关的页面,使页面的查找变得非常简单,而且在修改一个栏目的页面时不会影响其他栏目。在具体建立时大家要注意以下几点。

① 网站各主要栏目单独建立子目录:电子商务网站可以按照会员注册、商品展示、商品信息查询、预约谈判、购物车、订单处理、支付结算等建立相应子目录。

② 其他次要栏目设计:如需要经常更新可以建立独立的子目录;对于那些不需要经常更新的栏目,如联系方式、关于本站、版权信息等,可以合并存放在一个目录下。

③ 所有程序类文件一般放在各自的目录下:如 CSS 文件、JSP 文件、Java 的 CLASS 文

件等,这样便于维护、管理。

(3) 在每个主目录下都建立独立的 images 目录:这样做的目的是将图像文件和页面文件分开存储,以大大简化不同类型文件的管理。通常网站根目录下都有一个 images 目录,用于存放各页面都要使用的公共图片。为每个主要栏目建立一个独立的 images 目录来保存各自的图像文件是比较合理的。根目录下的 images 目录只用来存放首页和一些次要栏目的图片。

(4) 目录的层次不要太深:一般目录的层次限制在 3 层之内,这样有利于维护、管理。

(5) 目录/文件的命名:目录/文件名一律采用小写英文字母、数字、下画线的组合,其中不得包含汉字、空格和特殊字符。

① 目录用英文等字符来命名较好,尽量避免使用拼音作为目录名称。通常使用与"栏目"或"存放文件"的内容相关的单词来命名目录以简化管理。此外,目录的含义要明确,应该与目录下存放的内容相关联,不要使用 ABC、123 等毫无意义的字符命名;名字也不应该太长,因为太长的目录名称难以记忆。例如,Adm 放置后台管理程序;audio 放置音频文件;backup 放置备份文件;doc 放置 Word 文档;img 放置站点用到的图片;source 放置开发过程中编写的源文件,如 Flash、Photoshop、Java、JSP 等;video 放置视频文件;zip 放置提供给客户下载的压缩文件;scripts 目录或 includes 目录存放 JS 脚本;style 目录存放 CSS 文件;media 目录存放 Flash、AVI、RAM、QuickTime 等多媒体文件;adv 目录存放广告、交换链接、Banner 等图片。另外,每个语言版本存放于独立的目录,例如简体中文 gb 或英文 en。

② 文件的命名应以最少的字母达到最容易理解的意义,在文件名中用"_"作为连接符,索引文件统一使用 index. html 文件名。

菜单、图片名称以菜单或图片名的英语翻译为名称,例如关于我们为 aboutus、信息反馈为 feedback、产品为 product。

单个英文单词文件名必须为小写,所有组合英文单词文件名从第二个起第一个字母大写。JS 文件的命名则以其实现的功能的英语单词为名,例如广告条的 JS 文件名为 ad. js。

2. 网站的链接结构设计

网站的链接结构是指页面之间相互链接的拓扑结构。它建立在目录结构基础之上,但可以跨越目录。研究网站链接结构设计的目的在于如何使用最少的链接获取最高的浏览效率,网站的链接结构设计一般有下面 3 种方法。

1) 树形链接结构

网站的树形链接结构是指首页链接指向一级页面,一级页面链接指向二级页面。在浏览这样的结构时,一级一级进入,一级一级退出。这种结构的优点是条理清晰,访问者明确知道自己在什么位置,不会迷失方向;缺点是浏览效率低,从一个栏目下的子页面到另一个栏目下的子页面必须经过首页。树形链接结构如图 1.30 所示。

2) 星形链接结构

网站的星形链接结构是指每个页面相互之间都建立有链接,其优点是浏览方便,浏览者随时可以到达自己希望访问的页面;缺点是链接太多,容易使浏览者迷路,不清楚自己在什么位置、浏览了多少页面。星形链接结构如图 1.31 所示。

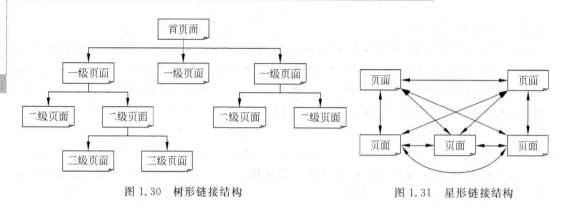

图 1.30　树形链接结构　　　　　　　图 1.31　星形链接结构

3) 混合型链接结构

以上两种结构都是单一方式,在实际网站设计中总是将这两种结构混合起来使用,以达到比较理想的效果。我们既希望浏览者可以方便、快速地到达自己需要的页面,又可以清晰地知道自己的位置,所以比较好的方案是首页和一级页面之间使用星形链接结构,一级页面和以下各级页面之间使用树形链接结构。混合型链接结构如图 1.32 所示。

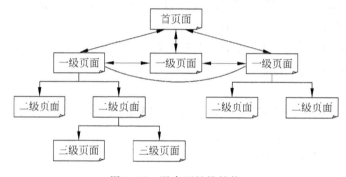

图 1.32　混合型链接结构

链接结构设计在实际网站设计中是非常重要的一环,如果链接结构设计不当,就会使自己网站中的一些重要页面藏得太深,使重要的商务信息不能够被用户访问。

1.3　网页设计语言

1.3.1　HTML 语言

通过 HTML 语言,人们把要发布的信息组装好,即编写为超文本文档(称为 HTML 文档),然后进行发布。

1. HTML 文件的示例、组成、编辑与显示

1) 一个简单的 HTML 文件

下面看一个简单的 HTML 文件,有关的代码可参见下面,源程序文件见"webPageBook\codes\E01_01.html。"

```
<html>
<head>  <title>欢迎光临我的网上商城</title></head>
```

```
< body bgcolor = "lightgrey">
    < font color = "blue" size = "5"   face = "楷体_GB2312">欢迎光临我的网上商城 </font>
    < hr color = "red" align = "left" size = "3"   width = "95％">
    <p>请观看我的体育用品</p>
    < img border = "0" src = " ../image/football.JPG"   width = "100" height = "100">
</body ></html >
```

在 IE 浏览器中的显示效果如图 1.33 所示。

图 1.33　一个简单的 HTML 文件

2）HTML 文件的组成

HTML 文件是由许多用尖括号< >括起来的 HTML"标记"（HTML Tag）组成的。标记用来分隔和标记文本的元素，以形成文本的布局、文字的格式及五彩缤纷的画面。

（1）HTML 文档的结构：HTML 文档可以划分为两大部分，即 HTML 文档的开头和HTML 文档的主体（或正文）部分，主要标记如下。

- < html ></html >：< html >标记告诉浏览器这是 HTML 文档的开始。HTML 文档的最后一个标记是</html >，这个标记告诉浏览器这是 HTML 文档的终止。
- < head ></head >：< head >标记构成 HTML 文档的开头部分，在此标记对之间可以使用< title ></title >、< script ></script >等标记对，这些标记对都是描述 HTML文档相关信息的。其中，在< title ></title >标记对之间的文本是文档标题，它被显示在浏览器窗口的标题栏中。< head ></head >标记对之间的内容不会在浏览器的窗口内显示出来。
- < body ></body >：< body ></body >标记对之间的内容构成 HTML 文档的主体部分，在此标记对之间可以包含< p >、</p >、< img >、< br >、< hr >等众多的标记，它们所定义的段落、图像、换行和水平线等将会在浏览器的窗口内显示出来。

（2）HTML"标记"的属性：开始标记内的第一个单词称为元素，元素之后的单词称为属性。标记里面可以包含多个"属性、属性值"对，属性（Property）是指一个标记（Tag）的参数，用来设置一些标记的细节，对标记进行限定和说明，以使其符合网页制作者的要求。标记< >外面的内容就是在网页中显示出来的部分。

如示例中的标记< font color＝"blue" size＝"5" face＝"楷体_GB2312">，它定义了HTML 页面的字体元素。其中使用了一个附加的 color（字体颜色）属性，告诉浏览器页面

网页设计概述

文字的颜色是蓝色的;size(字体大小)属性告诉浏览器页面文字的大小是 5 号字;face(字体名称)属性告诉浏览器页面文字的字体名称是楷体。

(3) HTML5 中的标签、属性变化:HTML5 取消了一些过时的 HTML4 标记,例如纯粹显示效果的标记<strike>、<font>和<center>等,它们已经被 CSS 取代;增加了一些新的元素和属性,如 HTML5 吸取了 XHTML2 的一些建议,增加了一些用来改善文档结构的新元素(如 header、footer、section、dialog、aside、figure 等)以及 input 元素的新属性(如form、autofocus、email、url 等)。

与 HTML4 相比,HTML5 中标签的核心属性、语言属性和事件属性都进行了相应的增加、取消等变化,详细内容见后续章节,或访问 W3C 官方网站(http://www.w3.org/TR/html5/)。

3) HTML 文件的编辑和保存

(1) 纯文本方式:HTML 文件的纯文本编辑软件有多种,这里我们以 Windows 系统中的"记事本"工具为例对前面的 HTML 文件 E01_01.html 进行编辑。首先打开"记事本"(方法是单击"开始"→"程序"→"附件"→"记事本"),然后输入代码,在输入过程中可以随时进行编辑和修改,非常方便。

HTML 文件的扩展名可以是.html 或.htm。当整个 HTML 文件编辑完毕之后即可存盘,方法是在记事本窗口中选择"文件"→"保存"命令,打开"另存为"对话框,在对话框的"保存在"列表框中选择存盘路径,在"保存类型"列表框中选择所有文件,然后将此文件命名为E01_01.html,单击"保存"按钮即可。

(2) 所见即所得方式:使用专业网页设计工具(如 FrontPage、Dreamweaver 等)能够以"所见即所得"的直观方式在可视化状态下设计网页内容,而相应的 HTML 代码由工具软件自动生成。这些编辑软件集代码编辑、效果显示功能于一身,使用户可以很容易地创建一个页面,而不需要在纯文本中编写代码。但是如果你想成为一名熟练的网页开发者,建议你使用纯文本编辑器编写代码,这有助于学习 HTML 语言基础。关于 Dreamweaver 的使用见 1.4 节。

4) HTML 文件的显示和代码查看

(1) HTML 文件的显示:用于显示 HTML 文件的软件主要是各种浏览器,目前大部分浏览器已经支持某些 HTML5 技术,包括 IE9 及其更高版本[①]、Chrome(谷歌浏览器)、Firefox(火狐浏览器)、Safari(苹果浏览器)、Opera 等,国内的傲游浏览器(Maxthon)以及基于 IE 或 Chromium(Chrome 的工程版或称实验版)所推出的 360 浏览器、搜狗浏览器、QQ浏览器、猎豹浏览器等同样具备支持 HTML5 的能力,因此网页设计应当考虑各种浏览器的兼容性问题。

显示 HTML 页面可以右击 HTML 文件,选择"打开方式",然后选择需要的浏览器;或者先启动浏览器,再打开 HTML 文件(例如在 IE 浏览器的"文件"菜单中选择"打开"命令,这时将出现一个对话框,单击"浏览"按钮,定位到刚才创建的 HTML 文件 E01_01.html,选择它,单击"打开"按钮,浏览器将显示此页面,显示效果如图 1.33 所示)。

---

① 在 Windows 10 中,Microsoft 公司加入了一个全新的浏览器——Spartan(斯巴达),在未来这个浏览器将取代 IE成为默认浏览器,不过 IE 仍会搭载在某些版本的 Windows 10 当中,主要面向企业用户。

（2）HTML 文件代码的查看：不同浏览器方法不同，IE 浏览器中的方法是选择"查看"→"源文件"，或右击页面区域，选择"查看源文件"命令，这时浏览器将自动打开"记事本"显示该 HTML 文件的源程序。

2. HTML 编程规范

（1）使用小写标记：前面我们说过，HTML 标记是大小写无关的（如< HR >和< hr >的含义相同，都表示水平线）。本书建议使用小写标记，因为 W3C 从 HTML4 开始提倡所有的 HTML 标记使用小写标记。

（2）代码的缩进书写格式：代码的缩进书写格式在各种编程语言中广泛使用，这种书写格式就是使相同级别的语言符号采用相同的缩进尺寸。这样可以使源文件的代码结构清晰、层次分明，便于代码的阅读、维护和修改。本书所有的 HTML、CSS 和 JavaScript 程序代码都遵循编程的统一规范——代码缩进书写格式。

（3）运用注释语句：和大多数的编程语言一样，为了方便页面设计者或其他相关人员以后对代码的阅读、维护和修改，在源程序的适当位置插入注释语句是一种良好的编程习惯。

HTML 注释语句的格式为<! --注释语句的具体内容-->。注释语句会被浏览器忽略，设计者可以在注释语句中包含任何内容。

（4）慎用空格和空行：不要希望在代码编辑器中用一些空格和空行来协助排版，因为 HTML 会截掉文本中的多余空格，不管多少个空格，处理起来只当成一个。在 HTML 中，一个空行也会被当成一个空格来处理。

（5）引号的运用：按照 HTML 规范和标准，元素的属性值应该全部使用英文半角双引号定界，但 IE 浏览器能够识别单引号定界甚至没有引号定界的属性值。

需要注意的是，如果的确需要出现属性值中引号嵌套的情况，则外层使用单引号、里层使用双引号，例如下面的代码。

```
< input type = "button" value = "按钮" onclick = 'javascript:alert("你好,你单击了我");'>
```

3. HTML 的特点、优势

1）HTML4 的特点

（1）实现了文档结构和显示样式的分离：以前在对页面多个相同标记（如段落 P）进行同样的属性（如对齐 align）设置时需要对每一个标记进行设置，给页面设计带来不便，影响了设计的效率。HTML4 通过使用 CSS 样式表实现了文档结构和显示样式的分离，它借助< style >、< div >、< span >标记和 class、id、style 属性让设计者在不改变文档结构的情况下只需要在样式表中定义一次样式就可以设置所有相关元素的属性，精简了代码，提高了效率。

（2）多语言支持：各国语言千差万别，有的使用字母，有的使用方块文字，有的使用假名；有的文字行文方向是从左到右；有的则是从右到左，因此使 HTML 支持各种语言显得非常重要。

HTML4 吸收了 Universal Character Set（通用字符集）作为自己的字符集系统，增强了字符显示能力，通过使用 lang 和 dir 属性可以使设计者直接在标记中定义文本的国家语言和行文方向，通过使用字符实体可以在页面中非常方便地加入各种数学符号、拉丁字母及其他特殊字符,这样就使在网页中显示 Unicode 中的 65 000 多个字符变得十分容易。此外,HTML4 还处理了由于使用不同语言所造成的页面显示错误问题。现在 HTML 语言可以使用任何语言编写,并传播到世界各地被各国的访问者所浏览。

(3) 增强的访问能力:为了能够让用户更好地共享网页技术,HTML4 从多个方面进行了改进,例如使用 CSS 控制页面的显示、扩展了表单和表格功能、引入了对于图片和框架等的长描述内容、提供了嵌入多媒体对象和应用程序的工具等,这些改进使得页面的访问能力得到了很大的增强。

2) HTML5 的优势

HTML5 强化了 Web 网页的表现性能,追加了本地数据库等 Web 应用功能。它希望能够减少浏览器对于需要插件的丰富网络应用服务(Rich Internet Application,RIA)与 Oracle JavaFX 的需求,并且提供更多能有效增强网络应用的标准集。HTML5 围绕一个核心——构建一套更加强大的 Web 应用开发平台,相比 HTML4.01 具有更多优势。

(1) 更多的描述性标签:HTML5 引入非常多的描述性标签,例如用于定义头部(header)、尾部(footer)、导航区域(nav)、侧边栏(aside)等的标签,使开发人员可以非常方便地构建更容易管理的网页,定义重要的内容,这样的网页对搜索引擎、对读屏软件等更为友好。

(2) 良好的多媒体支持:对于先前的以插件方式播放音频、视频带来的麻烦,HTML5 有了解决方案,多媒体对象将不再全部绑定在 object 或 embed 标签中,新的 audio 标签和 video 标签能够方便地实现应变,可以很好地替代 Flash 和 Silverlight。

(3) 更强大的 Web 应用:HTML5 提供了令人称奇的功能,在某些情况下用户甚至可以完全放弃使用第三方技术。

(4) 跨平台的使用:HTML5 的游戏可以很轻易地移植到 UC 的开放平台、Opera 的游戏中心、Facebook 的应用平台,甚至可以通过封装技术发放到 App Store 或 Google Play 上,所以它的跨平台性能非常强大,这也是大多数人对 HTML5 有兴趣的主要原因。

(5) 强大的绘图功能:HTML5 的 Canvas 对象将给浏览器带来直接在上面绘制矢量图的能力,这意味着用户可以脱离 Flash 和 Silver light,直接在浏览器中显示图形或动画。

(6) 客户端数据存储:HTML5 的 Web Storage 和 Web SQL Database API 可以使用户在浏览器中构建 Web 应用的客户端持久化数据,这个功能将内嵌一个本地的 SQL 数据库,以加速交互式搜索、缓存以及索引功能。

(7) 更加精美的界面:HTML5+CSS3 组合渲染出来的界面效果更好,可以呈现阴影、渐变、圆角、旋转等视觉效果,使网页的界面更加精美。

(8) 增强的表单功能:HTML5 提供了功能更加强大的表单界面控件,使用非常方便。

(9) 提升可访问性:HTML5 页面内容更加清晰,使用户的操作更加简单、方便,改进了用户的友好体验。

(10) 先进的选择器:CSS3 选择器可以方便地识别出表格的奇偶行、复选框等,代码标记更少。

1.3.2 CSS 语言

使用 HTML 标记虽然可以定义页面文档及格式(如标题 < h1 >、段落< p >、表格< table >、链接<a>等),但这些标记不能满足更多的文档样式需求,为了解决这个问题,CSS 样式表应运而生。CSS 的全称是层叠样式表(Cascading Style Sheets),简称样式表,它是一组样式,是近几年才发展起来的一种设计网页样式的工具。以往如果想使 HTML 文档中的多个"标记"具有同一种样式(如使多个段落 p 中的字体都为红色),则必须分别设定其显示方式,但通过 CSS 只要定义一个样式就可以将它应用到多个使用该样式的标记上,因而大大简化了 HTML 文档的设计。

1. 一个含有内部 CSS 代码的 HTML 文件

下面看一个简单的、含有 CSS 代码的 HTML 文件,有关代码可参见下面,源程序文件见"webPageBook\codes\E01_02.html"。

```
<html><head><title>为 HTML 标记定义样式的示例</title>
    <style type = "text/css">
    <!-- /* 以下为 H3 和 P 标记定义样式 */
        h3{ font - family: 楷体_GB2312; color: blue; text - decoration: underline;font - style:
italic }
        p{ background - color:silver; border - style: solid; border - color:green } -->
    </style></head>
<body>
    <h2>为 HTML 标记定义样式表</h2>
    <h3>H3 标记样式: 楷体_GB2312、蓝色、下画线、斜体</h3>
    <p>段落 P 标记样式: 段落边框为实线、边框颜色为绿色、段落背景色为银白色。</p>
    <hr size = "3" color = "#800000">
    <h3>我是第二个 H3 标记,我的显示样式和第一个 H3 标记一样吧!</h3>
    <p>我是第二个段落 P 标记,我的显示样式和第一个 P 标记一样吧!</p>
</body></html>
```

在 IE 浏览器中的显示效果如图 1.34 所示。

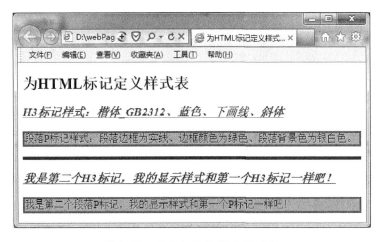

图 1.34 含有 CSS 的 HTML 文件

在上面的代码中,h3 标记的样式属性为"字体名是楷体_GB2312;字体颜色是蓝色;文本的修饰是下画线;字体样式是斜体",段落 P 标记的样式属性为"银灰色背景;绿色、实线边框"。一旦为标记定义了样式表,则 HTML 文档中的所有该标记将以同样的样式进行显示。

2. 样式表代码的组成和位置

样式表是由放在{ }中的多个"属性:属性值"对的列表组成的,中间用分号隔开。内部CSS样式表是嵌入在 HTML 文件内部的,代码位于< head >标记的< style >标记中,具体如下:

```
< style type = text/css ><!-- 内部样式表定义 --></style>
```

其中,语句< style type＝text/css >指明该标记内部嵌入的是以文本形式出现的 CSS 样式表,如果浏览器不支持 CSS 样式表则可以忽略样式表,代码示例见 E01_02.html。

与内部 CSS 样式表对应的是外部样式表文件,它是将 CSS 样式表的代码置于 HTML文件外部,即以独立于 HTML 文件的形式单独保存为扩展名为.css 的样式表文件,详见7.3.2 节。

3. CSS 代码的编程规范

在编写 CSS 代码时,大家除了遵循 HTML 编程规范以外还应该注意下面几点。

1) 样式分行书写

为了增加代码的可读性,样式表可以分行书写,每行一个样式,并用分号结尾,最后一个属性之后可以不用分号,但为了以后添加属性时不至于发生错误,最好加上分号。例如下面的代码:

```
h3{ font - family: 楷体_GB2312;
    color: blue;
    text - decoration: underline;
    font - style: italic;}
```

2) 可以对一个属性定义多个属性值

在对一个属性定义多个属性值时,多个属性值之间用逗号分隔。例如设置字体名称时可以设定多个属性值,代码如下:

```
h3{ font - family: "楷体_GB2312","隶书","宋体" }
```

此时,在 CSS 样式表被执行时,浏览器会顺序地读取字体属性中设定的属性值,直到遇到一个能够识别的字体。如果没有浏览器能够识别的字体,则浏览器会以当前默认的字体来显示。

3) 运用注释语句

和大多数的编程语言一样,为了方便页面设计者或其他相关人员以后对代码的阅读、维护和修改,在源程序的适当位置插入注释语句是一种良好的编程习惯。

```
CSS 注释语句的格式为"/ * 注释语句的具体内容  * /"。
```

4. CSS 样式表的特点

(1) 用户可以随意地控制页面布局和外观:HTML 是一种简洁的语言,只定义了网页的结构(正文、段落等)和各元素的功能,没有过多地控制页面的布局和外观,如行间距、字间距和图像的精确定位等,但 CSS 样式表使这一切成为可能,用 CSS 技术制作网页可以有效地对页面的布局、字体、颜色、背景和其他效果实现更加精确的控制,可以使页面的字体变得更漂亮、更容易编排,令页面真正让人赏心悦目。

(2) 只需修改一个 CSS 文件就可以改变所有使用其样式的页面的外观和格式:CSS 样式表允许网页内容和格式控制相分离,使得网页可以仅由内容构成,而将站点上所有网页的格式控制交给 CSS 样式表文件完成,用户只要修改 CSS 文件,整个站点的所有页面都会随之发生变动,大大地方便了对网页的查看和修改。在修改页面数量庞大的站点时,这一点显得格外有用,避免了一个一个网页的修改,大大减少了重复劳动的工作量。

(3) 在所有的浏览器和平台之间具有较好的兼容性:一方面,由于 CSS 已经成为 W3C 的新标准,所以几乎在所有的浏览器上都可以使用;另一方面,由于它只是简单的文本,无图像,不需要执行程序,因而具有较好的兼容性。

(4) 精简网页,提高下载速度:一方面,使用 CSS 样式表可以精简 HTML 代码;另一方面,也可以减少图像的使用(因为以前用图像的地方现在大多可以用 CSS 实现),同时外部的样式表还会被浏览器保存在缓存里,因而提高了网页的下载速度,也减少了需要上传的代码数量。

1.3.3　JavaScript 语言

JavaScript 是由 Netscape 公司开发并随 Navigator 导航者一起发布的、介于 Java 和 HTML 之间的客户端脚本语言,使用它的目的是与 HTML 超文本标记语言、CSS 样式表结合,使信息和用户之间不仅只是一种显示和浏览的关系,而是实现了一种实时的、动态的、可交互式的表达能力。它是采用小程序段的方式,通过嵌入到标准的 HTML 页面中实现的(见 E01_03.html 中的代码)。虽然采用小程序段的方式编程,但可以做大量的事,这实际上也是 JavaScript 的杰出之处。

1. 一个含有内部 JavaScript 代码的 HTML 文件

内部 JavaScript 是将 JavaScript 的代码直接嵌入到 HTML 文件内部,放在标记< script >和</script>之间,属性 language = "JavaScript",说明脚本源代码使用的是 JavaScript 语言。

当用户使用浏览器请求这样的 HTML 文档时,JavaScript 程序和 HTML 一起被下载到客户端,由浏览器读取。当浏览器读取到< script >标记时,就解释执行其中的脚本,并以网页形式显示出来。

下面看一个简单的、含有内部 JavaScript 代码的 HTML 文件,有关的代码可参见下面,源程序文件见"webPageBook\codes\E01_03.html"。

```
< html >
< head >
< title > JavaScript 程序的示例</title>
  < script language = "JavaScript">
  <!--
      document.write ("这是一个 JavaScript 程序的示例< br >");
      function getname(str) {
          alert("hello! " + str + " 您好! 欢迎您学习 JavaScript"); }
      document. close ();
  -->
```

```
      </script>
   </head>
   <body>
      <p>请在下面的文本框中输入你的名字</p>
      <form>
         <input type="text" name="name" onBlur="getname(this.value)" value="">
      </form>
   </body>
</html>
```

（1）在这个例子中，"<!-- … -->"部分是文档的注释部分，JavaScript 代码放入其中可以避免旧版本或不支持 JavaScript 的浏览器因为不认识这些代码而产生错误。

（2）document. write()是文档对象的输出函数，其功能是将括号中的字符或变量值输出到窗口。

（3）document. close()是将输出关闭。

（4）这个例子可以让用户在文本框中输入名字，当文本框失去焦点时发生 onBlur 事件并调用 getname(this. value)函数，将信息显示在对话框上。其中，函数 getname(this. value)中的 this. value 是用户在文本框中输入的名字。

在 IE 浏览器中的显示效果如图 1.35 所示。

图 1.35　HTML 文档中嵌入 JavaScript 脚本的效果

与内部 JavaScript 对应的是外部 JavaScript 文件，它是将 JavaScript 的代码置于 HTML 文件外部，即以独立于 HTML 文件的形式单独保存为扩展名为. js 的文件，详见 14.1.2 节。

2. JavaScript 的编程规范

在编写 JavaScript 代码时，大家除了遵循 HTML 编程规范以外，还应该注意下面几点。

（1）代码分句书写：为了增加代码的可读性，JavaScript 代码可以分句书写，即每行一条语句，并用分号作为语句的结尾，如果不写分号，编译系统也会默认这行语句末尾有一个分号，而不会认为有错误。但如果在一行代码中有多个语句，则必须在语句之间加上分号，否则编译程序会提示出错。因此，在每条语句末尾加上分号不失为好的编程习惯。

（2）运用注释语句：和大多数编程语言一样，为了方便页面设计者或其他相关人员以后对代码的阅读、维护和修改，在源程序的适当位置插入注释语句也是一种良好的编程习惯。

JavaScript 注释语句的格式有以下 3 种。

· 多行注释：适用于注释内容较长的情况，格式为"/ * 注释语句的具体内容 * /"。

- 单行注释：适用于注释内容仅有一行的情况，格式为"//注释语句的具体内容"。
- 来自 HTML 的注释：<!-- … -->，把 JavaScript 放入其中，对于旧版本或不支持 JavaScript 的浏览器，则会把<!-- … -->部分的内容编译为 HTML 的注释，不会出现错误提示；而对于支持 JavaScript 的浏览器，则不影响 JavaScript 代码的正常执行。

注释语句会被浏览器忽略，设计者可以在注释语句中包含任何内容。

3. JavaScript 的特点

（1）事件驱动：JavaScript 是一种基于事件驱动（Event Driven）的脚本语言，它对用户的响应是以事件驱动的方式进行的。在网页中执行了某种操作所产生的动作就称为"事件（Event）"，如按下鼠标、移动窗口、选择菜单、form 的提交等都可以视为事件。当事件发生后，可能会调用相应的 JS 代码对事件做出响应。

（2）基于对象：JavaScript 是一种基于对象（Object）的语言，这意味着它能运用自己创建的对象。因此，许多功能的实现可以来自于脚本环境中对象的方法与脚本的相互作用。

（3）简单性：JavaScript 的简单性主要体现在 3 个方面，首先，它是一种基于 Java 基本语句和控制流之上的简单而紧凑的设计，从而对于用户学习 Java 是一种非常好的过渡；然后，它的变量类型采用弱类型，并未使用严格的数据类型；最后，它对运行环境的要求较低，无须有高性能的计算机，不需要 Java 编译器，开发、运行仅需一个文本处理软件和一个浏览器即可，倍受 Web 设计者的青睐。

（4）安全性：JavaScript 是一种安全性语言，它不允许用户访问本地的硬盘，且不能将数据存入到服务器上，不允许对网络文档进行修改和删除，只能通过浏览器实现信息浏览或动态交互，从而有效地防止了数据的丢失。

（5）动态性：JavaScript 是动态的，它可以直接对用户的输入（如 form 的输入）做出响应，不用经过传给服务器端（Server）处理再传回来的过程，直接可以被客户端（client）的应用程序所处理，即用户通过自己的计算机即可完成所有的事情。

（6）跨平台性：JavaScript 是依赖于浏览器本身、与操作环境无关的脚本语言，只要是能运行浏览器的计算机，并且浏览器支持 JavaScript 就可正确执行，从而实现了大家"编写一次，走遍天下"的程序梦想。

（7）解释性：和其他脚本语言一样，JavaScript 也是一种解释性语言，它提供了一个比较容易的开发过程。它的基本结构形式与 C、C++、VB、Delphi 十分类似，但它不像这些语言那样需要先编译产生可执行的机器代码，而是在程序执行时才由一个内置于浏览器中的 JavaScript 解释器将代码逐行地解释、动态地处理成可执行代码，因而比编译型语言易于编程和使用。

1.4　网页设计工具

"工欲善其事，必先利其器"，网页设计离不开好的工具支持，好的工具有利于我们快速、高效地生成网站。

1.4.1　常用的网站设计工具

常用的网站设计工具主要有网站开发工具、素材创作工具、网站文件上传工具、数据库开发工具和网站测试工具。

1. 网站开发工具

网站开发工具可分为两类,第一类是源代码型的编辑工具,代表产品有 HotDog、HomeSite、EditPlus 等;第二类是所见即所得编辑工具,代表产品有 FrontPage、Dreamweaver、MyEclipse、Visual Studio 等。下面介绍一些常用的网站开发工具。

(1) Dreamweaver CS5:Dreamweaver 是当前最流行的网页设计软件,它与同为 Macromedia 公司(后被 Adobe 公司收购)出品的 Fireworks 和 Flash 一起被誉为"网页制作三剑客"。

其中,Dreamweaver CS5(以下简称 DWCS5)是 Adobe 公司新推出的一款专业的、业界比较先进的 Web 网页、Web 站点以及 Web 应用程序设计、编码的开发与管理软件。它是所见即所得网页编辑器,具有可视化效果,还可以通过鼠标拖动图形界面、设置属性来快速地创建网页而无须手工编写代码,利用它可以轻而易举地制作出跨越平台限制和跨越浏览器限制的充满动感的网页,与其他同类软件相比主要有以下优点。

① 不生成冗余代码:一般的编辑器都会生成大量的冗余代码,给网页以后的修改带来极大的不方便,同时还增加了网页文件的大小。DWCS5 则在使用时完全不生成冗余代码,避免了诸多麻烦。

② 代码编辑操作简便:DWCS5 提供了 HTML 快速编辑器和自建的 HTML 编辑器,能方便自如地在可视化编辑状态和源代码编辑状态间切换。其提供的历史面板、HTML 样式、模板、库等功能避免了重复劳动,使用者不必重复输入相同的内容、格式;能直接往页面中插入 Flash、Shockwave 等插件,可直接调用 Fireworks 对页面的图像进行修改、优化。

③ 强大的动态页面支持:DWCS5 的 Behavior 能在使用者不懂 JavaScript 的情况下往网页中加入丰富的动态效果,Dreamweaver 还可精确地对层进行定位,再加上 timeline 功能,可生成动感十足的动态层效果。

④ 优秀的网站管理功能:在定义的本地站点中改变文件的名称、位置,DWCS5 会自动更新相应的超链接。Check in 和 Check out 功能可协调多个使用者对远程站点的管理。

⑤ 集成 CMS 支持、CSS 检查、Adobe Browser Lab、PHP 自定义类代码提示、CSS Starter 页增强等新功能,使用内容管理系统开发页面并实现精确的浏览器兼容性测试,功能更加丰富。

对于 Dreamweaver CS5 的具体内容读者可参见 1.4.2 节的介绍。

(2) FrontPage:FrontPage 是 Microsoft 公司推出的功能很强的网页编辑工具,最大的特点是易学易用,利用它可以创建、维护和管理 Web 站点,可以开发基本的 HTML 文档,可以添加表、框架和多媒体,可以使用样式表,可以使用数据库,可以开发 JavaScript 和 Active Server Pages 组件,并且可以添加动态的 HTML。对于许多用户来说,FrontPage 真正的闪光点在于它的 Web 维护和管理功能,还能够控制用户和作者的访问。

(3) MyEclipse:MyEclipse 是一个十分优秀的用于开发 Java、J2EE 的 Eclipse 插件集合,MyEclipse 的功能非常强大,支持也十分广泛,尤其是对各种开源产品的支持十分不错。MyEclipse 可以支持 Java Servlet、AJAX、JSP、JSF、Struts、Spring、Hibernate、EJB3、JDBC 数据库链接工具等多项功能,可以说 MyEclipse 是几乎囊括了目前所有主流开源产品的专属 Eclipse 开发工具。

MyEclipse 企业级工作平台（MyEclipse Enterprise Workbench，MyEclipse）是对 EclipseIDE 的扩展，利用它可以在数据库和 JavaEE 的开发、发布以及应用程序服务器的整合方面极大地提高工作效率。它是功能丰富的 JavaEE 集成开发环境，包括了完备的编码、调试、测试和发布功能，完整支持 HTML、Struts、JSP、CSS、JavaScript、Spring、SQL、Hibernate。

目前最新版是 MyEclipse 2015 正式版 1.0，其最重要的几点更新是更好地支持 JavaScript 和 AngularJS 等技术模块，全新的 REST 浏览器以及 REST 模块的极速访问，PhoneGap 移动开发工具。

（4）Visual Studio：Visual Studio 是 Microsoft 公司推出的开发环境，它是目前最流行的 Windows 平台应用程序开发环境，可以用来创建 Windows 平台下的 Windows 应用程序和网络应用程序，也可以用来创建网络服务、智能设备应用程序和 Office 插件。Visual Studio 9 支持建立于 DHTML 基础上的 Ajax 技术、数据库以及 Microsoft 新的基于工作流（Workflow）编程模型。

2. 素材创作工具

在网站设计中需要使用大量的素材，这些素材需要设计人员自己创作。素材创作工具包括图形图像处理软件 Photoshop、Fireworks、Flash Album Creator、CorelDrew 等，动画制作工具 Flash、Animation Shop、ImageReady、GIF Animator 等，音频/视频制作工具 VideoMach、Premiere、VirtualDub 等，下面对这些常用软件进行说明。

1）图形图像处理软件

（1）Photoshop：图像设计专家 Photoshop 是 Adobe 公司发布的一个功能十分强大的专业图像处理软件包，支持众多并不断增加的滤镜，使它编辑图像的功能可以无限扩充。

（2）Fireworks：Fireworks 是 Macromedia 公司发布的一款专为网络图形设计的图形编辑软件，它大大简化了网络图形设计的工作难度，无论是专业设计者还是业余爱好者，使用 Fireworks 不仅可以轻松地制作出十分动感的 GIF 动画，还可以轻易地完成大图切割、动态按钮、动态翻转图等。它除了拥有一般图像处理软件具备的基本功能以外，还有一些独特的地方。

Fireworks 专为网页设计人员考虑，利用它不仅可以生成体积小、质量高的普通静态图像，还可以轻松地做出各种网页设计中常见的特效，具有良好的兼容性，可以同时处理矢量图和位图，并具有强大的批处理功能，还能够很方便地对图像进行切割。

（3）Flash Album Creator：Flash Album Creator 可以让用户轻松地创建属于自己的数码照片相册，它输出的文件是 Flash 格式（SWF），并且内建导航控制菜单。它提供了近乎完美的方案来整理和共享用户的照片，用户可以将相册输出为一个单独的可执行文件，便于分发和使用、刻录到光盘中、通过电子邮件发送等；也可以输出为 HTML 格式，以便将它发布到互联网中。

2）动画制作工具

（1）Flash：Flash 是 Macromedia 公司专门为网络开发的一个交互式矢量动画设计软件。大家可以从 Macromedia 公司的主页上下载 Flash 的试用版。与 GIF 和 JPG 不同，用 Flash 制作出来的动画是矢量的，不管怎样放大、缩小，它还是清晰可见的。另外，用 Flash 制作的文件很小，这样便于在互联网上传输，而且它采用了流技术，只要下载一部分就能欣赏动画,而且能一边播放一边传输数据。网站设计者可以使用 Flash 轻松地为网站设计各种动态 Logo、动画、导航条等,还可以加入背景音乐。交互性是 Flash 动画的迷人之处,用户可以通过单击按钮、选择菜单来控制动画的播放。Flash 出色的多媒体功能和强大的交互功能使其成为网站设计者制作动画的首选软件。

(2) Animation Shop:Animation Shop 是专门用于制作 GIF 动画的,用它可以轻松地建立、编辑及优化所制作的动画,并将动画用于自己的网页中。

(3) ImageReady:ImageReady 是一款专门用来编辑动画的软件,它弥补了 Photoshop 在编辑动画以及网页素材方面的不足。在 ImageReady 中包含了大量制作网页图像和动画的工具,甚至可以产生部分 HTML 代码,可以说是功能强大。

(4) GIF Animator:GIF Animator 是 Ulead(友立)公司发布的一个制作 GIF 动画的工具。它提供了多幅外部图像文件的组合动画功能,以及对外部动画文件的支持和 GIF 图像优化、滤镜、条幅文字效果等功能,使网页设计者可以快速、轻松地创建和编辑网页动画文件。

3) 音频/视频制作工具

(1) VideoMach:VideoMach 是一个强大的音频/视频构建和转换快速处理工具,使用它可以用静态图片构建视频剪辑、添加音乐到视频、从影片提取音轨和图像或从一个媒体格式转换成另一个。它可以改变压缩、帧速率、颜色深度、音频格式和其他媒介剪辑的属性,调整视频成为非标准大小,通过过滤器调整图像的高亮、浮雕、反差、饱和度、重新取样率、裁剪、旋转和其他属性。

(2) Premiere:Premiere 是 Adobe 公司开发的专业视频处理软件,到目前已经发展到5.1 版。Adobe Premiere Pro 是一个创新的非线性视频编辑应用程序,也是一个功能强大的实时视频和音频编辑工具,可以精确地控制产品的每个方面,还支持直接输出 DVD。

(3) VirtualDub:虽然 VirtualDub 是一套免费的多媒体剪辑软件,但它的功能一点也不输给 Premiere、Media Studio 等专业等级产品的功能。在 VirtualDub 中主要的功能可以分为两大部分,一是可以让用户针对现有的电影短片文件(如.avi 以及.mpg 等)做编辑工作,另一项则是可以搭配影像捕捉卡做即时的动态影像捕捉功能。

3. 网站文件上传工具

网站要与公众见面,需要将它发布、上传到因特网上。上传方式主要有两种,即通过 Dreamweaver 工具或 FTP 软件(如 FlashFXP、CuteFTP 等),具体内容请读者查阅相关资料。

4. 数据库开发工具

当前比较流行的数据库开发工具主要有 SQL Server、My SQL 和 Oracle。这 3 种数据库适应性强、性能优越、易于使用,在国内外得到了广泛的应用。

SQL Server 是 Microsoft 公司从 Sybase 获得基本部件的使用许可后开发出的一种关系型数据库。

MySQL 是当今 UNIX 或 Linux 类服务器上广泛使用的 Web 数据库系统,它于 1996年由瑞典的 TcX 公司开发,支持大部分的操作系统平台。

Oracle 是 Oracle 公司开发的一种面向网络计算并支持面向关系模型的数据产品。它是以高级结构化查询语言为基础的大型关系数据库,是目前最流行的客户-服务器体系结构的数据库之一。

5. 网站测试工具

网站测试工具软件可根据功能分为若干类型,包括负载和性能测试工具、Java 测试工具、链接测试工具、HTML 合法性检查工具、Web 功能/注册测试工具、网站安全测试工具和外部网站监视服务工具等。

1.4.2 Dreamweaver CS5 的使用

1. DWCS5 的应用程序窗口——工作区布局

DWCS5[①] 提供了将全部元素置于一个应用程序窗口中的集成工作区。在工作区中,全部窗口和面板集成在一个应用程序窗口中,用户可以选择面向设计人员的布局或面向手工编码人员需求的工作区布局。首次启动 DWCS5 时,工作区采用"设计器"布局,如图 1.36 所示。

图 1.36 初始启动时的工作区布局界面

如果以后想更改工作区,可以单击应用程序窗口第一行的工作区切换器菜单(初始时为"设计器")切换到不同的工作区。Dreamweaver 的老用户可能选择"经典"工作区,关注 HTML 代码及其编辑的程序员会选择"编码器"工作区,而视觉设计师会选择"设计器"工作区。

2. DWCS5 的工作区组成元素概述

为了更好地使用 DWCS5,用户应了解其工作区界面的基本组成元素,包括菜单栏、各种工具栏、文档窗口、可自由配置的面板组、属性面板、文件面板以及状态栏等,如图 1.37 所示。

1) 菜单栏

菜单栏包括文件、编辑、查看、插入、修改、格式、命令、站点、窗口、帮助等菜单项,如图 1.38 所示。

---

① Dreamweaver CS5 中文版安装教程见"http://www.cr173.com/html/11890_1.html",DWCS5 课外学习参考网站见"http://www.3lian.com/edu/2015/02-07/193091.html"。

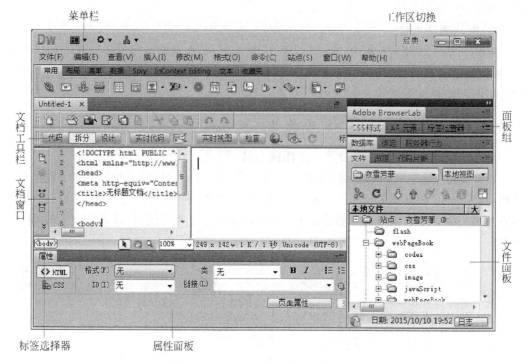

图 1.37　DWCS5 的工作区组成元素

图 1.38　菜单栏

- 文件：用来管理文件，包括新建、保存、"在浏览器中预览"和"打印代码"等各种命令。

- 编辑：包含常用的编辑命令，用来编辑文档，包括撤销与恢复、复制与粘贴、查找和替换；选择命令，例如"选择父标签"；还提供了对"首选参数"的访问、快捷键的设置等。

- 查看：可以查看文档的各种视图（例如"设计"视图和"代码"视图）；显示和隐藏不同类型的页面元素和工具栏，如网格线与标尺的显示、面板的隐藏和工具栏的显示等。

- 插入：用来插入网页元素，包括插入表格、图像、布局（div 标签、层）等对象，以及多媒体、框架、表单、超链接、HTML 标签等。

- 修改：用来实现对页面元素修改的功能，包括页面属性、模板属性、快速标签编辑器等；可以更改选定页面元素或项的属性。使用此菜单可以编辑标签属性，更改表格和表格元素，并且为库和模板执行不同的操作等。

- 格式：用来对文本进行操作、轻松地设置文本的格式，包括字体、样式、颜色、列表和对齐方式等。

- 命令：涵盖了所有的附加命令，包括开始录制、编辑命令列表、获得更多命令等。

- 站点：用来创建与管理站点，包括站点的定位、新建、上传与下载以及检查站点范围的链接等。

- 窗口：用来打开与切换所有的面板和窗口。
- 帮助：内含 Dreamweaver 联机帮助、产品注册、支持中心和 Dreamweaver 的版本说明。

2) 工具栏

单击"查看"菜单，选择"工具栏"命令，在弹出的子菜单中即可选择相关的工具栏。

(1) 标准工具栏：在弹出的子菜单中选择"标准"，即可显示标准工具栏。标准工具栏中包括从"文件"和"编辑"菜单中执行的常见的操作按钮，如新建、打开、在 Bridge 中浏览、保存、全部保存、打印代码、剪切、复制、粘贴、还原和重做等。

(2) 编码工具栏：包含可用于执行多项标准编码操作的按钮，仅在"代码"视图中显示。打开 DWCS5，单击"编辑"菜单，选择"首选参数"，然后单击"代码提示"，就可以设置代码是否自动提示了。

(3) 样式呈现工具栏：可以查看不同媒体类型中的外观（如果使用依赖于媒体的样式表）。它还包含一个允许用户启用或禁用层叠式样式表(CSS)样式的按钮。

3) 文档窗口及工具栏、状态栏

文档窗口显示当前正在创建和编辑的文档。文档工具栏中包含一些按钮，用于提供文档窗口不同视图间快速切换、各种查看选项和一些常用操作，如图 1.39 所示。

图 1.39 文档工具栏

- 代码：显示网页文件的 HTML 代码，以及各种提高代码编辑效率的工具。如果要切换到"代码"视图，可以单击文档工具栏中的"代码"按钮。
- 拆分：同时显示 HTML 源代码和设计视图，在其中一个窗口中所做的改动会马上在另一个窗口中进行更新。单击文档工具栏中的"拆分"按钮即可切换到"拆分"视图[①]。
- 设计：只显示设计视图，它是系统默认设置。"设计"视图在工作区中着重显示其"所见即所得"的编辑器，它非常接近地显示了 Web 页面在浏览器中的效果。激活"设计"视图的方法是单击文档工具栏中的"设计"按钮。
- 实时代码：显示浏览器用于执行该页面的实际代码。
- 实时视图：显示不可编辑的交互式视图，相当于该文件在默认浏览器下的显示状态（略有偏差，实际还是以浏览器为准）。
- 检查：打开实时视图和检查模式。
- 在浏览器中预览/调试：供用户在浏览器中预览或调试文档。
- 标题：显示或输入要在浏览器标题栏上显示的文档标题。

状态栏提供了与正创建的文档有关的其他信息，如图 1.40 所示。

4) 属性面板

属性面板用于查看和更改所选对象或文本的各种属性，每个对象具有不同的属性。默

① DWCS5 也提供了垂直拆分工作区的方式，方便使用宽屏幕的用户，使用方法是选择"查看"菜单中的"垂直拆分"命令。

网页设计概述

文档大小/估计下载时间

标准选择器　　　　　　　　　　　　　　窗口大小弹出菜单

图 1.40　状态栏

认情况下,在"编码器"工作区布局中属性面板是不展开的。属性面板如图 1.41 所示。

图 1.41　属性面板

5) 标签选择器

标签选择器位于文档窗口底部的状态栏中,显示环绕当前选定内容的标签的层次结构。单击该层次结构中的任何标签可以选择该标签及其全部内容。例如单击< body >可以选择文档的整个正文。

6) 面板组

尽管用户可以从菜单访问大多数命令,DWCS5 还是提供了很多面板、检查器和窗口,把它的大量功能散布其中。

"窗口"菜单中列出了所有可用的面板,如果用户在屏幕上没有看到自己想要的面板,在"窗口"菜单中选择即可,菜单中出现勾号表示面板是打开的。有时一个面板可能位于另一个面板的下面,并且很难选中,这时只需在"窗口"菜单中简单地选择想要的面板,它就会自动前置到所有面板的顶部。

面板组是在某个标题下面的相关面板的集合,包括插入面板、CSS 样式面板和文件面板等,主要面板的功能如下(在 DWCS5 环境下边操作、边研读内容)。

(1) 插入面板:包含将图像、表格和媒体元素等各种类型的对象插入到文档中的按钮,允许用户在插入它们时设置不同的属性。例如,通过单击插入面板中的"表格"按钮插入一个表格,当然也可以使用"插入"菜单插入对象。

(2) CSS 样式面板:提供对当前页面使用样式表的查看和显示,双击其中的选择器可以对打开的样式代码进行修改。

(3) 文件面板:可以管理 DWCS5 站点,包括远程服务器的文件和文件夹;允许以分层树视图显示、访问本地磁盘上的全部文件,类似于 Windows 资源管理器;允许复制、粘贴、删除、移动和打开文件,就像在计算机桌面上一样。

(4) 行为面板:设置页面元素在事件发生时要执行的行为,即 JavaScript 自定义函数或者代码,用户可以自己书写这些 JavaScript 代码,也可以使用网络上免费发布的各种 JavaScript 库。

DWCS5 设置元素对象行为的步骤:选择元素对象,例如文本框→打开行为面板→选择事件,例如 onClick→单击"添加行为(+)"按钮→在弹出的下拉菜单中选择行为,例如"调用 JavaScript",输入自己编写的代码,如"alert"你使用调用 JavaScript 行为";",则形成代码如下。

```
< input name = "name" type = "text" onClick = "MM_callJS(' alert(\&quot;你使用调用 JavaScript
行为\&quot;);')">
```

（5）AP 元素面板：使用了 CSS 样式表中的绝对定位属性的标签就称为 AP Div。DWCS5 中的 AP Div 就是 Dreamweaver 旧版本中浮动在网页上的"层"。

工作区完全是可以自定义的，用户可以在屏幕四周随意显示、隐藏、排列和停靠面板，甚至可以将面板移动到扩展的显示器上。用户觉得面板在哪里顺手就放在哪里，哪个面板不想要就折叠起来。面板的操作主要如下。

① 面板的最小化：双击包含面板名称的标签，例如"CSS 样式"，即可将此面板最小化隐藏。再次双击该标签，就可以重新将隐藏的面板展开。

② 面板的浮动：将鼠标指针指向面板标签并拖动，即可将面板浮动脱离原来的面板组。

③ 面板的拖动：拖动面板标签往其他面板组拖动，当显示蓝色边框时松开鼠标，面板会停靠在那个面板组里面；拖动面板往右边的标签放，就可以改变面板的左右顺序；若要取消停靠一个面板组，请拖动该组标题条左边缘的手柄。

3. 使用 DWCS5 创建站点及网页

1）用 DWCS5 创建站点

使用 DWCS5 既可以创建本地 Web 站点，也可以创建远程 Web 站点。远程站点是服务器上组成 Web 站点的文件，这是从创作者的角度而不是从访问者的角度来看的。本地站点是与远程站点上的文件对应的本地磁盘上的文件，最常见的方法是在本地磁盘上创建并编辑网页，然后将这些网页的副本上传到一个远程 Web 服务器，使公众可以访问它们。下面主要介绍创建本地站点的方法。

创建本地站点的步骤是单击"站点"菜单→选择"新建站点"→选择"站点"选项→在站点定义向导的"本地站点文件夹"和"站点名称"文本框中输入名称（这里将站点文件夹命名为"firstShopSite"，将站点名称命名为"firstShop"）→单击"保存"按钮将站点存盘，如图 1.42所示，此时可以在 D 盘看到站点文件夹"firstShopSite"。

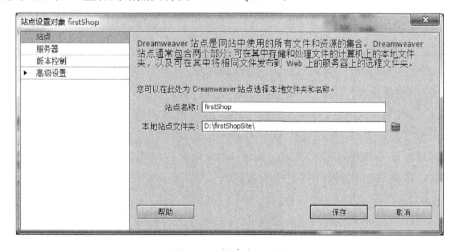

图 1.42　创建本地站点

网页设计概述

2) 创建网页

在设置完站点后就可以通过创建 Web 页来填充站点了,下面以"firstShopSite /E01_04.html"页面为例讲述操作过程。网页代码如下:

```html
<!DOCTYPE HTML>
<html>
<head>
    <meta http-equiv="Content-Type" content="text/html; charset=utf-8">
    <title>欢迎光临我的网上商城</title>
    <style type="text/css">
        h3 {font-family: "楷体_GB2312"; text-decoration: underline;}
        p {background-color: #FF6; border: thick solid #63C; }
    </style>
    <script type="text/javascript">
        document.write("这是一个使用 DWCS5 设计含 CSS 和 JS 代码网页的示例<br>");
        /*下面是自定义函数*/
        function getname(str) {alert("hello! " + str + " 您好! 欢迎您光临小店"); }
        document.close();
        function MM_popupMsg(msg) { //v1.0 alert(msg);}
    </script>
</head>
<body bgcolor="lightgrey">
    <h3><font color="blue" size="5" face="楷体_GB2312"> 欢迎光临我的网上商城</font>
</h3>
    <form>
        <h3>请在下面的文本框中输入你的名字</h3>
        <input name="name" type="text" onBlur="getname(this.value)">
    </form>
    <hr color="red" align="left" size="3" width="95%">
    <p onMouseOver="MM_popupMsg('您觉得我的鲜花漂亮吗?')">请观看我的花卉</p>
    <p><img border="0" src="BG.JPG" width="120" height="92"></p>
</body>
</html>
```

在 IE 浏览器中的显示效果如图 1.43 所示。

(1) 页面的 HTML 代码设计:当启动 DWCS5 时将自动创建一个空的 HTML 文档。创建新页的步骤是选择"文件"→"新建"命令,出现"新建文档"对话框,如图 1.44 所示。

在左边的类别中选择"空白页"→在"页面类型"列表中选择 HTML→在"布局"列表中选择"无"→在"文档类型"框中选择 HTML5→单击"创建"按钮,将出现一个新文档设计和代码编辑窗口(这里选择"拆分"视图),如图 1.45 所示。在该窗口中可以对页面类型、布局、文档类型、首选参数(如编码[①])等进行设置。

---

① Dreamweaver CS5 默认的新建文档的编码是 UTF-8,而中文 Web 设计中常用 GB2312 编码,每次新建页面时都要修改页面编码,比较麻烦,为此可以将 Dreamweaver CS5 默认的 UTF-8 编码修改成 GB2312(方法是单击"编辑"菜单→选择"首选参数"命令→选择"新建文档"项,将右边的"默认编码"改为 GB2312),这样以后新建的网页就会是 GB2312 编码的了。

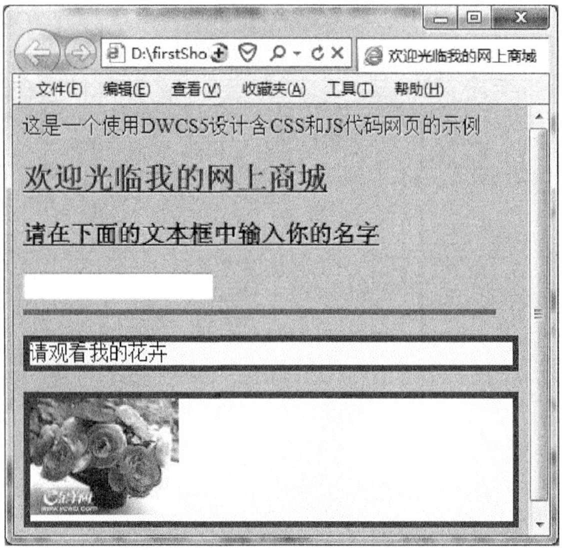

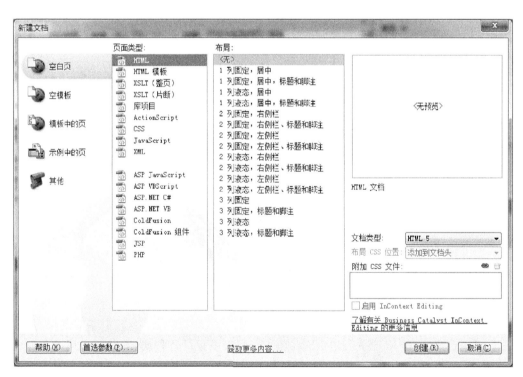

图 1.43　E01_04.html 页面效果

图 1.44　"新建文档"对话框

现在就可以使用设计窗口进行页面的可视化设计或根据需求进行代码编辑了。

- 代码窗口：修改< title >标记内容为"欢迎光临我的网上商城"；设置< body >标记背景色，代码为"< body bgcolor="lightgrey" >"。
- 代码窗口：输入代码"< h3 >< font color="blue" size="5"　face="楷体_GB2312" >欢迎光临我的网上商城</font ></h3 >"。

54

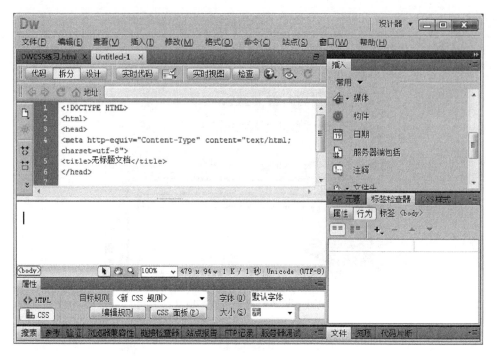

图 1.45　页面设计窗口

- 设计窗口:插入表单、文本框和标题 3。其步骤是选择"插入"→"表单"→"表单"命令;选择"插入"→"表单"→"文本域"命令;选择"插入"→HTML→"文本对象"→"标题 3"命令。对形成的代码手动修改、完善如下。

　　<form><h3>请在下面的文本框中输入你的名字</h3><input name="name" type="text"></form>

- 设计窗口:设计水平线。其步骤是选择"插入"→HTML→"水平线"命令,然后选中水平线,在属性面板中设计水平线的各种属性,代码如下。

　　<hr color="red" align="left" size="3"　width="95%">

- 设计窗口:设计段落。按回车键后输入段落内容即可,代码为"<p>请观看我的花卉</p>"。
- 设计窗口:插入图像。其步骤是选择"插入"→"图像"命令,选中需要的图像文件,单击"确定"按钮,然后选中图像,在属性面板中设计各种属性,并对形成的代码进行以下手动修改、完善。

　　<p><img border="0" src="BG.jpg" width="120" height="92"></p>

　　(2) 页面的 CSS 样式设计(以 h3 和 p 标记为例):选择"窗口"→"CSS 样式"命令,在打开的 CSS 样式面板中,右击,选择"新建"命令,选择选择器类型,再选择"标签",在"选择器名称"框中输入 h3,单击"确定"按钮,接着在"CSS 规则定义"对话框中,设置 h3 样式属性,并用同样的方法设置 p 样式属性,此时可以看到代码窗口中生成的 CSS 代码如下。

```
< style type = "text/css">
    h3 {font - family: "楷体_GB2312";  text - decoration: underline;}
    p {background - color: #FF6;  border: thick solid #63C;  }
</style>
```

（3）页面的 JavaScript 交互设计：在代码窗口中将光标放置在插入点，选择"插入"→HTML→"脚本对象"→"脚本"命令，单击"确定"按钮，对形成的代码"< script type＝"text/javascript">…</script>"进行手动添加、完善如下。

```
< script type = "text/javascript">
    document. write ("这是一个使用 DWCS5 设计含 CSS 和 JS 代码网页的示例< br>");
    function getname(str) { alert("hello! " + str + " 您好! 欢迎您光临小店"); }
    document. close();
</script>
```

为文本框添加事件响应，步骤是选择"窗口"→"行为"命令，打开行为面板，选择文本框对象，在事件属性列表中选择 onBlur，在属性值中输入代码"getname(this. value)"，可以看到代码窗口中 input 标记的属性变为"< input name＝"name" type＝"text" onBlur＝"getname(this. value)">"。

（4）保存新页：选择"文件"→"保存"命令，在"另存为"对话框中浏览到站点根文件夹中的 firstShopSite 文件夹，输入文件名"E01_04. html"，单击"保存"按钮，文件名显示在文档窗口中的标题栏上。

本 章 小 结

本章首先介绍了网站的基础知识，包括给出网站的概念、讲述网站的构成；按照网站所属的行业、使用的技术和平台以及企业开展电子商务的阶段等标准对网站进行了分类；讨论了网站的逻辑体系架构和物理体系架构；介绍了网站开发涉及的技术。

接着讲述了网站系统的设计，内容包括网站设计依据的原则；如何进行网站的名称、主题及形象的设计；如何划分、设计网站的各个栏目；如何对单个页面（包括主页）内容进行设计；如何把握网站整体风格以及进行站点结构的设计。

然后讲述了网页设计使用的 3 种主要语言，包括网页内容描述语言 HTML、外观样式设计语言 CSS 和动态交互语言 JavaScript；阐述了它们的优势和特点、文件的基本操作、编程规范，同时介绍了 HTML5、CSS3 的最新进展。

最后概述了网页设计中常用的设计工具，包括网站开发、素材创作、网站文件上传、数据库开发和网站测试等；重点讲述了先进的可视化页面设计工具 Dreamweaver CS5。

通过本章的学习让读者站在网站全局的高度去思考网页的设计，掌握了网站定位、申请、搭建、开发的基本技术和知识；学会了从网站系统设计的总体角度去进行网页的设计；掌握了 DWCS5 工具的基本操作方法；同时进阶学习知识的补充使读者了解了网页设计的实用前沿知识和技术，也开阔了视野。

进 阶 学 习

1. 外文文献阅读

阅读下面关于"超文本标记语言"知识的双语短句,从中领悟并掌握专业文献的翻译方法,培养对外文文献的研读能力。

(1) HTML now is the universal sign language for web, Simpleness is it's advantage, also it's shortcoming. Mostly files on the web are stored and transmitted in form of HTML (Hypertext Markup Language).

HTML5 is a core technology markup language of the Internet used for structuring and presenting content for the World Wide Web. As of October 2014 this is the final and complete fifth revision of the HTML standard of the World Wide Web Consortium (W3C). The previous version, HTML4, was standardised in 1997.

【参考译文】:HTML 是目前 Web 上通用的标记语言,其优点在于简单,缺点也在于简单。Web 上的绝大部分文件是以 HTML(超文本标记语言)的形式存储和传输的。

HTML5 是一种核心技术,是因特网中用来结构化和展示万维网内容的标记语言。截至 2014 年 10 月,万维网联盟(W3C)发布了 HTML 标准最终的、完整的第五次修订版。以前的版本 HTML4 是 1997 的标准。

(2) Its core aims have been to improve the language with support for the latest multimedia while keeping it easily readable by humans and consistently understood by computers and devices (web browsers, parsers, etc.). HTML5 is intended to subsume not only HTML4, but also XHTML1 and DOM Level 2 HTML.

【参考译文】:其核心目的是提高语言对最新的多媒体的支持,同时保持人类对它的易读性和计算机、设备(Web 浏览器、分析器等)对它的持续理解。HTML5 的目的是不仅包含 HTML4 标准,还包括 XHTML1 和 HTML DOM 级别 2。

2. Chrome 浏览器的使用

不同浏览器中网页代码的查看不同,在 Chrome 浏览器中的方法如下。

(1) 页面指定元素的代码查看:使用 Chrome 浏览器打开网页(如京东网上商城首页)后右击"页面元素"(如超链接元素<a>),选择"审查元素";或用 Chrome 自带的开发者工具查看网页的代码,方法是单击 Chrome 右上角的菜单按钮,选择"工具"→"开发者工具"命令(易于查看页面指定元素的代码)。

(2) 整个网页的代码查看:单击 Chrome 右上角的菜单按钮,选择"工具"→"查看源代码"命令。

3. 申请免费域名和空间

现在许多网站在提供免费域名的同时也提供了用户使用的免费空间,下面以虎翼网(http://www.51.net/)为例介绍怎样申请免费域名和主页空间。

首先打开网页,然后单击网页上方的"注册"按钮,打开如图 1.46 所示的页面。

在信息填写完毕并同意注册条款后会显示如图 1.47 所示的页面,表示注册成功,可以免费试用空间。

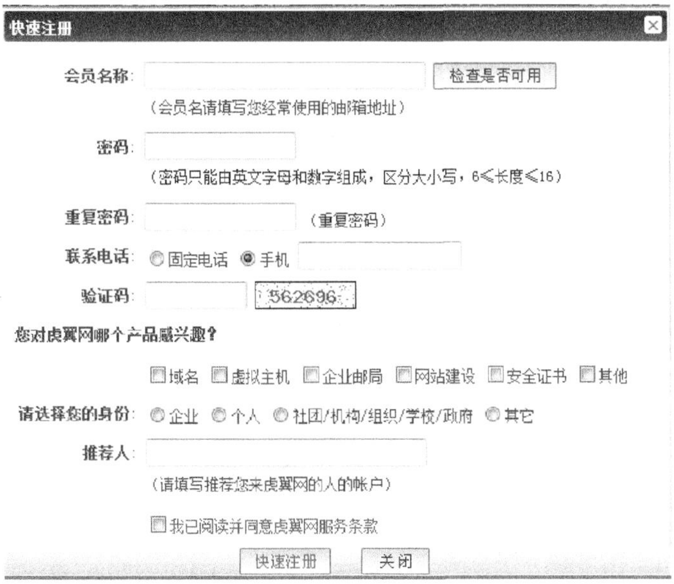

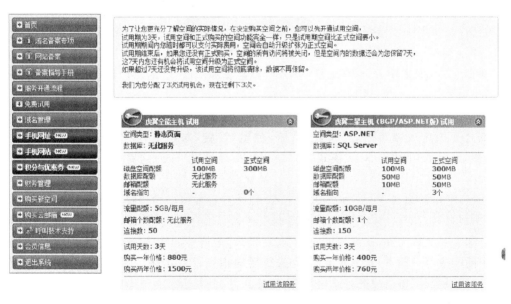

图 1.46　申请空间

图 1.47　注册成功页面

4. 网站的上传

网站要与公众见面,就要将它发布到因特网上。目前,网站发布的方式主要有两种,即通过 Dreamweaver 工具发布网站和通过 FTP 软件上传网站。

1) 用 Dreamweaver CS5 的 FTP 上传网页

Dreamweaver CS5 中的站点管理器集成了优秀的 FTP 功能,它支持断点续传功能,可以批量地上传和下载文件和目录,具有克服因闲置太久而中断的优点。在 Dreamweaver CS5 中设置 FTP 上传的具体操作步骤如下:

① 选择"站点"→"管理站点"命令,打开"管理站点"对话框。

② 在列表框中选择要上传的网站名称(例如已建立的 webPageBook 站点),单击"编辑"按钮,弹出"站点设置对象 webPageBook"对话框。

③ 选择"服务器",单击左下角的"＋"添加新服务器,分别填写好"服务器名称"、"连接方法"、"FTP 地址"、"用户名"、"密码"、"根目录"和"Web URL"相关项目,单击"保存"按钮,完成设置。

④ 测试连接情况,确保连接成功。

⑤ 在 DWCS5 的文件面板中将要上传的本地文件和文件夹选中,右击选择"上传"命令,就可以将文件上传到远程服务器。

2) 用 CuteFTP 上传与下载文件

CuteFTP 是一个非常优秀的上传、下载工具,在目前众多的 FTP 软件中 CuteFTP 因为使用方便、操作简单而备受青睐,现在其最新版本为 CuteFTP V9.0.0.0063。在 CuteFTP 中建立了站点管理后就可以添加一些常用的网站,并往这些网站上传和下载文件。

① 运行 CutFTP,选择"文件"→"站点管理器"命令(或者单击工具栏最左边的"站点管理器"按钮),打开"站点管理器"对话框。

② 在弹出的"站点管理器"对话框中单击"新建"按钮,在"站点标签"文本框中输入 FTP 站点的名称,在"FTP 主机地址"文本框中输入站点的地址,在"FTP 站点用户名称"和"FTP 站点密码"文本框中分别输入登录所需要的用户名和密码。如果登录站点不需要密码,则在"登录类型"区域中选择"匿名"单选按钮。然后切换到"高级"选项卡,在"FTP 站点连接端口"文本框中输入 FTP 地址的端口,默认值是 21。至此我们已经新建了一个 FTP 站点。

③ 取消防火墙:有些服务器有一些特别的要求,例如会进行一些高级参数的设置,常见的是取消防火墙。单击"编辑"按钮,弹出"设置"对话框,在这个对话框中单击"高级"标签,然后将"使用 PASV 模式"和"使用防火墙设置"前面的复选钩去掉,单击"确定"按钮。

④ 上传和下载文件:添加了站点之后,在站点管理窗口中选择一个 FTP(注意只能选择一个 FTP 站点)与之建立连接。连接到服务器以后,CuteFTP 的窗口被分成左、右两个窗格。如果要上传文件,只需用鼠标将"本地目录"窗格中的文件拖曳到"服务器目录列表"窗格中的相应目录即可,若下载文件,则进行反向拖曳。另外,用户还可以根据授权情况在"服务器目录列表"窗格中进行建立目录、删除文件、重新命名文件等操作。

思考与实践

1. 思辨题

判断(✓×)

(1) www.是万维网网络名,为 www 的域名。 ( )

(2) 网页是构成网站的基本元素,是万维网中的一"页",它是存放在世界上某一台计算机中的纯文本文件,是超文本标记语言格式,文件扩展名为. html 或. htm。 ( )

(3) 万维网等同于 Internet,它是互联网所能提供的服务之一。 ( )

选择

（4）阿里巴巴属于（　　　）平台的电子商务网站。

    A. B2B   B. C2C   C. B2C   D. C2B

（5）在网站体系架构设计的三层体系结构中，用来处理用户界面和用户交互的是（　　　）。

    A. 业务逻辑层   B. 表示层   C. 数据层   D. 控制层

（6）服务器端动态网页编程技术不包括（　　　）。

    A. XML   B. JSP   C. ASP   D. PHP

填空

（7）亚马逊是一个_____平台的电子商务网站。

（8）HTML文档可以划分为两大部分，即_____和< body ></body >。

（9）JavaScript是一种基于_____和_____并具有安全性能的脚本语言。

（10）网站的性能主要包括_____和_____。

2. 外文文献阅读实践

查阅、研读一篇大约1500字的关于网页设计的小短文，并提交英汉对照文本。

3. 上机实践

1）网站案例分析

结合本章内容说明"阿里巴巴"网站（阿里巴巴国际站"http://www.alibaba.com/"或阿里巴巴B2B电子商务平台"http://www.1688.com/"）的建设情况，包括网站简介、所属的类别、体系架构、使用的技术、作用及其他情况，并写出书面报告。

2）页面设计

使用DWCS5编写网页文件chp01_zy32.html，要求查阅相关资料，对本章示例深化，包括HTML、CSS和JavaScript代码，具体如下：

（1）页面内容至少包含文本、水平线、段落、图像和表单。

（2）自定义h3、p、img标记的内联式样式并应用。

（3）运用内部JavaScript代码定义一个JavaScript函数，名称为getname()，其内部调用alert()函数实现用户问好功能。

（4）使用DW行为中的"调用JavaScript，弹出信息"行为和晃动效果。

参考效果如图1.48所示（参考答案见chp01_zy32.html）。

3）代码技术研读

用IE或Chrome等浏览器打开京东网上商城（www.jd.com）主页，并用文件名chp01_zy33.html保存，然后查看其完整或部分源代码，找出其应用的HTML、CSS样式表、JavaScript代码，说明其功能、剖析其使用的技术，从而领会网页设计技术的应用，并写出书面报告。

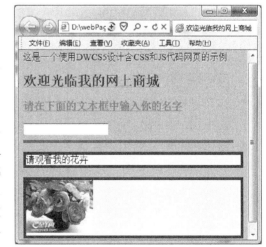

图1.48　chp01_zy32.html参考效果

第 2 章　HTML5 网页结构设计

本章导读：

在第 1 章我们学习了网站基础知识、了解了网站的基本概念和组成以及网站系统设计知识、介绍了网页设计的相关语言及网页设计工具 DWCS5。网站由众多的网页组成，而网页的设计首先要从其结构设计开始。本章就引导大家学习网页的结构设计。

首先通过一个案例的介绍让大家了解网页结构在实际网页设计中的应用，同时建立起对网页结构的初步感性认识；接着具体讲解网页结构设计中用到的各种标记及其属性，有了这些基本知识、技术的理论准备之后，我们通过具体示例讲解各种标记的实际用法，完成从理论向实践的转变；最后指导大家使用网页设计工具 DWCS5 实现一个包含复杂网页结构的页面设计，至此完成本章的学习。

2.1　网页结构简介及应用案例

网页结构是指网页内容的布局，包括全局结构和正文结构，一个好的网页结构不仅可以使页面更加美观、易用，提升用户体验，同时也有利于搜索引擎收录，提高网站排名。全局结构是指网页整体的框架结构及网页整体的属性，由网页文档类型声明标记<! doctype html >、网页文件的开始标记< html >、网页头部标记< head >、网页正文标记< body >等元素组成。正文结构是指网页正文或主体内容的布局结构，由段落< p >、区块< div >、表格< table >等元素组成，最终展现网页的内容和布局样式。

网页的结构是网站的"灵魂"，对于网站的展现至关重要。图 2.1 所示为京东网上商城（www.jd.com）的主页结构，由标题栏、导航栏、内容栏、脚注栏等区块 div 组成。

选择 Chrome 浏览器中的"工具"→"查看源文件"命令或 DWCS5 软件中的"工具"→"查看源文件"命令，可以直观地查看到组成网页结构的各个部分的实际代码。图 2.2 给出了部分结构代码和在 Chrome 浏览器中的显示效果的对应关系。

下面各节将详细讲述网页结构设计使用的各种标记及其属性的用法。

标题栏

导航栏

脚注栏

内容栏

图 2.1　京东商城主页结构概要

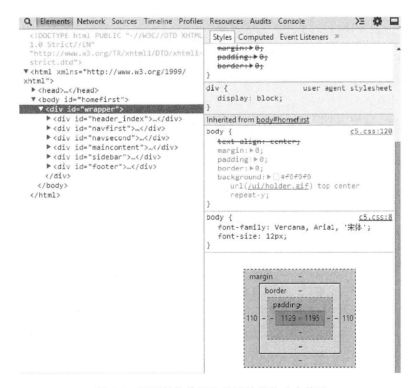

图 2.2　网页结构代码和界面效果的对应关系

2.2 网页全局结构设计

2.2.1 网页文档类型声明

在 HTML5 中,每个页面的第 1 行应该添加 doctype 声明。<!doctype html>标记用来说明该文档是一个 HTML5 文档,当浏览器下载解析时就能够按照 HTML5 的语法规则来解析这个页面,从而使文档以 HTML5 页面的形式显示出来。当遇到不支持 HTML5 的浏览器时,它也不会影响显示。

HTML 文档的第 2 行为<html>标记,表示 HTML 文件的开始。例如下面的代码:

```
<!DOCTYPE HTML>
<html>
  <head>
    <title>HTML5 页面标题</title>
  </head>
  <body>
    ...
  </body>
</html>
```

2.2.2 网页头部设计

<head>标记里的内容(可称为子标记)称为头部,包含了当前文档的信息,例如一些说明性的信息(文档的标题 title、文档基础 base、链接 link、元数据 meta、被搜索引擎使用的关键词等)和预定义标记(如样式表 style 和脚本 script),下面详细介绍其包含的各个子标记。

(1)<title>标记:指明它所包含的内容是 HTML 文档的标题,其内容会在浏览器的标题栏中显示出来。

(2)<link>标记:指明了链接的资源与当前文档之间的关系,它传送的联系信息可能被浏览器以不同的方式处理。该标记必须出现在文档的头部,可以出现任意次数。<link>标记的常用属性及其说明如表 2-1 所示。

表 2-1 <link>标记的常用属性

属性名称	属性说明(或功能)
href	该属性用来指定链接资源的 URL 地址,例如代码 <link rel=stylesheet href="mycss.css">,表示网页外观设计中使用的 CSS 样式表文件
rel	其值为字符数据,用来指明上述链接的资源和当前文档是什么关系
rev(反向)	其值为字符数据,指明当前文档和链接的资源是什么关系
type	指明链接资源文件的内容类型,例如 text/css,表示样式表
target	指定显示链接文件的目标框架或窗口名

【示例 2.1】 说明 href、rel、rev 属性的使用。

```
<link rel = glossary href = "words.htm">
```

表示链接的资源 words.htm 是当前文档的词汇表。

```
< link rev = subsection href = "whole.htm">
```

表示当前文档是链接的资源 whole.htm 的一部分。

（3）< style >标记：用来指明当前文档所使用的样式，语法格式为"< style 属性＝"属性值"…>各种样式的定义</style >"，该标记可以出现任意次数。属性 type 指明样式表的类型，如为 CSS 样式表，则应写为 type＝"text/css"。详细内容可以参见第 7 章的 CSS 样式表部分。

【示例 2.2】 说明< style >标记及 type 属性的使用。

```
< style type = text/css >
    <!--
    .tt{color:red}                        用 class 来定义样式
    h6{color:green ;font - weight:bold}  定义具体标记 h6 的样式
    p # lanse{color:blue}                用 id 属性来定义样式(段落 p 中 id 属性为 lanse)
    -->
</style >
```

（4）< meta >标记：用来描述网页文档的元数据，例如作者、版权、关键字、日期等，常用属性及其取值如表 2-2 所示。

表 2-2　< meta >元素的常用属性

属 性 名 称	属性说明（或功能）
name	该属性用来设置文档元信息的名称
content	该属性用来设置 name 等其他属性的值
charset	在 HTML5 中可以直接使用该属性指定网页中的字符编码，推荐使用 UTF-8[①]，其语法为< meta charset ="UTF-8">
http-equiv	该属性用来指定文档的 HTTP 标题名

【示例 2.3】 说明 HTML 文档的标题< title >、元信息< meta >等标记的使用方法。有关代码可参见下面，源程序文件见"webPageBook\codes\E02_01.html"。

```
< html >
< head >
    <!-- 指定保存 HTML 文档时的编码方式 -->
    < meta http - equiv = "Content - Type" content = "text/html; charset = gb2312">
    <!-- 指定编写 HTML 文档的语言为中文 - 大陆 -->
    < meta http - equiv = "Content - Language" content = "zh - cn">
    <!-- 指明 HTML 文档的作者 -->
    < meta name = "author" content = "Dave">
    <!-- 用来描述 HTML 文档的日期 -->
    < meta name = "date" content = "23 Jan 1997 10:30:30 GMT">
```

---

① UTF-8(8-bit Unicode Transformation Format)是一种针对 Unicode 的可变长度字符编码，又称万国码，由 Ken Thompson 于 1992 年创建，现在已经标准化为 RFC 3629。UTF-8 用 1～4 个字节编码 UNICODE 字符，用在网页上可以在同一页面显示中文简体、繁体及其他语言(例如英文、日文、韩文)。

```
    <!--指定 HTML 文档的编辑器-->
    <meta name = "GENERATOR" content = "Microsoft FrontPage 4.0">
    <!--您可以为主页制作关键词索引,使 Yahoo! 或 Alta Vista 等的搜索引擎更容易访问您的站
点。-->
    <meta name = "keywords" content = "web,html 技术">
    <!--指定 HTML 文档的标题-->
    <title>第 2 章 HTML 标记</title>
    <!--指定 HTML 文档的背景音乐-->
    <bgsound src = "../image/sound.wav" loop = "2">
    <!--指定 HTML 文档的主题为羊皮纸-->
    <meta name = "Microsoft Theme" content = "ricepaper(拼写) 1111">
    <!--指定 HTML 文档的过渡效果为水平遮蔽,持续时间为 10 秒-->
    <meta http-equiv = "Page-Enter" content = "revealTrans(Duration = 10.0,Transition = 9)">
</head>
<body>
……请您欣赏背景音乐……
</body>
</html>
```

2.2.3　网页主体设计

<body>标记指明它所包含的内容是 HTML 文档的正文部分,即网页文档的主体。该标记的常用属性及其取值如表 2-3 所示。

表 2-3　<body>标记的常用属性

属 性 名 称	属性说明(或功能)
bgcolor	该属性的取值为颜色值,用来设置文档的背景色
background	该属性用来设置文档的背景图像的 URL 地址,如果这个图像的大小不及浏览器窗口,它将平铺占满整个窗口
bgproperties	该属性用来设置文档的背景图像是否随浏览器窗口的滚动条一起滚动(bgproperties＝fixed,不滚动)
text、link、alink、vlink	这些属性的取值为颜色值,用来设置文档的文本颜色(text)、超链接颜色(link)、活动超链接颜色(alink)、被访问过的超链接颜色(vlink)
leftmargin、topmargin	这两个属性用来设置文档页面的左边空白尺寸(leftmargin＝size)、上边空白尺寸(topmargin)

【属性说明】

1. background(背景图像)的使用

在使用背景图像时要注意图像跟页面上其他图像的协调以及跟页面上文字颜色的协调,要注意图像平铺以后看起来是否美观,图像是否吸引了文字的注意力,喧宾夺主了。另外,因为图像会使页面的加载时间加长,所以建议图像文件的容量尽量不要超过 10KB。

2. bgcolor 属性的颜色值表示

bgcolor 属性的 colorvalue 可以用 6 位十六进制的 RGB 值表示,表示方法为 ♯rrggbb。

♯rrggbb 所代表的是红、绿、蓝三原色的红绿蓝强度(00(暗)～FF(亮)),每一色由两位十六进制的数值表示(即十进制 0～255)。十六进制数为 0、1、2、3、4、5、6、7、8、9、A、B、C、D、E、F。例如 link="♯000000"为黑色。

colorvalue 也可以用一个含有 3 个元素的十进制数组表示,例如 rgb(255,0,0)表示红色。数组中的 3 个数分别表示红、绿、蓝色的纯度,每个数的取值范围是 0~255。255 表示纯色,0 表示无色。

数组中的数也可以用百分比表示,例如 rgb(100%,0,0)也表示红色,此时 100%表示纯色,0%表示无色。

colorvalue 还可以用 HTML 预定义的几种颜色常量名表示,例如 bgcolor＝"red"。常见的颜色常量名如 Silver 为银色、olive 为橄榄色、teal 为青色、maroon 为栗色、lime 为浅黄绿、fuchsia 为紫红、aqua 为浅绿等。

部分颜色常量名和十六进制的 RGB 值的对照见表 2-4。

表 2-4　颜色常量名和十六进制的 RGB 值对照表

颜　色	对 应 关 系	颜　色	对 应 关 系
	black ＝ "＃000000"		green ＝ "＃008000"
	silver ＝ "＃C0C0C0"		lime ＝ "＃00FF00"
	gray ＝ "＃808080"		olive ＝ "＃808000"
	white ＝ "＃FFFFFF"		yellow ＝ "＃FFFF00"
	maroon ＝ "＃800000"		navy ＝ "＃000080"
	red ＝ "＃FF0000"		blue ＝ "＃0000FF"
	purple ＝ "＃800080"		teal ＝ "＃008080"
	fuchsia ＝ "＃FF00FF"		aqua ＝ "＃00FFFF"

【示例 2.4】　说明 HTML 文档的主体< body >标记及主要属性的使用方法。

有关的代码可参见下面,源程序文件见"webPageBook\codes\E02_02.html"。

```
< html >
< head >
</head >
  <!-- 该句说明了<body>标记及主要属性的使用方法 -->
< body topmargin ＝ "2" background ＝ "../image/叶子_.gif"  bgproperties ＝ "fixed" link ＝ "red"
        vlink ＝ "pink" alink ＝ "green" text ＝ "blue">
  < p >< /p >
  < p align ＝ "center">< font face ＝ "楷体_GB2312">静夜思(唐朝: 李白)</font ></p >
  < p align ＝ "center">< font face ＝ "楷体_GB2312">床前明月光,疑是地上霜。</font ></p >
  < p align ＝ "center">< font face ＝ "楷体_GB2312">举头望明月,低头思故乡。</font ></p >
  < p align ＝ "center">< font face ＝ "楷体_GB2312">相思(唐朝: 王维)</font ></p >
  < p align ＝ "center">< font face ＝ "楷体_GB2312">红豆生南国,春来发几枝?</font ></p >
  < p align ＝ "center">< font face ＝ "楷体_GB2312">愿君多采撷,此物最相思。</font ></p >
```

```
    <p align = "center">
        <a href = "http://">单击我观察超链接变化</a>
    </p>
</body>
</html>
```

在 IE 浏览器中的显示效果如图 2.3 所示。

图 2.3 <body>标记及主要属性的使用

2.3 网页全局属性

属性(Property)是用来设置一些标记的细节,对标记进行限定和说明的。全局属性是指可以用到大多数标记上的那些属性,例如 id 属性、class(类)属性、style(样式)属性、title(标题)属性、lang(语言)属性、dir(方向)属性、事件属性(如 onClick、onMouseDown)等。

1. 为标记标识身份——id 属性

id 属性是为文档中的标记标识身份的,相当于一个标记的身份证,其目的是为了区分网页中的不同标记。在一个文档中一般不可能出现两个相同的 id 值,否则会因为标记的识别冲突而导致页面显示不正常。

例如可以给某个段落标记 p 定义一个 id 属性,代码如下:

```
<p id = id_1>这是一个 id 属性为 id_1 的段落</p>
```

id 属性主要有以下几个作用。

(1) 通过指定某标记的 id 属性值可以将该标记与 CSS 样式表中的样式联系在一起,即使用以 id 名命名的样式显示该标记的内容,详见第 7 章的 CSS 样式表部分。

(2) id 属性还可以用作超链接的锚点。

例如首先使用 id 属性在文档中定义名字为 title 的锚点,代码如下:

```
<a id = "title">我是锚点,名字为 title</a>
```

（3）id 属性还可以在使用脚本程序编程时用作识别不同元素的符号。

详细内容可以参见 JavaScript 语言部分,此处不再赘述。

2. 为标记指定标题提示——title 属性

title 属性提供了一个标记的标题,当将鼠标指针放在标记的内容上时,title（标题）的值就会以"即时提示"的方式动态地显示出来。例如下面的代码使得鼠标指针指向超链接时提示信息"请发信到我的邮箱"动态地显示出来。

```
< a href = "mailto:aaa@sohu.com" title = "请发信到我的邮箱">请与我联系</a>
```

这个属性对于< a >、< link >、< img >、< object >非常有用,因为它可以提供链接的或者嵌入源的相关信息。

3. 为标记标识类别名——class 属性

class 属性为文档中的标记指定类别名,例如可以给某个段落标记 p 定义一个 class 属性,代码如下:

```
< p class = class_1 > 这是一个 class 属性为 class _1 的段落</p>
```

class 属性主要和样式表结合使用,可以给一个标记指定某种样式。详细内容可以参见第 7 章的 CSS 样式表部分。

4. 为标记指定行内样式——style 属性

style 属性可以直接为一个标记指定某种样式,例如下面的代码指定段落 p 内容的样式,其中的文字颜色为红色。

```
< p style = "color:red">段落中的文字为红色</p>
```

详细内容可以参见第 7 章的 CSS 样式表部分。

5. 为标记内容指定文字的行文方向——dir 属性

dir 属性用来指定文字在页面中的行文方向,当 dir 取值为 ltr（为默认属性值）时,文字从左到右显示；当 dir 取值为 rtl 时,文字从右到左显示。

例如下面的代码将使区域 span 中的文字从右到左显示。

```
< span dir = "rtl"> English ! ♯ ? </span>
```

代码在浏览器中的显示效果为"? ♯ ! English"。

下面的代码将使文字从右到左显示。

```
< bdo dir = "rtl"> English ! ♯ ? </bdo>
```

代码在浏览器中的显示效果为"? ♯ ! hsilgnE"。

6. 为标记指定行为——事件属性

页面标记可以监听事件的发生,事件属性的值就是一个 JavaScript 程序或函数,表示该事件导致的行为,大部分标记都支持这些属性。事件包括鼠标事件（onClick、 onMouseDown)、键盘事件(如 onKeyDown、onKeyUp)、获得焦点事件(onFocus)等。

常用的事件属性见表 2-5,有关事件属性的应用见第 6 章表单部分的讲解以及 JavaScript 部分。

表 2-5　常用的事件属性

属 性 名 称	中文含义	属性说明(或功能)
onLoad、onUnload	页面加载、卸载	分别指定页面加载、卸载之后运行的脚本代码,适用于<body>和<frameset>标记
onClick、onDblClick	鼠标单击、双击	分别指定鼠标单击、双击之后运行的脚本代码,适用于大多数标记
onMouseDown onMouseUp	鼠标按下、放开	分别指定鼠标按下、放开之后运行的脚本代码,适用于大多数标记
onMouseOver onMouseOut	鼠标移到上方移出上方	分别指定鼠标移到上方、移出上方之后运行的脚本代码,适用于大多数标记
onKeyDown、onKeyUp onKeyPress	键盘按下、放开按下同时放开	分别指定键盘按下、放开、按下同时放开之后运行的脚本代码,适用于大多数标记
onSubmit、onReset	表单提交、重置	分别指定表单提交、重置之后运行的脚本代码,适用于<form>标记
onFocus、onBlur	控件获得焦点、失去焦点	分别指定控件获得焦点、失去焦点之后运行的脚本代码,适用于<a>、<area>、<label>、<input>、<select>、<textarea>和<button>标记
onSelect	控件内容被选择	该属性指定控件内容被选择之后运行的脚本代码,适用于<input>、<textarea>和<textarea>标记
onChange	控件内容被改变	该属性指定控件内容被改变之后运行的脚本代码,适用于<input>、<select>和<textarea>标记

注意:本表中所列的属性可以待第 6 章表单部分以及 JavaScript 部分讲解之后再返回学习,这里暂不要求。

2.4　HTML5 网页结构设计前沿技术

2.4.1　新增的网页结构元素

在 HTML4 中我们定义页面结构只能通过一个"万能"的 div,试图通过设置它的特性 id 的值如 header、footer、sidebar 等来分别表达头部、底部或者侧栏等。HTML5 增加了新的结构元素 article、section、header、footer 等来增强网页内容的语义性,表达最常用的文档结构。有了它们,代码编写者不再需要为 id 的命名费尽心思,这对搜索引擎而言可以更好地识别和组织索引内容,对于手机、阅读器等设备更有语义的好处。下面介绍 HTML5 中新增的与文档结构相关的标记。

1. 页面主体结构相关标记

1)<article>标记

<article>标记内容独立于文档的其余部分,表示页面中的一块与上下文不相关的独立

的、完整的、可以独立被外部引用的内容,例如博客或报纸中的一篇文章、一篇论坛帖子、一段用户评论或独立的插件,或者其他任何独立的内容。除了内容部分以外,一个 article 元素通常有它自己的标题(一般放在 header 元素内),有时还有自己的脚注,article 元素可以嵌套使用。

2)< section >标记

< section >标记用来定义文档中的节(section),例如章节、页眉、页脚或文档中的其他部分。section 元素表示页面中的一个非独立内容区块,用来对页面内容分段、分块。它可以与 h1、h2、h3、h4、h5、h6 等元素结合起来使用,表示文档结构。article 元素可以看作是一种特殊的 section 元素,它比 section 元素更强调独立性,而 section 元素更强调分段或者分块。大家要注意以下几点:

(1) 不要把 section 元素用作设置样式的页面容器,那是 div 元素的工作。

(2) 如果是 article 元素,aside 元素或 nav 元素更符合使用条件,不要使用 section 元素。

(3) 不要为没有标题的内容区块使用 section 元素。

3)< nav >标记

< nav >标记表示页面中导航链接的部分。如果文档中有"前后"按钮,则应该把它放到 < nav >标记中。< nav >标记的示例代码如下:

```
< nav >
  < ul >
    < li >< a href = " # ">本站首页</a></li>
    < li >< a href = " # ">新闻频道</a></li>
    < li >< a href = " # ">财经专栏</a></li>
  </ul>
</nav>
```

页面会显示包含 3 个超链接的导航列表项。

4)< aside >标记

< aside >标记内容用来表示当前页面或者文章的附属信息部分,它可以包含与当前页面或主要内容相关的引用、侧边栏、广告、导航栏,以及其他类似的有别于主要内容的部分。它有下面两种用法:

(1) 被包含在 article 元素中,作为主要内容的附属信息,其中的内容可以是与当前文章有关的参考资料、名词解释等。

(2) 在 article 元素之外使用,作为页面或者站点全局的附属信息部分。典型的是侧边栏,其中的内容可以是友情链接,博客中其他文章的列表、广告等。

2. 非主体结构相关标记

(1) < header >标记:定义 section 或 document 的页眉。header 元素表示页面中一个内容区块或整个页面的标题,也可以包含其他内容,例如数据表格、搜索表单或 Logo 图片。

(2) < hgroup >标记:用于对整个页面或页面中一个内容区块的标题进行组合。如果文章有主标题,主标题下面有子标题,则需要使用 hgroup 元素了。示例代码如下:

```
< article >
    < header >
        < hgroup >
            < h1 >文章主标题</h1 >
            < h2 >文章副标题</h2 >
        </ hgroup >
    </ header >
</ article >
```

（3）< figure >标记：用于对元素进行组合。figure 元素表示一段独立的流内容，一般表示文档主题流内容中的一个独立单元。通常使用 figcaption 元素为 figure 元素组添加标题。

（4）< footer >标记：表示整个页面或页面中一个内容区块的脚注。一般来说，它会包含作者的姓名、联系信息(插入联系信息，使用< address >标记)、创作日期、相关阅读链接及版权信息等。

（5）< address >标记：用来在文档中呈现联系信息，包括文档作者或文档维护者的名字、他们的网站链接、电子邮箱、真实地址、电话号码等。示例代码如下：

```
< footer >
    < div >
        < address >
        < a href = "#" title = "客户 1 联系地址">客户 1</a >
        < a href = "#" title = "客户 2 联系地址">客户 2</a >
        </ address >
        发货日期< time datatime = "2013 - 10 - 1"> 2013 年 10 月 1 日</time >
    </ div >
</ footer >
```

（6）< time >标记：代表 24 小时中的某个日期或者时刻，表示时刻时允许带时差。编码时机器读到的部分在 datetime 属性里。datetime 属性中的 T 字母表示时间，Z 字母表示给机器编码时使用 UTC 标准时间，"＋"表示加上机器编码地区的时差，如果是本地时间，则不需要添加时差。示例代码如下：

```
< time datatime = "2016 - 5 - 12"> 2016 年 5 月 12 日</time >
< time datatime = "2016 - 5 - 12T20:30"> 2016 年 5 月 12 日下午 8:30</time >
< time datatime = "2016 - 5 - 12T20:30Z"> 2016 年 5 月 12 日下午 8:30 </time >
< time datatime = "2016 - 5 - 12T20:00 + 02:00">2016 年 5 月 12 日,时差两小时 </time >
```

其中 time 元素上 pubdate 属性是一个可选的 boolean 值的属性，表示该时间是文章或者整个网页的发布日期。

```
< h3 >关于< time datatime = "2016 - 5 - 12">5 月 12 日</time >新产品发布会的通知</h3 >
< p >< time datatime = "2016 - 5 - 12" pubdate >2016 年 5 月 12 日</time ></p >
```

【示例 2.5】 说明 HTML5 文档的结构标记的使用方法，包括< header >、< article >、< section >和< footer >等标记。在 Firefox 浏览器中的显示效果如图 2.4 所示。

图 2.4 网页结构标记用法

有关的代码可参见下面,源程序文件见"webPageBook\codes\E02_03.html"。

```
<!DOCTYPE HTML>
<html>
<head>
  <meta http-equiv="Content-Type" content="text/html; charset=utf-8">
<title>HTML5 网页结构标记用法</title>
</head>
<body>
<header>
  <h1>页面标题</h1>
  <nav><ul>
  <li><a href="#">主页</a></li>
  <li><a href="#">栏目</a></li>
  <li><a href="#">关于我们</a></li>
  </ul></nav>
</header>
<article>
  <header>
    <hgroup><h2>文章主标题</h2><h4>文章副标题</h4></hgroup>
```

```
        <p>发表日期:<time datatime="2016-10-1" pubdate>2016年10月1日</time></p>
    </header>
      <p>文章全文部分……</p><hr/>
      <section>
        <h2>关于<time datatime="2016-10-1">2016年10月1日的评论</time>的评论</h2>
          <article><header><h3>评论标题</h3></header>
            <p>评论的全文部分……</p>
          </article>
      </section>
    </article><hr/>
    <footer>
      <div>
        <address>
          <a href="#" title="作者联系地址">作者</a>
          <a href="#" title="评论者联系地址">评论人</a>
        </address>
        更新日期:<time datatime="2016-10-1">2016年10月1日</time>
      </div>
      <p><small>版权所有……</small></p>
    </footer>
  </body>
</html>
```

2.4.2 新增的全局属性

HTML5 中新增的全局属性如表 2-6 所示。

表 2-6   HTML5 中新增的全局属性

属　　性	描　　述
accesskey	规定访问元素的键盘快捷键
contenteditable	规定是否允许用户编辑内容
contextmenu	规定元素的上下文菜单
draggable	规定是否允许用户拖动元素
dropzone	规定当被拖动的项目/数据被拖放到元素中时发生什么
hidden	规定该元素是无关的,被隐藏的元素不会显示
lang	规定元素中内容的语言代码
spellcheck	规定是否必须对元素进行拼写或语法检查
tabindex	规定元素的 Tab 键控制次序

对于表 2-6 中的部分属性进一步说明如下。

（1）contenteditable 属性:该属性是 HTML5 中的新属性,规定元素内容是否可编辑。如果元素未设置 contenteditable 属性,那么元素会从其父元素继承该属性。

（2）draggable 属性:该属性是 HTML5 中的新属性,规定元素是否可拖动,其中链接和图像默认是可拖动的。

（3）dropzone 属性:该属性是 HTML5 中的新属性,规定在元素上拖动数据时是否复制、移动或链接被拖动数据。其中,若属性值为 copy,则拖动数据会产生被拖动数据的副本;若属性值为 move,则拖动数据会导致被拖动数据移动到新位置;若属性值为 link,则拖动数据会产生指向原始数据的链接。

2.5 使用 DWCS5 设计网页结构

网站结构设计要做的事情就是将页面内容划分为清晰、合理的层次体系，是体现内容设计与创意设计的关键环节。在使用 DWCS5 对网页进行结构设计时要根据网站的整体定位进行整体的规划与设计。

1. 目标设定与需求分析

本节的目标是参考京东网上商城(www.jd.com)主页框架设计类似图 2.1 所示的页面结构，包括网页的标题栏、导航栏、内容栏和脚注栏，具体功能及技术需求如下：

(1) 使用 Div 标签和 AP Div 对页面整体结构的标题栏、导航栏、内容栏和脚注栏进行合理划分。

(2) 对各区块进行细化设计，计算好各个版块的相关属性，例如宽度、高度等，并进行布局设计。

(3) 手动添加相应的文字、图像内容，并进行代码的修改、完善，在 Firefox 浏览器中的参考效果如图 2.5 所示。

图 2.5 网页效果图

2. 准备多媒体素材

在进行网页设计之前应该提前准备好应用于网页的多媒体素材(图片、文本等)，在这里需要准备一张京东商城销售的商品图片 jdsp.jpg(见素材文件夹 webPageBook/image)和相关文本。

3. 设计页面结构和内容

下面的设计将同时使用代码与设计窗口,以设计窗口的鼠标便捷操作为主(参考图 2.5 所示的效果),以代码窗口的代码修改、完善为辅助(参考 E02_04.html 中的代码)。

1) 标题栏设计

首先在代码窗口中输入 header 标记,并插入两个 Div 标签,步骤如下:

(1) 在插入面板中选择"布局"选项,单击"插入 Div 标签"图标,出现对话框,在代码窗口中输入 h2 标记及属性和内容。

(2) 选择"插入"→"布局对象"→AP Div 命令(AP Div 是可以任意拖动伸缩的),修改、完善代码如下。

```
<div id="header">我的订单 我的京东 京东会员 我的采购 网站导航</div>
```

接下来可以拖动、缩放该块,并通过属性面板打开编辑规则的对话框,修改、完善 CSS 代码如下:

```
#header {
    position:absolute;
    left:310px;
    top:20px;
    width:360px;
    height:28px;
    z-index:1;
    font-size:22;
    color: #F00;
}
```

效果如图 2.6 所示。

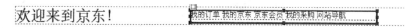

欢迎来到京东!　　　　　我的订单 我的京东 京东会员 我的采购 网站导航

图 2.6　标题栏设计

2) 侧边栏设计

在代码窗口中输入侧边栏标记 aside 及导航栏标记 nav,在网页标题栏下方的左侧插入一个 AP Div 区块,并在其内进行导航列表的设计。

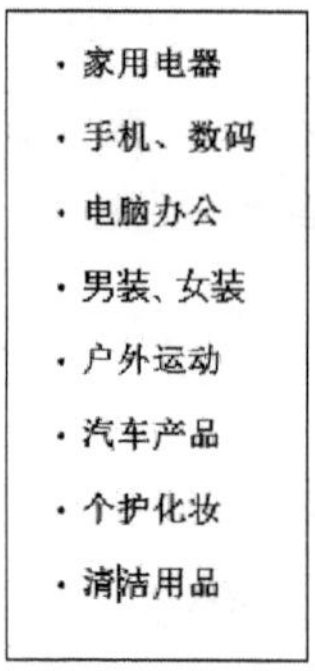

首先在该区域输入相关的导航链接文本,然后选中文本,选择"插入"→HTML→"文本对象"→"项目列表"命令,并修改、完善代码。接下来将鼠标光标定位在代码窗口中的<nav>标记内,通过属性面板打开编辑规则的对话框,修改、完善 CSS 代码,生成的结果如图 2.7 所示。

- 家用电器
- 手机、数码
- 电脑办公
- 男装、女装
- 户外运动
- 汽车产品
- 个护化妆
- 清洁用品

图 2.7　导航栏设计

3) 制作内容栏和脚注栏

在页面右侧插入一个内容栏,在页面下方插入一个脚注栏,并添加相应的内容,可通过属性面板进行相关的 CSS 规则设计。其操作步骤与标题栏相似,这里不再赘述。

最后进一步对网页总体效果和代码进行修改、完善,保存网页。

有关代码可参见下面，源程序文件见"webPageBook\codes\E02_04.html"。

```html
<!DOCTYPE HTML>
<html>
<head>
    <meta http-equiv="Content-Type" content="text/html; charset=utf-8">
    <title>示例页面 E02_04</title>
    <style type="text/css">
        h2 {font-family: "华文宋体";
            font-size: 18pt;
            font-weight: bold;
            color: #039;}
        #header {position:absolute;
            left:310px;
            top:20px;
            width:360px;
            height:28px;
            z-index:1;
            font-size: 22;
            color: #F00;}
        nav{position:absolute;
            left:9px;
            top:60px;
            width:145px;
            height:304px;
            z-index:2;}
        .content {padding: 10px 0;
            width: 80%;
            float: left;}
        article{position:absolute;
            left:185px;
            top:66px;
            width:538px;
            height:302px;
            z-index:3;}
        footer{position:absolute;
            left:43px;
            top:383px;
            width:730px;
            height:25px;
            z-index:4;
            text-align: center;
            background-color: #FFFFFF;
            font-size: 18px;
            text-align: center;
            font-family: "华文宋体";
            color: #03F;}
    </style>
</head>
<body>
    <div class="container">
    <header><!-- 标题栏 -->
        <div><h2>   欢迎来到京东!</h2></div>
```

```
    < div id = "header">我的订单 我的京东 京东会员 我的采购 网站导航</div>
  </header>
  <aside>  <!-- 侧边栏 -->
    < nav><!-- 导航列表 -->
     < UL>
       < LI>< a href = "http://www.jd.com/">家用电器</a></LI>
       < LI>< a href = "https://www.jd.com/">手机、数码</a></LI>
       < LI>< a href = "http://www.jd.com/">电脑办公</a></LI>
       < LI>< a href = "http://www.jd.com/">男装、女装</a></LI>
       < LI>< a href = "#">户外运动</a></LI>
       < LI>< a href = "#">汽车产品</a></LI>
       < LI>< a href = "#">个护化妆</a></LI>
       < LI>< a href = "#">清洁用品 </a></LI>
       </UL>
     </nav>
  </aside>
  < article class = content><!-- 内容栏 -->
    < section>< img src = "../image/jdsp.jpg" width = "529" height = "222"></section>
    < section>
   < p> 京东为专业的综合网上购物商城,销售超数万品牌、4020 万种商品,包括家电<br>手机、电
脑、母婴、服装等 13 大品类。京东所售商品为正品行货、全国联保。</p>
    </section>
  </article>
  < footer><!-- 脚注栏 -->
       关于我们 │联系我们 │商家入驻│ 营销中心│ 手机京东│ 友情链接│ 销售联盟│ 京东社区
    </footer>
  <!-- end .container --></div>
</body>
</html>
```

本 章 小 结

本章主要对网页结构的概念、应用案例及主要标记和属性进行介绍,具体内容包括文档声明< html >、文档开头< head >、文档主体< body >标记以及全局属性,同时介绍了 HTML5 新增与改进的网页结构元素 article、section、header、footer 等和属性知识,并讲述了使用网页设计工具 DWCS5 设计一个包含复杂网页结构页面的操作步骤。

其中,HTML 标记用来说明文档是一个 HTML 文档;head 标记里的内容(可称为子标记)称为文档头部,包含了当前文档的信息,例如文档标题< title >、文档元信息< meta >、文档链接< link >、CSS 样式表< style >标记;body 标记指明它所包含的内容是 HTML 文档的主体,其主要属性包括文档的背景色、背景图像、背景图像是否随滚动条一起滚动,文档的文本颜色(text)、超链接颜色(link)、活动超链接颜色(alink)、被访问过的超链接颜色,文档页面的左边空白尺寸(leftmargin＝size)、上边空白尺寸等。全局属性是指可以用到大多数标记上的属性,包括 id 属性、class(类)属性、style(样式)属性、title(标题)属性、lang(语言)属性、dir(方向)属性、事件属性(例如 onClick、onMouseDown)等。

进 阶 学 习

1. 外文文献阅读

阅读下面关于"网页结构"知识的双语短文,从中领悟并掌握专业文献的翻译方法,培养外文文献的研读能力。

(1) The header element[①]. Recently, we have seen a growing interest in HTML5 and its adoption by web professionals. Within the HTML5 specification we can see that there have been a significant number of new elements added. So you're used to seeing

< div id = "header" >

on a large majority of sites that you visit, well now with HTML5 that isn't required anymore we can add some more semantic value with the < header > element.

What is required in the < header > element? We now know that we can have multiples headers in a page but what are the must have's within the element in order for it to validate?

In short, a < header > typically contains at least (but not restricted to) one heading tag (< h1 >-< h6 >). The element can also contain other content within the document flow such as a table of contents, logos or a search form. Following a recent change to the spec you can now include the < nav > element within the < header >.

(2) A navigation bar. A navigation bar (or navigation system) is a section of a graphical user interface intended to aid visitors in accessing information. Navigation bars are implemented in file browsers, web browsers and as a design element of some web sites.

【参考译文】:(1)标题元素。最近,我们看到 HTML5 引起了 Web 专业人士越来越多的兴趣和接受。在 HTML5 规范中,我们可以看到增加了相当数量的新元素。所以我们在访问大多数网站时曾经见到过的< div id = "header" >现在 HTML5 不再需要,我们使用< header >元素可以添加更多的语义值。

在< header >元素中需要什么呢? 现在我们知道,在一个页面中可以有多个标题,为了使其有效,在元素内部什么是必须有的呢?

简而言之,一个标题< header >通常至少包含(但不限于)一个标题标签(< h1 >~< h6 >)。元素还可以包含文档流的其他内容,例如表格、Logo 标志或一个搜索表单。按照最近的规范改变,现在可以在< header >内包括导航元素< nav >。

(2)导航栏。一个导航栏(或导航系统)是一个图形用户界面的组成部分,旨在帮助访问者访问信息。导航栏是在文件浏览器、Web 浏览器中实现的,也作为一些网站的设计元素使用。

2. 新的 DOCTYPE 和字符集

首先根据 HTML5 设计准则的第三条——化繁为简,Web 页面的 DOCTYPE 被极大

---

① 参考资源网址"http://html5doctor.com/the-header-element/"。

地简化了。HTML4 中的 DOCTYPE 语法：

```
<! DOCTYPE HTML PUBLIC " - //W3C//DTD HTML 4.01 Transitional//EN"
"http://www.w3.org/TR/html4/loose.dtd">
```

一般很难记住，所以在新建页面的时候往往只能通过复制粘贴的方式添加那么长的 DOCTYPE，而 HTML5 干净利索地解决了这个问题，语法变为<! DOCTYPE HTML>。

跟 DOCTYPE 一样，字符集的声明也被简化了。过去是这样的：

```
< meta http - equiv = "Content - Type" content = "text/html;  charset = utf - 8" />
```

现在成了：

```
< meta charset = "utf - 8">
```

在使用新的 DOCTYPE 后，浏览器默认以标准模式（standards mode）显示页面。例如用 Firefox 打开一个 HTML5 页面，然后选择"工具"→"页面信息"命令，会看到以标准模式显示的页面。

使用 HTML5 的 DOCTYPE 会触发浏览器以标准兼容模式显示页面。众所周知，Web 页面有多种显示模式（怪异模式、近标准模式以及标准模式）。浏览器会根据 DOCTYPE 识别应该使用哪种模式以及使用什么规则来验证页面。

3. HTML5 中去除的属性

在 HTML5 中对其使用的相关属性进行了相应的修改。表 2-7 所示为 HTML5 与 HTML4 属性比较更改的情况。

表 2-7　HTML5 中去除的属性

在 HTML4 中使用的属性	使用该属性的元素	在 HTML5 中的替代方案
rev	link、a	rel
charset	link、a	在被链接的资源中使用 HTTP Content-type 头元素
shape、coords	a	使用 area 元素代替 a 元素
longdesc	img、iframe	使用 a 元素链接到较长描述
target	link	多余属性，被省略
nohref	area	多余属性，被省略
profile	head	多余属性，被省略
version	html	多余属性，被省略
name	img	id
scheme	meta	只为某个表单域使用 scheme
archive、chlassid、codebose、codetype、declare、standby	object	使用 data 与 typc 属性类调用插件，当需要使用这些属性设置参数时使用 param 属性
valuetype、type	param	使用 name 与 value 属性，不声明它的 MIME 类型
axis、abbr	td、th	使用以明确简洁的文字开头、后跟详述文字的形式，可以对更详细内容使用 title 属性，以使单元格的内容变得简短

在 HTML4 中使用的属性	使用该属性的元素	在 HTML5 中的替代方案
axis、abbr	td、th	使用以明确简洁的文字开头、后跟详述文字的形式，可以对更详细内容使用 title 属性，以使单元格的内容变得简短
scope	td	在被链接的资源中使用 HTTP Content-type 头元素
align	caption、input、p、legend、div、h1、h2、h3、h4、h5、h6	使用 CSS 样式表替代
alink、link、text、vlink、background、bgcolor	body	使用 CSS 样式表替代
clear	br	使用 CSS 样式表替代
align、bgcolor、border、cellpadding、cellspacing、frame、rules、width	table	使用 CSS 样式表替代
align、char、charoff、height、nowrap、valign	tbody、thead、tfoot	使用 CSS 样式表替代
align、bgcolor、char、charoff、height、nowrap、valign、width	td、th	使用 CSS 样式表替代
align、bgcolor、char、charoff、valign	tr	使用 CSS 样式表替代
align、char、charoff、valign、width	col、colgroup	使用 CSS 样式表替代
align、border、hspace、vspace	object	使用 CSS 样式表替代
compace、type	ol、ul、li	使用 CSS 样式表替代
compace	dl	使用 CSS 样式表替代
compace	menu	使用 CSS 样式表替代
width	pre	使用 CSS 样式表替代
align、hspace、vspace	img	使用 CSS 样式表替代
align、noshade、size、width	hr	使用 CSS 样式表替代
align、frameborder、scrolling、marginheight、marginwidth	iframe	使用 CSS 样式表替代
autosubmit	menu	

思考与实践

1. 思辨题

判断(✓×)

(1) 在一个文档中可以出现两个相同的 id 值。　　　　　　　　　　　　(　　)

(2) 事件属性中的 onChange 属性用来指定控件内容被改变之后运行的脚本代码。

(　　)

(3) HTML5 新增的全局属性 contenteditable 规定是否允许用户编辑内容。　(　　)

选择

(4) ＜link＞标记中用来指定链接资源 URL 地址的属性是(　　)。

　　A. href　　　　　　B. rel　　　　　　C. target　　　　　　D. link

(5) ＜body＞标记中用来设置文档的背景图像 URL 地址的属性是(　　)。

　　A. Toppmargin　　B. Leftmargin　　C. bgcolor　　　　D. background

(6) 网页全局属性 dir 用来指定文字在页面中的行文方向,其默认取值为(　　)。

　　A. left　　　　　　B. right　　　　　　C. ltr　　　　　　D. rtr

填空

(7) 在网页全局属性中,_____属性可以直接为一个标记指定某种样式。

(8) ＜link＞中指明链接资源文件的内容类型的属性名称是_____。

(9) 用来指定控件内容被选择之后运行的脚本代码的属性是_____。

(10) HTML5 中_____属性用来规定是否允许用户拖动元素。

2. 外文文献阅读实践

查阅、研读一篇大约 1500 字的关于网页结构设计的小短文,并提交英汉对照文本。

3. 上机实践

1) 页面设计:建立一个 HTML 文件 chp02_zy31. html,保存并显示

要求如下:

(1) 文档标题栏为"静夜思(唐朝:李白)"。

(2) 插入《静夜思》诗句,并配上相关图像,在图像下方插入一个超链接。

(3) 设置文档的背景色为深色、文本颜色为浅色、超链接颜色为银白色、活动超链接颜色为黄色、被访问过的超链接颜色为红色、左边空白尺寸为 4、上边空白尺寸为 2。

参考效果图如图 2.8 所示(参考答案见 chp02_zy31. html)。

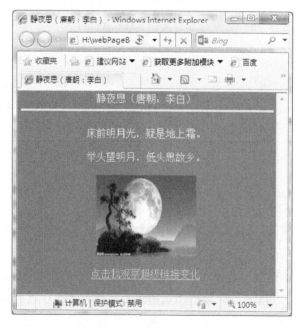

图 2.8　运行效果图

2）页面设计：建立一个 HTML 文件 chp02_zy32.html，保存并显示

要求如下：

（1）应用 HTML5 中新增的网页结构元素设计一个订单信息列表，如< article >标记。

（2）用< time >标记设计"订单时间"区块，用< address >标记设计"收货地址"区块。

参考效果图如图 2.9 所示（参考答案见 chp02_zy32.html）。

图 2.9　运行效果图

3）案例研读分析

用 IE 或 Chrome 浏览器打开一个网站主页，并用文件名称 chp02_zy33.html 保存，然后查看其源代码，说出其中包含的标记< html >、< head >、< body >、< title >、< meta >、< link >和< style >的功能，并解释其中属性的含义和作用。

在该网站的源代码中是否使用了 HTML5 新增的网页结构元素？如果使用了，请指出并做出相关说明，最后写出书面报告。

第3章 HTML5 网页内容设计

本章导读：

在第 2 章我们学习了网页设计的基本结构，对网页的组成有了初步的了解，接下来对网页中的内容进行设计。

首先通过一个案例了解网页内容设计在实际中的应用，建立对网页内容设计的初步认识，接下来对网页内容标记、网页内容格式化标记等常用标记及其属性进行理解与记忆，为后面的网页内容设计打下基础，然后讲解如何利用 DWCS5 进行网页内容设计，从而实现从理论到实践的飞跃，使读者对网页设计知识掌握得更加熟练和深入。

3.1 网页内容及格式化设计应用案例

网页的内容是网站的精髓，是吸引顾客的关键。大商集团(http://www.dsjt.com/)首页中就充分运用了表格 table、区块 div、内部窗口 iframe 等内容要素进行设计。图 3.1 是大商集团首页的部分截图。

图 3.1 大商集团网站首页截图

该页面展示了 3 个区块 div，每个 div 下面又嵌套多个 div。div1 位于页面最上端，显示大商集团对访问者的欢迎以及一些导航栏的介绍，包括大商集团的 Logo，首页、走进大商、新闻中心、业态商号、稀缺商品、人才招聘、天狗网几个内容，同时对导航栏的具体字体样式进行了设置；div2 是对一些集团重要信息的推广，采用图片、字体等表现形式，轮播业态商号，简洁明了，易于用户访问；div3 是一些列表区块，分别介绍了"大商百货"、"大商超市"、"大商地产"等内容，分类明晰。

3.2　网页内容设计

3.2.1　段落标记

< p >标记的英文全称是 paragraph，该标记指明它所包含的内容是 HTML 文档的一个段落。

除了全局属性以外，< p >标记还有一个主要属性 align。属性 align 说明段落在文档中的对齐方式，取值可以是 left（默认值）、right（右对齐）、center（居中对齐）、justify（两端对齐，IE 尚未支持）。

图 3.2　< p >标记及主要属性的使用

【示例 3.1】　使用段落标记< p >及主要属性的应用。

设计一个页面，将文件命名为 E03_01.html，在 IE 浏览器中的显示效果如图 3.2 所示。有关的代码可参见下面，源程序文件见"webPageBook\codes\E03_01.html"。

```
< html >
< head >
 < title >段落标记及主要属性的用法</title>
</head >
< body >
 < h2 >应用 P 标记的练习</h2>
 < p style = "color:blue">这是一个应用 P 标记、style 属性的段落</p>
 < p align = "center">居中对齐段落</p>
 < p align = "left"   >左对齐段落</p>
 < p align = "right">右对齐段落</p>
</body >
</html >
```

3.2.2　区块标记

区块标记< span >、< div >的作用是将文档的内容分成块，它们与 class、id、lang 等属性联合使用时可以更好地控制块的样式或事件行为。

二者的区别是包括的内容大小不同，< div >（也称为层）包含的内容较多，该标记不能用到< p >标记中，与其他内容一起显示时会有一个空行。< span >标记可以用到< p >标记中，在一行内部使用。区块标记< span >、< div >的主要属性是全局属性。

【示例 3.2】　使用区块标记< span >、< div >及主要属性。

设计一个页面，将文件命名为 E03_02.html，在 IE 浏览器中的显示效果如图 3.3 所示。

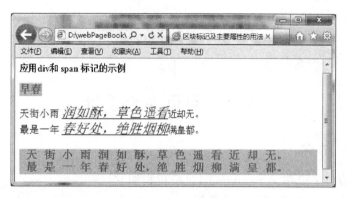

图 3.3 ＜span＞、＜div＞标记及主要属性的使用

有关的代码可参见下面,源程序文件见"webPageBook\codes\E03_02.html"。

```
< html >
< head >
    < title>区块标记及主要属性的用法</title>
    < style type = "text/css">
      <!--
        ♯Y1{font - family:"隶书","宋体";font - size:18px}
        .Y2{font - style:italic;font - size:24px;text - decoration:underline}
        .Y3{font - weight:bold;font - size:20px;color:red;background - color:lightgrey;}
      -->
    </style>
</head>
< body >
    < p >  < b>应用 div 和 span 标记的示例</b></p >
    < span class = "Y3">早春</span >
    < p >
     < span id = "Y1">天街小雨</span>< span class = "Y2">润如酥,草色遥看</span>近却无。< br >
     < span id = "Y1">最是一年</span>< span class = "Y2">春好处,绝胜烟柳</span>满皇都。
    </p>
    < div class = "Y3">< pre>
       天 街 小 雨 润 如 酥,草 色 遥 看 近 却 无。
       最 是 一 年 春 好 处,绝 胜 烟 柳 满 皇 都。
    </pre></div>
</body>
</html>
```

【代码解析】

在本例中,首先在内嵌式样式表中定义了 Y1、Y2、Y3 几种样式,然后在区块标记＜span＞、＜div＞中分别应用设置好的 3 种样式。

3.2.3 列表标记

列表标记主要用于事物的分类,如许多网站上可供销售商品的分类等。根据列表项是否有序列表标记可以分为有序列表标记＜ol＞和无序列表标记＜ul＞,具体的列表项由标记＜li＞给出。

此外还包括用于一些概念、术语的定义或描述的定义列表标记＜dl＞,具体的概念、术语定义(definition term)由标记＜dt＞给出,概念、术语的描述(definition description)由标记

<dd>给出。

除包含全局属性以外,各列表标记的常用属性及其取值如表 3-1 所示。

表 3-1　列表标记的常用属性

标记名称	属性名称	属性值	属性说明(或功能)
ol(ordered list)	type	1、a、A、i(小写罗马数字)、I(大写罗马数字)	该属性用来指明用什么符号作为列表项目的序号
ol(ordered list)	start	大于 0 的整数,默认为 1	该属性用来设置列表的起始符号,当 type＝"a"时,若 start＝"3",则表示列表项序号从 c 开始
	compact	—	紧凑显示列表内容,这样可以减少列表所占用的空间
ul(unordered list)	type	disk(圆盘) square(方形) circle(圆)	该属性用来指明用什么符号作为列表项目的符号
li(list)	type	disk(圆盘) square(方形) circle(圆)	该属性用来指明用什么符号作为列表项目的符号
	value	大于 0 的整数	该属性用来设置当前列表的编号
dl(definition list)	compact	—	紧凑显示列表内容,这样可以减少列表所占用的空间

【示例 3.3】　使用列表标记及主要属性。

设计一个页面,将文件命名为 E03_03.html,在 IE 浏览器中的显示效果如图 3.4 所示。

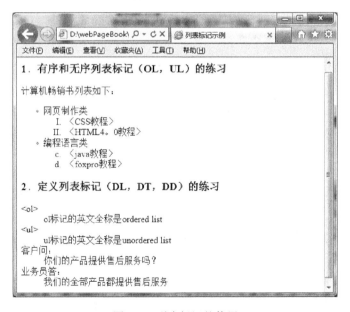

图 3.4　列表标记的使用

有关的代码可参见下面,源程序文件见"webPageBook\codes\E03_03.html"。

```
<html>
<head><title>列表标记示例</title></head>
```

HTML5 网页内容设计

```
<body>
    <h3>1.有序和无序列表标记(OL,UL)的练习</h3>
    <p>计算机畅销书列表如下：</p>
    <ul type = "circle" COMPACT>
    <li>网页制作类</li>
        <ol type = I>
            <li><CSS 教程></li>
            <li><HTML4.0 教程></li>
        </ol>
    <li>编程语言类    </li>
        <ol type = a start = 3>
            <li><java 教程></li>
            <li><foxpro 教程></li>
        </ol>
    </ul>
    <h3>2.定义列表标记(DL,DT,DD)的练习</h3>
    <dl>
        <dt>&lt;ol&gt;</dt>
            <dd>ol 标记的英文全称是 ordered list </dd>
        <dt>&lt;ul&gt;</dt>
            <dd>ul 标记的英文全称是 unordered list </dd>
        <dt>客户问：</dt>
            <dd>你们的产品提供售后服务吗?</dd>
        <dt>业务员答：</dt>
            <dd>我们的全部产品都提供售后服务</dd>
    </dl>
</body>
</html>
```

3.2.4　字符实体

1. 字符实体的概念和组成

在 HTML 中有些字符拥有特殊含义，因此不能直接在文档中显示出来。例如小于号"<"定义一个 HTML 标签的开始。要想在 HTML 文档中显示一个小于号，我们必须使用字符实体(character entities)，即写成"<"或者"<"。

再如，有时用户需要在 HTML 文本中连续插入 10 个空格，但通常浏览器根据文档格式化规范的要求会合并文档中的空格为一个，即将其中 9 个空格去掉。此时，如果想在 HTML 中保留插入的空格，就可以使用实体" "。

总之，如果我们想让浏览器显示这些在 HTML 中有特殊含义的字符或无法直接用键盘输入的字符，就必须在 HTML 代码中插入字符实体。一个字符实体由以下 3 个部分组成：

（1）第一部分是半角英文字符"&"(and)。

（2）第二部分是"字符专有名称"，即实体名(大小写敏感)，也可以是一个用十进制数或者十六进制数表示的"实体号"。

（3）最后是一个半角英文字符分号（;）。

例如小于号"<"，字符实体是"<"(lt 就是英文小于号 less than 的简称)，用十进制数表示的实体是"<"(60 实际是"<"号 ASCII 码的十进制编号)，用十六进制数表示的实体是"<"(3c 实际是"<"号 ASCII 码的十六进制编号)。

当浏览器遇到以"&"开头和以";"结尾的字符时都会解释为字符实体。使用名字（相对于使用数字）的优点是容易记忆,缺点是并非所有的浏览器都支持最新的实体名,但是几乎所有的浏览器都能很好地支持实体号。

2. 常用的字符实体

部分常用的字符实体见表 3-2,对于详细内容读者可参看其他资料。

表 3-2　部分常用的字符实体表

特 殊 符 号	中 文 名 称	字 符 实 体	十进制实体
	不可拆分的空格		
<	小于	&lt;	&#60;
>	大于	&gt;	&#62;
&	and 符号	&amp;	&#38;
"	引号	&quot;	&#34;
'	单引号		&#39;
¢	分	&cent;	&#162;
£	英镑	&pound;	&#163;
¥	人民币元	&yen;	&#165;
§	章节	&sect;	&#167;
©	版权	&copy;	&#169;
®	注册	&reg;	&#174;
×	乘号	&times;	&#215;
÷	除号	&divide;	&#247;

【示例 3.4】　使用字符实体。

设计一个页面,将文件命名为 E03_04.html,在 IE 浏览器中的显示效果如图 3.5 所示。

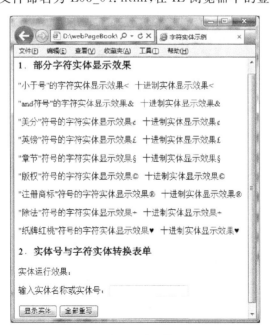

图 3.5　常用字符实体的使用

有关的代码可参见下面,源程序文件见"webPageBook\codes\E03_04.html"。

```
<html>
<head><title>字符实体示例</title></head>
<body>
    <h3>1.部分字符实体显示效果</h3>
    <p>"小于号"的字符实体显示效果 &lt;  十进制实体显示效果 &#60 </p>
    <p>"and符号"的字符实体显示效果 &amp;  十进制实体显示效果 &#38 </p>
    <p>"美分"符号的字符实体显示效果 &cent;  十进制实体显示效果 &#162 </p>
    <p>"英镑"符号的字符实体显示效果 &pound;  十进制实体显示效果 &#163 </p>
    <p>"章节"符号的字符实体显示效果 &sect;  十进制实体显示效果 &#167 </p>
    <p>"版权"符号的字符实体显示效果 &copy;  十进制实体显示效果 &#169 </p>
    <p>"注册商标"符号的字符实体显示效果 &reg;  十进制实体显示效果 &#174 </p>
    <p>"除法"符号的字符实体显示效果 &divide;  十进制实体显示效果 &#247 </p>
    <p>"纸牌红桃"符号的字符实体显示效果 &hearts;  十进制实体显示效果 &#9829 </p>
    <h3>2.实体号与字符实体转换表单</h3>
    <form>
     <p>实体运行效果< spanstyle = "color:blue;font - size: 20pt"id = "xsh">  </span></p>
     <p>输入实体名称或实体号:< input type = "text" value = ""  size = "20" name = "shr"></p>
     <p>< input type = "button" value = "显示实体" onClick = "xsh. innerHTML = shr. value">
        < input type = "reset" value = "全部重写"></p>
    </form>
</body></html>
```

3.2.5 表格

1. 表格主标记< table >

< table >标记定义一个表格,任何一个表格都由该标记开始,它是表格的主标记,可以包含多个其他表格子标记。表格的作用主要有两个,一是存放数据;二是有效地组织数据,作为页面其他元素的布局和定位工具。< table >元素的主要属性及其取值如表 3-3 所示。

表 3-3 < table >元素的主要属性

属 性 名 称	属 性 说 明
summary	属性值作为表格的注释,用来说明表格的目的和结构等,但它在浏览器中并不显示出来
frame	该属性规定了表格外边框的显示方式,其取值为 void(不显示边框)、above(仅显示上边框)、below(仅显示下边框)、hsides(仅显示上下边框)、vsides(仅显示左右边框)、lhs(仅显示左边框)、rhs(仅显示右边框)、box(默认,显示全部边框)
border	该属性用来设置表格的边框宽度,0 表示表格边框不可见,其作用是设计者可以随心所欲地放置页面内容,而浏览者却看不出使用了多少表格,现在有许多网页在使用边框为 0 的表格。若不设置此属性,则边框宽度默认为 0
rules	该属性用来指定表格内边框样式,其取值决定显示哪些内部边框,例如 rows(行分隔线)、cols(列分隔线)、groups(组分隔线)、none(无分隔线)或 all(全部分隔线)
width	该属性用来设置表格的宽度,单位用绝对像素值或总宽度的百分比
height	该属性用来设置表格的高度
background	该属性用来指定表格背景图像的位置

属 性 名 称	属 性 说 明
bordercolor、bordercolor-light、bordercolor-dark	这些属性分别用来指定边框、边框明亮部分和边框阴暗部分的颜色
bgcolor	该属性用来设置表格的背景色
cellspacing	该属性用来设置表格的单元格间距
cellpadding	该属性用来设置表格的单元格内容和其边框之间的填充距
cols	该属性用来指定表格列数

【示例 3.5】 使用< table >标记及主要属性。

设计一个页面,将文件命名为 E03_05.html,在 IE 浏览器中的显示效果如图 3.6 所示。

图 3.6 < table >标记及主要属性的使用

有关的代码可参见下面,源程序文件见"webPageBook\codes\E03_05.html"。

```
<! DOCTYPE HTML >
< html >
< head >
    < meta http - equiv = "Content - Type" content = "text/html; charset = utf - 8">
    < title >table 标记的各种属性示例</title>
</head>
< body >
    < h3 align = center>这个 2X2 表格例示了 table 标记的各种属性</h3>
    < table border = "3" width = "58 %" height = "131" bordercolorlight = " #FF0000"
        cellspacing = "4" cellpadding = "2" bordercolordark = " #008000"
        background = "../image/叶子_.gif" align = "center"
        frame = "hsides" summary = "这个表格例示了 table 标记的各种属性">
        < tr ><!-- 第 1 行 -->
          < td width = "50 %" height = "44">11 </td>
          < td width = "50 %" height = "44">12 </td>
        </tr>
        < tr ><!-- 第 2 行 -->
            < td width = "50 %" height = "75">21 </td>
            < td width = "50 %" height = "75">22 </td>
        </tr>
```

89

第3章

```
    </table>
  </body>
</html>
```

2. 表格行标记<tr>

<tr>标记的英文名称是 table row,它定义了表格的一行,其内部可以包含多个标题单元格标记<th>和内容单元格标记<td>。<tr>标记的常用属性及其取值如表 3-4 所示。

表 3-4　<tr>标记的常用属性

属 性 名 称	属性说明(或功能)
align	该属性用来设置单元格内容的水平对齐方式,属性值为 left(左对齐)、center(居中)或 right(右对齐)
valign	该属性用来设置单元格内容的垂直对齐方式,属性值为 top(靠顶端对齐)、middle(居中对齐)或 bottom(靠底部对齐)
bgcolor	该属性用来设置行的背景色,可以被单元格的背景色所覆盖

【示例 3.6】　使用<tr>标记及主要属性。

设计一个页面,将文件命名为 E03_06.html,在 IE 浏览器中的显示效果如图 3.7 所示。

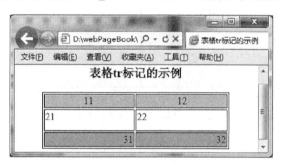

图 3.7　<tr>标记及主要属性的使用

有关的代码可参见下面,源程序文件见"webPageBook\codes\E03_06.html"。

```
<!DOCTYPE HTML>
<html>
<head>
  <meta http-equiv="Content-Type" content="text/html; charset=utf-8">
  <title>表格 tr 标记的示例</title>
</head>
<body>
  <h3 align="center">表格 tr 标记的示例</h3>
  <table border="1" width="80%" height="60" align="center">
    <tr align="center" bgcolor="lightgrey"><!-- 第 1 行 -->
      <td width="50%" height="15">11</td>
      <td width="50%" height="15">12</td>
    </tr>
    <tr  valign="top"><!-- 第 2 行 -->
      <td width="50%" height="30">21</td>
      <td width="50%" height="30">22</td>
```

```
      </tr>
      <tr  align = "right" bgcolor = "#C0C0C0"><!-- 第 3 行 -->
        <td width = "50%"  height = "15">31</td>
        <td width = "50%"  height = "15">32</td>
      </tr>
   </table>
 </body>
 </html>
```

3. 表格单元标记<th>、<td>

<td>标记的英文名称是 table data,用来创建表格中的每一个普通的数据单元格,以便存放表格中的数据。<th>标记的英文名称是 table head,用来设置表格头部信息,通常采用黑体居中文字显示其中的内容,以便和普通单元格相区别。<th>标记可以出现在表格中的任何行或列上,但一般只放在第 1 行或第 1 列上。这两个标记需要放在<tr></tr>标记对之间。<th>、<td>标记的主要属性及其取值如表 3-5 所示。

表 3-5　<th>、<td>标记的主要属性

属性名称	属性说明(或功能)
rowspan	该属性用来指定单元格所占的行数,即在垂直方向上合并多少单元格(默认值为 1)
colspan	该属性用来指定单元格所占的列数,即在水平方向上合并多少单元格(默认值为 1)
nowrap	该属性用来指定单元格内容不允许换行,否则单元格内容会随着浏览器窗口的缩小而自动换行
width、heigth	这两个属性分别用来指定单元格的宽度和高度,单位用绝对像素值或总长度的百分比
bgcolor、bordercolor	这两个属性用来设置单元格的背景色和边框色
align	该属性用来设置单元格内容的水平对齐方式,取值为 left(左对齐)、center(居中)或 right(右对齐)
valign	该属性用来设置单元格内容的垂直对齐方式,取值为 top(靠顶端对齐)、middle(居中间对齐)或 bottom(靠底部对齐)

【示例 3.7】　使用<th>、<td>标记及主要属性。

设计一个页面,将文件命名为 E03_07.html,在 IE 浏览器中的显示效果如图 3.8 所示。

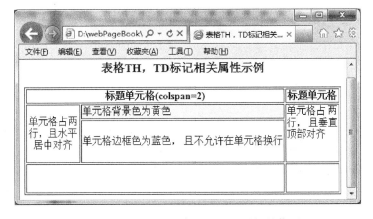

图 3.8　<th>、<td>标记及主要属性的使用

有关的代码可参见下面,源程序文件见"webPageBook\codes\E03_07.html"。

```
<! DOCTYPE HTML >
< html >
< head >
  < meta http - equiv = "Content - Type" content = "text/html; charset = utf - 8">
  <title>表格 TH,TD 标记相关属性示例   </title>
</head >
< body >
 < h3 align = "center">表格 TH,TD 标记相关属性示例   </h3>
 < table border = "1" width = "100 %" height = "69">
   < tr >
     < th width = "50 %" colspan = "2" height = "16">标题单元格(colspan = 2)</th>
     < th width = "25 %" height = "16">标题单元格</th>
   </tr >
     < tr >
     < td width = "25 %" rowspan = "2" align = "center" height = "84">
       <p>单元格占两行,且水平居中对齐   </p>   </td>
     < td width = "25 %" bgcolor = "yellow" height = "16">单元格背景色为黄色   </td>
     < td width = "25 %" rowspan = "2" valign = "top" height = "84">单元格占两行,且垂直顶部对
齐</td>
     </tr >
     < tr >
< td width = "25 %" bordercolor = "blue" nowrap height = "62">单元格边框色为蓝色,且不允许在单
元格换行</td>
     </tr >
     < tr >
     <!-- 未使用了字符实体" "的空单元格 -->
     < td width = "50 %" height = "41" colspan = "2"></td>
     <!-- 使用了字符实体" "的空单元格 -->
     < td width = "25 %"   height = "41"> </td>
     </tr >
 </table>
</body >
</html >
```

注意:本例演示了空白单元格的处理,一般来说,浏览器遇到无内容的空白单元格时会将整个空白单元格隐藏起来,导致边框也不能够显示出来。此时,为了达到与正常单元格同样的显示效果,需要在空白单元格中加入表示"空白"的字符实体" "。

4. 表格行编组标记< thead >、< tfoot >、< tbody >

通常利用< thead >、< tfoot >、< tbody >标记对一些特定功能的行赋予特殊的含义,并编成一组。< thead >标记可将一些行定义为当前表格的题注,< tfoot >标记可将一些行定义为当前表格的脚注,而剩下其余行用< tbody >标记定义为表格的主体部分。如果表格中没有< thead >和< tfoot >标记,则< tbody >标记可以省略。

在表格行编组后,用户可以对组中各行的属性(如对齐、背景色等)进行统一设置,也可以减少代码的数量。< thead >、< tfoot >、< tbody >标记的主要属性及其取值如表 3-6所示。

表 3-6 ＜thead＞、＜tfoot＞、＜tbody＞标记的主要属性

属性名称	属性说明(或功能)
align	该属性用来设置行编组中所有单元格的水平对齐方式,取值为 left(左对齐)、center(居中)或 right(右对齐)
valign	该属性用来设置行编组中所有单元格的垂直对齐方式,取值为 top(靠顶端对齐)、middle(居中对齐)或 bottom(靠底部对齐)
bgcolor	该属性用来设置行编组中所有单元格的背景色

【示例 3.8】 使用表格行编组标记及主要属性。

设计一个页面,将文件命名为 E03_08.html,在 IE 浏览器中的显示效果如图 3.9 所示。

图 3.9 表格行编组标记及主要属性的使用

有关的代码可参见下面,源程序文件见"webPageBook\codes\E03_08.html"。

```
<!DOCTYPE HTML>
<html>
<head>
  <meta http-equiv = "Content-Type" content = "text/html; charset = utf-8">
  <title>表格行编组标记的示例</title>
</head>
<body>
  <h3 align = "center">表格行编组标记的示例</h3>
  <table border = "1" width = "100%" height = "142">
    <thead align = right bgcolor = yellow>
      <tr>
        <td width = "50%" height = "16">thead 单元格 </td>
        <td width = "50%" height = "16">thead 单元格 </td>
      </tr>
    </thead>
    <tfoot align = center bgcolor = lightgrey>
      <tr>
        <td width = "50%" height = "16">tfoot 单元格 </td>
        <td width = "50%" height = "16">tfoot 单元格 </td>
      </tr>
      <tr>
```

```
            < td width = "50%" height = "16">tfoot 单元格    </td>
            < td width = "50%" height = "16">tfoot 单元格    </td>
          </tr>
        </tfoot>
        < tbody valign = "middle">
          < tr >
            < th width = "50%" background = "..//image/叶子_.gif" height = "16">商品名称   </th>
            < th width = "50%" background = "..//image/叶子_.gif" height = "16">商品价格   </th>
          </tr>
          < tr >
            < td width = "50%" background = "..//image/叶子_.gif" height = "48"> MP3   </td>
            < td width = "50%" background = "..//image/叶子_.gif" height = "48">&yen;1650 </td>
          </tr>
        </tbody>
      </table>
    </body>
  </html>
```

注意:在编写代码时,虽然< thead >、< tfoot >和< tbody > 3 个标记必须按照先后顺序书写,但在显示时作为脚注的< tfoot >部分仍然会出现在表格的尾部。

在打印含有表格的页面时,如果一个表格的长度超出打印页面的范围,则浏览器打印工具会在每页表格的顶部和尾部都加上< thead >和< tfoot >定义的题注和尾注。

5. 表格列编组标记< col >、< colgroup >

< colgroup >标记定义了表格中的列组,它允许用户把表格中的某些列组合在一起进行功能划分,或者用某些样式统一定义这些列。其内部可以包含列标记< col >来说明该列组所包含的列数(由 span 属性说明,默认值为 1)。< colgroup >和< col >标记的主要属性及其取值如表 3-7 所示。

表 3-7 < colgroup >、< col >标记的主要属性

属 性 名 称	属 性 说 明(或功能)
span	该属性对于< colgroup >而言,代表一个列编组内有多少列;对于< col >而言,代表当前编组内前多少列分享同一属性。如果< colgroup >里包含有< col >标记,则其 span 属性失效,浏览器会直接读取每个< col >标记的 span 属性进行设置
width	该属性对于< colgroup >而言,代表当前编组内每一列的宽度;对于< col >而言,用来定义当前列的宽度,它可以覆盖前面已经用< colgroup >定义的宽度
align	该属性用来设置列组内单元格内容的水平对齐方式为 left(左对齐)、center(居中)或 right(右对齐)
valign	该属性用来设置列组内单元格内容的垂直对齐方式为 top(靠顶端对齐)、middle(居中对齐)或 bottom(靠底部对齐)

【**示例 3.9**】 使用表格列编组标记及主要属性。

设计一个页面,将文件命名为 E03_09.html,在 IE 浏览器中的显示效果如图 3.10 所示。

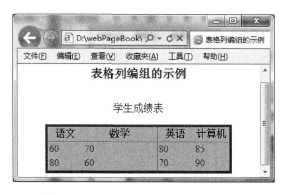

图 3.10 表格列编组标记及主要属性的使用

有关的代码可参见下面,源程序文件见"webPageBook\codes\E03_09. html"。

```html
<! DOCTYPE HTML >
< html >
< head >
    < meta http – equiv = "Content – Type" content = "text/html; charset = utf – 8">
    < title >表格列编组的示例</title ></head >
< body >
    < h3 align = "center">表格列编组的示例</h3>
    <!-- 这个表格的属性 rules = groups,即只显示组分隔线 -->
    < table rules = groups border = "4" cellpadding = "2" cellspacing = "3"
        width = "80 %" bordercolor = "blue" bgcolor = " #C0C0C0" align = center >
    <!-- 下一行代码表示表格标题,位于底部 -->
    < caption align = left valign = bottom >< p align = "center">学生成绩表</caption >
    <!-- 下一行代码表示前两列为一组,并分别设置了各列的宽度 -->
    < colgroup align = right span = 2 >< col width = "20 %">< col width = "40 %">
        </colgroup >
    <!-- 下一行代码表示前两列为一组,各列的宽度都为 200px -->
    < colgroup align = left width = "200px">< col span = 2 ></colgroup >
        < thead >
            < tr >
                < th >语文   </th>
                < th >数学   </th>
                < th >英语   </th>
                < th >计算机</th>
            </tr>
        </thead >
        < tr >
            < td > 60 </td>
            < td > 70 </td>
            < td > 80 </td>
            < td > 85 </td>
        </tr>
        < tr >
            < td > 80 </td>
            < td > 60 </td>
            < td > 70 </td>
            < td > 90 </td>
        </tr>
```

```
        </table>
    </body>
</html>
```

6. 表格标题标记<caption>

<caption>标记定义了表格的标题,用于对当前表格内容进行说明。标题不会显示在表格内部,而是出现在表格的顶部或底部。<caption>标记的主要属性及其取值如表 3-8 所示,有关表格标题的例子请读者参见示例 3.9,这里不再列举。

表 3-8　<caption>标记的常用属性

属 性 名 称	属性说明(或功能)
align	该属性用来设置标题内容的水平对齐方式,取值为 left(左对齐)、center(居中)或 right(右对齐)
valign	该属性用来设置标题内容位于表格的顶端或底部,取值为 top(靠顶端对齐)或 bottom(靠底部对齐)

3.2.6　内部框架标记

内部框架标记<iframe>用来在普通页面中定义一个内部框架窗口,包括该窗口的外观样式以及在其中显示的外部文件。除了全局属性以外,<iframe>标记的主要属性及其取值如表 3-9 所示。

表 3-9　<iframe>标记的常用属性

属 性 名 称	属性说明(或功能)
name	该属性用来指定内部框架窗口名称,与超链接<A>中 target 属性值所指的"目标框架窗口名"配合使用,以便超链接的目标内容在指定的内部框架窗口中显示
src	该属性用来指定内部框架窗口中显示的初始文件 URL 位置,若不能被显示就用<iframe>和</iframe>之间的内容替换外部页面文件
frameborder	该属性用来指定内部框架窗口是否有边框,取值为 0 或 No,表示无;也可以是 1 或 Yes,表示有
width、height	这两个属性用来指定框架窗口的宽度和高度,用绝对像素值或相对百分比
align	该属性用来指定内部框架窗口的对齐位置,取值为 left(靠左)、right(靠右)或 center(居中)
marginwidth、marginheight	这两个属性分别用来指定内部框架窗口内容与左右两边框或上下两边框的空白尺寸
scrolling	该属性指定内部框架窗口滚动条的显示方式,取值为 auto(自动,即当窗口不能够容纳下其打开的页面内容时显示)、No(不显示)或 Yes(总是显示)
longdesc	该属性为当前内部框架窗口指定一个长篇描述 URL,用来补充 title 属性指定的短描述。虽然浏览器不会把该属性的内容显示出来,但对于某些搜索引擎或声音浏览器却是有用的

【示例 3.10】　使用框架<iframe>标记及属性。

设计一个页面,将文件命名为 E03_10.html,网页功能要求如下。

(1) 在页面中定义 3 个内部框架窗口(区域),3 个框架窗口分别设置了不同的属性。

（2）在页面中设置一个超链接，这个超链接的目标内容将在指定的名字为 middle 的内部框架窗口中显示，在 IE 浏览器中的显示效果如图 3.11 所示。

图 3.11　＜iframe＞标记及主要属性的使用

有关的代码可参见下面，源程序文件见"webPageBook\codes\E03_10.html"。

```
<!DOCTYPE HTML>
<html>
<head>
    <meta http-equiv="Content-Type" content="text/html; charset=utf-8">
    <title>iframe 标记的使用</title>
</head>
<body>
    <p align=center><a href=map.gif target=middle>链接到 middle 内部窗口</a></p>
    <iframe src="../image/car.jpg" width=400px height=200px scrolling=yes marginwidth=
20  marginheight=20 align="center"></iframe><br><br>
    <iframe   name=middle src="../image/panda.jpg" width=100% height=200px frameborder
=no>
            内部框架窗口的内容不能够正确显示,请查明原因!</iframe><br><br>
    <iframe src="../image/football.jpg" width=400px height=200px scrolling=auto
            marginwidth=0   marginheight=10 align="right"></iframe>
</body>
</html>
```

3.3　网页内容格式化设计

3.3.1　预格式、显示方向与引用标记

(1) 预格式标记< pre >：该标记的英文全称是 preformatted，作用是使浏览器中显示的样式与在文档编辑窗口中输入的格式完全一样。如果要保留原始文字的排版格式，就可以通过< pre>标记来实现。该标记可以使浏览器自动保留输入的空格，并禁止自动单词换行。

(2) 显示方向标记< bdo >：该标记的英文全称是 bidirectional algorithm，它是一种显示文字方向的双向算法。该标记设置字符在浏览器中的显示方向。dir 属性指定文字的显示方向，取值为 ltr(left to right，从左到右)或 rtl(right to left，从右到左)。

(3) 引用标记< blockquote >< q >：用来指定文档中的引用文字。< blockquote >是块级引用，用于长的引用，例如可以是一个段落、表格或列表等。< q>标记是 quote 的简称，用于短的引用，例如可以是一个单词、一句话或一些数字等。除包含全局属性以外，引用标记还有一个主要属性——cite，其值是一个 URL，用来指定引用的来源。

【示例 3.11】　使用引用标记和< bdo >标记及主要属性。

设计一个页面，将文件命名为 E03_11. html，在 IE 浏览器中的显示效果如图 3.12 所示。有关的代码可参见下面，源程序文件见"webPageBook\codes\E03_11. html"。

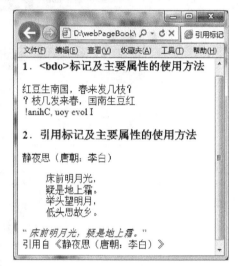

图 3.12　引用标记和方向标记的使用

```
<! DOCTYPE HTML >
< html >
< head >
    < meta http - equiv = "Content - Type" content = "text/html; charset = utf - 8">
        <title>引用标记和方向标记的使用示例</title>
    </head >
< body >
 < h3 > 1.&lt;bdo&gt;标记及主要属性的使用方法</h3 >
 < bdo >红豆生南国, 春来发几枝?</bdo > < br >
 < bdo dir = rtl >红豆生南国, 春来发几枝?</bdo > < br >
 < bdo dir = rtl lang = EN - US > I love you ,China! </bdo >
 < h3 > 2.引用标记及主要属性的使用方法</h3 >
 < p >静夜思(唐朝: 李白)</p >
 < blockquote cite = "http://www.mycom.com/libai/jys.html">
  < p >床前明月光,< br >
        疑是地上霜。< br >
        举头望明月,< br >
        低头思故乡。</p></blockquote >
```

```
<p><q>
cite = "http://www.mycom.com/libai/jys.html">
<i>床前明月光,疑是地上霜。</i></q>
<br>引用自 《静夜思(唐朝: 李白)》</p>
</body></html>
```

注意:

(1) <bdo>标记对于中文是以字为单位定义方向的,对于拼音语言(如英语)则是以字母为单位定义方向的。

(2) 为了与其他普通段落相区别,浏览器会把<blockquote>标记的内容全部用缩进方式显示。

(3) <q>标记的内容与普通文字的显示方式相同,所以设计者可以使用 CSS 或其他标记进行区分,本例使用了斜体字标记<i>。

3.3.2 标题标记

标题标记< hi >从< h1 >到< h6 >共有 6 级,分别表示 HTML 文档中 6 个级别的标题,其中字母 h 是英文 headline 的简称。6 级标题的字体都为粗体,大小渐降,< h1 >最大,< h6 >最小。

标题标记< hi >的主要属性是全局属性,此外还具有属性 align,指明标题的对齐方式,取值为 left(左对齐)、center(居中)或 right(右对齐)。

【示例 3.12】 使用标题标记< hi >及主要属性。

设计一个页面,将文件命名为 E03_12.html,在 IE 浏览器中的显示效果如图 3.13 所示。

有关的代码可参见下面,源程序文件见 "webPageBook\codes\E03_12.html"。

图 3.13 各级标题标记的使用

```
<!DOCTYPE HTML>
< html >
< head >
    < meta http - equiv = "Content - Type" content = "text/html; charset = utf - 8">
        <title>各级标题标记的示例</title>
</head>
< body >
  <p>< font color = "blue" size = "5">
        各级标题标记的示例</font></p>
  < h1 align = "left">h1 标题的样式    </h1>
  < h2 align = "left">h2 标题的样式    </h2>
  < h3 align = "left">h3 标题的样式    </h3>
  < h4 align = "left">h4 标题的样式    </h4>
  < h5 align = "">h5 标题的样式    </h5>
  < h6 >h6 标题的样式    </h6 >
</body>
</html>
```

3.3.3 字体标记

字体标记<font>主要用来设置文本的字体名称、字号和颜色等样式。虽然随着 CSS 样式表的功能增强和广泛使用,<font>标记的运用逐渐减少,但对于简单的字体样式设置还是比较方便的。

基本字体标记<basefont>用来定义文档的基准字体大小,<font>的定义可以覆盖<basefont>。除全局属性以外,<font>、<basefont>标记的主要属性及其取值如表 3-10 所示。

表 3-10　<font>、<basefont>标记的主要属性

属 性 名 称	属性说明(或功能)
face	该属性用来设置字体名称列表,即字体的字库名列表,如宋体、楷体、Arial 等。只要是操作系统中的字库有的,都可设置为网页中的字体名。其中第 1 种字体是首选,如其在计算机上无,则选第 2 种,依此类推,如果都无,则选计算机上的默认字体
size	该属性用来设置字体大小,取值可以是 1~7 的绝对大小,也可以是-4~+4 的相对大小(不包括 0),即表示在默认大小 3 号字的基础上增加、减少的值
color	该属性用来设置字体的颜色

【示例 3.13】 使用字体标记<font>及主要属性。

设计一个页面,将文件命名为 E03_13.html,在 IE 浏览器中的显示效果如图 3.14 所示。

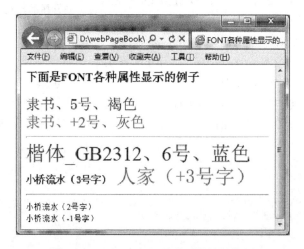

图 3.14　<font>标记及主要属性的使用

有关的代码可参见下面,源程序文件见"webPageBook\codes\E03_13.html"。

```
<! DOCTYPE HTML >
< html >
< head >
    < meta http - equiv = "Content - Type" content = "text/html; charset = utf - 8">
    < title >FONT 各种属性显示的例子</title ></head>
< body >
```

```
    <h3>下面是 FONT 各种属性显示的例子</h3>
    <font face = "隶书,宋体" size = "5" color = "#800000">隶书、5 号、褐色</font><br>
    <font color = #808080 size = " + 2" face = "隶书">隶书、+ 2 号、灰色 </font>
    <hr>
    <font face = "楷体_GB2312" size = "6" color = "#0000FF">楷体_GB2312,6 号、蓝色</font><br>
    <basefont face = "宋体" size = "3" color = "blue"><b>小桥流水(3 号字)</b>
        <font color = red size = + 3>人家( + 3 号字)</font>
    <basefont><hr>
    <font size = 2>小桥流水(2 号字)</font><br>
    <font size = " - 1">小桥流水( - 1 号字)</font><br>
</body>
</html>
```

3.3.4　字型与效果标记

字型与效果标记可以使文字变为粗体、斜体、上标、下标,能够为文本增加下画线、删除线,也可以生成电报文字体或等宽字体等,是 HTML 文档常用的标记,具有使用方便、参数较少、能够叠加使用的优点,适当运用这些标记可以使页面更加生动、清晰。

(1) <b>标记的英文名称是 bold,对于其内部的文字,浏览器会以粗体显示。

(2) <i>标记的英文名称是 italic,对于其内部的文字,浏览器会以斜体显示。斜体文字与正常文字相比能够起到醒目、强调或者区别的作用。

(3) <u>标记的英文名称是 underline,浏览器显示时会为其内部的文字增加下画线。

(4) <sup>标记的英文名称是 superscript,浏览器显示时会使其内部的文字向上靠齐,形成上标的效果。

(5) <sub>标记的英文名称是 subscript,浏览器显示时会使其内部的文字向下靠齐,形成下标的效果。上、下标在数学、化学、物理等自然科学的各种表达式中以及在书籍、文章的注解和外文资料中都有着广泛的应用。

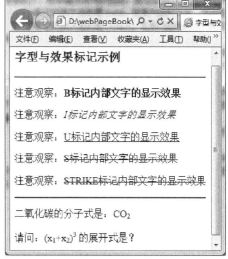

(6) <s>、<strike>标记的英文名称是strike,浏览器显示时会为其内部的文字增加删除线。

【示例 3.14】　使用字型与效果标记及主要属性。

设计一个页面,将文件命名为 E03_14.html,在 IE 浏览器中的显示效果如图 3.15 所示。有关的代码可参见下面,源程序文件见"webPageBook\codes\E03_14.html"。

图 3.15　字型与效果标记的使用

```
<!DOCTYPE HTML>
<html>
<head>
    <meta http - equiv = "Content - Type" content = "text/html; charset = utf - 8">
```

```
        <title>字型与效果标记示例</title></head>
  <body>
    <h3>字型与效果标记示例</h3>
      <hr  color="#0000FF">
    <p>注意观察:<b>B标记内部文字的显示效果</b></p>
    <p>注意观察:<i>I标记内部文字的显示效果</i></p>
    <p>注意观察:<u>U标记内部文字的显示效果</u></p>
    <p>注意观察:<S>S标记内部文字的显示效果</S></p>
    <p>注意观察:<STRIKE>STRIKE标记内部文字的显示效果</STRIKE></p>
    <hr  color="#0000FF">
    <p>二氧化碳的分子式是: CO<sub>2</sub></p>
    <p>请问:
        (x<sub>1</sub>+x<sub>2</sub>)<sup>3</sup>  的展开式是?</p>
  </body>
  </html>
```

3.3.5 水平线、换行与居中标记

(1) 水平线条标记<hr>:用于在 HTML 文档中显示一条水平线,这在将页面区域划分为不同功能时非常有用。

(2) 段内换行标记
、<nobr>:
标记用于强制某一行换行,<nobr>和</nobr>内的文本在浏览器中显示时不换行,这可以保证某些单词、句子的完整性。

(3) 居中显示标记<center>:该标记的作用是使其中的内容居中显示,但渐渐被各个标记的 style 属性代替。

除包含全局属性以外,<hr>、
标记的主要属性及其取值如表 3-11 所示。

表 3-11 ＜hr＞、＜br＞标记的主要属性

标记名称	属性名称	属性说明(或功能)
hr	width	该属性指定线条的宽度,取值可以为百分比(默认为 100％,即与页面宽度同),也可以为像素(px),例如 width="200"
	size	该属性为线条的高度,默认值取决于浏览器
	noshade	该属性指定线条是否有阴影,默认时线条中间是空心的,即有阴影,否则为实心的
	align	该属性用来设置水平线的对齐方式,取值为 left(左对齐)、center(居中)或 right(右对齐)
br	clear	该属性的取值为 left、right、center、none,指定换行后文本将要移动到浮动对象(如图像或表格)的位置

【示例 3.15】 使用<hr>、
、<nobr>与<center>标记及主要属性。

设计一个页面,将文件命名为 E03_15.html,网页功能要求如下:

(1) 使用 3 种方法设置文本的居中显示。

(2) 使用<nobr>标记使其内部的文本在浏览器中显示时不换行。

(3) 使用
标记的 clear＝left 属性,使文本换行后出现在图像的下方。

在 IE 浏览器中的显示效果如图 3.16 所示。

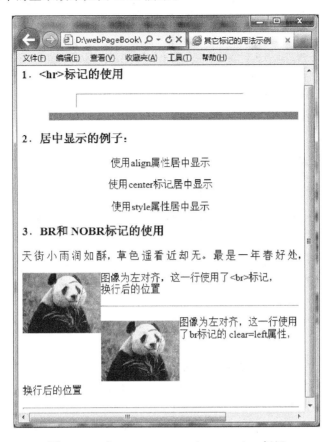

图 3.16 ＜hr＞、＜center＞、＜br＞、＜nobr＞标记

有关的代码可参见下面，源程序文件见"webPageBook\codes\E03_15.html"。

```
<!DOCTYPE HTML >
<html >
<head >
    <meta http-equiv = "Content-Type" content = "text/html; charset = utf-8">
    <title>其他标记的用法示例</title></head>
<body >
    <h3>1.&lt;hr&gt;标记的使用</h3>
    <hr width = 60% size = 20>
    <hr width = 400 size = 10 noshade align = "right">
    <h3>2.居中显示的例子:</h3>
    <p align = center>使用 align 属性居中显示</p>
    <center><p>使用 center 标记居中显示</p></center>
    <p style = "text-align:center">使用 style 属性居中显示</p>
    <h3>3.BR 和 NOBR 标记的使用</h3>
    <p><nobr>
        天 街 小 雨 润 如 酥,草 色 遥 看 近 却 无。
        最 是 一 年 春 好 处,绝 胜 烟 柳 满 皇 都。
    </nobr>
</p>
```

HTML5 网页内容设计

```
    <p><img border = "0" src = "../image/panda.JPG" width = "126" height = "95" align = "left">
        图像为左对齐,这一行使用了 &lt;br&gt;标记,<br>换行后的位置</p>
    <hr>
    <p><img border = "0" src = "../image/panda.JPG" width = "126" height = "95" align = "left"
vspace = "6">图像为左对齐,这一行使用了 br 标记的 clear = left 属性,<br clear = "left">换行后
的位置</p>
    <hr>
</body>
</html>
```

3.3.6 逻辑字体标记

逻辑字体标记只是对字体的显示做一个说明,究竟如何显示取决于客户的浏览器。这些标记按功能可以分为强调显示内容、增大或缩小字号、显示计算机代码与变量、显示缩写词与缩略词、其他显示等标记。

尽管有些标记的显示效果可能相同,但对于搜索引擎或其他工具(例如翻译装置、语音读取设备等)而言会有不同作用。逻辑字体标记的内容如下。

1. 强调显示内容

<em>标记的英文名称是 emphasize,对其内容表示强调,在其内部的文字,浏览器通常会以斜体显示。

<strong>标记的英文名称就是 strong,表示“强壮”之意,用于对其内部的文字进行强调,其强调等级高于<em>标记,通常浏览器会以粗体显示。

2. 增大或缩小字号

<big>标记的英文名称是 big,浏览器显示时会将其内部文字的字号增大一级。如果多个<big>标记嵌套使用,则字型会被逐级增大。

<small>标记的英文名称是 small,浏览器显示时会将其内部文字的字号缩小一级。如果多个<small>标记嵌套使用,则字型会被逐级缩小。

3. 显示计算机代码与变量

<code>标记的英文名称是 code,其所包含的内容是计算机代码片段。一般可事先把要在 HTML 文档中显示的代码按照一定的格式编写好以后放入该标记内部,浏览器显示时通常会将其内部的文字以等宽字体显示。

<samp>标记的英文名称是 sample,其所包含的内容是计算机代码样例。一般可事先把要在 HTML 文档中显示的代码样例按照一定的格式编写好以后放入该标记内部,浏览器显示时通常会将其内部的文字以等宽字体显示。<code>标记一般侧重显示代码片段,而<samp>标记侧重显示完整代码样例,二者还是有所区别的。

<var>标记的英文名称是 variable,其所包含的内容是一个变量或程序中的参数。在其内部的文字,浏览器通常会以斜体显示,以区别于其他正常文本。

4. 显示缩写词与缩略词

<abbr>标记的英文名称是 abbreviation,中文译作“缩写词”。其所包含的内容是一个缩写词,如万维网 WWW(World Wide Web)、文件传输协议 FTP(File Transfer Protocol)等。

<acronym>标记的英文名称是 acronym,中文译作“首字母缩略词”。其所包含的内容

是一个首字母缩略词，如雷达 radar(radio detecting and ranging)、北大西洋公约组织 NATO(North Atlantic Treaty Organization)等。"首字母缩略词"与"缩写词"的主要区别是，前者可以按照一个单词发音来读，后者只能够按照字母一个一个来读。

5. 其他

<kbd>标记的英文名称是 keyboard，其所包含的内容是一段由用户输入的键盘文字，浏览器显示时通常会将其内部的文字以等宽字体显示。

<tt>标记的英文名称是 teletype，浏览器通常会将其内部的文字以电报文字体或等宽字体显示。

<dfn>标记的英文名称是 definition，其所包含的内容是一个术语的定义。在其内部的文字，浏览器通常会以斜体显示，以区别于其他正常文本。

<cite>标记的英文名称是 cite，其所包含的内容是一个"引用"，起到引证、列举的作用，如报刊的标题等。在其内部的文字，浏览器通常会以斜体显示，以区别于其他正常文本。

<address>标记的英文名称是 address，其所包含的内容是一个"联系地址信息"。在其内部的文字，浏览器通常会以斜体显示，以区别于其他正常文本。

【**示例 3.16**】 使用逻辑字体标记及主要属性。

设计一个页面，将文件命名为 E03_16.html，在 IE 浏览器中的显示效果如图 3.17 所示。有关的代码可参见下面，源程序文件见"webPageBook\codes\E03_16.html"。

```
<!DOCTYPE HTML >
<html><head><title>标注文档改变与逻辑字体标记的示例</title></head>
<body>
 <h3>一、&lt;ins&gt;&lt;del&gt;标记的示例</h3>
  本数码相机的原价是<del cite = "http://www.myshop.com/index.html">&yen;2500 </del>,
   目前的优惠价格是< ins  datetime = "2006 - 10 - 01T08:30:00Z" title = "赶快行动吧!">&yen;
2000 </ins>
 <h3>二、逻辑字体标记的示例</h3>
 <h3><font color = "blue">1.强调显示内容</font></h3>
 <p>请<em>注意</em>本网站的<strong>特惠商品</strong>更新信息</p>
 <h3><font color = "blue">2.增大、缩小字号</font></h3>
 <p>普通文本<big>可以增大<big>再增大</big>字号</big></p>
 <p>普通文本<small>可以缩小<small>再缩小</small>字号</small></p>
 <h3><font color = "blue">3.显示计算机代码、变量</font></h3>
 <p> javascript 语言函数:<code>function hello(){alert("你好!欢迎你学习 HTML 标记。");
</code></p>
 <p> javascript 语言函数:<samp>function hello(){alert("你好!欢迎你学习 HTML 标记。");
</samp></p>
 <p>声明变量 <var>my_var</var> = 50 </p>
 <h3><font color = "blue">4.显示缩写词与缩略词</font></h3>
 <p><abbr>WWW</abbr>是(World Wide Web)的缩写词<p>
 <p><acronym>NATO</acronym>是(North Atlantic Treaty Organization)的首字母缩略词<p>
 <h3><font color = "blue">5.其他逻辑字体标记</font></h3>
 <p><kbd>keyboard 等宽字体</kbd>
 <tt>teletype 等宽字体</tt></p>
 <p><dfn>HTML</dfn>:表示超文本标记语言。</p>
 <p>床前明月光,疑是地上霜。引用自<cite>《静夜思(唐朝:李白)》</cite></p>
 <p>联系地址:<address>东北财经大学出版社,大连,116025</address></p>
</body>
</html>
```

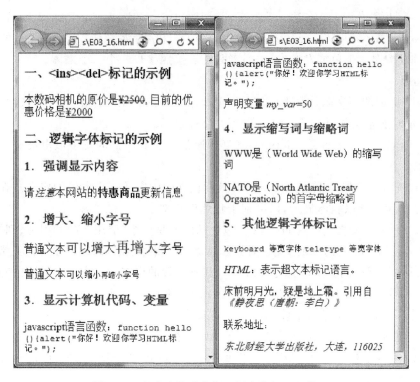

图 3.17　标注文档改变与逻辑字体标记的使用

3.4　使用 DWCS5 进行网页内容及格式化设计

1. 目标设定与需求分析

参考 3.1 节所示的大商集团网站设计一个简单的大商集团新闻发布网页,并使用 DWCS5 对网页内容及格式等进行具体设计,实现以下功能要求:

(1) 插入 h2 标记,内容为"大商集团新闻列表"。

(2) 插入水平线,颜色值为♯f05。

(3) 插入表格,采用一行两列布局,每个单元格插入一张集团图片。

(4) 插入包含新闻列表的 div 块,列表由内容为新闻标题的 a 标记和发布时间的 span 标记组成。

页面效果如图 3.18 所示。

2. 准备多媒体素材

准备两张大小为 200×100 的大商集团图片,本例中准备的是 ds1.jpg 和 ds2.jpg(见素材文件夹 webPageBook/image)。

3. 设计网页内容与样式

打开 DWCS5 软件,新建一个 HTML 文件,命名为 E03_17.html,完成下列操作。

(1) 插入 h2 标题标记:操作步骤是在设计窗口中输入"大商集团新闻列表"的字样,在文本前面按两次空格键,然后全选标题,在属性面板中选择 HTML 的"标题 2"格式。

(2) 插入水平线:在代码窗口中输入代码< hr color＝"♯f05">,创建一条水平线。

图 3.18　大商集团新闻列表

（3）插入包含图片的一行两列表格：操作步骤是选择"插入"→"表格"命令，在弹出的对话框中设置表格的行列数，将边框粗细设为 0，单击"确定"按钮（这里对表格的设计调用了类 piclist，使表格左内边距为 30px）；创建表格后，在右侧面板的"插入"中选择图像插入，并在下方的属性面板中进行设置，效果如图 3.19 所示。

图 3.19　包含图片的一行两列表格

HTML5 网页内容设计

(4) 插入包含新闻列表的 div 块:操作步骤是选择"插入"→"布局对象"→"Div 标签"命令,在弹出的对话框的"类"中输入 list,单击"确定"按钮,创建一个 div 区块,如图 3.20 所示。

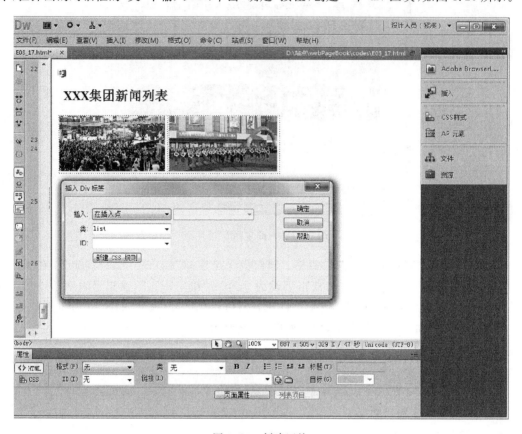

图 3.20 创建区块

在区域中输入列表相关新闻标题文本,然后全选文字,选择"插入"→HTML→"文本对象"→"项目列表"命令,创建列表。

然后在代码窗口中输入代码,对新闻标题文字部分创建超链接,将日期部分作为 span 标记内容,具体代码如下。

```
< A href = "#" target = "_blank">集团荣获第二届中华慈善突出贡献奖</A>< SPAN class = "time">
2014 - 10 - 09 </SPAN >
```

(5) 编辑 CSS 样式代码,适当美化页面布局;完善 HTML 代码,编辑完成后保存文件。有关的代码可参见下面,源程序文件见"webPageBook\codes\E03_17.html"。

```
<! DOCTYPE HTML >< html >
< head >
   < meta http - equiv = "Content - Type" content = "text/html; charset = utf - 8">
   < title > E03_17.html:网页内容及格式设计</title >
   < style type = "text/css">
    .piclist{padding - left:30px;}
    .time{ color: #f0f;    margin - left:20px;}
    .list a{font - family:Arial, Helvetica, sans - serif;color: #05f}
```

```
        </style>
    </head>
    <body>
        <h2>  XXX集团新闻列表</h2>
        <table class = "piclist">
            <tr>
                <td><img width = "200" height = "100" src = "../image/ds1.jpg"></td>
                <td><img width = "200" height = "100" src = "../image/ds2.jpg"></td>
            </tr>
        </table>
        <div class = "list">
        <ul>
            <li><a href = "#" target = "_blank">集团荣获第二届中华慈善突出贡献奖</a>
                <span class = "time">2014 - 10 - 09 </span></li>
            <li><a href = "#" target = "_blank">集团召开第四季度思想政治工作会议</a>
                <span class = "time">2014 - 10 - 09 </span></li>
            <li><a href = "#" target = "_blank">天狗商城聚合线上线下资源助力各店</a>
                <span class = "time">2014 - 10 - 09 </span></li>
            <li><a href = "#" target = "_blank">大连品牌深度营销策划深受顾客欢迎</a>
                <span class = "time">2014 - 10 - 09 </span></li>
            <li><a href = "#" target = "_blank">淄博商厦创新经营推出平价蔬菜超市</a>
                <span class = "time">2014 - 10 - 09 </span></li>
            <li><a href = "#" target = "_blank">中华全国总工会授予满洲里友谊商厦</a>
                <span class = "time">2014 - 10 - 09 </span></li>
        </ul>
        </div>
    </body></html>
```

本 章 小 结

　　本章主要对网页内容设计的相关技术进行了介绍,包括段落标记、区块标记、列表标记、字符字体、表格、内部框架标记等具体内容,以及 HTML5 中网页内容涉及的知识,具体包括引用标记、标题标记、字体标记等,同时对实际中网页内容设计的实例进行了介绍和具体设计,使读者加深对本章内容的理解和掌握。此外,本章利用 Dreamweaver CS5 对应用案例进行设计与实现,使读者熟悉其操作环境,以及利用开发工具对网页进行设计的流程和步骤,同时进阶学习知识的补充使读者了解了 HTML 内容设计的前沿知识和技术,也开阔了视野。

进 阶 学 习

1. 外文文献阅读

　　阅读下面关于“网页内容、层(div)”知识的双语短文,从中领悟并掌握专业文献的翻译方法,培养外文文献的研读能力。

　　Block elements, or block-level elements, have a rectangular structure. By default,

HTML5 网页内容设计

these elements will span the entire width of its parent element, and will thus not allow any other element to occupy the same horizontal space as it is placed on.

The rectangular structure of a block element is often referred to as the box model, and is made up of several parts. Each element contains the following:

The content of an element is the actual text (or other media) placed between the opening and closing tags of an element.

The padding of an element is the space around that content, which still form part of said element. Padding is physically part of an element, and should not be used to create white space between two elements. Any background style assigned to the element, such as a background image or color, will be visible within the padding. Increasing the size of an element's padding increases the space this element will take up.

The border of an element is the absolute end of an element, and spans the perimeter of that element. The thickness of a border increases the size of an element.

The margin of an element is the white-space that surrounds an element. The content, padding and border of any other element will not be allowed to enter this area, unless forced to do so by some advanced CSS placement. Using most standard DTDs, margins on the left and right of different elements will push each other away. Margins on the top or bottom of an element, on the other hand, will not stack, or will inter mingle. This means that the white-space between these elements will be as big as the larger margin between them.

【参考译文】：区块元素(或称区块层级元素)拥有矩形结构。在默认情况下,这些元素将跨越其父元素的整个宽度,因而不允许任何其他元素占据其相同水平空间,因为它已被放置。

区块元素的矩形结构通常被称为盒模型,并由几个部分所组成,每个元素包含以下几个部分。

元素的内容(content)：放置在一个元素的开始和结尾标记之间的实际文本(或其他媒体)。

元素的留白(padding)：元素内容周围的空白,其仍构成元素的一部分。padding 也是元素在物理上的一部分,且不应被用于创建两个元素之间的空白。任何分配到元素的背景样式(例如背景图像或背景色)都将在 padding 内可见。

元素的边框(border)：元素的绝对边界,并跨越其周围。边框的宽度会增加元素的大小。

元素的边距(margin)：该元素周围的空白。任何其他元素的内容、留白及边框将不允许进入该区域,除非一些高级的 CSS 布局强迫这样做。使用大多数标准的 DTD,不同元素的左右边距将互相推离。另一方面,元素的上下边距将不允许堆叠或相互交融。这意味着这些元素之间的空白将与它们之间较大的边距一样大。

2. 在 DWCS5 中编辑文本列表

列表经常用于为文档设置自动编号、项目符号等格式信息。列表分为两类,一类是项目列表,这类列表中各列表项之前为相同的项目符号,各列表之间是平行关系;另一类是顺序列表,这类列表中各列表项之前都有按顺序排列的数字编号,各列表项之间是顺序排列的关系。

列表项可以多层嵌套,使用列表可以实现复杂的结构层次效果。

1) 项目列表

项目列表中的各项只有平行和层级关系,可通过选择目标文本,然后单击文本属性面板中 HTML 分类下的 ≔ 按钮来实现。

2) 顺序列表

顺序列表中的每一项前都有一个顺序编号,可通过选择目标文本,然后单击文本属性面板中 HTML 分类下的 ≔ 按钮来实现。

在列表的某项中可以再嵌套子列表,可以先按常规方式将子列表项添加到父列表项,然后选中这些子列表项,单击文本属性面板中 HTML 分类下的 ≕ 按钮,通过增加缩进的方式将这些列表项转变为父列表项的子项。

具体的操作步骤如下:

(1) 在 DWCS5 中输入文字段落,选中后单击属性面板中的 ≔ 按钮,将文本转换为项目列表,如图 3.21 所示。

图 3.21　转换文本为列表

(2) 在内容为"成功励志类书籍"的列表项目后定位插入点,按 Enter 键增加一个新的列表项,输入新的列表项以后选中文字,单击文本属性面板中 HTML 分类下的 ≕ 按钮,转化为子列表,如图 3.22 所示。

(3) 选中刚插入的两个子列表项,单击属性面板中 HTML 分类下的 ≔ 按钮,将子列表转换为顺序列表,如图 3.23 所示。同理,可在"心灵修养类书籍"和"人生哲学类书籍"中插入子列表。

3. 浏览器窗口的多页面显示

使用框架可以在一个浏览器窗口中显示多个 HTML 文档,这样的 HTML 文档被称为

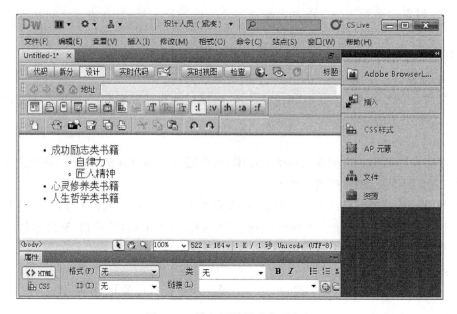

图 3.22　输入新增子列表项内容

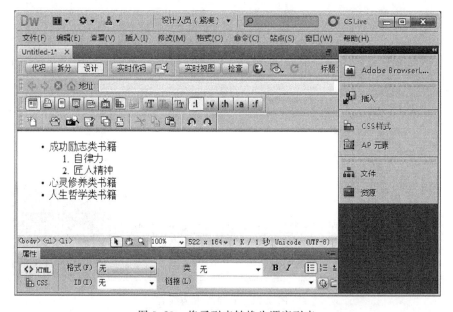

图 3.23　将子列表转换为顺序列表

框架页面,它们是相互独立的。如果能有效地运用框架将有助于提高浏览网页的效率。使用框架的不利因素有网站开发者需要关心更多 HTML 文档的情况,打印整个页面变得困难。常用的框架类标记有框架集标记< frameset >和框架标记< frame >。

　　框架集标记< frameset >用来定义由多个框架(窗口)集合组成的 HTML 文档,目的是将多个框架页面放在一个浏览器窗口中显示,一般有了框架集标记就不能有< body >标记。该标记定义一个框架容器,它里面可包含多个框架窗口,每个框架窗口用< frame >标记定义,可打开一个页面。< frameset >和< frame >标记的主要属性如表 3-12 所示。

表 3-12 ＜frameset＞和＜frame＞标记的主要属性

属 性 名 称	属性说明(或功能)
frameset	
rows	该属性用来指定框架集容器中所包含的各个行框架窗口所占的高度列表,取值是一个用逗号分隔的数值列表。如设计一个包含 3 个行框架窗口的页面,各个行框架窗口所占的高度列表从上到下依次是 25％、50％、25％,则程序代码为＜frameset rows＝"25％,50％,25％"＞
cols	该属性用来指定框架集容器中所包含的各个列框架窗口所占的宽度列表,取值是一个用逗号分隔的数值列表。如 cols＝"200,＊"(以像素为单位),cols＝"50％,＊"(以百分比为单位,相对于浏览器窗口),cols＝"2＊,4＊"(以比例值表示的相对大小)
frame	
name	该属性指定框架窗口名称。与超链接＜a＞中 target 属性值所指的"目标框架窗口名"配合使用,以便超链接的目标内容在指定的框架窗口中显示
src	该属性用来指定框架窗口中显示的初始页面文件的 URL 位置
frameborder	该属性用来指定框架窗口是否有边框,取值为 0 或 No,表示无;也可以是 1 或 Yes,表示有
marginwidth、marginheight	这两个属性分别用来指定框架窗口内容与左右两边框或上下两边框的空白尺寸
noresize	该属性指定框架窗口大小不可用鼠标拖动来调整,不设该属性则表示可用鼠标拖动来调整
scrolling	该属性指定框架窗口滚动条的显示方式,取值为 auto(自动,即当窗口不能够容纳下其打开的页面内容时显示)、No(不显示)或 Yes(总是显示)
longdesc	该属性为当前框架窗口指定一个长篇描述,用来补充 title 属性指定的短描述。虽然浏览器不会把该属性的内容显示出来,但对于某些搜索引擎或声音浏览器却是有用的

下面页面的功能是说明 HTML 框架标记及属性的使用方法。本例采用＜frameset＞标记嵌套的方式将浏览器窗口分为 3 个框架窗口,名字分别为 top、left 和 right,并分别显示 top.htm、left.htm 和 right.htm 文档。在 IE 浏览器中的显示效果如图 3.24 所示。

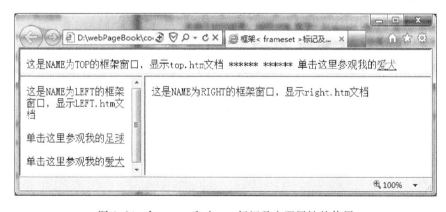

图 3.24   frameset 和 frame 标记及主要属性的使用

第 3 章

HTML5 网页内容设计

有关的代码可参见下面,源程序文件见"webPageBook\codes\E03_18.html"。

```
<html>
 <head>
  <title>框架 &lt; frameset &gt;标记及属性的使用</title>
</head>
<frameset rows = "*,4*">
  <frame name = "top" scrolling = "no" noresize target = "contents" src = "top.htm">
  <frameset cols = "30%,70%">
    <frame name = "left" target = "main" src = "left.htm">
    <frame name = "right" src = "right.htm">
  </frameset>
</frameset>
</html>
```

思考与实践

1. 思辨题

判断(✓✘)

(1) 段落标记中控制文档对齐方式的属性是 align。　　　　　　　　　　　　(　　　)

(2) 网页中用来表示小于号的字符实体是 &gt。　　　　　　　　　　　　　　(　　　)

(3) 表格中的行标记是< td >。　　　　　　　　　　　　　　　　　　　　　(　　　)

选择

(4) 列表标记中的无序列表标记是(　　　)。

    A. < ul >　　　　　　B. < ol >　　　　　　C. < al >　　　　　　D. < lo >

(5) valign 用来设置单元格内容的垂直对齐方式,如果要设置为居中对齐其值应为(　　　)。

    A. center　　　　　　B. top　　　　　　C. middle　　　　　D. bottom

(6) 在 HTML5 中可以使字体效果为斜体的标记是(　　　)。

    A. < b >　　　　　　B. < i >　　　　　　C. < u >　　　　　D. < sup >

填空

(7) 列表标记中用来指定列表项目符号的属性名称是_____。

(8) 表格中用来设置表格背景颜色的属性是_____。

(9) _____标记用于在 HTML 文档中显示一条水平线。

(10) _____标记可以使文本在浏览器中显示时不换行,以保证某些单词、句子的完整性。

2. 外文文献阅读实践

查阅、研读一篇大约 1500 字的关于网页内容设计的小短文,并提交英汉对照文本。

3. 上机实践

1) 页面设计:建立一个 HTML 文件 chp03_zy31.html,保存并显示

要求如下:

(1) 分别以 class 名和 ID 属性名命名样式,属性包括字体名称、大小、颜色、样式、背景

色等。

（2）用< pre >标记对某诗句排版，然后应用以 class 名和 ID 属性名命名的样式对文本进行修饰。

（3）用< strong >标记对诗句的标题文字进行强调，在标题下插入水平线。

（4）用< div >进行定义并做相应设计。

参考效果图如图 3.25 所示（参考答案见 chp03_zy31.html）。

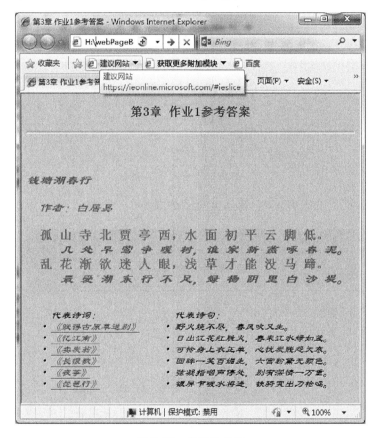

图 3.25　参考效果图

2）页面设计：建立一个 HTML 文件 chp03_zy32.html，展示出售的商品，保存并显示要求如下：

（1）使用 style 属性使段落居中显示。

（2）使用有序列表和无序列表分类展示（利用图像）并介绍商品。

（3）设置商品图像与介绍文字的不同对齐方式。

参考效果图如图 3.26 所示（参考答案见 chp03_zy32.html）。

3）页面设计：建立一个 HTML 文件 chp03_zy33.html，保存并显示要求如下：

（1）使用表格对网页内容进行布局。

（2）使用< font >、< basefont >标记以及绝对和相对大小修饰文字。

（3）使用< ins >、< del >标记及字符实体对网站的内容进行说明。

图 3.26　参考效果图

参考效果图如图 3.27 所示(参考答案见 chp03_zy33.html)。

图 3.27　参考效果图

第4章 HTML5 网页链接设计

本章导读：

前面我们学习了网页结构和内容的设计，在网页设计时不可或缺的元素是超链接，本章引导大家学习超链接的概念及其设计技术。

首先通过一个案例的介绍让大家了解超链接在网站中的实际运用，同时建立对超链接的初步感性认识；接着通过理论与示例相结合的方式具体讲解超链接的概念及<a>标记和属性的用法，并介绍 HTML5 表单设计前沿内容；最后指导大家使用 DWCS5 工具实现一个复杂的超链接页面的设计。

4.1 超链接简介及应用案例

HTML 文件中最重要的应用之一就是超链接，超链接是浏览者和服务器交互的主体，是网站中使用比较频繁的标记，因为 Web 上网站的各种页面都是由超链接串接而成的，超链接完成了页面之间的跳转，是网页的"灵魂"。

超链接是指从一个网页指向一个目标的连接关系，这个目标可以是另一个网页，也可以是相同网页上的不同位置，还可以是一张图片、一个电子邮件地址、一个文件，甚至是一个应用程序，链接文本一般带下画线且与其他文字颜色不同，图像链接通常带有边框显示。当鼠标指针指向"链接文本或图像"时会变成手状，单击这个被称为超链接的文本或图像可以访问指定的链接目标，打开链接的资源文件。超链接除了可以链接网页文件以外，还可以链接各种媒体，如声音、图像、动画文件，通过它们我们可享受丰富多彩的多媒体世界。

如下例腾讯视频网站(http://v.qq.com/)的页面设计就使用了大量的超链接，包括文本链接和图像链接，如图 4.1 所示。

在上面的网页中，如果单击文本链接"纪录片"，即可打开对应的关于纪录片的视频页面；如果单击图像链接"马刺 VS 勇士"，则可进入与之对应的详细信息页面直接观看视频。

对于页面中链接应用的详细情况，如果希望直接查看整个页面的链接应用情况，可以通过使用 IE 浏览器将腾讯视频页面打开，然后右击页面，查看源文件。如果希望直接查看某一链接对应的代码，则可使用 Chrome 浏览器将页面打开，然后右击页面中的具体链接，选择"审查元素"命令查看；也可以使用 DWCS5 开发工具打开网页，然后选择"工具"→"查看源文件"命令，直观地查看上述网页中部分或指定链接的实际代码。

下面各节将详细讲述超链接设计的知识。

文字链接

图片链接

图 4.1　腾讯视频页面链接设计

4.2　链接资源地址

通常的 HTML 文档中都会有超链接指向其他的文档,这些文档可以在本地的计算机上,也可以在互联网上的任何地方。每一个文件都有自己的存放位置和路径,理解一个文件到要链接的那个文件之间的路径关系是创建链接的根本。

这些链接都是以 URL(Uniform Resource Locators)形式表示的,中文名字为"统一资源定位器"。URL 是互联网上使用服务、主机、端口和目录路径的一种标准方法,其中有要链接的文件名和位置以及访问的方法。下面对绝对 URL 路径和相对 URL 路径进行介绍。

4.2.1　绝对 URL 地址

绝对路径就是网站上的文件或目录在硬盘上的真正路径。绝对路径包含了表示 Internet 上的文件所需要的所有信息,包括完整的协议名称、主机名称、文件夹名称和文件名称,其格式为"通信协议://服务器地址:通信端口/文件位置…/文件名"。

例如新浪网(http://www.sina.com.cn)上资源 index.html 的绝对路径如图 4.2 所示。

其中网络协议是 HTTP(Hypertext Transfer Protocol,超文本传输协议),资源所在的主机名为"www.sina.com.cn",通常情况

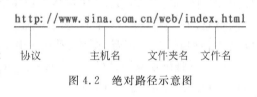

图 4.2　绝对路径示意图

下使用默认的端口号 80,资源在 WWW 服务器主机的 web 文件夹下,资源的名称为 index. html。

访问本地文件的绝对路径为"file:///D:/MyDocument/ news/index.html"。

4.2.2　相对 URL 地址

同一个网站下的网页、素材等文件可能都放在同一个目录之下,这时创建一个网页不需要为每一个链接都输入完整的地址,只需要确定当前文档和站点根目录之间的相对路径关系就可以了。

相对路径是以当前文件所在路径为起点进行相对文件的查找,可以用相对 URL 指向

与当前页面位于同一服务器或同一文件夹中的文件。若一个相对的 URL 不包括协议和主机地址信息，则表示它的路径与当前文档的访问协议和主机名相同，甚至有相同的目录路径。相对 URL 地址通常只包含文件夹名和文件名，甚至只有文件名，具体如下：

（1）如果要链接到同一目录下，则只需输入要链接的文件名称。例如 herf＝"index. html"，表明 index. html 与当前网页在同一目录下。

（2）如果要链接到当前目录的下级目录中的文件，只需先输入目录名，然后加"/"，再输入文件名。例如 herf＝"web/index. html"，表明 index. html 保存在当前网页所在文件夹下被称为"web"的子目录下。

（3）如果要链接到当前目录的上一级目录中的文件，则先输入"../"，再输入文件名。例如 herf＝"../../ index. html"，表明 index. html 是当前网页所在文件夹的上两级子目录下的文件。

那么在进行超链接时究竟应该使用相对路径还是绝对路径呢？在绝大多数情况下使用相对路径比较好。因为绝对路径有两个缺点：一是需要输入更多的路径内容；二是如果该文件所在的文件夹改名或者移动，需要重新设置所有的相关链接，一旦将此文件夹移到网络服务器上，需要重新改动的地方就更多了，那是一件很麻烦的事情。

如果发现在本地测试网页时链接全部可用，但是到了网上就不可用了，很可能是路径设置的问题。例如，设置路径为"D:\news\index. html"，在本地可以找到该路径下的文件，但是到了网站上该文件不一定在该目录，特别是在 D 盘下，所以就会出问题。使用相对路径不仅在本地机器环境下适合，即使上传到网络或其他系统下也不需要进行多少更改就能准确链接。

4.3 超链接的分类

超链接根据不同的标准可以分为不同的类别。

1. 按照通信协议分类

根据通信协议不同，超链接主要分为 WWW 超链接、FTP 超链接、BBS 超链接、Email 超链接、Telnet 超链接。

（1）WWW 超链接：WWW 服务器通过网页形式向用户提供信息，WWW 服务器除了可以用浏览器访问（其他的一些服务器也可以用浏览器访问，但功能受到限制）以外，还可以用 WWW 超链接访问。

例如在浏览器地址栏中输入"http://www. 163. net/myweb/book. htm"（此网址为假设），表明采用 HTTP 协议，从名为 www. 163. net 的服务器上的目录 myweb 中用浏览器访问文件 book. htm；或者在页面中输入链接代码"< a href＝"http://www. 163. net/myweb/book. htm ">"，通过单击该链接，用 WWW 超链接访问。

（2）FTP 超链接：FTP 服务器一般放置一些免费软件（如测试版或演示版软件）供用户下载，当用户发现软件很好用时再去购买。

建立 FTP 超链接与 WWW 超链接的方法相同，只是 URL 的形式不同。例如，北京邮电大学的 FTP 服务器地址为"ftp://ftp. bupt. edu. cn"；哈工大的 FTP 服务器地址为"ftp://ftp. hagongda. com/"。

（3）BBS 超链接：BBS 是一种资源丰富、面向大众的服务。在 BBS 站点中既可以浏览别人的信息，也可以发布自己的信息（例如求职、产品销售、咨询等）。

建立 BBS 超链接有两种方法，即以 HTTP 协议的方式（如访问北大未名 BBS 站点的 URL 的形式为"http://bbs. pku. edu. cn"）和以 Telnet 协议的方式（如 URL 的形式为"telnet://bbs. pku. edu. cn"）[①]。

（4）Email 超链接：用户收发 Email 既可以直接用 Email 软件（如 Outlook），也可以通过网上的 Email 超链接发送。

Email 超链接必须使用 mailto 协议形式（如 mailto：aaa@pku. edu. cn），此时发送 Email 的窗口中目标地址已经填好，浏览者只需填好发送的内容即可。

例如链接代码"< a href＝"mailto:aaa@263. net">这是我的电子信箱（Email 信箱）</a>"，表明当单击该链接的时候会打开一个自动发送电子邮件的窗口，其中"mailto:"后边紧跟的是收件人的电子邮件地址。

（5）Telnet 超链接：Telnet 超链接用来访问 Telnet 服务器。使用 Telnet 方式的好处是浏览者不必下载服务器上的内容，而是将自己的计算机变成一个终端对服务器进行操作。

Telnet 超链接必须使用 Telnet 协议形式（如访问北大未名 BBS 站点的 URL 形式为"telnet://bbs. pku. edu. cn"），此时浏览器会自动弹出一个 Telnet 登录窗口，浏览者可在窗口中登录到一个 Telnet 服务器上。

对于 Telnet 和 FTP 的详细介绍读者可以参见"进阶学习"部分或查阅课外书刊、网络资源等内容。

2. 按照链接资源的位置分类

根据链接资源的位置分类，超链接分为内部（书签）链接、本地链接和外部链接 3 种类型。

（1）内部链接：指向文档内部的链接，通常在浏览很长的文档时使用，以便于导航。使用方法是选择一段文字作为超链接指向的位置，然后给这个位置加上一个锚点作为标记。因为每一个锚点的位置不同，每一个锚点标记的名称必须是不同的。最后建立链接到锚点的超链接。其详细内容见 name 属性。

（2）本地链接：指向本地服务器或计算机中文档的链接。本地链接可以用绝对路径表示，也可以用相对路径表示。

（3）外部链接：指链接的资源不在本地服务器上的链接，例如外部网站页面，外部链接总是用绝对路径。

此外还有其他分类方法，如链接可以分为文件下载链接、脚本链接、空链接等。

4.4　超链接设计——<a>标记

元素 a 的意思是 anchor(锚)，它的作用有两个，一是作为预设在文档某处的锚定位；二是定义一个超链接。网页中的文本链接一般带下画线且与其他文字颜色不同，图像链接通

[①] 北大未名 BBS 创立于 2000 年，它作为北京大学唯一的官方 BBS 论坛，主要为北京大学的校内网络提供互联网电子公告牌服务，是北大师生、校友日常交流的重要信息传播载体和信息服务形式，如果限制校外 IP 的访问，将无法登录。

常带有边框显示。在用图像做链接时只要把显示图像的标记<img>嵌套在<a href=
"URL">和</a>之间就能实现图像链接的效果。除全局属性以外,<a>标记的主要属性如
表 4-1 所示。

表 4-1   <a>标记的主要属性

属 性 名 称	属性说明(或功能)
href(超级引用)	该属性的值指定链接的目标 URL 地址,即链接到什么地方,例如可以是一个 HTML 文件、一个(本页或其他页面的)锚点、一个邮箱,还可以是一个程序(如.jsp 文件、.asp 文件等)。目标地址是最重要的,一旦路径上出现差错,该资源就无法访问。href 不能和 name 同时使用
name	该属性为字符数据,用来指定锚点名。在使用命名锚以后,可以让链接直接跳转到一个页面的某一章节,而不需要用户打开那一页,再从上到下慢慢找
target(目标)	该属性用来指定显示链接内容的目标窗口或框架,取值为 _parent 表示在上一级窗口中打开,这在分帧的框架页中经常使用;_blank 表示在新浏览器窗口中打开;self 表示在同一个帧或当前窗口中打开链接(默认方式);_top 表示在浏览器的整个窗口中打开,忽略任何框架
onFocus	该属性用来指定 a 标记获得焦点时所运行的脚本代码
onBlur	该属性用来指定 a 标记失去焦点时所运行的脚本代码

【name 属性说明】

name 属性用来在 HTML 文档中创建一个书签(也称为一个“锚点”)。书签是文档中某个区域的名称,通过在 HTML 文档中创建一些到书签的链接可以快速找到书签所在地,实现在长文档中的定位。书签作为被链接不会被显示。

(1) 书签的使用包括两步,即定义书签、链接到书签。

① 定义书签:即使用 name 属性事先在文件中建立锚点。例如<a name="书签名">创建了一个书签。

② 链接到书签:即使用 href 属性链接到锚点。

链到本页锚点的语法是<a href="♯标签名">,单击此处将使浏览器跳到“书签名”处。

链接到指定文档中锚点的语法是<a href="指定文档 URL 地址♯标签名">,单击此处将使浏览器跳到指定文档的“书签名”处。

注意:当链接到指定文档中的锚点时必须在书签名前面加一个“♯”号。

(2) 设在“http://www.w3schools.com/html_links.asp”文档中已经建立了锚点 tips,则在当前文档中链接到 tips 锚点的代码可以写为:

```
<a href = "http://www.w3schools.com/html_links.asp♯tips">Jump to the Tips Section</a>
```

命名锚通常用来在大型文档的开头创建章节表,然后建立到这些锚的链接。如果浏览器无法找到指定的命名锚,它将转到这个页面的顶部,而不显示任何错误提示。

【示例 4.1】 说明 HTML 文档的<a>标记的使用方法。

有关的代码可参见下面,源程序文件见“webPageBook\codes\E04_01.html”。

```
<!DOCTYPE HTML >
<html>
```

122

```
<head><meta http-equiv="Content-Type" content="text/html; charset=utf-8">
    <title>A 标记示例</title></head>
<body>
    <h3>1、外部链接示例<a name="top"></a>(top 书签)</h3>
    <p>单击这里访问<a href="http://www.pku.edu.cn">北京大学</a>的主页
    <p>单击这里访问<a href="http://www.harvard.edu">哈佛大学</a>的主页
    <hr size="4" color="#008080">
    <h3>2、本地链接示例：链接到本地图像文件的图像链接</h3>
    <p><a href="red_flower.JPG" target="_blank">
      <img border="0" src="../image/football.JPG" width="94" height="94">
    </a></p>
    <hr size="4" color="#008080">
    <h3>3、内部链接示例：链接到当前文件的锚点</h3>
    <a href="#top" title="定位到锚点 1、外部链接示例">链接到 top 书签</a>
    <hr size="4">
    <h3>4、链接到邮箱示例：</h3>
    <p>欢迎与我们联系<a href="mailto:myshop@sohu.com">mail to we</a></p>
</body></html>
```

在 IE 浏览器中的显示效果如图 4.3 所示。

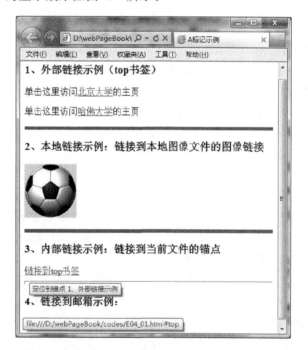

图 4.3 <a>标记的使用方法

4.5 HTML5 超链接设计前沿内容

在 HTML 4.01 中,<a>标记既可以是超链接,也可以是锚,这取决于是否使用了 href
属性。在 HTML5 中,如果没有 href 属性,<a>仅仅是超链接的一个占位符。另外,
HTML5 中与<a>相关的属性发生了部分变化,增加了一些新属性,同时对 HTML 4.01 的

一些属性不再建议使用,具体情况如表 4-2 所示。

表 4-2　HTML5 属性的变化

属　　　性	变 化 情 况	说　　　　明
charset	不建议使用	规定目标 URL 的字符编码
hreflang	部分使用	规定目标 URL 的基准语言,仅在 href 属性存在时使用
media	部分使用	规定目标 URL 的媒介类型,即链接的文档对应的设备或媒体;其默认值为 all,仅在 href 属性存在时使用
name	不建议使用	命名一个锚,使用时用 id 代替
ping	部分使用	由空格分隔的 URL 列表,当用户单击该链接时,这些 URL 会获得通知;仅在 href 属性存在时使用
rel	部分使用	规定当前文档与目标 URL 之间的关系,仅在 href 属性存在时使用
rev	不建议使用	规定目标 URL 与当前文档之间的关系
type	部分使用	规定目标 URL 的 MIME 类型,仅在 href 属性存在时使用

【属性说明】

(1) 在 HTML5 中 name 属性已被弃用,但如果用户坚持使用,建议使用 id 属性为锚点或超链接命名。

(2) 虽然 frames 已经废除,但 iframes 仍旧保留,可以使用 target 属性来引用特定 iframes 或窗口。

(3) 链接区块级元素的改变:链接在 HTML5 中变化最大的一点是<a>元素所允许环绕的内容。在之前的版本中不允许用<a>环绕区块级元素(例如标题、段落、div 等),如果需要将整个段落或标题设为链接,需要添加多个链接。下面的代码在以前是不被允许的:

```
< a href = "http://www.html5party.com/t/">
    < h1 > HTML5 时代先锋</h1 >
    < img src = "http://www.html5party.com/wp - content/uploads/04/html5.jpg" alt = "">
    <p>这是一本书,一部 PPT 集,一张 HTML5 网页。基于最简洁的理念,去除色彩鲜艳的图片,优美的文字组合,只一心为传达给读者最有用的知识和信息。</p>
</a>
```

(4) 占位符链接的改变:以往开发者在网页中添加占位符链接时,一般会使用格式"< a href = "♯">"指向当前页面,即空链接。因为在 HTML5 之前<a>元素必须有 href 属性。其实,空白 href 是无效的,并可能导致未知的奇怪后果,而且指向♯标记在页面刷新时会给用户制造混乱。

4.6　使用 DWCS5 进行网页链接设计

1. 目标设定与需求分析

本节的目标是对 4.1 节中"腾讯视频"的网页内容进行链接设计,做进一步的修改与完善,要求实现以下功能:

(1) 在页面右上方插入一个内部链接"武神赵子龙"和"权力的游戏",作为页面下方热映剧集的导航栏,使之链接到下方对应的剧集介绍标题锚点。

(2) 对下方的图片进行链接设置,一个作为本地链接,一个作为内部链接,回到页面顶部。

(3) 为剧集介绍标题"武神赵子龙"和"权力的游戏"设置锚点,并且在介绍内容结束处加"下载",设置 FTP 链接。

(4) 在底部设置"资料来源"的外部链接,打开腾讯视频的首页,并设置"联系我们"的 Email 超链接。参考效果如图 4.4 所示,源程序文件见"webPageBook\codes\E04_02.html"。

图 4.4　使用 DWCS5 进行网页链接设计示例

2. 准备多媒体素材

本例中需要准备两张视频剧照图片——武神赵子龙. jpg 和权力的游戏. jpg(见素材文件夹 webPageBook/image),以及相关文本材料。

3. 设计网页内容与样式

打开 DWCS5 软件,新建一个 HTML 文件,命名为 E04_02. html,并在设计窗口下输入网站所需的文字,插入需要的图片。下面侧重介绍超链接的设计,包括创建外部链接、图片的本地链接、书签的内部链接以及邮箱链接等。

(1) 设计导航栏"武神赵子龙"和"权力的游戏"的内部链接。

选择"插入"→"布局对象"→AP Div 命令,然后在页面的右上角画一个区域,输入"武神赵子龙"、"权力的游戏"并对边框等样式进行相应设置。

选择要链接的文字"武神赵子龙",在属性面板中选择 HTML 模式,输入链接"♯s1",如图 4.5 所示。

图 4.5　设置链接 s1

同理设置另外一个链接,输入链接"♯s2"(默认链接为蓝色,读者可根据需要通过属性面板打开"页面属性"对话框进行相关设置,更改样式),生成的代码如下:

```
<div id = "apDiv1">
  <a href = "♯s1">武神赵子龙</a>   <a href = "♯s2">权力的游戏</a>
</div>
```

（2）图片链接设置:一个作为本地链接,一个作为内部链接,回到页面顶部。

首先设置本地链接,对页面中"武神赵子龙"的图片进行设置,使之可以链接到本地对应的图片,然后选中图片,在属性面板中输入图片"武神赵子龙.jpg"所在的地址,在"替换"中输入"查看大图"。

选择要设置链接的"权力的游戏"图片,在属性面板中输入相关内容,在"链接"中输入"♯top",在"替换"中输入"回到最上方",在"边框"中输入"0"。

（3）为剧集介绍标题"武神赵子龙"和"权力的游戏"设置锚点,并且在介绍内容结束处加"下载",设置 FTP 链接。主要步骤如下:

确认"查看"→"可视化助理"下的"不可见元素"为被选中状态,这样就可以看到插入锚记时所有的元素符号。

将插入点移到"武神赵子龙"文字的前面,在"插入"面板的"常用"项目里单击"命名锚记"打开对话框,输入"s1",如图 4.6 所示,并单击"确定"按钮,页面中产生一个命名锚记。同理,在"权力的游戏"标题中加入另一个锚记,命名为"s2"。

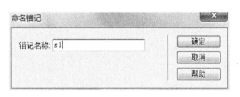

图 4.6　命名锚记 s1

选择要链接的文字"下载",在图 4.5 所示的属性面板的"链接"框中输入链接的 FTP 地址"ftp://ftp.dufe.edu.cn"。

（4）在底部设置"资料来源"的外部链接和"联系我们"的 Email 超链接。

选择要链接的文字"腾讯视频首页",在图 4.5 所示的属性面板的"链接"框中输入"http://v.qq.com/",在"目标"框中选择"_blank",在"标题"框中输入"腾讯视频",生成代码"<a href="http://v.qq.com/" title="腾讯视频" target="_blank">腾讯视频首页</a>"。

同理,选择要链接的文字"aaa@163.net",在属性面板的"链接"框中输入"mailto:aaa@163.net",进行邮箱链接的设置。

（5）对这个页面的设计及代码进行完善后保存文件。有关的代码可参见下面,源程序文件见"webPageBook\codes\E04_02.html"。

```
<! DOCTYPE HTML>
<html>
<head>
  <meta http-equiv="Content-Type" content="text/html; charset=utf-8">
  <title>E04_02.html:使用 DWCS5 进行网页链接设计</title>
  <style type="text/css">
    h1 {font-family: "宋体", "黑体", Arial;     font-size: 24pt;
        color: #F0F;     text-align: center;}
    h2 {font-family: "宋体", "黑体", Arial;   font-size: 18pt; color: #9C0;}
    #apDiv1 {position:absolute;
        width:377px;height:48px;
        z-index:1;
        left: 500px;top: 59px;
        visibility: visible;
        background-color: #FFF;
        border-top-style: none;border-right-style: none;
        border-bottom-style: none;border-left-style: none;}
  </style></head>
<body>
<div id="apDiv1"><a href="#s1">武神赵子龙</a>   
        <a href="#s2">权力的游戏</a></div>
<h1>腾讯视频</h1><h2>网站简介</h2>
<blockquote>
    腾讯视频,是定位于中国最大在线视频媒体平台,同时也是一款视频播放器。其以丰富的内容、
极致的观看体验、便捷的登录方式、24 小时多平台无缝应用体验以及快捷分享的产品特性,满足用户
在线观看视频的需求</blockquote>
<h2>热映剧集:</h2>
<table width="580" border="0" valign="top" cellpadding="4">
 <tr>
    <td width="50%">
      <table width="321" border="0" cellpadding="0">
        <tr>
          <td width="101" height="125"><a href="../image/武神赵子龙.jpg">
<img src="../image/武神赵子龙.jpg" alt="查看大图" width="150" height="150" border="0">
</a></td>
          <td width="113" height="250" valign="middle">
              <p><a name="s1" title="武神赵子龙" href="#"><b>武神赵子龙</b></a>
</p>
              <p>该剧讲述了赵云传奇的一生,每每在危急时刻都挺身而出,力挽狂澜,大败曹
操,挽救蜀汉于危急时刻的故事。<a href="ftp://ftp.dufe.edu.cn">下载</a></p>
          </td>
        </tr>
      </table>
    </td>
 <td>
    <table width="321" border="0" cellpadding="0">
      <tr>
        <td width="101" height="125"><a href="#top"><img src="../image/权力的游戏.jpg"
              alt="回到最上方" width="150" height="150" border="0"></a></td>
        <td width="113" height="250" valign="middle"><p><a name="s2" title="权力的游
戏" href="#"><b>权力的游戏</b></a></p>
              <p>该剧由美国 HBO 电视网制作推出,是一部中世纪史诗奇幻题材电视剧。该剧改编自
美国作家马丁的小说。<a href="ftp://ftp.dufe.edu.cn">下载</a></p>
        </td>
      </tr>
    </table>
```

```
    </td>
   </tr>
</table>
<p>资料来源:< a href = "http://v.qq.com/" title = "腾讯视频" target = "_blank">腾讯视频首页
</a></p>
  <p>联系我们:< a href = "mailto:aaa@163.net">aaa@163.net </p>
</body>
</html >
```

本 章 小 结

本章主要介绍 HTML 中超链接的概念、应用案例,超链接的分类、"统一资源定位器" URL 的表示方法,还讲述了超链接标记< a >及其属性的语法以及 HTML5 中元素 a 和属性的变化。

通过本章的学习读者了解了超链接在实际网页设计中的运用,掌握了超链接设计的基本知识和技术;通过示例的学习读者掌握了运用 DWCS5 工具设计超链接的操作方法;同时新内容的跟踪和进阶学习知识的补充使读者了解了 HTML5 中超链接设计的前沿知识和技术,也开阔了视野。

进 阶 学 习

1. 外文文献阅读

阅读下面关于"超链接"知识的双语短文,从中领悟并掌握专业文献的翻译方法,培养外文文献的研读能力。

In computing, a hyperlink is a reference to data that the reader can directly follow either by clicking or by hovering. A hyperlink points to a whole document or to a specific element within a document. Hypertext is text with hyperlinks. A software system that's used for viewing and creating hypertext is a hypertext system, and to create a hyperlink is to hyperlink (or simply to link). A user following hyperlinks is said to navigate or browse the hypertext.

【参考译文】:在计算机中,超链接指的是读者通过鼠标单击或悬停可以直接跟踪数据的引用。超链接指向整个文档或文档中的特定元素。超文本是带有超链接的文本。用于查看和创建超文本的软件系统是一种超文本系统,创建一个超链接就是进行超链接(或简称链接)。用户跟踪超链接被认为是在超文本中导航或浏览超文本。

A hyperlink has an anchor, which is the location within a certain type of a document. The document containing a hyperlink is known as its source code document. For example, in an online reference work such as Wikipedia, many words and terms are hyperlinked to definitions of those terms. Hyperlinks are often used to implement reference mechanisms, such as tables of contents, footnotes,bibliographies,indexes, letters, and glossaries.

In some hypertext, hyperlinks can be bidirectional: they can be followed in two

HTML5 网页链接设计

directions, so both ends act as anchors and as targets. More complex arrangements exist, such as many-to-many links.

【参考译文】：超链接有一个锚点，它是一个特定类型文档内部的位置。包含超链接的文档被称为它的源文件。例如，在一个类似维基百科的在线参考作品中，许多词汇和术语被超链接到这些术语的定义。超链接通常用于实现诸如目录、脚注、参考书目、索引、字母和词汇表的引用机制。

在一些超文本中超链接可以是双向的，可以在两个方向跟踪它们，既作为锚，又作为目标。诸如多对多链接这样更复杂的安排也存在。

The effect of following a hyperlink may vary with the hypertext system and may sometimes depend on the link itself; for instance, on the World Wide Web, most hyperlinks cause the target document to replace the document being displayed, but some are marked to cause the target document to open in a new window. Another possibility is transclusion, for which the link target is a document fragment that replaces the link anchor within the source document. Not only persons browsing the document follow hyperlinks; they may also be followed automatically by programs. A program that traverses the hypertext, following each hyperlink and gathering all the retrieved documents is known as a Web spider or crawler.

【参考译文】：跟踪超链接的效果可能因超文本系统的不同而异，有时可能取决于链级接本身。例如在万维网上大部分超链接导致目标文档替换正在显示的文档，但一些链接标记为目标文档在一个新窗口打开。另一种可能性是嵌入，链接目标是一个文档片段，用于替换源文档内的链接锚。跟踪超链接浏览文档的不仅是人，也可以被程序自动跟踪。遍历超文本，跟踪每个超链接，并收集所有检索到的文档的程序被称为网络蜘蛛或爬虫。

2. 链接的深度学习：HTML5 允许在＜a＞标签内放置块级元素

在 HTML5 以前，a 标签属于行内元素，而 div、h1、p 等为块级元素，如果强行包裹，可能会被截断为多个 a 标签。HTML5 通过简化能够在＜a＞标签中放置 div、h 标签(h1～h6)以及段落标记 p 这些块级元素，其用法代码可参见源程序文件"webPageBook\codes\E04_03.html"。

```
<!DOCTYPE HTML>
<html>
<head>
  <meta http-equiv = "Content-Type" content = "text/html; charset = utf-8">
  <title>a标签内放置块级元素</title>
</head>
<body>
  <a href = "http://baidu.com">
    <h1>a标签内放置块级元素</h1>
    <div class = "article">
      <p>在 HTML5 以前,a标签属于行内元素,</p>
      <p>如果强行包裹 div、h1、p 等块级元素,</p>
      <p>可能会强行截断为多个a标签。</p>
    </div>
    <img src = "../image/fj002.jpg" title = "a标签内放置的 img 元素" width = "250" height =
"100" border = "3">
```

```
    </a>
  </body>
</html>
```

在 Chrome 浏览器中的显示效果如图 4.7 所示。

图 4.7   在<a>标签内放置块级元素（HTML5）

3. FTP 及 Telnet 协议的深度学习

（1）FTP 是文件传输协议，在 Internet 上有一些计算机被称为 FTP 服务器，它们存储了大量的共享软件和免费资源，例如文本文件、图像文件、程序文件、声音文件、电影文件等。如果想从服务器中把文件传送到客户机上或者把客户机上的资源传送至服务器，就必须在两台计算机中进行文件传送，此时双方必须共同遵守一定的规则。FTP 就是用来在客户机和服务器之间实现文件传输的标准协议，它使用客户/服务器模式，客户程序把客户的请求告诉服务器，并将服务器发回的结果显示出来，而服务器端执行真正的工作，例如存储、发送文件等。如果用户要将一个文件从自己的计算机上发送到另一台计算机上，称为 FTP 的上载，而更多的情况是用户从服务器上把文件或资源传送到客户机上，称之为 FTP 的下载。

FTP 系统是一个通过 Internet 传送文件的系统。FTP 客户程序必须与远程的 FTP 服务器建立连接并登录后才能进行文件的传输。通常，一个用户必须在 FTP 服务器进行注册，即建立用户账号，拥有合法的登录用户名和密码后才有可能进行有效的 FTP 连接和登录。大多数站点提供匿名 FTP 服务，即这些站点允许任何一个用户免费登录到它们的计算机上，并从其上复制文件。

（2）Telnet 是 Teletype Network 的缩写，表示远程登录协议和方式，分为 Telnet 客户端和 Telnet 服务器程序。Telnet 可以让用户在本地 Telnet 客户端登录到远程 Telnet 服务器上，甚至可以存取那台计算机上的文件。在本地输入的命令可以在服务器上运行，服务器把结果返回到本地，如同直接在服务器控制台上操作，这样就可以在本地远程操作和控制服务器。当然，不是每一台计算机都可以登录，前提是这台计算机对外开放或者是用户必须拥有使用者账号及密码，最重要的是用户的计算机与所想连接的计算机都得连上 Internet。Telnet 的工作原理如图 4.8 所示。

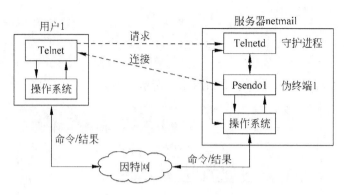

图 4.8 Telnet 的工作原理图

思考与实践

1. 思辨题

判断(✓×)

(1) 通常的 HTML 文档中都会有超链接指向其他的文档,这些文档只能是本地计算机上的文件。　　　　　　　　　　　　　　　　　　　　　　　　　　　(　　)

(2) 在 HTML5 中可以在<a>标签内放置块级元素,这是 HTML 以前没有的功能。

　　　　　　　　　　　　　　　　　　　　　　　　　　　　　　　　　(　　)

(3) 用户收发 Email 只能直接用 Email 软件。　　　　　　　　　　　　　　(　　)

选择

(4) 以下(　　)属性用来指定超链接的目标 URL 地址。

　　A. name　　　　　　B. href　　　　　　C. target　　　　　　D. content

(5) 以下(　　)属性用来指定 a 标记失去焦点时所运行的脚本代码。

　　A. name　　　　　　B. target　　　　　　C. onFocus　　　　　D. onBlur

(6) 规定当前文档与目标 URL 之间的关系,仅在 href 属性存在时使用的是(　　)。

　　A. rev　　　　　　B. rel　　　　　　C. type　　　　　D. ping

填空

(7) _____属性用来指定显示链接内容的目标窗口或框架。

(8) 在 HTML5 中,_____属性用来指定目标 URL 的媒介类型。

(9) 链接的资源不在本地服务器上的链接称为_____。

(10) 链接到指定文档中锚点的语法是_____。

2. 外文文献阅读实践

查阅、研读一篇大约 1500 字的关于超链接设计的小短文,并提交英汉对照文本。

3. 上机实践

1) 页面设计:用记事本或 DWCS5 建立一个 HTML 文件 chp04_zy31.html,实现"名诗赏析"功能,保存并显示

要求如下:

(1) 输入多首名诗,要通过 blockquote 标记引用、pre 预格式化,并在各标题处建立锚点。

（2）插入对应的链接，要能够给用户提示，并定位到各锚点。

参考效果如图 4.9 所示（参考代码见 chp04_zy31.html）。

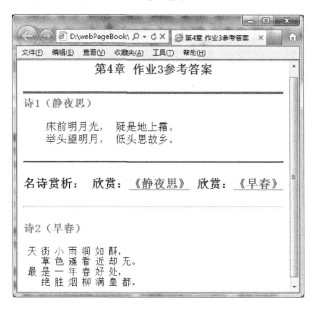

图 4.9 参考效果图

2）页面设计：建立一个 HTML 文件 chp04_zy32.html，保存并显示
要求如下：

（1）建立一个在当前窗口打开的"文字链接"。

（2）下载某网站的 Logo 图片，并以此建立一个到该网站的"图像链接"。

（3）使用其他协议分别给出访问 Email 及 BBS、FTP 站点的链接。

（4）10 秒后网页自动刷新，并进入清华大学主页。

参考效果如图 4.10 所示（参考答案见 chp04_zy32.html）。

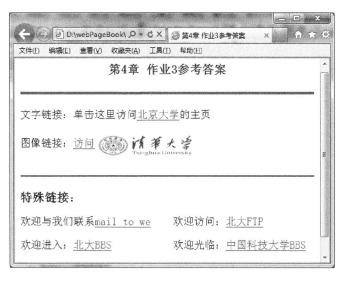

图 4.10 参考效果图

HTML5 网页链接设计

3) 案例研读分析

用 IE 浏览器或 Chrome 浏览器打开一个具有代表性的网站主页,并用文件名称 chp04_zy33. html 保存,然后查看其完整或部分源代码,找出其应用的链接标记,对其属性、功能进行分析,从而领会链接技术的应用。在该网站的源代码中是否使用了 HTML5 新特性? 如果使用了,请指出并做出相关说明,最后写出书面报告。

第5章 HTML5 网页表单设计

本章导读：

第 4 章我们学习了网页中链接的设计，而在网站注册或购物时不可或缺的元素是表单，本章就引导大家学习表单的设计。

首先通过一个案例的介绍让大家领略表单在网站中的重要作用，同时建立对表单的初步感性印象；接着通过理论与示例相结合的方式具体讲解表单主体及其内部各种标记和属性的知识；同时紧跟技术的发展介绍 HTML5 表单设计前沿内容；有了表单基本知识、技术的理论准备之后，我们通过综合示例讲解表单设计中各种元素的实用方法，最后指导大家使用 DWCS5 工具实现一个复杂的表单页面的设计。

5.1 表单简介及应用案例

HTML 表单在制作动态网站方面起着非常重要的作用，它的功能首先是用来排列各种表单控件的布局，让表单能够以一种友好的界面呈现在浏览者面前。

其次，表单经常在网页中作为和用户进行交互的工具使用。表单在 Web 网页中用来给访问者填写信息，从而使服务器能获得用户信息，使网页具有交互的功能。一般是将表单设计在一个 HTML 文档中，当用户填写完信息后做提交（submit）操作，于是表单的内容就从客户端的浏览器传送到服务器上，经过服务器上的 ASP、JSP 或 CGI 等处理程序处理后，再将用户所需信息传送回客户端的浏览器上，这样网页就具有了交互性。

几乎所有的商务网站都离不开表单，如用户的注册表单、商品订单填写表单等。图 5.1 所示为网易邮箱注册页面中的一个"注册字母邮箱"的表单。

【小知识】 网易邮箱在中国的市场占有率自 2003 年起至今一直高居全国第一。截至 2011 年 5 月，网易邮箱用户总数达 3.6 亿。2014 年 6 月，网易邮箱手机版正式上线。网易邮箱的注册网址为"http://reg.email.163.com/unireg/call.do?cmd＝register.entrance&from＝163navi&regPage＝163"。

表单是由许多控件组成的，在上述网页中就用到了文本框、密码输入框、按钮、列表选择框等控件。所谓控件就是一些供用户操作使用的组件，用户就是通过这些控件和网站进行交互的。这些控件的使用还与服务器端程序有关，与服务器端程序有关的内容还需参看 JSP 等内容。

表单上的常用控件名称、图例和功能（说明）如表 5-1 所示。

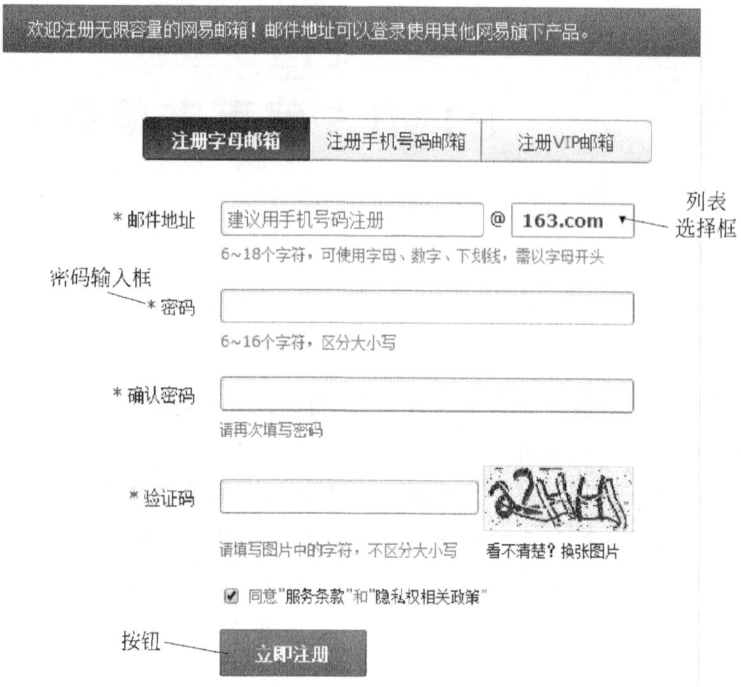

图 5.1　网易邮箱注册表单

表 5-1　表单常用控件名称、图例和功能列表

控件名称	图　例	说明(或功能)
Text(单行文本框)		单行文本框只能够输入一行文本,即输入的文本不会换行。在数据上传的过程中,其内的文本不会被表单加密处理
Password(密码输入框)	***	输入密码的区域,当用户输入密码时,区域内将会显示特殊字符(一般用"*"号)来代替输入的每个字符,其中的文本将会被表单加密处理
Radio(单选按钮)	 ⊙　○	用户在一组单选按钮里一次只能选择一个,左边图例中使用了两个单选按钮,一个处于选中状态,另一个处于未选中状态
Checkbox(复选框)	 ☑　☐	用户在一组复选框里一次可以选择多个,左边图例中使用了两个复选框,一个处于选中状态,另一个处于未选中状态
Submit(提交按钮)	 Submit	用户单击该按钮时将表单内容提交给服务器处理
Reset(重置按钮)	 Reset	用户单击该按钮时将表单内容全部清除,回到初始状态,此时用户可以重新填写
Image(图片发送按钮)		使用图像来代替 Submit 按钮,图像的源文件名由 input 标记的 src 属性指定。在用户单击后,表单中的信息和单击位置的 X、Y 坐标一起被传送给服务器
Button(普通按钮)	 普通按钮	普通按钮用来与 Submit 和 Reset 按钮相区别,设计者可以通过脚本、程序为其添加各种功能

控件名称	图 例	说明(或功能)
File(文件选择框)		该控件可以让用户在客户端计算机上选择需要上传的文件
Hidden(隐藏域)		隐藏区域在浏览器中是不可见的,当然用户也不能在其中输入内容,其作用是用来发送某些无须用户输入而程序又需要的数据(如网上调查问卷的期次)
Textarea(文本区)	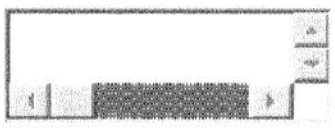	该控件定义了一个多行文本区,供用户输入数据。它可以输入个人资料、上传的文章等较长的文本
Select(列表选择框)	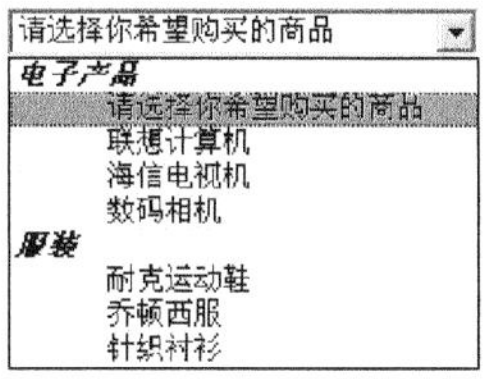	该控件供用户选择项目,有两种形式,即下拉选择框(size＝1)或列表框(size＞1)。左图为下拉选择框

在表 5-1 中除了 Textarea(文本区)和 Select(列表选择框)以外,其他控件都由 input 标记实现。下面各节将依次讲解各种控件的相关标记,包括其元素和属性方面的知识。

5.2　表单主体设计——＜form＞标记

＜form＞标记定义了一个交互式表单。任何一个表单都由该标记开始,它是表单的主标记,它里面可以包含多个其他子标记(如段落、表格、列表和图像等)或控件。控件集中放在表单里面可以保证发送的数据是一块连续的数据,＜form＞标记常用的属性如表 5-2 所示。

表 5-2　常用的＜form＞属性

属性名称	属性说明(或功能)
action	表单通常与服务器端程序配合使用,该属性用来指定提交表单时处理表单数据的程序(如＊.jsp 文件或＊.asp 文件等)的 URL 地址,例如"action＝http://your.isp.com/local/example.jsp",这样此表单所填的资料才能正确地传给服务器程序做处理。 若暂时没有服务器程序进行测试,可以使用其他文件或网址,也可设定此属性为 action＝"mailto:your@email.com",这样表单所填的资料将会发送至此电子邮件地址
method	该属性规定了发送表单数据的 HTTP 方法,包括 get(默认)和 post。 get 方法是将表单数据作为一个 HTTP get 请求发送给 action 指定的 URL,并添加在 URL 后面(以?号分隔)作为新的 URL 发送给服务器。在一般情况下要尽量避免使用 get 方式,因为 URL 的长度有限制,只能够传送少于 2KB 的资料,且不能够含有非 ASCII 字符。 post 方法是把表单数据包含在表单主体中,然后被发送到服务器端处理程序上,能够传送各种字符,且容许传送大量资料,所以一般申请表单用的是 post 方法

续表

属性名称	属性说明(或功能)
onsubmit	该属性用来指定表单提交时执行的 Script 代码
onreset	该属性用来指定表单重置时执行的 Script 代码
name	该属性用来指定表单的名称,供脚本、服务器端程序和样式表使用
target	显示表单内容的目标窗口,target 属性的取值为_blank 表示在新窗口中打开;取值为_parent 表示在父框架中打开;取值为_self 表示在当前的框架中打开;取值为_top 表示在整个窗口中打开
accept-charset	当发送表单数据到服务器时,该属性用来告诉服务器使用指定的字符集来解释表单数据。该属性的取值可以是 ASCII,这是万维网最早使用的字符集,支持 0~9 的数字、大小写英文字母以及一些特殊字符;UTF-8,表示 Unicode 标准中的任意字符,它已成为网页和电子邮件的首选编码;ISO-8859-1,现在浏览器默认的字符集,通过了国际标准认证,基本上定义了世界各地字符;GBK,这是一个汉字编码标准,支持所有的中文字符;默认值是保留字符串"unknown"。在理论上我们可以使用任何字符集,但并不是所有的服务器都能够解释它们,所以最简单的方法还是将表单和应用程序所使用的字符集统一
accept	指定能够通过文件上传进行提交的文件类型,如代码"accept ="image/gif,image/jpg""表示只有 GIF 和 JPG 文件才能进行上传
enctype	当采用 post 方法提交表单数据时,系统将通过该属性指定的内容类型对表单数据进行编码。该属性的默认值是 application/x-www-form-urlencoded,即以超文本的形式编码。当表单中有提交的文件时,即表单中包含< input type=file…>标记时,该属性的取值应为 multipart/form-data,以二进制形式编码,以保证表单数据连续地传送到服务器。text/plain 指以普通文本的形式编码。application/x-www-form＋xml 指以 XML 结构化数据格式编码(HTML5 Web Form 新增加的编码方式),可以更有效地降低服务器的负载压力

【示例 5.1】 使用< form >标记及属性。

设计一个给商家发送电子邮件的表单页面,将文件命名为 E05_01.html,网页功能要求如下:

(1) 将表单命名为 myform,并采用 post 方法提交数据。

(2) 当用户单击"提交"按钮时执行 JavaScript 脚本代码,打开提示对话框。

(3) 当用户单击提示对话框中的"确定"按钮后,程序询问是否发送表单数据至商家电子邮箱。

(4) 在 IE 浏览器中的显示效果如图 5.2～图 5.4 所示。

有关的代码可参见下面,源程序文件见"webPageBook\codes\E05_01.html"。

图 5.2　打开网页时的显示效果

图 5.3　单击"提交"按钮后的显示效果　　　　图 5.4　单击"确定"按钮后的显示效果

```
. <! DOCTYPE HTML>
< html >
< head >
    < meta http - equiv = "Content - Type" content = "text/html; charset = utf - 8">
    < title >表单 FORM 标记及属性的示例</title ></head>
< body >
    < form name = "myform"   method = "POST" action = "mailto:aaa@sohu.com"
            onsubmit = "javascript:alert('hello: 你点击了提交按钮')">
    < h3 >表单 FORM 标记及属性的示例</h3 >
    <p><font color = "blue">请你点击提交按钮: </font>< input type = "submit" value = "提交"
</p>
    </form >
</body >
</html >
```

【示例解析】　代码 onsubmit="javascript:alert('hello: 你点击了提交按钮')"指明当单击"提交"按钮时需调用的 JavaScript 函数——alert()函数,详细介绍见第 14 章的 JavaScript 部分。

5.3　表单输入域设计——<input>标记

<input>标记在表单中用于定义输入数据的区域,它可以根据 type 属性的不同取值生成多种不同的控件,因而在 HTML 表单设计中有着最广泛的应用。<input>标记常用的属性如表 5-3 所示。

表 5-3　常用的<input>属性

属 性 名 称	属性说明(或功能)
type	该属性用来指明输入域控件的类型。各种类型的输入域控件的名称、图例和功能见表 5-1,这里不再赘述,例如 type="text",表示该输入域为 text(单行文本框,默认)
name、value	这两个属性用来指明输入域控件的独一无二的名称和值。表单发送时主要是发送这些"名称"和"值",以便服务器程序进行处理。 其中,value 属性的值会显示在 text、password 控件中,也会显示在 submit、reset 和 button 按钮上面,而对于其他控件不会显示出来
size	该属性用来说明 text(单行文本框)、password(口令域)和 File(文件选择框)的大小,即初始时可以看见的字符(字母或汉字)数,对其他控件无效。 size 属性的值大,则可以让用户在 text 或 password 控件中输入较长的文本,而无须来回移动光标键,同样也可以使按钮加宽,方便用户单击

属性名称	属性说明(或功能)
maxlength	该属性用来指定 text(单行文本框)、password(口令域)和 file(文件选择框)允许输入的最多的字符(字母或汉字)数,对其他控件无效。 在实际应用中,对用户输入字符数量的上限进行限制,如需要限定电话号码长度为8位、年龄为两位、密码长度为6位,则 maxlength 属性可以满足要求
checked	布尔属性,该属性用来说明 radio(单选按钮)、checkbox(复选框)的初始状态是否被选中。为一组 radio 或 checkbox 中的一个控件设置该属性,可以避免用户因为忘记选择而导致这组控件发送空数据
disabled	布尔属性,该属性用来说明控件的初始状态是否可用。如果设置该属性,则控件不可用,即鼠标和键盘对该控件的操作将不起作用,控件不会获取焦点,数据不会被提交,此时外观以灰度显示
readonly	布尔属性,该属性用来说明 text(单行文本框)、password(口令域)等控件的初始状态是否为只读。如果设置该属性,则控件的初始状态为只读。控件虽然会获取焦点,但用户不能够对控件中的内容进行修改,数据仍会被提交
onFocus、onBlur	这两个属性分别用来指定输入域获得焦点或失去焦点时执行的 Script 代码
onSelect、onChange	这两个属性分别说明输入域的文本被选中或改变时所执行的 Script 代码
src	该属性用来指定 Image(图片发送按钮)上初始图像的 URL 来源地址
tabindex	该属性用来指定用 Tab 键选择控件时该控件的顺序号(0~32 767 的整数)
accesskey	该属性用来指定用按键选择控件时该控件的访问键(或快捷键)字符。如设置 accesskey="a",则用户可通过按 Alt 键和 A 字符键选择控件

【示例 5.2】 使用 input 标记及属性。

设计一个网上商城用户注册页面,将文件命名为 E05_02.html,网页功能要求如下:

(1) 页面内容及包含的控件和布局如图 5.5 所示。

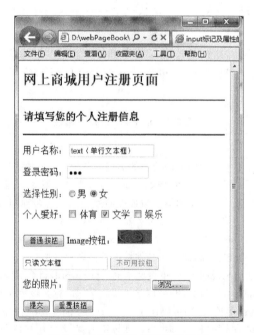

图 5.5 网上商城用户注册页面

（2）password 控件允许输入字符的上限为 6 位，并设置 p 为其快捷访问键。

（3）当用户单击"提交"按钮时访问网上商城主页 index.htm。

有关的代码可参见下面，源程序文件见"webPageBook\codes\E05_02.html"。

```
<!DOCTYPE HTML>
<html>
<head>
    <meta http-equiv = "Content-Type" content = "text/html; charset = utf-8">
    <title>input 标记及属性的使用</title></head>
<body>
    <h2>网上商城用户注册页面</h2>
    <hr color = "#800000">
    <form method = "POST" action = "index.htm">
        <h3>请填写您的个人注册信息</h3>
        <hr color = "blue">
        <p><label for = "fp1">用户名称：</label>
        <input type = "text" name = "T1" id = "fp1" size = "20"   value = "text(单行文本框)"
tabindex = "1">
</p>
        <p>登录密码：<input type = "password" name = "T2" size = "20"
                        maxlength = "6" value = "密码域"  accesskey = "p"></p>
        <p>选择性别：<input type = "radio" value = "V1" name = "R1">男
                    <input type = "radio" value = "V2" checked name = "R1">女</p>
        <p>个人爱好：<input type = "checkbox" name = "C1" value = "ON">体育
                    <input type = "checkbox" name = "C1" value = "ON" checked>文学
                    <input type = "checkbox" name = "C1" value = "ON">娱乐</p>
        <p><input type = "button" value = "普通按钮" name = "B3"
            onclick = "this.value = '你单击了我'" accesskey = "a">
        <label for = "fp2">Image 按钮：</label>
        <input border = "0" src = "../image/red_flower.JPG" name = "I2"
                type = "image" width = "62" height = "24" id = "fp2">
</p>
        <p><input type = "text" name = "T3" size = "20" value = "只读文本框" readonly>
            <input type = "button" value = "不可用按钮" name = "B4" disabled></p>
        <p>您的照片：<input type = "file" value = "文件选择框"></p>
        <p><input type = "hidden" name = "my_ip"  size = "10" value = "192.168.0.1"></p>
        <p><input type = "submit" value = "提交" name = "B1">
            <input type = "reset" value = "重置按钮" name = "B2"></p>
    </form>
</body>
</html>
```

【示例解析】

（1）本例中"用户名称"标签的 for 属性与其后的 text(文本框)的 id 属性值相同是为了实现两个控件的绑定，这样单击该标签也可以使 text 获得焦点。关于标签标记<label>及其属性的用法参见 5.5 节。

（2）radio 和 checkbox 两组控件各自的 type 和 name 相同，这样可以保证它们各自组成一组选项。

（3）普通按钮中例示了 onclick 属性，并设置 a 为其快捷访问键。

139

5.4 文本区与列表选择框设计——< textarea >、< select >标记

< textarea >标记用来定义一个可输入多行内容的文本区控件。与 text 相比,它可以输入个人资料、上传的文章等较长的文本。其中的属性 rows 和 cols 分别指明文本区的行数和列数(一个英文半角字符为一列),其余属性同 input 标记,此处不再列出。

< select >标记定义了一个列表选择框,它提供多个选项供用户选择数据,包括两种形式的控件,即下拉选择框(size=1)和列表框(size > 1)。它适合于选项比较多(如 50 以上)的情况。因为,此时如果仍使用 radio 或 checkbox 进行选择,则在页面上的选项就会显得非常多而冗长。与之配合使用的标记有 option(选项)和 optgroup(选项分组)。

选项标记< option >定义< select >控件的每个具体选项。其 value 属性的值将和< select >标记的 name 属性的值作为一组数据传给服务器处理。

选项组标记< optgroup >用来对各个< option >选项按照其功能或性质进行分类编组,使选项的分类清晰,形成结构良好的树状菜单形式,从而为用户提供更加友好的交互界面。< select >、< option >、< optgroup >标记部分常用的属性如表 5-4 所示,其余属性同< input >标记,此处不再列出。

表 5-4　常用的< select >、< option >、< optgroup >属性

属性名称	属性说明(或功能)
	< select >标记的部分常用属性
size	该属性用来指明选择框中可见的选项数。当 size=1 时为下拉选择框,当 size > 1 时为列表框
multiple	布尔属性,该属性用来说明列表选择框控件的初始状态是否允许多选。如果设置该属性,则用户可以使用 Shift 或 Ctrl 键配合鼠标进行多项选择
onChange	该属性说明列表选择框的值改变时所执行的 Script 代码
	< option >标记的部分常用属性
label	该属性用来指定选项的标签文本
value	该属性用来说明选项所上传到服务器的真实值
selected	布尔属性,该属性用来说明当前选项初始时是否被选择。如果设置该属性,则表示被选中,这样可以避免因为用户忘记选择其中的项目而导致上传无关的数据
	< optgroup >标记的部分常用属性
label	该属性用来指定选项编组的标签文本,即标题,一般用斜体加粗显示,而组中的各选项缩进显示。该标题只起提示作用,不能被选择
disabled	布尔属性,该属性用来说明当前选项编组的初始状态是否可用

【示例 5.3】　使用< select >、< optgroup >、< option >和< textarea >标记及属性。

设计一个网上商城购物及回访页面,将文件命名为 E05_03. html,网页功能要求如下:

(1) 页面内容及包含的控件和布局如图 5.6 所示。

(2) 列表选择框允许多选,并提供默认选项,文本区设置 t 为其快捷访问键。

(3) 当用户单击"提交"按钮时访问网上商城主页 index. html。

图 5.6　网上商城购物及回访页面

有关的代码可参见下面,源程序文件见"webPageBook\codes\E05_03.html"。

```html
<! DOCTYPE HTML >
< html >
< head >
    < meta http - equiv = "Content - Type" content = "text/html; charset = utf - 8">
    < title >列表选择框和文本区标记及属性的使用</title ></head >
< body >
    < h2 >< font color = "#800000">欢迎您光临我们的网上商城</font ></h2 >
    < form method = "POST" action = "index. htm">
        < h3 >< font color = "#0000FF">请选择你希望购买的商品</font ></h3 >
        < p >< select size = "6" name = "select 1" multiple >
            < optgroup label = "电子产品">
                < option label = "opt11" value = "dz11">联想计算机</option >
                < option label = "opt12" value = "dz12" selected >海信电视机</option >
                < option label = "opt13" value = "dz13">数码相机</option >
            </optgroup >
            < optgroup label = "服装">
                < option value = "fz21" selected >耐克运动鞋</option >
                < option value = "fz22">乔顿西服</option >
                < option value = "fz23">针织衬衫</option >
            </optgroup >
        </select ></p >
        < hr color = "#008080">
        < h3 >< font color = "#0000FF">请您在下面文本区中提出对我们的建议</font ></h3 >
<p >< textarea rows = "2" name = "textarea_1" cols = "20" accesskey = "t" onselect = "javascript:
alert('你要选择该文本吗?')">请您在文本区中提出建议</textarea ></p >
< p >< input type = "submit" value = "提交" name = "B1">< input type = "reset" value = "全部重写"
name = "B2"></p >
    </form >
</body >
</html >
```

【示例解析】　文本区使用了 onselect 事件属性,这样当用户在文本区选择文本时就会调用 JavaScript 脚本代码,显示提示对话框。

5.5　标签与按钮设计——< label >、< button >标记

< label >标记用来定义标签控件,为其他控件(如 text、select、textarea 等)提供附加说明信息,说明这些控件的功能或作用。

标签的 for 属性用来和其他控件进行绑定,即单击了标签就等于单击了该控件。如果让标签和其后的 text(文本框)绑定,只需要将标签的 for 属性与 text 的 id 属性值相同即可。对于标签 for 属性的用法请参见示例 5.2。< label >标记的其余属性同< input >标记,此处不再列出。

< button >标记定义了一个专门显示按钮的控件。与< input >标记所建立的按钮相比,该标记提供了更加灵活的样式,可以在按钮上设置图片,修改按钮上面文本的字体、颜色设置等。

< button >标记的 type 属性用来指明按钮控件的类型,包括 submit(提交按钮)、reset(重置按钮)和 button(一般按钮)3 种,例如 type="button",表示一般按钮,其余属性同< input >标记。

【示例 5.4】　使用< button >标记及属性。

设计一个包含特效按钮的页面,将文件命名为 E05_04. html,网页功能要求如下:

(1)页面内容及包含的控件和布局如图 5.7 所示。

(2)"普通按钮 1"使用了 onfocus 事件属性,这样当用户单击该按钮时就会调用 JavaScript 脚本代码,显示提示对话框,如图 5.8 所示。

(3)"普通按钮 2"使用了 onblur 事件属性,这样当用户单击该按钮,再单击其他按钮时就会调用 JavaScript 脚本代码,显示提示对话框,如图 5.9 所示。

(4)当用户单击"提交"按钮时访问网上商城主页 index. html。

图 5.7　< button >标记及属性
的使用

图 5.8　选择普通按钮 1 时打开的
对话框

图 5.9　单击"普通按钮 2"再单击其他按
钮时打开的对话框

有关的代码可参见下面,源程序文件见"webPageBook\codes\E05_04. html"。

```
<!DOCTYPE HTML>
<html>
```

```
< head >
    < meta http - equiv = "Content - Type" content = "text/html; charset = utf - 8" >
    < title >BUTTON 标记及属性的使用</title ></head >
< body >
    < form method = "POST" action = "index. htm" >
    < h3 >< font color = "♯0000FF">请选择下面的按钮查看显示效果</font ></h3 >
    < p >< button value = "button _1" name = "B1" onfocus = "javascript:alert('我获得了焦点')">
            < img src = "../image/football.JPG"    width = "25" height = "20" >
            < font color = "♯0000FF">普通按钮 1 </font >
        </button ></p >
    < p >< button type = "button" value = "button _2" name = "B4"
            onblur = "javascript:alert('我失去了焦点')">
            < font color = "red">< u >< b >< i >普通按钮 2 </b ></u ></font >
        </button ></p >
    < p >< button type = "submit" value = "button_3 " name = "B2">提交按钮</button >  
        < button type = "reset" value = "button _4" name = "B3">重置按钮</button ></p >
    </form >
</body >
</html >
```

5.6 表单控件分组设计——< fieldset >、< legend >标记

当表单控件比较多需要按照不同功能进行分组时需要使用< fieldset >标记。该标记定义了一个表单控件集合,形成一个用细线包围的表单区域。表单控件分区可以使表单控件的分组条理清晰,方便用户使用,因而在 HTML 表单设计中有着广泛的应用。

与之配合使用的标记有 legend(传说、说明),用来说明表单区域的标题,其作用是提示该区域的功能。

图 5.10 所示为一个应用于 IE 浏览器的"Internet 选项"对话框。在该对话框中把表单控件分为 3 个区域,其中"分级审查"、"证书"和"个人信息"分别是这 3 个区域的标题。

图 5.10 利用标记< fieldset >、< legend >进行表单分区

143

第 5 章

HTML5 网页表单设计

　　<fieldset>标记的常用属性为全局属性,<legend>标记的常用属性如表 5-5 所示。

表 5-5　<legend>常用的属性

属 性 名 称	说明(或功能)
align	该属性用来设置标题内容的水平对齐方式,取值为 left(左对齐)、center(居中)或 right(右对齐)
accesskey	该属性用来指定用按键选择表单区域时该表单区域的访问键(或快捷键)字符,此时用户可以通过按 Alt 键和该字符键将光标置于该表单区域的第 1 个控件上

【**示例 5.5**】　使用<fieldset>、<legend>等标记及属性。

设计一个客户注册页面,将文件命名为 E05_05.html,网页功能要求如下:

(1) 页面内容及包含的控件和布局如图 5.11 所示。

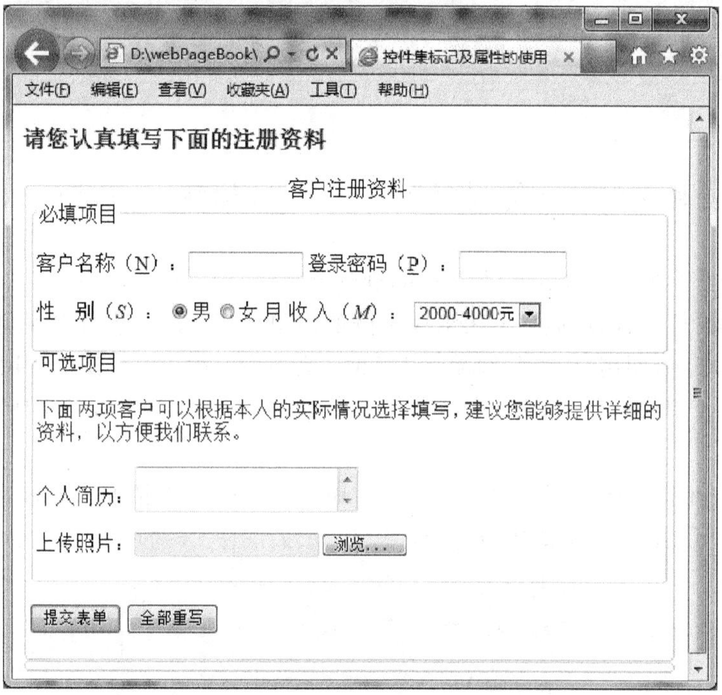

图 5.11　包含控件分组的客户注册页面

　　(2) 将表单控件分为两个区域,并通过<legend>标记的 align 属性将"客户注册资料"设置为居中对齐。

　　(3) 两个区域分别设置 A、B 为快捷访问键,用户可通过按 Alt 键和相应的快捷访问键将光标置于对应的表单区域的第 1 个控件上。

　　(4) 当用户单击"提交"按钮时访问网上主页 index.html。

　　有关的代码可参见下面,源程序文件见"webPageBook\codes\E05_05.html"。

```
<!DOCTYPE HTML>
<html>
<head><title>控件集标记及属性的使用</title></head>
```

```
<body>
<h3><font color="#800000">请您认真填写下面的注册资料</font></h3>
<form method="POST" action="index.htm">
<fieldset><!--总分组-->
<legend align="center" accesskey="A">客户注册资料</legend>
    <fieldset><!--第一分组-->
    <legend>必填项目</legend>
    <p>客户名称(<u>N</u>):<input type="text" name="T1" size="10">
        登录密码(<u>P</u>):<input type="password" name="T2" size="10"></p>
    <p>性   别(<i>S</i>):
        <input type="radio" value="V1" checked name="R1">男
        <input type="radio" name="R1" value="V2">女
        月 收 入(<i>M</i>):
        <select size="1" name="D1">
                    <option>0-1000元</option>
                    <option value="1000-2000元">1000-2000元</option>
                    <option selected value="2000-4000元">2000-4000元</option>
                    <option value="4000元以上">4000元以上</option>
        </select></p>
    </fieldset>
    <fieldset><!--第二分组-->
    <legend  accesskey="B">可选项目</legend>
        <p><font color="purple">下面两项客户可以根据本人的实际情况选择填写,
                建议您能够提供详细的资料,以方便我们联系。</font></p>
        <p>个人简历:<textarea rows="2" name="S1" cols="20"></textarea>
        <p>上传照片:<input type="file"></p>
    </fieldset>
        <p><input type="submit" value="提交表单" name="B1">
        <input type="reset" value="全部重写" name="B2"></p>
</fieldset>
</form>
</body></html>
```

5.7 HTML5 表单设计前沿内容

5.7.1 新增与改进的表单元素

HTML5 大幅度吸纳了 Web 2.0[①] 的标准,新增或改进了表单元素,增强了表单的功能,提高了表单设计的效率和便利性。一些以前需要通过 JavaScript 编码实现的功能现在无须编码就可以轻松实现。这些新变化并未得到所有浏览器的普遍支持,而且不同浏览器的显示效果会有差异。部分新增或改进的表单元素如表 5-6 所示。

145

───────────────

① Web 2.0 指的是一个利用 Web 平台由用户主导而生成的内容互联网产品模式,其为了区别传统由网站雇员主导生成的内容而定义为 Web 2.0。

表 5-6　常用的新增或改进的表单元素

元素名称	说明(或功能)
output	HTML5 中新增的元素,该元素定义不同类型的输出,例如脚本的输出

datalist	HTML5 中新增的元素,该元素类似于选择框(< select >),但是当用户想要不在选择列表之内的值时允许其自行输入。该元素本身并不显示,而是当与之配合的控件(如下例中的文本框)获得焦点时以提示输入的方式显示。为了避免在没有支持该元素的浏览器上出现显示错误,可以用 CSS 的 style 属性将它设定为不显示。例如代码:
	
	`< input?type = "text"?name = "greeting"?list = "greetings">`
	`< datalist?id = "greetings"?style = "display:?none;">`
	　`< option?value = "Good?Morning">Good?Morning </option >`
	　`< option?value = "Hello">Hello </option >`
	　`< option?value = "Good?Afternoon">Good?Afternoon </option >`
	`</datalist >`
	
	在 Opera 浏览器中的图例如下:
	
	`text:`
	`Good Morning`
	`Hello`
	`Good Afternoon`

5.7.2　新增与改进的表单属性

HTML5 中对于表单设计新增了多种属性,增强了表单的可用性,这些属性也得到了 Safari、Google Chrome、Firefox 等浏览器的支持[①]。部分新增或改进的表单属性如表 5-7 所示。

表 5-7　常用的新增或改进的表单属性定义

属性名称	说明(或功能)
	新的 form 属性
autocomplete (自动完成)	autocomplete 属性适用于< form >以及 text、search、url、telephone、email、password、date pickers、range、color 类型的< input >标签,其默认值为 on。 当用户在自动完成域中开始输入时,浏览器会在该域中显示上次填写的内容,以方便用户输入。如果给 from 表单加上属性 autocomplete= "off",整个表单都不会记录用户输入的值
novalidate (不用验证)	novalidate 属性的适用范围同上,其属性值是布尔值。HTML5 Web Form 中的输入控件带有强大的表单验证功能。在某些时候可以通过 novalidata 属性来关闭这些验证功能,这在测试时很有用
	新的 input 属性
autofocus (自动获得焦点)	autofocus 属性规定在页面加载时域自动获得焦点。在一个页面上只能有一个控件具有该属性。从实用角度来说,只有当一个页面是以使用某个控件为主要目的时才对该控件使用 autofocus 属性,例如搜索页面中的搜索文本框。 如代码< input type= "text" name= "user_name"autofocus /> 其指定页面打开时该文本框自动获得光标焦点

① 　参考资源见"http://www.w3school.com.cn/html5/html_5_form_attributes.asp"。

属性名称	说明(或功能)
	新的 input 属性
form(表单)	在 HTML4 中,从属于一个表单的元素必须写在表单标记内部,但是在 HTML 5 中,可以把它们写在页面上的任何地方,然后指定该元素的 form 属性值与其所属的表单 id 值相同(如需指定属于多个表单,可使用空格分隔的 id 值列表),这样就可以声明该元素从属于指定表单了。例如下面代码中< form >标记外的文本框和文本区控件仍然是表单的一部分。 ``` < form action = "demo_form. jsp" method = "get" id = "user_form"> First name:< input type = "text" name = "fname" /> < input type = "submit" /> </form> Last name: < input type = "text" form = "user_form" /> < textarea?form = "user_form "></textarea > ```
form overrides (表单重写)	表单重写属性(form override attributes)允许用户重写各类提交按钮的某些属性值,这些属性包括 formaction、formenctype、formmethod、formnovalidate 和 formtarget
list(选项列表)	list 属性适用于< input >标签的 text、search、url、telephone、email、date pickers、number、range 以及 color 类控件,需要和 datalist 元素配合使用,规定输入域控件的数据选项列表来源,其值与 datalist(数据选项列表)控件的 id 值相同
height 和 width	规定用于 image 类型的 input 标签的图像高度和宽度,如代码"< input type = "image" src = "img_submit. gif" width = "99" height = "99" />"
min、max 和 step	min、max 和 step 属性用于为数字或日期类控件 date pickers、number 以及 range 的输入进行限定(约束)。 max、min 属性分别规定输入域所允许的最大值和最小值。 step 属性为输入域规定合法的步长,即数字间隔(如果 step="3",则合法的数是−3、0、3、6 等)。 例如下面的示例代码: ``` Points: < input type = "number" name = "points" min = "0" max = "10" step = "3" value = "提交"/> ``` 显示一个输入比赛得分的 number(数字)域,接受 0~10 的值,且步长为 3(即只能够输入 0、3、6 和 9)。在 Chrome 浏览器中输入合法数字 3 与非法数字 4 时的图例如下。 Points: 3 提交 Points: 4 提交 请输入有效值。两个最接近的有效 值分别为3和6。

续表

属性名称	说明（或功能）
	新的 input 属性
multiple	规定输入域中可选择多个值，适用于 type 为 email 和 file 类型的< input >标签。例如下面的示例代码： 　　Select images: < input type = "file" name = "img" 　　　　multiple = "multiple" value = "提交"/> 在 Chrome 浏览器中，初始未选择文件时与打开的文件选择窗口连续选择 3 个文件（使用 Shift 键）时的显示效果如下。 　　Select images: 选择文件 未选择文件　　　提交 　　Select images: 选择文件 3 个文件　　　提交
pattern（模式）	适用于 text、search、url、telephone、email、password 类型的< input >标签，规定用于验证 input 域的模式（pattern）[①]。 下面的例子显示了一个只能输入 3 个字母的国家代码文本域（不含数字及特殊字符）： 　　Country code: < input type = "text" name = "country_code" pattern = "[A − z]{3}" title = "Three letter country code" /> 在 Chrome 浏览器中输入不合规定的数字时的显示效果如下。 　　Country code: 234　　提交 　　　请与所请求的格式保持一致。 　　　Three letter country code
placeholder（占位符）	适用于 text、search、url、telephone、email、password 类型的< input >标记以及< textarea >标记，提供一种占位符，提示用户输入所希望的值，如电话号码输入框，可以设置占位符（XXX）XXX-XXXX。 占位符提示符会在输入域处于未输入状态时模糊显示，而在输入域获得焦点时消失。例如代码< input type＝"text" placeholder＝"input me">，input me 会显示在文本框中
required（必需的）	表示控件必须填写内容，否则提交时会提示，这个功能在过去需使用 JavaScript 实现

以上属性的浏览器的支持情况如表 5-8 所示。

表 5-8　新增属性的浏览器的支持情况

Input type	IE	Firefox	Opera	Chrome	Safari
autocomplete	8.0	3.5	9.5	3.0	4.0
autofocus	No	No	10.0	3.0	4.0

---

　　① 模式（pattern）的值为正则表达式（regexp），大家可在"http://www.w3school.com.cn/js/index.asp"中学习有关正则表达式的内容。

Input type	IE	Firefox	Opera	Chrome	Safari
form	No	No	9.5	No	No
form overrides	No	No	10.5	No	No
height and width	8.0	3.5	9.5	3.0	4.0
list	No	No	9.5	No	No
min、max and step	No	No	9.5	3.0	No
multiple	No	3.5	No	3.0	4.0
novalidate	No	No	No	No	No
pattern	No	No	9.5	3.0	No
placeholder	No	No	No	3.0	3.0
required	No	No	9.5	3.0	No

为了加深对部分属性的理解,下面给出其用法的示例代码。

1. autocomplete(自动完成)属性

辅助输入所用的自动完成功能,这是一个节省输入时间,同时也十分方便的功能。在HTML5 之前,因为谁都可以看见输入的值,所以存在安全隐患,但只要使用 autocomplete 属性,安全性就可以得到很好的保证。

对于 autocomplete 属性,可以指定 on、off 两种值或不指定。当不指定时,使用浏览器的默认值(取决于各浏览器)。当把该属性设为 on 时,可以使用 detalist 元素与 list 属性显式指定候补输入的数据列表。当自动完成时,该 datalist 元素中的数据作为候补输入的数据在文本框中自动显示。

autocomplete 属性使用方法的示例代码参见下面,源程序文件见"webPageBook\codes\E05_06.html"。

```
<! DOCTYPE HTML >
< html >
< head >
    < meta http - equiv = "Content - Type" content = "text/html; charset = utf - 8">
    < title > Autocomplete 属性使用方法</title ></head >
< body >
    < form action = "www. baidu. com" method = "get" autocomplete = "on">
    书 名:< input type = "text" name = "bname" /><br />
    作 者: < input type = "text" name = "aname" /><br />
    电子邮件: < input type = "email" name = "email" autocomplete = "off" /><br />
    < input type = "submit" />
    </form >
    <p>请填写并提交此表单,然后重载页面,来查看自动完成功能是如何工作的。</p>
    <p>请注意,表单的自动完成功能是打开的,而 e - mail 域是关闭的。</p>
</body >
</html >
```

【示例解析】 表单的自动完成功能是打开的,而 email 域是关闭的。当重载页面后,用户在自动完成域中开始输入时浏览器会在该域中显示上次填写的内容。

在 Firefox 浏览器中输入书名"网页设计技术"和电子邮件"www@163.com",并提交此表单,然后重载页面,再次输入作者和电子邮件,显示效果如图 5.12 所示。

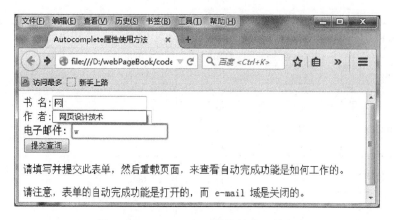

图 5.12 autocomplete 属性的使用效果

2. form override(表单重写)属性

在 HTML4 中,一个表单内的所有元素都只能通过表单的相关属性进行统一设置,例如在一个表单内只有一个 action 属性对表单内的所有元素统一指定提交页面,只有一个 method 属性统一指定提交方式。而在 HTML5 中可以给所有的提交按钮(如< input type="submit">、< input type="image">、< button type="submit">)增加不同的属性,使得单击不同的按钮对表单数据进行不同的处理,这些属性具体如下。

(1) formaction:重写表单的 action 属性,让表单的数据提交给不同的服务器处理。

(2) formenctype:重写表单的 enctype 属性,为表单的数据指定不同的编码方式。

(3) formmethod:重写表单的 method 属性,对表单的数据分别指定不同的提交方式。

(4) formnovalidate:重写表单的 novalidate 属性。

(5) formtarget:重写表单的 target 属性。

form 属性的使用方法的示例代码可参见下面,源程序文件见"webPageBook\codes\E05_07.html"。

```
<!DOCTYPE HTML>
<html>
<head>
    <meta http-equiv="Content-Type" content="text/html; charset=utf-8">
    <title>form 属性使用方法</title></head>
<body>
<fieldset>
<legend align="center">表单属性 1</legend>
    <form action="../image/grass1.jpg" id="form1>
        <!-- 不加入 input 标记,下一行代码不显示 --><input type="text"/>
        输入实名:<input type="text" name="fname" placeholder="First name" />
        输入注册用户名:<input type="text" name="usrname" required="required" />
        输入国家代码:<input type="text" name="country_code" pattern="[A-Z][a-z]{3}"
title="输入 1 个大写和 3 个小写字符" />
        选择上传文件:<input type="file" name="img" multiple="multiple" />
        图像发送按钮:<input type="image" src="../image/grass1.jpg" title="Submit" width
="48" height="24" />
    <input type="submit" />
```

```
        <input type = "submit" formaction = "../image/space_shuttle.avi" value = "访问视频文件"/>
        <input type = "submit" formenctype = "multipart/form-data" value = "按 Multipart/form-
data 提交"/>
        <input type = "submit" formmethod = "post" formaction = "../image/ec.swf" value = "用 POST
方法提交" />
        <input type = "submit" formnovalidate = "formnovalidate" value = "用 novalidation 提交" />
<!-- 不做控件合法性验证 -->
        <input type = "submit" formtarget = "_blank" value = "提交到新窗口" />
    </form>
    输入姓氏：<input type = "text" name = "lname" form = "form1" />
</fieldset>
<fieldset>
    <legend>表单属性 2</legend>
    <form action = "E05_06.html" method = "get" id = "user_form">
        E-mail：<input type = "email" name = "userid" /><br />
    <input type = "submit" value = "Submit" /><br />
    <input type = "submit" formaction = "../example/html5/demo_admin.jsp" value = "Submit as
admin" /><br />
        <input type = "submit" formnovalidate = "true" value = "Submit without validation"/><br/>
    </form>
    </fieldset>
</body>
</html>
```

说明：表单内的提交按钮重写了表单的 action、novalidate、method 属性，通过单击不同的提交按钮可以将表单数据做不同的处理。

用 Firefox 浏览器访问页面，在表单中输入相关内容，并使用不同按钮提交表单，观察页面的运行情况，显示效果如图 5.13 所示。

图 5.13　form override 属性的使用效果

3. list(选项列表)属性

list 属性的使用方法的示例代码可参见下面,源程序文件见"webPageBook\codes\E05_08.html"。

```
<! DOCTYPE HTML>
<html>
<head>
    <meta http-equiv = "Content-Type" content = "text/html; charset = utf-8">
    <title>list 属性使用方法</title></head>
<body>
<form action = "/example/html5/demo_form.asp" method = "get">
<fieldset>
<legend>商品选购</legend>
<p><label>输入需要采购的商品
    <input type = "text" name = "favorites" autocomplete = "on" list = "options">
        <datalist id = "options">
            <option value = "苹果电脑">
            <option value = "海尔洗衣机">
            <option value = "三星手机">
        </datalist>
</label></p>
</fieldset>
    输入要访问的 Webpage: <input type = "url" list = "url_list" name = "link" />
    <datalist id = "url_list">
        <option label = "W3School" value = "http://www.w3school.com.cn" />
        <option label = "Google" value = "http://www.google.com" />
        <option label = "Microsoft" value = "http://www.microsoft.com" />
    </datalist>
    <input type = "submit"   value = "提交" />
</form>
</body>
</html>
```

用 Firefox 浏览器访问页面,在表单中单击文本框,出现选项后选择,观察页面的运行情况,显示效果如图 5.14 所示。

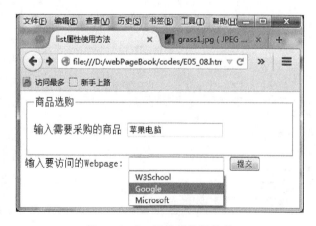

图 5.14　list 属性的使用效果

5.7.3　input 域控件的 type 属性的改进

在 HTML5 中对于表单 input 域控件的 type 属性进行了扩充,用于对数据进行组织和归类,非常有用,遗憾的是并没有哪一个浏览器能很好地支持所有的这些类型。HTML5 的表单验证器会对这些新的输入类型(如电子邮件、日期、数字等)的输入内容进行验证,如不合法会给出错误提示,不同的浏览器和操作系统对于错误有不同的显示方式。新增的 input 域控件的 type 属性如表 5-9 所示。

表 5-9　新增的 input 域控件的 type 属性

type 属性的取值	说明(或功能)
tel(电话)	表示输入电话的文本框
url	表示输入 url 地址的文本框,如果用户没有输入正确的 url 格式,在提交表单时会提示用户。对于不支持新类型的旧版浏览器而言,只是把它们看作一个普通文本框
email(电子邮件)	表示输入电子邮件地址的文本框,要求用户必须输入正确的电子邮件格式,否则提交表单时会提示用户。对于不支持新类型的旧版浏览器而言,只是把它们看作一个普通文本框
date、time、datetime、month、week、datetime-local	表示各种日期与时间文本框。date 类型是选择日期,time 类型是选择时间,datetime 是日期、时间一起选,week 是选择星期,month 是选择月份
number(数字)	表示输入数字类型的文本框,可以让用户以按键的方式改变文本框中的值。若输入数字以外的字符会把内容作为空白提交,还可以和前面讲述的<input>标记的 min、max、step 属性配合使用。 例如"人数:<input type="number" value="1" />"的显示效果如下: 人数:1
range(数字范围)	只允许输入一定范围内的数字,此时输入框变成一个滑动条,该用法与 number 框相似,也可以和 min、max、step 属性配合使用,指出输入的数字范围,默认情况下的 value 范围是 0～100。 例如"拖动范围:<input type="range" value="50" />"在 Opera 11 浏览器中的显示效果如下: 拖动范围:
search(搜索)	用于网站搜索的文本框类型。 例如"搜索:<input type=" search " value="搜索" />"在 Chrome 浏览器中的显示效果如下: 搜索:搜索
color(颜色)	颜色选择文本框。 例如"选取颜色:<input type="color" value="♯34538b" />"在 Opera 11 浏览器中的显示效果如下: 选取颜色: 单击下拉箭头,展开 Web 调色面板: 选取颜色: ♯34538b　可直接修改 其他……

input 元素的 type 属性的使用方法的示例代码可参见下面,源程序文件见"webPageBook\codes\E05_09.html"。

```
<! DOCTYPE HTML >
< html >
< head >
    < meta http - equiv = "Content - Type" content = "text/html; charset = utf - 8">
    < title > Input 元素的 type 属性使用方法</title></head>
< body >
< form action = "../image/flower2.jpg">
< fieldset >
< legend > input 标记的 type 属性</legend>
    <p>选择你喜欢的颜色: < input type = "color" name = "favcolor" />
    你的生日:  < input type = "date" name = "bday" /></p>
    <p>输入 1980 - 01 - 01 日以前的日期: < input type = "date" name = "bday" max = "1979 - 12 -
31"></p>
    <p>输入 2000 - 01 - 01 以后的日期:< input type = "date" name = "bday" min = "2000 - 01 - 02"
value = "2015 - 01 - 01" ></p>
    <p>出生日期和时间:  < input type = "datetime" name = "bdaytime" />
        本地出生日期和时间:  < input type = "datetime - local" name = "bdaytime" /></p>
    <p>出生年月: < input type = "month" name = "bdaymonth" />
        输入时间:  < input type = "time" name = "usr_time" value = "22:52"/> </p>
    <p>输入星期: < input type = "week" name = "week_year" />
        输入数字:  < input type = "number" name = "points" step = "3" /> </p>
    <p>输入 1～5 之间的数字:< input type = "number" name = "quantity" min = "1" max = "5" />
        输入范围在 1～10 之间:< input type = "range" name = "points" min = "1" max = "10" /></p>
    <p> Google 检索:< input type = "search" name = "googlesearch" />
        电话:  < input type = "tel" name = "usrtel" /> </p>
    <p>主页:< input type = "url" name = "homepage" />
        E - mail: < input type = "email" name = "email" autocomplete = "on" /></p>
    <p>< input   type = "submit" /> </p>
</fieldset>
</form>
</body></html>
```

用 Google Chrome 浏览器访问页面,在表单中单击控件,出现选项后选择,观察页面的运行情况,显示效果如图 5.15 所示。

图 5.15　input 标记的 type 属性的使用效果

5.8 使用 DWCS5 进行表单设计

1. 目标设定与要求

许多网站需要用户成为注册会员,本例的目标是参考网易邮箱注册页面的设计模型利用 DWCS5 制作一个用户注册页面,要求实现以下功能:

(1) 注册页面标题设计。

(2) 表单及控件分组设计。

(3) 具体控件设计,如文本框、文本区域、密码域、单选按钮、提交按钮等的制作。

(4) 页面设计及代码的完善和保存。

参考效果如图 5.16 所示,源程序文件见"webPageBook\codes\E05_10.html"。

图 5.16 注册表单效果图

2. 设计网页内容与样式

根据注册页面所要具体呈现的内容对整个页面表单控件布局进行合理的构思与设计,使整个页面清晰简洁、易于操作。首先打开 DWCS5 软件,新建一个 HTML 文件,命名为 E05_10.html,在设计窗口和代码窗口下完成设计和代码编写,主要操作步骤如下:

1) 注册页面标题设计

输入 h1 标记"欢迎注册本网站",并进行样式设置,代码如下:

```
h1{font-family:"宋体", "黑体", Arial;font-size:24pt;color:#C0F;}
```

2）表单及控件分组设计

切换插入面板到"表单"项目，单击"表单"，插入一个表单区域；然后输入属性代码 autocomplete＝"on"，使文本框自动显示输入的内容；同时使用< fieldset >标签进行控件分组，分组标题为"填写个人信息"。

3）具体控件设计

（1）"姓名"文本框及"上传照片"控件设计：在插入面板中选择"文本字段"，打开对话框，如图 5.17 所示。在 ID 处输入"Name"，在"标签"处输入"姓名"，其他设置保持不变。

接着在设计窗口中输入"上传照片"，然后输入代码< input type＝"file" >，使之可以查找需要上传的照片文件。

（2）"密码"文本框控件设计：与"姓名"文本框步骤相似，先在设计窗口中设计，最后完善代码为"< label >密码：< input type＝"password" ></label >"（可使标签与密码框绑定）。

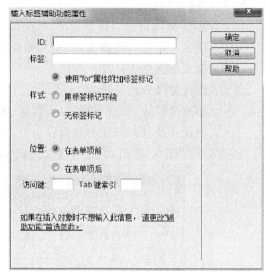

图 5.17 输入姓名和文本字段

（3）"性别"单选按钮组设计：在设计窗口中将光标移至下一行，加上标题"性别"；在插入面板中单击"单选按钮组"，打开对话框，输入名称、标签名字及对应的值，如图 5.18 所示。注册时为了防止用户忘记选择该项，可以设置默认值。方法是选择"男"前面的单选按钮，在属性面板中选择"初始状态"为"已勾选"，这样表单显示时这个选项默认是选中状态。

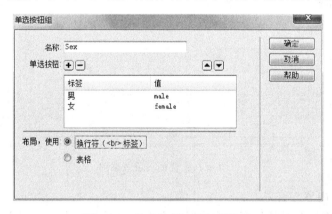

图 5.18 单选按钮组的相关设置

最后完善代码如下：

```
<p>
    <label>性别：
    <input name="Sex" type="radio" id="Sex_0" value="male" checked>男</label>
    <input type="radio" name="Sex" value="female" id="Sex_2">女
</p>
```

（4）"年龄"数值型文本框及电话文本框设计：首先在代码窗口中编写"年龄"文本框代码"<p>年龄：<input type="number" name="age" max="100"></p>"。

接着编写"联系电话"文本框代码如下：

```
<label for="Phone">电话：</label>  <input type="tel" name="Phone" id="Phone">
```

（5）"职业"文本框设计：输入"职业"文本，然后单击"插入"面板中的"列表/菜单"，打开对话框，在属性面板中单击"列表值"，进入对话框输入选项的相关设置，使"公务员"为默认选项，并对代码完善如下：

```
职业：<input type="text" list="job">
        <datalist id="job" style="display:none;">
            <option value="学生">学生</option>
            <option value="教师">教师</option>
            <option selected value="公务员">公务员</option>
            <option value="其他">其他</option>
        </datalist>
```

（6）"邮箱"文本框及列表选择框控件设计：首先同上面的文本框操作步骤设置"邮箱"文本框，然后插入列表，打开对话框，进行相关设置，输入 ID 为"E-mail"，其他保持默认值。

回到 DW 界面可以看到已经产生设置菜单，但没有任何值，选中后在属性面板中单击"列表值"，打开对话框，进行如图 5.19 所示的设计。

回到页面，选中当前菜单，在属性面板中选择"初始化时选定"的第 1 个选项作默认选项，在文本框和列表之间输入"@"。

（7）"备注"文本区域设计：在插入面板中单击"文本区域"，打开对话框，在 ID 中输入"Talk"，"标签"处输入"备注"、在"cols"输入"45"、在"rows"处输入"5"。

图 5.19　设置列表值

（8）"注册"按钮设计：在插入面板中单击"按钮"，打开对话框，在"名称"中输入"submit"、在"值"中输入"注册"、在 ID 中输入"submit"、在"标签"中输入"submit"，其他设置保持默认，然后输入鼠标单击事件调用函数 register() 的代码，单击"确定"按钮。

4）完善页面的设计及代码

对整个页面的设计及代码进行完善后保存文件。有关的代码可参见下面，源程序文件见"webPageBook\codes\E05_10.html"。

```
<!DOCTYPE HTML>
<html>
<head>
    <meta http-equiv="Content-Type" content="text/html; charset=utf-8">
    <title>E05_10.html：注册表单设计</title>
    <style type="text/css">
        h1 {font-family: "宋体", "黑体", Arial;
            font-size: 24pt;
```

```
                color: ＃C0F;}
    </style>
    < script language = "javascript">
            function register(){
                alert("信息已提交!");
                history.go(0);}
    </script>
</head>
< body>
    < h1 >欢迎注册本网站!</h1 >
    < form name = "form1" method = "post" action = "" autocomplete = "on">
    < fieldset >
        < legend >填写个人信息</legend >
        < p >
        < label for = "Name">姓名:</label >
    < input type = "text" name = "Name" id = "Name" autofocus >    上传照片: < input
type = "file">
        </p >
        < p >< label >密码: < input type = "password"></label ></p >
        < p >
        <label >性别: < input name = "Sex" type = "radio" id = "Sex_0" value = "male" checked > 男
</label >
            < input type = "radio" name = "Sex" value = "female" id = "Sex_2"> 女
        </p >
        < p >年龄: < input type = "number" name = "age" max = "100"></p >
        < p >< label for = "Phone">电话:</label >< input type = "tel" name = "Phone" id = "Phone">
</p >
        职业: < input type = "text" list = "job">
            < datalist id = "job" style = "display:none;">
                < option value = "学生">学生</option >
                < option value = "教师">教师</option >
                < option selected value = "公务员">公务员</option >
                < option value = "其他">其他</option >
            </datalist >
        < p >
        < label for = "Name2">邮箱:</label >
        < input type = "text" name = "Name2" id = "Name2"> @
        < select name = "E - mail" id = "E - mail">
            < option value = "126.com" selected > 126. com </option >
            < option value = "163.com">163. com </option >
            < option value = "189.com">189. com </option >
        </select ></p >
        < p >
        < label for = "Talk">备注:</label >
        < textarea name = "Talk" id = "Talk" cols = "45" rows = "5"></textarea ></p >
        < p >< input type = "submit" name = "submit" id = "submit" value = "注册" onClick =
"register()">
        </p >
    </fieldset >
    </form >
</body >
</html >
```

本 章 小 结

本章主要介绍表单的概念、应用案例,讲述了组成表单的各控件标记内容,包括表单主标记< form >、输入域标记< input >、文本区标记< textarea >、列表选择框标记< select >、按钮标记< button >、标签标记< label >、控件集标记< fieldset >和< legend >以及 HTML5 新增与改进的表单元素和属性知识。

通过本章的学习读者了解了表单在实际网页设计中的运用,掌握了表单设计的基本知识和技术;通过示例的学习读者掌握了运用 DWCS5 工具设计表单的操作方法,具备了综合运用表单的各种技术进行网页设计的能力;同时新内容的跟踪和进阶学习知识的补充使读者了解了 HTML5 中表单设计的前沿知识和技术,也开阔了视野。

进 阶 学 习

1. 外文文献阅读

阅读下面关于"HTML 表单"知识的双语短文,从中领悟并掌握专业文献的翻译方法,培养外文文献的研读能力。

Forms are widely used on e-commerce web sites, providing their customers with a way to interact with the web sites. We examined 500 web pages on 100 e-commerce web sites and found that the vast majority of forms on these sites are in HTML format. Other types of forms, including Java Applet and Micromedia flash, are not as commonly used. This study also shows that 50-60 percent of the forms are used for product search. A well-designed search form can help customers easily find the products that they need, and provides better navigation than browsing a list of items.

Forms are also used for customers to subscribe and/or unsubscribe to newsletters. It is common for e-commerce web sites to send newsletters or new product notifications to their customers. These newsletters and notifications are only sent to subscribers, rather than to a spam list and customers can sign up or remove themselves from the subscription list by filling out and submitting a form.

【参考译文】:表单被广泛地应用于电子商务网站,从而为他们的客户提供一种与网站进行交互的方式。我们考察了 100 个电子商务网站上的 500 多个网页,发现这些网站的绝大多数表单都是 HTML 格式的。其他类型的形式,包括 Java Applet 和 Micromedia Flash,它们并不常用。这项研究还表明,50%~60%的表单都是用来进行产品搜索的。一个好的搜索表单可以帮助顾客很容易地找到他们需要的产品,并提供比产品列表更好的产品导航。

表单也用来帮助客户订阅或退订网站新闻。电子商务网站经常发送产品信息或新产品通知他们的客户。这些消息只发送给提交申请的用户,而不是像垃圾邮件那样给所有人发送,同时用户可以通过填写和提交表单来订阅或取消订阅这些消息。

2. 如何看待 HTML5 Web Form 的新控件和新属性

虽然支持 HTML5 Web Form 的浏览器越来越多,但是目前主流的桌面浏览器和移动设备浏览器对 HTML5 Web Form 新控件和新属性的支持情况却是参差不齐。这主要是因为 HTML5 Web Form 控件类型众多,到目前为止,很多浏览器制造厂商还没有来得及投入太多的精力去支持这些新的输入控件类型。即便如此,现在的 Webkit 内核的浏览器基本上都在不同程度地开始支持 HTML5 Web Form,特别是桌面浏览器 Opera 和移动设备上的 Safari 浏览器已经把 HTML5 Web Form 支持得很完美了,HTML5 Web Form 的普及已经指日可待。

此外,读者也不需要对自己在应用程序上使用 HTML5 Web Form 新元素表示担忧,因为 HTML5 Web Form 的兼容性非常好。例如,即使用户的浏览器不支持新的表单输入控件,也会向 HTML4 规范兼容,不会抛出任何异常或者错误,只是使用简单文本输入框代替。正是基于此,我们在使用 HTML5 Web Form 时也没有去检测用户的浏览器的支持情况的必要。

3. 表单设计中的注意事项

表单是网页中的重要元素,一个优秀的表单会给用户带来不错的用户体验,我们在设计中需要注意哪些事项呢? 下面的观点摘编自用户导向设计公司 CX Partners 的设计师 Joe Leech 的文章①。

1) 不要标记必填字段

你知道小星号(＊)就表示必填字段? 对于"星号表示此项必填,没有星号表示此项选填"设计师很容易理解。但是,用户会这样想吗? 我已经见过很多关于此项用户测试失败的例子。从概念上来说,必填字段没有多大意义,例如腾讯微博绑定注册页面的表单中所有选项都没有必填字段的提示,所有的必填提示均出现在表单提交之时。

2) 不要使用微调

HTML5 提供了很多美轮美奂的元素供设计师选择。现在的数字字段(指类似于 type＝"number"的输入框)都提供了小小的上下小尖角用于用户来回调数值。我们需要好好思考它们是否得当,向上向下的微调箭头使得文本框长得很像下拉选择框,其实我们可以直接在数字文本框中输入数值。

3) 日期的输入

在美国,日期格式是月份在前,而在日本,日期格式是年份在前。因此,日期 4/5/12 有不同的方式解释,最简单的方法是浮出日历最好使用选择框。

4) 如果一个输入框可以满足需求就不要用两个

当要往表单中输入电话号码的时候会要求添加区号和电话号码,问题来了,用户看不到或确实记不住这儿有两个输入框,结果在第 1 个框中输入了完整数字,电话号码就使用一个字段。同样,门牌号/街道什么的都是如此,只使用一个文本输入框。

5) 大块区域

作为人类的我们擅于处理视觉刺激,将表单块分成更小的组可以让评估变得更加容易,而这往往促使用户输入表单的内容来自他们的记忆。

---

① "关于表单设计,每个设计师都应该知道的 10 件事",来源于"http://www.iteye.com/news/24822"。

思考与实践

1. 思辨题

判断（✓✗）

（1）HTML5 中 < input > 标记新增的 autofocus 属性可以使域中自动获得焦点，并且一个页面上只能有一个控件具有该属性。（　　　）

（2）对于 HTML5 中 < input > 标记改进后的 type 属性，如果设为 Email，则表示用户必须输入正确的电子邮件格式，否则提交表单时会提示用户。（　　　）

（3）用户在一组单选按钮（radio）里一次可以选择多个。（　　　）

选择

（4）当用来指定提交表单时，处理表单数据程序的 URL 地址的属性是（　　　）。

    A. action   B. method   C. name   D. enctype

（5）将表单数据作为一个 HTTP 请求发送给 action 指定的 URL，并添加在 URL 后面（以？号分隔）作为新的 URL 发送给服务器的方法是（　　　）。

    A. action   B. method   C. get   D. post

（6）如果显示表单内容的目标窗口需要在新窗口中打开，则 target 属性应设置为（　　　）。

    A. _self   B. _blank   C. _parent   D. _top

（7）HTML5 中新增的用来定义不同类型输出（如脚本的输出）的元素是（　　　）。

    A. input   B. output   C. datalist   D. src

填空

（8）_____控件用来发送某些无须用户输入而程序又需要的数据。

（9）通过设置 < input > 标记中的_____属性来禁止用户编辑文本框中的内容。

（10）在 HTML5 中，< input > 标记中的_____属性表示控件必须填写内容，否则提交时会提示。

2. 外文文献阅读实践

查阅、研读一篇大约 1500 字的关于表单设计的小短文，并提交英汉对照译文。

3. 上机实践

1）页面设计：设计一个网上商城用户注册表单

要求如下：

（1）表单被命名为 myform，并采用 post 方法提交数据。当用户单击提交按钮后，程序询问是否发送表单数据至电子邮件收件人。

（2）"客户名称"为标签，通过 for 属性与其后的 text（单行文本框）关联，这样单击该标签也可以使 text 获得焦点。

（3）在 password 控件中设置允许输入字符的上限为 6 位，并设置 P 为其快捷访问键。

（4）文本区设置 T 为其快捷访问键，并使用 onchange 事件属性，使得用户在文本区改变文本时能够调用 JavaScript 脚本代码显示提示对话框。

（5）"字体颜色"按钮为普通按钮，在其上面加入图片，并使用 onfocus 事件属性，使得用户单击该按钮时能够调用 JavaScript 脚本代码显示提示对话框。

"字体名称"按钮为普通按钮,使用 onblur 事件属性,使得用户单击该按钮,再单击其他按钮时能够调用 JavaScript 脚本代码显示提示对话框。

(6)能够选择本地图像文件上传到服务器。

在 IE 浏览器中的参考效果图如图 5.20 所示(参考答案见 chp05_zy31.html)。

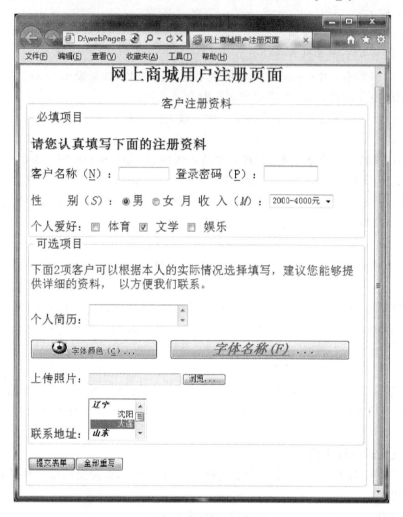

图 5.20　参考效果图

2)页面设计:利用 HTML5 相关属性设计一个简易的 HTML5 页面,如图 5.21 所示要求如下:

(1)使用 HTML5 中的 placeholder 属性进行文本设计来描述提示信息。

(2)使用 datalist 元素中的数据作为候补输入的数据,在文本框中自动显示。

(3)使用新增的表单 input 域控件的 type 属性来说明电子邮件、日期、数字等内容。

3)案例研读分析

用 IE 浏览器或 Chrome 浏览器打开一个具有代表性的网站表单页面,并用文件名称 chp05_zy33.html 保存,然后查看其完整或部分源代码,对其应用表单的标记、属性、功能进行分析,从而领会表单设计技术的应用。

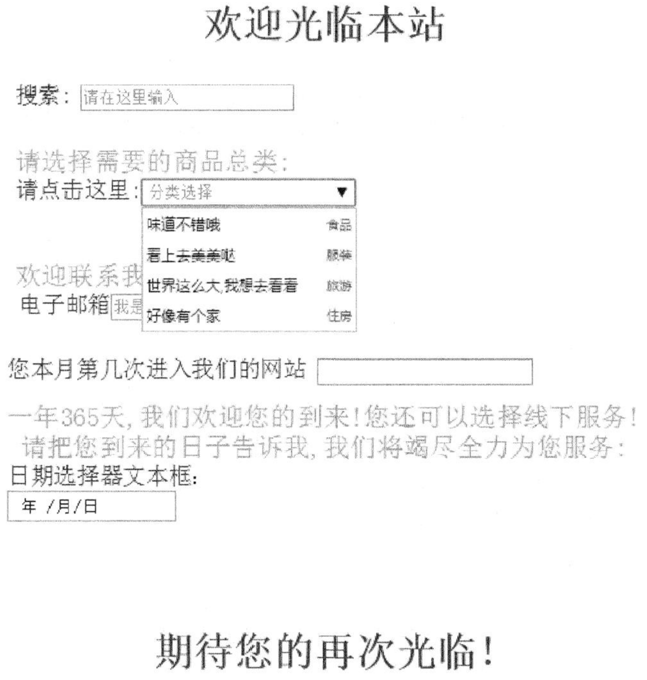

欢迎光临本站

搜索：请在这里输入

请选择需要的商品总类：
请点击这里：分类选择 ▼

味道不错哦	食品
看上去美美哒	服装
世界这么大,我想去看看	旅游
好像有个家	住房

欢迎联系我
电子邮箱 我是

您本月第几次进入我们的网站

一年365天,我们欢迎您的到来!您还可以选择线下服务!
请把您到来的日子告诉我,我们将竭尽全力为您服务:
日期选择器文本框:
年 /月/日

期待您的再次光临!

图 5.21 效果图

在该网站的源代码中是否使用了 HTML5 的 form 新增内容? 如果使用了,请指出并做出相关说明,最后写出书面报告。

第6章 HTML5 网页多媒体与外部程序

本章导读：

前面我们学习了网页中链接、表单的设计，网站之所以在很短的时间内如此广泛地受到人们的青睐，很重要的一个原因是它能支持多媒体，如图像、声音、动画等，本章将学习如何在一个页面中插入多媒体及外部程序。

首先通过多媒体与外部程序简介及应用案例的介绍建立读者对多媒体的初步感性认识，同时让大家领略多媒体在网站中的重要作用；接着通过理论与示例相结合的方式具体讲解多媒体与外部程序各种标记和属性的知识；同时紧跟技术的发展介绍 HTML5 多媒体设计前沿内容；最后指导大家使用 DWCS5 工具实现一个包含多媒体的页面设计。

6.1 多媒体与外部程序简介及应用案例

1. 图像简介

图像的使用使万维网变得丰富多彩，如果没有图像万维网也许不会发展得如此迅猛。图像的作用主要有两个，一是装饰和美化页面；二是与文字相比可以有效地表达细节内容。

现在浏览器支持的最常用的图像格式见表 6-1。

表 6-1　常用的图像格式

图像格式	格式说明
GIF	GIF 是 Graphical Interchange Format 的缩写，它是网页中使用最多的一种图像。其特点是采用无损压缩存储，图像压缩后不会有细节上的损失。其解压速度快，且背景可以是透明的
JPEG	JPEG 是 Join Photographic Experts Group 的缩写，其特点是颜色丰富。GIF 图像最多只有 256 种颜色，而 JPEG 图像可以达 1670 万种颜色，所以常用 JPEG 图像存储色彩较多的画面，例如风景画或照片。另外，它采用压缩比例更高的压缩技术，所以图像文件比 GIF 图像更小，下载速度快
BMP	BMP 是 Bitmap 的缩写，它是 Windows 和 OS/2 下最常见的图像，其特点是颜色丰富，可达 2^{24} 种颜色。另外，它是非压缩图像，因此无须解压即可打开。其缺点是图像文件太大，下载速度慢，所以在网上很少使用
PDF	PDF(Portable Document Format) 意为"可移植文档格式"，用于 Adobe Acrobat，Adobe Acrobat 是 Adobe 公司用于 Windows、UNIX 和 DOS 系统的一种电子出版软件，十分流行。与 PostScript 页面一样，PDF 可以包含矢量和位图图形，还可以包含电子文档查找和导航功能

图像格式	格 式 说 明
PNG	PNG(Portable Network Graphic Format)意为"便携式网络图形格式"。PNG 图片以任何颜色深度存储单个光栅图像,是与平台无关的格式。PNG 支持高级别无损压缩和 Alpha 通道透明度,受最新的 Web 浏览器支持,较旧的浏览器和程序可能不支持 PNG 文件。作为 Internet 文件格式,与 JPEG 的有损压缩相比,PNG 提供的压缩量较少

在网页中选择图像格式应着重考虑图像的质量、灵活性、存储效率以及应用程序是否支持,还要在下载速度和颜色之间权衡。一般无特殊要求需要多用 GIF 图像,若对颜色要求较高可采用 JPEG 图像。

2. 音频简介

声音是多媒体的一个重要方面,它可以给网页带来令人惊奇的效果。音频格式是指要在计算机内播放或处理音频文件,是对声音文件进行数、模转换的过程。在 HTML 页面中除了可以插入图形之外,还可以播放音频。

音频格式日新月异,包括 CD 格式、WAVE(∗. wav)、AIFF、AU、MP3、MIDI、WMA、RealAudio、VQF、OggVorbis、AAC、APE 等,常用的音频文件格式见表 6-2。

表 6-2 常用的音频格式

音频格式	格 式 说 明
WAV	声音文件最基本的格式是 WAV 波形文件。它把声音的各种变化信息(频率、振幅和相位等)逐一转换成 0 和 1 的电信号记录下来,记录的信息量相当大,其体积大小与记录的声音质量高低无关
MIDI	其记录方法与 WAV 完全不同。它是在声卡中事先将各种频率、音色的信号固化下来,在需要发什么音时就到声卡里去调那个音。一首 MIDI 乐曲的播放过程就是按照乐谱指令去调出一个个音来。因此,MIDI 文件的体积都很小,即使是长达十几分钟的音乐也不过十几字节至数十字节
MP3	MP3 可以说是目前比较流行的多媒体格式之一。在利用网络下载的各种音乐格式中,MP3 是压缩率最高、音质最好的文件格式。MP3 文件是将 WAV 文件以 MPEG2 的多媒体标准进行压缩,压缩后的体积只有原来的 1/10~1/15,而音质基本不变
OGG	OggVorbis 文件的扩展名是.ogg,设计格式非常先进,可以不断地进行大小和音质的改良,且不影响旧有的编码器或播放器。它是一种新的音频压缩格式,Vorbis 是这种音频压缩机制的名字,而 Ogg 是一个计划的名字,该计划意图设计一个完全免费、开放、没有专利限制的多媒体系统。 Vorbis 采用有损压缩,但通过使用更加先进的声学模型去减少损失,因此同样位速率(BitRate)编码的 OGG 与 MP3 相比听起来效果更好一些。另外,MP3 格式是受专利保护的。如果用户想使用 MP3 格式发布自己的作品,则需要付给 Fraunhofer(发明 MP3 的公司)专利使用费,而 Vorbis 完全没有这个问题
MPEG	MPEG 是动态图像专家组的英文缩写,这个专家组始建于 1988 年,专门负责为 CD 建立视频和音频压缩标准。MPEG 音频文件指的是 MPEG 标准中的声音部分,即 MPEG 音频层。MPEG 格式包括 MPEG-1、MPEG-2、MPEG-Layer3、MPEG-4
WMA	WMA(Windows Media Audio)格式来自于 Microsoft 公司,音质要强于 MP3 格式,更远胜于 RA 格式。它和日本 YAMAHA 公司开发的 VQF 格式一样,是以减少数据流量但保持音质的方法来达到比 MP3 压缩率更高的目的,WMA 的压缩率一般可以达到 1∶18 左右

3. 视频简介

数字视频能够使页面变得更加生动、完美。在 HTML 中除了可以插入图形、播放音乐之外,还可以播放视频。视频是将整个视频流中的每一幅图像逐幅记录下来,信息量非常大。数字视频是将传统模拟视频(包括电视和电影)片段捕获并转换成为计算机能够调用的数字信号。因为视频是我们利用摄像机直接从实景中拍摄的,比较容易获得,经过编辑和再创作后就成为我们需要的数字视频。数字视频的制作难度一般低于动画创作。

用浏览器可以播放的视频格式有 AVI 文件、WOV 文件、MPG 文件等,详见表 6-3。

表 6-3　常用的视频格式

视频格式	格式说明
AVI	AVI 文件图像质量好,可以跨多种平台使用,目前 AVI 格式视频文件的使用比较普遍。其缺点是体积过于庞大,而且压缩标准不统一
MOV	MOV 原来是苹果公司开发的专用视频格式,后来被移植到计算机上。它与 AVI 大体上属于同一级别(指品质和压缩比等),但不如 AVI 格式视频文件使用普遍
MPG	MPG 是压缩视频的基本格式。它的压缩方法是将视频信号分段取样(每隔若干幅画面取下一幅"关键帧"),然后对相邻各帧未变化的画面忽略不计,仅仅记录变化了的内容,因此压缩比很大。MPG 分为两种,MPV 只有视频不包含音频,MPA 只有音频不包含视频
WMV	一种独立于编码方式的在 Internet 上实时传播多媒体的技术标准,Microsoft 公司希望用其取代 QuickTime 之类的技术标准以及 WAV、AVI 之类的文件扩展名。WMV 的主要优点在于可扩充的媒体类型、本地或网络回放、可伸缩的媒体类型、流的优先级化、多语言支持、扩展性等
FLV	FLV 是 Flash Video 的简称,FLV 流媒体格式是一种新的视频格式。由于它形成的文件极小、加载速度极快,使得在网络上观看视频文件成为可能,它的出现有效地解决了视频文件导入 Flash 后使导出的 SWF 文件体积庞大,不能在网络上很好地使用等缺点
F4V	作为一种更小、更清晰、更利于在网络传播的格式,F4V 已经逐渐取代了传统 FLV,也已经被大多数主流播放器兼容播放,而不需要通过转换等复杂的方式。F4V 是 Adobe 公司为了迎接高清时代所推出的继 FLV 格式后的支持 H.264 的 F4V 流媒体格式
RMVB	RMVB 是 Real 公司推出的一个视频格式,也是网上最常用的电影格式之一,此种格式在保证一定清晰度的基础上有良好的压缩率。播放 RMVB 格式可以用变色龙万能播放器、暴风影音、GOM Player、Kmplayer 等,目前大部分播放器都支持 RMVB 格式
MP4	MP4 的全称是 MPEG-4 Part 14,它是一种使用 MPEG-4 的多媒体计算机档案格式,扩展名为.mp4,以储存数字音频及视频为主。另外,MP4 又可理解为 MP4 播放器,是一种集音频、视频、图片浏览、电子书、收音机等于一体的多功能播放器

视频格式可以分为适合本地播放的本地影像视频和适合在网络中播放的网络流媒体影像视频两大类。尽管后者在播放的稳定性和播放画面的质量上可能没有前者优秀,但网络流媒体影像视频的广泛传播性使之正被广泛地应用于视频点播、网络演示、远程教育、网络视频广告等互联网信息服务领域。

4. 动画简介

在网页设计中使用较多的是 GIF 动画和 Flash 动画。

(1) GIF 动画:如果说 GIF 动画也是一种多媒体,那么它算是最简单的多媒体了,就跟一幅普通图片一样,只不过是一个动态的图片。动态 GIF 图片实际上就是通过某种机制将多幅图片连接在一起,然后顺序播放,因此 GIF 动画不会太小。但是它有一个很大的好处,就是不管是动画 GIF 还是静态 GIF 都被看成一般的 GIF 格式图片,因此不会出现像 Flash 等媒体那种由于没有相应插件而不能播放的问题。但是 GIF 动画没有交互功能,这是它的一个缺憾,因此用户不能控制其播放。总之,处理 GIF 动画就跟处理一般图片一样,当然也可以加上链接和行为。

(2) Flash 动画:Flash 作为 Macromedia 的成员之一,很受动画爱好者的欢迎。它杰出的编辑动画功能令人咋舌,而且文件相当小,我们甚至会怀疑自己是不是看错了。Flash 动画不仅可以作为一般的动画来欣赏,而且可以加入到网页中。它不仅是动画,而且具有比较强的交互功能。

把一个好的 Flash 动画加入页面绝对会使网页增色不少,但必须注意不是用 Flash 做出来的动画都可以加入到页面中。Flash 在做完一个动画后有多种输出格式,包括 fla、swf、exe、gif 图片序列、gif 动画、jpeg 图片序列、mov、swt、spl、avi、wav、emf、wmf、ai、eps、png、bmp、dxf 等,能把原 Flash 动画完整地保存并且可以直接加入页面的是 swf 格式,至于 AVI、WAV、GIF 动画,虽然可以加入动画,但是动画都已经不完整了,比如交互性没有了,而且在调用的时候必须通过其他机制,算不上是 Flash 动画了。

另外,如果浏览者的浏览器里没有安装 Flash 插件,那么就看不了页面上的动画了。在往页面添加 Flash 动画时,一定要考虑浏览者是否能看到 Flash 动画这一点。

5. 外部程序

外部程序主要是指 HTML 页面中可以插入的用其他语言编写的程序,例如用 Java、JavaScript 语言编写的程序代码或文件。

多媒体及外部程序在网页中处处可见,如大商集团(http://www.dsjt.com/)主页上就使用了 GIF 图片及 SWF 动画等多媒体内容来进行页面的设计。图 6.1 所示为大商集团主页上的部分多媒体应用示例。

图 6.1 大商集团首页多媒体应用

对于页面中多媒体的应用,如希望直接查看整个页面的应用情况,可通过使用 IE 浏览器将大商集团首页打开后右击页面,查看源文件;如希望直接查看特定的多媒体应用,可使用 Chrome 浏览器打开网页后右击页面,选择"审查元素"查看。

6.2　在网页中插入图像

6.2.1　图像标记

<img>标记用来在 HTML 文档中插入图像,当浏览器读取到<img>标记时就会显示此标记所设定的图像。<img>标记常用的属性及其取值如表 6-4 所示。

表 6-4　<img>标记的常用属性

属性名称	属性说明(或功能)
src、lowsrc	这两个属性分别指定了正常图像与低分辨率图片文件来源的 URL 地址,图形文件可以是本地机器上的图像,也可以是位于远端主机上的图像。地址的表示方法同"超链接"中 URL 地址的表示方法。如果找不到图像,则会在页面中显示空白区域
name	该属性规定了图像的名称
alt	如果图片不能够正常显示(如文件名错误、传输意外,浏览器不支持浏览图片或取消了浏览图片的功能等),则 alt 属性定义的替换文本就会占据图片所在的位置;如果图片能够正常显示,则 alt 属性定义的替换文本(如说明图像的作用等)就会跟随鼠标作为提示信息显示出来[①]。 给页面上的图像都加上 alt 属性是一个好习惯,这有助于更好地显示信息,而且对纯文本浏览器很有用
width、height	图片在浏览器中显示的尺寸大小可以定义,这样浏览器定位图片的速度就会加快。这两个属性分别规定了图像的宽度和高度。如果浏览器不能够识别其中的 size 设置则用 0 代替。 以百分比为单位的好处就是可以使图像的大小能够随浏览器窗口的缩放按比例变化,不至于看不到图像全貌
border	该属性规定了图像边框的宽度,默认值为 0
align	该属性规定了图像与其他内容的对齐方式,它会产生浮动的效果使图像游离于文本之外,其取值可以是水平方向的左对齐(left)、右对齐(right),和垂直方向的顶边对齐(top)、底边对齐(bottom)和居中对齐(middle)等
hspace、vspace	这两个属性分别规定了图像与其他内容的水平间距和垂直间距
usemap	该属性和映射标记<map>一起使用,规定了所使用的图像映射 map 的名称
dynsrc	该属性指定了 AVI 文件来源的 URL 位置
start	设定 AVI 视频文件的播放方式,如 Mouseover 等
loop	设定 AVI 文件循环播放的次数
loopdelay	设定 AVI 文件循环播放的延迟

---

① 在 IE 中,alt 也可以用作图片的提示信息文本,但这不是 HTML 的标准,是微软在 IE 中自作主张的。标准的提示信息文本应该使用 title 属性。

【示例6.1】 使用<img>标记及主要属性。

设计一个图文混排效果的页面,将文件命名为 E06_01.html,网页功能要求如下:

(1) 页面内容及包含的图像和布局如图 6.2 所示。

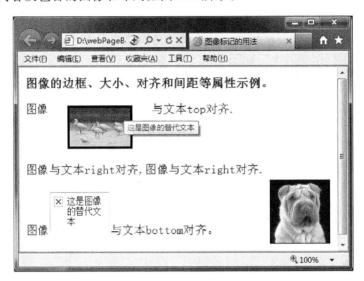

图6.2 <img>标记及主要属性的使用

(2) 当把鼠标指针移动到图片上时,使用 alt 属性定义的替换文本及使用 title 属性定义的提示文本会给出提示信息。

(3) 使用 align 属性使文字环绕于图片周围,形成图文混排的效果。

有关的代码可参见下面,源程序文件见"webPageBook\codes\E06_01.html"。

```html
<html>
<head>
    <title>图像标记的用法</title>
</head>
<body>
    <p><font color = "#000080"><b>图像的边框、大小、对齐和间距等属性示例。</b></font></p>
    <p>图像<img border = "4" src = "../image/bird.jpg" width = "98" height = "60" alt = "这是图像的替代文本"  hspace = "30" vspace = "4" align = "top">与文本 top 对齐。</p>
    <p>图像与文本 right 对齐,<img border = "1" src = "../image/dog.jpg" width = "97" height = "99" alt = "这是图像的替代文本" title = "这是图像的提示文本" hspace = "1" vspace = "4" align = "right">图像与文本 right 对齐。</p><p></p>
    <p>图像<img border = "0" src = "bird.JPG" width = "97" height = "62" alt = "这是图像的替代文本" hspace = "1" vspace = "4" align = "bottom">与文本 bottom 对齐。</p>
</body>
</html>
```

【示例解析】

(1) 适当地使用图像:加载图像是需要时间的,所以大家要谨慎使用图像。因为如果一个 HTML 文档包含 10 个图像,那么为了正确显示这个页面就需要加载 11 个文件。

(2) 图片的缩放:一般情况下,人为放大图片会产生马赛克效果,使图片显得粗糙,而缩小图片则无此问题。如果确实希望放大图片,最好通过图像制作软件重新制作后再插入。

6.2.2　图像映射标记

图像映射就是在图像上设置或划分出若干区域（如矩形、圆、多边形等），然后将每个区域映射到一个超链接页面。例如在一个公司的主页图片中，为各部门图像定义一个超链接，以便链接到自己部门的页面，这也是许多网站主页的设计方式。

< map >标记用来为< img >标记指定的图像设置映射区域，具体的映射区域，即热区（hot spot）由< area >标记指定。< map >、< area >标记的主要属性及其取值如表 6-5 所示。

表 6-5　< map >、< area >标记的主要属性

属性名称	属性说明（或功能）
	< map >标记的主要属性
name	name 指定图像映射标记< map >的名称：该属性规定了< img >标记中 usemap 属性对应的值
	< area >标记的主要属性
shape	该属性规定了热区的形状，值 rect 表示矩形（默认值）、poly 表示多边形、circle 表示圆、default 表示整个图像
coords	该属性值为用逗号分隔的像素数值列表，指明各种热区的坐标（以图像左上角为坐标原点）。 矩形（rect）区域的坐标排列顺序依次是左上角顶点的 x、y 坐标和右下角顶点的 x、y 坐标。 圆形（circle）区域的坐标排列顺序依次是圆心的 x、y 坐标和半径值。 多边形（poly）区域的坐标排列顺序依次是各顶点的 x、y 坐标，以哪个顶点为起始点都可以，且排列顺序按顺时针或逆时针都可以
alt	该属性规定了图像热区的文字说明
onFocus、onBlur	这两个属性分别用来指定热区获得焦点或失去焦点时执行的代码
tabindex	该属性用来指定用 Tab 键选择热区时该热区的顺序号，为 0～32 767 的整数
href	该属性的值指定链接目标的 URL 地址，即链接到什么地方，例如可以是一个 HTML 文件、一个（本页或其他页面的）锚点、一个邮箱，还可以是一个程序（如.jsp 文件，.asp 文件等）。目标地址是最重要的，一旦路径上出现差错，该资源就无法访问
target	该属性用来指定显示链接内容的窗口或框架，取值为 parent 表示在上一级窗口中打开，这在分帧的框架页中经常使用；取值为 blank 表示在新浏览器窗口中打开；取值为 self（默认值）表示在同一个帧或窗口中打开；取值为 top 表示在浏览器的整个窗口中打开，忽略任何框架
accesskey	该属性用来指定用按键选择热区时该热区的访问键（或快捷键）字符，此时，用户可通过按 Alt 键和该字符键选择热区

【示例 6.2】　使用图像映射标记< map >、< area >及属性。

设计一个带有图形热区的页面，将文件命名为 E06_02.html，网页功能要求如下：

（1）页面内容及布局如图 6.3（在 Firefox 浏览器中的效果）所示。

（2）在图像上绘制圆形热区和多边形热区。

（3）当用户单击"圆形热区"时访问清华大学主页（www.tsinghua.edu.cn），当用户单击"多边形热区"时访问本地文件 dog.jpg。

图 6.3 ＜map＞、＜area＞标记及主要属性的使用

有关的代码可参见下面,源程序文件见"webPageBook\codes\E06_02.html"。

```
<! DOCTYPE HTML >
< html >
< head >
  < meta http - equiv = "Content - Type" content = "text/html; charset = utf - 8">
  <title>图像映射标记及主要属性的用法</title>
</head>
< body >
  < p align = center >< font face = "楷体_GB2312" size = "5" color = "blue">
    <b>   图像映射标记及<br>   主要属性的用法示例</b></font>
  </p>
< p >
  < img   src = "../image/earth. gif" width = "331" height = "197" hspace = "10" vspace = "4"
border = "0" usemap = "♯Map1">
    < map name = "Map1">
        < area   href = http://www.tsinghua.edu.cn shape = "circle" coords = "189, 50, 19"
                title = "清华大学">
      < area href = "../image/dog. jpg" shape = "polygon" coords = "171, 111, 185, 92, 223, 91,
248, 93, 243, 115, 220, 121, 195, 136, 192, 117" title = "澳大利亚犬">
      </map>
  </p>
</body>
</html>
```

6.3 在网页中嵌入音频、视频和动画

有许多不同的工具可以用来播放媒体(这里主要指音频和视频),浏览器也提供了相应功能自动播放某些格式的媒体,但具体能播放什么格式的文件取决于所用计算机的类型以及浏览器的配置。

浏览器通常是调用被称为插件的内置程序来播放的。事实上是插件扩展了浏览器的功能,有许多种不同的插件程序,每种都能赋予浏览器一种新的功能,有时不得不分别下载每个浏览器的多媒体插件程序。

系统最小化的安装一般不包括声音与影像播放器。另外,在播放影音文件时若是使用一小部分窗口播放,大多数的计算机比较快;若是全屏幕播放,就需要专用的硬件或者性能较好的计算机。对于 IE,若无预先安装好的插件程序,它会提示用户或是打开文件或是保存文件或是取消下载。若打开未知类型的文件,浏览器会试图使用外部的应用程序显示此文件,但这要取决于操作系统的配置。

在浏览器上播放媒体的方法有两种,一种是先下载整个文件,然后播放;另一种是边下载边播放。

下面分别学习在当前文档中播放媒体的标记< embed >、< object >、< img >和在外部窗口中播放媒体的标记< a >。

6.3.1　在当前文档中播放媒体

1. < embed >标记的使用

在网页中可以用< embed >标记将多媒体文件插入,直接在 Web 文档中播放音频、视频和 Flash 动画,可同时被 Netscape 和 IE 支持。使用该标记会出现控制面板,用户可以控制它的开与关,还可以调节音量的大小。< embed >标记的主要属性及其取值如表 6-6 所示。

表 6-6　< embed >标记的主要属性

属性名称	属性说明(或功能)
src	该属性指定了媒体文件(音频、视频或 Flash 动画)来源的 URL 位置
volume	该属性指定了媒体播放声音的音量大小,取值为 0～100。如果没设定,就用系统的音量。该属性只有 Netscape 支持,IE 总是设置在 50 以上
name	该属性规定了媒体的名称,以便脚本控制
width、height	这两个属性分别规定了控制面板显示的宽度和高度
border	该属性规定了控制面板边框的宽度
align	该属性规定了控制面板的对齐方式,取值为 left、right、middle
hspace、vspace	这两个属性分别规定了控制面板与其他内容的水平间距和垂直间距
autostart	该属性指定是否要媒体文件传送完就自动播放,true 是要,false 是不要,默认为 false,可以用它实现背景音乐的功能
loop	该属性设定媒体播放的重复次数,如 loop＝4 表示重复 4 次,true 表示无限次播放,false 表示播放一次即停止
hidden	该属性指定是否要隐藏控制面板

例如用< embed >标记播放 Flash 动画 ec. swf,代码如下:

```
< embed width = "75" height = "100" src = "../../images/ec. swf" border = "1" align = "center"
autostart = "true" hidden = false loop = false>这里正在播放 Flash 动画</embed>
```

2. < object >标记的使用

< object >标记用来调用客户端机器中的应用程序,即媒体播放器控件(ActiveX 控件)来播放多媒体。媒体播放器控件内置于 IE 中,支持多种媒体格式,包括. avi 和 QuickTime

视频,.wav 和.midi 音频,以及.mpeg 视频、音频等。如果要调用不同的媒体播放器控件,只要设置< object >标记的 classid 属性值不同即可。例如 QuickTime 播放器为 classid=
"clsid:02BF25D5-8C17-4B23-BC80-D3488ABDDC6B";Real 流媒体播放器为 classid=
"clsid:CFCDAA03-8BE4-11cf-B84B-0020AFBBCCFA";而 Microsoft　Windows Media
Player 媒体播放器为 classid="clsid:22d6f312-b0f6-11d0-94ab-0080c74c7e95"。

与< object >标记配合使用的是< param >标记,其英文名称是 parameter(参数)。它用来为< object >标记定义的对象以及后面的< applet >标记定义的 Java 小程序进行初始化参数设置,如 Filename(需要播放的媒体文件名称)、Volume(播放的音量)等。

< object >、< param >标记的主要属性及其取值如表 6-7 所示。

表 6-7　< object >、< param >标记的主要属性

属性名称	属性说明(或功能)
< object >标记的主要属性	
classid	该属性指定了媒体播放器的类 ID 号
border	该属性规定了对象边框的宽度
name	该属性规定了对象的名称,以便脚本控制
width、height	这两个属性分别规定了对象显示的宽度和高度
< param >标记的主要属性	
name	该属性值为 Filename,规定了播放器要播放的文件名称,具体文件名由 value 属性给定。例如< param name="Filename" value="space_shuttle.avi">
name	该属性值为 Mute,规定是否播放声音,具体取值由 value 属性给定
name	该属性值为 PlayCount,规定了重复播放文件的次数,具体取值由 value 属性给定
name	该属性值为 Volume,指定播放媒体的声音大小,具体取值由 value 属性给定。例如< param name="Volume" value="-600">
name	该属性值为 Balance,控制音频在左、右声道的均衡。其取值在 -1000 到 1000 之间,0 表示完全均衡,具体取值由 value 属性给定

3. < img >标记的使用

< img >标记不仅用来显示图像,还可以播放视频,只需要将 src 属性改为 dynsrc 属性即可,这个功能只有 IE 浏览器支持,并且只能够用于.avi 文件。

6.3.2　在外部窗口中播放媒体

如果不希望媒体直接在当前页面上播放媒体(音频和视频),也可以借助链接标记< a >在外部窗口中使用系统默认的媒体播放器(例如 Microsoft Media Player 7.0 或 RealPlayer 等)播放。使用该标记会出现控制面板,用来控制它的开与关,还可以调节音量的大小。

例如用< a >标记播放 WAV 声音 lzhu.wav 的代码如下:

```
< a href = "lzhu.wav">单击这里播放 WAV 声音</a>
```

用< a >标记播放 AVI 视频 COUNT8.avi 的代码如下:

```
< a href = "COUNT8.avi">单击这里播放 AVI 视频</a>
```

6.3.3 插入背景音乐

< bgsound >标记用来在 HTML 文档中嵌入背景音乐。它支持多种媒体文件类型(例如 WAV、MIDI、MP3 等),但该标记只能够被 IE 支持,并且不能控制音乐的播放。该标记必须放在< head >…</ head >标记对之间。< bgsound >标记的主要属性及其取值如表 6-8 所示。

表 6-8　< bgsound >标记的主要属性

属性名称	属性说明(或功能)
src	该属性指定了媒体文件(音频)来源的 URL 位置
volume	该属性指定了媒体播放声音的音量,取值可以在−1000~0 之间,0 是最大值,这与通常的情形不同,用户在使用时应该注意
loop	该属性指定了媒体播放声音的次数,当取−1 或 infinite 时表示无限次播放,直到网页关闭为止
balance	该属性指定了媒体播放声音的左、右声道的强度,取值可以在−1000~1000 之间,负值表示将声音发送到左声道,正值表示将声音发送到右声道,0 将使声音居中播放
autostart	该属性指定是否要背景音乐文件传送完就自动播放,true 表示是,false 表示否,默认为 false

例如用< bgsound >标记播放背景音乐文件 lzhu. wav,要求声音居中播放一次、音量为−300,代码如下:

```
< bgsound src = "lzhu. wav" loop = "1" blance = "0" volume = " − 300">
```

【示例 6.3】　使用媒体播放标记< embed >、< object >、< img >及属性。

设计一个带有多媒体播放功能的页面,将文件命名为 E06_03. html,网页功能要求如下:

(1) 页面内容及布局如图 6.4(在 IE 浏览器中的效果)所示。

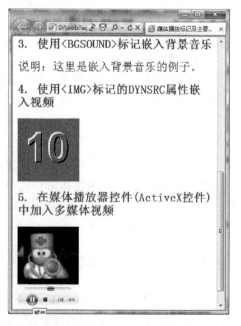

图 6.4　播放媒体标记及主要属性的使用

（2）综合运用多种标记播放音频、视频、动画和背景音乐。

有关的代码可参见下面，源程序文件见"webPageBook\codes\E06_03.html"。

```
<html>
<head>
  <title>媒体播放标记及主要属性的使用</title>
  <!-- 下面是嵌入背景音乐的例子 -->
  <bgsound src = "../image/lzhu.wav" loop = "0" blance = "0" volume = " - 300">
</head>
<body>
  <h2 align = "left">媒体播放标记及主要属性的使用</h2>
  <hr size = "4" color = " #008000">
  <h2><font color = " #990033">1. 使用 &lt;EMBED&gt;标记嵌入音频和动画</font></h2>

  <p><font color = " #000080" face = "楷体_GB2312" size = "5">说明：下面是嵌入音频的例子。
</font></p>
  <!-- 下面是嵌入音频的例子 -->
  <p align = "left">
  <embed width = "115" height = "100" src = "../image/lzhu.wav" border = "1" align = "center"
autostart = "false" hidden = false loop = false><noembed>这是播放声音的插件</noembed>
  </p>
  <p align = "left"><font color = " #000080" face = "楷体_GB2312" size = "5">说明：下面是嵌
入 flash 动画的例子。</font></p>
  <!-- 下面是嵌入动画的例子 -->
  <p align = "left">
<embed width = "111" height = "100" src = "../image/借刀杀人 flash. swf" border = "1" align =
"center" autostart = "true" hidden = false loop = false><noembed>这是播放. avi 文件的插件
</noembed>
  </p>
  <h2><font color = " #990033">2. 使用 &lt;A&gt;标记在外部窗口中播放媒体(音频和视频)
</font></h2>
  <p><a href = "../image/lzhu.wav">点击这里播放声音</a>
    <a href = "../image/space_shuttle.avi">点击这里播放视频</a></p>
  <h2><font color = " #990033">3. 使用 &lt;BGSOUND&gt;标记嵌入背景音乐</font></h2>
  <p><font color = " #000080" face = "楷体_GB2312" size = "5">说明：这里是嵌入背景音乐的
例子。</font></p>
  <h2><font color = " #990033">4. 使用 &lt;IMG&gt;标记的 DYNSRC 属性嵌入视频</font></h2>
  <!-- 下面是嵌入视频的例子 -->
  <p align = "left">
  <img border = "0" dynsrc = "../image/COUNT8.AVI" start = "mouseover" width = "128" height =
"128"></p>
  <h2 align = "left"><font color = " #990033">5. 在媒体播放器控件(ActiveX 控件)中加入多媒
体视频</font></h2>
  <object classid = "clsid:22d6f312 - b0f6 - 11d0 - 94ab - 0080c74c7e95"   width = "127" height
= "162">
    <param name = "AutoStart" value = " - 1">
    <param name = "Balance" value = "0">
    <param name = "ClickToPlay" value = " - 1">
    <param name = "CursorType" value = "0">
    <param name = "Enabled" value = " - 1">
    <param name = "Filename" value = "scan2.avi">
    <param name = "Language" value = " - 1">
    <param name = "Mute" value = "0">
    <param name = "PlayCount" value = "1">
    <param name = "ShowControls" value = " - 1">
```

```
        < param name = "ShowAudioControls" value = " - 1">
        < param name = "ShowDisplay" value = "0">
        < param name = "ShowGotoBar" value = "0">
        < param name = "ShowPositionControls" value = " - 1">
        < param name = "ShowStatusBar" value = "0">
        < param name = "ShowTracker" value = " - 1">
        < param name = "Volume" value = " - 600">
    </object>
    < p>  </p>
</body>
</html>
```

6.4　在网页中插入外部程序

6.4.1　插入脚本

　　< script >标记用来在 HTML 文档中嵌入脚本程序[①]。< noscript >标记规定了当脚本程序不能够执行时的替代内容,以便给用户一个提示。< script >标记的主要属性及其取值如表 6-9 所示。

表 6-9　< script >标记的主要属性

属性名称	属性说明(或功能)
src	该属性规定了外部脚本程序文件来源的 URL 位置
type	该属性规定了脚本语言的类型,例如 text/javascript。由于该属性还未被广泛支持,所以可以用属性 language 代替
language	该属性规定了脚本语言名,例如 JavaScript、VBScript JScript 等。由于 VBScript 只有 IE 浏览器支持,所以一般选择 JavaScript
defer	该属性指定程序执行时是否延迟

　　【示例 6.4】　使用脚本标记< script >及属性。

　　设计一个支持 JavaScript 的页面,将文件命名为 E06_04.html,网页功能要求如下:

　　(1) 页面内容及在 IE 浏览器中的显示效果如图 6.5 所示。

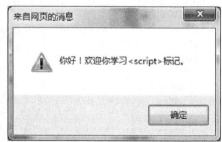

图 6.5　< script >标记及主要属性的使用

---

　　① 在< script >…</script >之间不仅可以放置 JavaScript 脚本,而且可以加入其他脚本,例如 VBScript 等。用户不仅可以在其中自己定义函数,而且可以引用外部的 JavaScript 脚本文件。如果要引用外部文件,只要设置好< script >的 scr 属性就可以了。当然,前提是要有已经写好的外部 JavaScript 脚本文件,也就是以.js 为扩展名的文件。

（2）当鼠标指针在链接上方时调用 hello()函数，弹出警告提示框。

有关的代码可参见下面，源程序文件见"webPageBook\codes\E06_04.html"。

```
<!DOCTYPE HTML>
<html>
<head>
    <meta http-equiv="Content-Type" content="text/html; charset=utf-8">
    <title>脚本标记及主要属性的使用</title>
    <script language="javascript">
        <!-- javascript 的内置函数 alert():即警告提示框函数
        function hello(){
            alert("你好!欢迎你学习<script>标记。");
        }
        -->
    </script>
</head>
<body>
    <!-- 警告提示框的使用 -->
    <h2 align="center">脚本标记及主要属性的使用</h2>
    <h3 align="center">JavaScript 例:警告提示框的使用</h3>
    <p>当你的鼠标滑过下面的文字时将调用函数 hello()</p>
    <a href="#" onMouseOver="hello()">lint to 警告提示框</a>
</body>
</html>
```

【示例解析】 在一个 HTML 文档中可以有多个<script>标记，一般来说最好将函数的定义、全局变量的声明等放在文档的头部，即<head>…</head>间，而在文档的别处直接使用函数就中以了。这样做的好处在于不仅使文档的解析、编译速度加快，而且使文档的可读性大大增强，以后在做修改的时候也相当方便。

6.4.2　插入 Java 小程序

<applet>标记用来在 HTML 文档中嵌入 Java 小程序。在网页中插入 Java Applet 小程序的前提是必须有一个写好的 Applet，它是以.class 作为扩展名的文件。Java Applet 程序是用 Java 编写的，而不是用 JavaScript 编写的。<applet>标记的主要属性及其取值如表 6-10 所示。

表 6-10　<applet>标记的主要属性

属性名称	属性说明（或功能）
code	该属性规定了小程序的类文件名称，扩展名为.class
width、height	这两个属性分别规定了小程序的宽度（width）和高度（height）
name	该属性规定了小程序的名称
hspace、vspace	这两个属性分别规定了小程序与其他内容的水平间距（hspace）和垂直间距（vspace）
align	该属性规定了小程序的对齐方式，取值为 left、right、middle

【示例 6.5】 使用<applet>标记及属性。

设计一个支持 Java Applet 的页面,将文件命名为 E06_05.html,网页功能要求如下:

(1) 准备一个 Java Applet 小程序,例如本例的 Java 类文件为 Example18_10.class,实现自由画图功能。

(2) 使用<applet>标记插入上述 Java Applet 小程序,页面内容及在 IE 浏览器中的显示效果如图 6.6 所示。

图 6.6 <applet>标记及主要属性的使用

有关的代码可参见下面,源程序文件见"webPageBook\codes\E06_05.html"。

```html
<!DOCTYPE HTML>
<html>
<head>
    <meta http-equiv="Content-Type" content="text/html; charset=utf-8">
    <title>HTML 文档中嵌入 Java 小程序</title>
</head>
<body>
    <p><center><b><font face="楷体_GB2312" color="#000080" size="7">
        网页设计技术</font></b></center></p>
    <p><font size="5" face="楷体_GB2312" color="#800000"><b>
        <marquee align="middle" bgcolor="#C0C0C0"  scrolldelay="150">欢迎大家学习网
页设计技术课程</marquee></b></font></p>
    <p><font size="5" face="楷体_GB2312" color="#FF0000">这是一个用于自由作画的
        JAVA 小程序 Example18_10.class,供大家学习使用。</font></p>
    <applet width="520" height="228" code="Example18_10.class" align="absmiddle">
        这是一个 JAVA 小程序,需要插件支持</applet>
</body>
</html>
```

6.5 HTML5 多媒体设计前沿内容

6.5.1 多媒体播放标记

以前大多数视频、音频是通过插件(例如 Flash)来播放的,然而并非所有的浏览器都拥有同样的插件。HTML5 新增了 video 和 audio 元素,分别用来插入视频和声音。至于格式,则交由浏览器实现。HTML5 再也不需要特别的代码去播放特定的格式。就像 img 一样,不管是 PNG、JPG 还是 GIF 都可以显示。

1. 标记的功能及用法

< video >标记定义视频,例如电影片段或其他视频流。< audio >标记能够播放声音文件或者音频流。值得注意的是,它们可以包含内容。例如,通过在< audio >标记内嵌入< p >标记可以把歌词放到某段歌曲中。不同浏览器支持的音频和视频编码格式见表 6-11。

表 6-11 不同浏览器支持的音频和视频编码格式

视频编码格式	IE	Firefox	Opera	Chrome	Safari
OGG(带有 Theora 视频编码和 Vorbis 音频编码的 OGG 文件)	No	3.5+	10.5+	5.0+	No
MPEG 4(带有 H.264 视频编码和 AAC 音频编码的 MPEG 4 文件)	9.0+	No	No	5.0+	3.0+
WebM(带有 VP8 视频编码和 Vorbis 音频编码的 WebM 文件)	No	4.0+	10.6+	6.0+	No
音频编码格式	IE 9	Firefox 3.5	Opera 10.5	Chrome 3.0	Safari 3.0
Ogg Vorbis		√	√	√	
MP3	√			√	√
WAV		√	√		√

使用 audio 和 video 元素在页面中嵌入音频和视频的代码格式相似,这里以 audio 为例,在 HTML5 中播放音频的代码如下:

```
< audio src = "song.ogg" controls = "controls">
    您的浏览器不支持 audio 标签
</audio>
```

上面的例子使用一个 OGG 文件,其中 controls 属性用来添加播放控件,包含播放、暂停和音量调节按钮等。

audio 元素允许包含多个 source 元素。source 元素可以链接不同的音频文件,浏览器将使用第一个可识别的格式:

```
< audio controls = "controls">
    < source src = "/i/song.ogg" type = "audio/ogg">
    < source src = "/i/song.mp3" type = "audio/mpeg">
</audio>
```

2. 标记的属性及方法

HTML5 的< audio >和< video >标记同样拥有属性、方法。其中的属性(例如时长、音量等)可以被读取或设置,其中的方法用于播放、暂停以及加载等。audio 与 video 标签的属性和方法大致相同。表 6-12 和表 6-13 分别列出了大多数浏览器支持的主要属性和方法。

表 6-12 < audio >和< video >标记的主要属性

属 性	描 述
autoplay	如果出现该属性,则媒体加载后自动播放
controls	如果出现该属性,则向用户显示播放控件,例如播放按钮
height	设置视频播放器的高度,单位为 Pixels(像素)
loop	如果出现该属性,则当媒介文件完成播放后再次开始播放
preload	如果出现该属性,则视频在页面加载时进行加载,并预备播放。如果使用 "autoplay",则忽略该属性
src	要播放的视频的 URL
width	设置视频播放器的宽度,单位为 Pixels(像素)
autobuffer(自动缓冲)	在网页显示时,该二进制属性表示是由用户代理(浏览器)自动缓冲内容还是由用户使用相关 API 进行内容缓冲
poster	当视频未响应或缓冲不足时,该属性值为图片的 URL 地址,链接到一个图像,该图像将以一定的比例显示出来

表 6-13 < audio >和< video >标记的主要方法

方 法	描 述
addTextTrack()	为媒体加入一个新的文本轨迹
canPlayType()	检查指定的媒体格式是否得到支持
load()	重新加载音/视频标签
play()	播放媒体(音/视频)
pause()	暂停播放当前的音/视频

这里以< video >标记为例,在 HTML5 中使用相关属性播放视频的代码片段如下,显示效果如图 6.7 所示。

```
< video width = "320" height = "240" controls = "controls">
    < source src = "mov_bbb.ogg" type = "video/ogg">
    < source src = "movie.mp4" type = "video/mp4">
    您的浏览器不支持 video 标签.
</video >
```

3. 媒体播放事件

HTML5 中的< audio >和< video >标记同样拥有事件,其中的 DOM 事件能够通知媒体播放元素,例如,< video >元素开始播放、已暂停、已停止等。< audio >与< video >标记的事件大致相同。表 6-14 列出了大多数浏览器支持的音/视频播放事件。

图 6.7 < video >标记的显示效果

表 6-14 ＜audio＞和＜video＞标记的主要事件

事 件	描 述
abort	当音/视频加载被异常终止时产生该事件
canplay	当浏览器可以开始播放该音/视频时产生该事件
canplaythrough	当浏览器可以开始播放该音/视频到结束而无须因缓冲停止时产生该事件
durationchange	当媒体的总时长改变时产生该事件
emptied	当前播放列表为空时产生该事件
ended	当前播放列表结束时产生该事件
error	当加载媒体发生错误时产生该事件
loadeddata	当加载媒体数据时产生该事件
loadedmetadata	当收到总时长、分辨率和字轨等 metadata 时产生该事件
loadstart	当开始查找媒体数据时产生该事件
pause	当媒体暂停时产生该事件
play	当媒体播放时产生该事件
playing	当媒体从因缓冲而引起的暂停和停止恢复到播放时产生该事件
progress	当获取到媒体数据时产生该事件
ratechange	当播放倍数改变时产生该事件
seeked	当用户完成跳转时产生该事件
seeking	当用户正执行跳转操作的时候产生该事件
stalled	当试图获取媒体数据,但数据还不可用时产生该事件
suspend	当获取不到数据时产生该事件
timeupdate	当前播放位置发生改变时产生该事件
volumechange	当前音量发生改变时产生该事件
waiting	当视频因缓冲下一帧而停止时产生该事件

【示例 6.6】 使用＜video＞标记及属性。

设计一个多媒体播放页面,将文件命名为 E06_06.html,网页功能要求如下:

(1) 页面内容及包含的控件和布局在 Firefox 浏览器中的显示效果如图 6.8 所示。

图 6.8 E06_06.html 的显示效果

（2）使用< video >标记读取并设置其属性，调用其方法的技术。

（3）为视频创建简单的播放/暂停以及调整尺寸控件，当用户单击按钮时对播放进行控制。

有关的代码可参见下面，源程序文件见"webPageBook\codes\E06_06.html"。

```html
<! DOCTYPE HTML >
< html >
< head >
    < meta http - equiv = "Content - Type" content = "text/html; charset = utf - 8">
    < title >多媒体播放</title></head >
< body >
    < div style = "text - align:center;">
        使用按钮进行多媒体播放，可调节播放区域的大小< br />
        < button onclick = "playPause()">播放/暂停</button >
        < button onclick = "makeBig()">大</button >
        < button onclick = "makeNormal()">中</button >
        < button onclick = "makeSmall()">小</button >< br />
        < video id = "video1" width = "420" controls = "controls" style = "margin - top:15px;">
            < source src = "mov_bbb.mp4" type = "video/mp4" />
            < source src = "mov_bbb.ogg" type = "video/ogg" />
            Your browser does not support HTML5 video.
        </video >
    </div >
     < script type = "text/javascript">
        var myVideo = document. getElementById("video1");
        function playPause()
          { if (myVideo. paused)
            myVideo. play();
          else
              myVideo. pause();
          }
        function makeBig()
        { myVideo. width = 560;
        }
        function makeSmall()
        { myVideo. width = 320;
        }
        function makeNormal()
        { myVideo. width = 420;
        }
    </script >
</body >
</html >
```

6.5.2 在网页中绘图标记

1. 标记的功能及用法

HTML5 的 canvas(画布)元素为基于像素的绘图，是一个相当于画板的 HTML 结点。Canvas 本身没有绘图能力，必须使用 JavaScript 在网页上绘制图像。画布是一个矩形区域，设计者可以控制其每一个像素。canvas 拥有多种方法，可以绘制路径、矩形、圆形、字符以及添加图像等。

要想在页面中利用新增加的画布元素< canvas >绘制图形,需要经过以下 3 个步骤:

(1) 使用< canvas >元素创建一个画布区域(只需要加一个标记 ID 号,设置元素的长宽即可),并获取该元素。

(2) 通过获取的< canvas >元素取得该图形元素的上下文环境对象 context。在获取的过程中需要调用画布的 getContext()方法,并给该方法传递一个字符串为"2d"的参数。

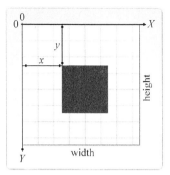

(3) 根据取得的上下文环境对象,使用该对象的各种绘图方法与属性即可在页面中绘制图形或动画。用于在画布上对绘画进行定位的 x 和 y 坐标如图 6.9 所示,坐标的原点在绘制区域(这里是 Canvas)的左上角,X 轴正向朝右,Y 轴正向朝下。

图 6.9 < canvas >绘图区域坐标系

例如在页面中使用< canvas >元素创建一个画布区域,并在该元素中绘制一个指定长宽的红色矩形,示例代码如下:

```
< canvas id = "myCanvas" width = "280px" height = "190px" ></canvas >
< script type = "text/javascript">
    var canvas = document.getElementById('myCanvas');          //使用 ID 获取 canvas 元素
    var ctx = canvas.getContext('2d');//取得绘图元素的上下文环境对象 cxt 无论我们调用多少
                                      //次获取的对象都将是相同的对象
    ctx.fillStyle = '#FF0000';
    ctx.fillRect(0,0,150,75);          //在画布上绘制一个 150×75 的红色矩形
</script >
```

2. 属性及方法

1) 绘制文字

在< canvas >元素中绘制文字可以通过调用上下文对象的 fillText()与 strokeText()方法,前者用于在画布中以填充的方式绘制文字,后者用于在画布中以描边的方式绘制文字,两者的调用语法分别如下。

(1) cxt. fillText(content,dx,dy,[maxLength]):其中,cxt 为上下文对象,参数 content 为文字内容,参数 dx 表示绘制文字在画布左上角的横坐标,参数 dy 表示绘制文字在画布左上角的纵坐标,可选项参数 maxLength 表示绘制文字显示的最大长度,设置时在该长度值范围内绘制文字。

(2) cxt.strokeText(content,dx,dy,[maxWidth]):其参数说明与 fillText()一样。

在画布中绘制文字时,除调用 fillText()或 strokeText()方法以外,还要设置相关的属性,与绘制文字相关的属性如下。

- font 属性:通过该属性设置 CSS 样式中字体的任何值,例如字体样式、名称、大小、粗细、行高等。
- textAlign 属性:通过该属性设置文本对齐的方式,取值为 start、end、left、right、center。
- textBaseline 属性:通过该属性设置文本相对于起点的位置,取值为 top、bottom、middle。

2) 绘制直线

在画布元素中,如果要绘制直线,通常使用上下文对象的 moveTo()和 lineTo()两个方法,调用语法格式如下。

(1) cxt. moveTo(x,y):其中,cxt 为上下文环境对象名称,使用 moveTo(x,y)方法并不能画出任何图形,它只是将画笔的当前点移动到直线的起点(x,y)处,x 为起点的横坐标,y 为起点的纵坐标。

(2) cxt. lineTo(x,y):该方法用于将画笔从当前点到(x,y)点绘制一条直线。其中,x 为移至的终点横坐标,y 为移至的终点的纵坐标。注意,在绘制完成后当前点就变成了(x,y),除非用 moveTo 方法进行改变。该方法可以反复调用,第一次调用后,画笔自动移至终点坐标位置;第二次调用时又以该终点坐标位置作为第二次调用时的起点位置开始绘制直线。

(3) cxt. stroke():stroke()方法无参数,用于绘制完路径后对路径进行描边处理。

【示例 6.7】 使用< canvas >标记及属性。

设计一个支持绘图的页面,将文件命名为 E06_07. html,网页功能要求如下:

(1) 页面内容及包含的控件和布局在 Firefox 浏览器中的显示效果如图 6.10 所示。

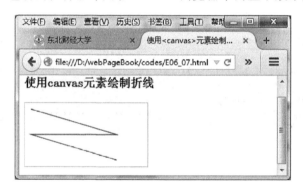

图 6.10 使用< canvas >元素绘制折线

(2) 使用< canvas >元素创建一个画布区域,新建一个< canvas >元素,并在该元素中绘制一条折线。

有关的代码可参见下面,源程序文件见"webPageBook\codes\E06_07. html"。

```
<! DOCTYPE HTML >
< html >
< head >
    < meta http - equiv = "Content - Type" content = "text/html; charset = utf - 8">
    < title >使用< canvas >元素绘制折线</title ></head >
< body >
    < h3 >使用 canvas 元素绘制折线</h3 >
    < canvas id = "myCanvas" width = "200" height = "100" style = "border:1px solid #c3c3c3;">
        你的浏览器不支持 < canvas >标签</canvas >
    < script type = "text/javascript">
        var c = document.getElementById("myCanvas");
        var cxt = c.getContext("2d");
        cxt.moveTo(10,10);
```

```
        cxt.lineTo(150,50);
        cxt.lineTo(10,50);
        cxt.lineTo(150,90);
        cxt.strokeStyle = "blue";
        cxt.stroke();
    </script>
</body>
</html>
```

3）绘制矩形

（1）在绘制矩形前需要设置图形的颜色，上下文对象有两个属性可以用来设置颜色，其中 strokeStyle 决定了当前要绘制的线条的颜色，fillStyle 决定了当前要填充的区域的颜色。

例如"cxt.fillStyle＝"background-color""，其中参数 background-color 可以是一种 CSS 颜色、图案、渐变色，默认值为黑色。

（2）上下文对象中有两个绘制矩形的方法，一个是 strokeRect，用于勾勒轮廓或者绘制线条；还有一个是 fillRect，用于填充区域。例如绘制矩形的方法如下：

```
strokeRect(x,y,width,height);
```

也就是以 strokeStyle 绘制边界。

绘制一个填充矩形的方法如下：

```
fillRect(x,y,width,height);
```

其中，参数 x 表示矩形起点的横坐标，参数 y 表示矩形起点的纵坐标，参数 width 表示矩形的宽度，参数 heigth 表示矩形的高度。

（3）清空画布的方法 clearRect$(x,y,\text{width},\text{height})$接受 4 个参数，$x$ 和 y 指定矩形左上角（相对于原点）的位置，width 和 height 是矩形的宽和高。调用该方法会将给出的矩形区域中的所有绘制图形都清空，露出画布的背景。

下面的示例说明了分别单击 strokeRect 和 fillRect 两个按钮调用这两个方法绘制矩形的过程，关键代码如下：

```
< canvas id = "test1" width = "200" height = "200" style = " background - color: grey">
        你的浏览器不支持<canvas>标签,firefox 浏览器</canvas >
< input type = "button" value = "strokeRect" onclick = "strokeRect();"/>
< input type = "button" value = "fillRect" onclick = "fillRect();"/>
    <!-- strokeRect()和 fillRect()函数的代码如下 -->
function strokeRect(){
        var canvas = document.getElementById('test1');
        var ctx = canvas.getContext("2d");
        ctx.clearRect(0,0,200,200);
        ctx.strokeStyle = "blue";
        ctx.strokeRect(10,10,180,180);
    }
function fillRect(){
        var canvas = document.getElementById('test1');
        var ctx = canvas.getContext("2d");
```

```
    ctx.clearRect(0,0,200,200);
    ctx.fillStyle = "blue";
  ctx.fillRect(10,10,180,180); }
```

4) 绘制圆弧

(1) 绘制路径方法:要绘制除了矩形以外的其他图形需要使用路径。通过前面的例子我们知道,绘制图形是先绘制到一个抽象的上下文对象中(其实就是内存中),然后再将上下文对象输出到显示设备上,如果我们并不想立刻输出每一次的绘制动作,而是让一组绘制动作完成以后再集中输出,例如绘制若干条直线,当绘制完成各条直线时再向显示设备输出。这种情况在 HTML5 中叫绘制路径,它由上下文对象的几个方法组成。

- beginPath():开始路径的绘制,重置 path 为初始状态,意思就是在用户调用这个方法后绘制的图形就不会再向屏幕输出了,而只是画到上下文对象中(内存中)。
- stroke():将调用 beginPath 方法以后绘制的所有线条一次性输出到显示设备上。
- closePath():绘制路径 path 结束,它会绘制一个闭合的区间,添加一条起始位置到当前坐标的闭合曲线;如果用户调用 beginPath 方法以后在上下文对象中进行了一系列的绘制,但是得到的图形是不闭合的,这个方法会将用户的图形闭合起来(注意,closePath 并不向屏幕输出图形,而只是在上下文对象中补一条线,这个步骤不是必需的)。
- fill():如果用户的绘制路径组成的图形是封闭的,这个方法将用 fillStyle 设置的颜色填充图形,然后立即向屏幕输出;如果绘制路径不是封闭的,这个方法会先将图形闭合起来,然后再填充输出(注意,所有的 fill 图形,例如 fillRect 等,都是立刻向屏幕输出的,它们没有绘制路径这个概念)。

下面的代码将绘制一个简单的填充三角形。注意,在绘制三角形的时候默认的背景色为白色,默认的前景色为黑色。

```
<!-- 设置画布及按钮的代码如下: -->
<canvas id = "test2" width = "200" height = "200" style = "border:1px solid #c3c3c3;">
    你的浏览器不支持 <canvas>标签,请使用 Chrome 浏览器 或者 Firefox 浏览器</canvas>
<input type = "button" value = "画三角" onclick = "drawTri();"/>
<input type = "button" value = "清除" onclick = "clearTri();"/>
<!-- 绘制三角形的函数代码如下: -->
<script type = "text/javascript">
    function drawTri(){
        var canvas = document.getElementById('test2');
        var ctx = canvas.getContext("2d");
        ctx.beginPath();
        ctx.moveTo(75,50);
        ctx.lineTo(100,75);
        ctx.lineTo(100,25);
        ctx.fill();
      }
    function clearTri(){
        var canvas = document.getElementById('test2');
        var ctx = canvas.getContext("2d");
        ctx.clearRect(0,0,200,200);
```

```
        }
    </script>
```

（2）绘制圆弧的方法：在< canvas >元素中绘制一条弧线的方法是 arc(x, y, radius, startAngle, endAngle, anticlockwise)，参数为所绘制弧的圆心坐标、半径、起始角度（弧度）、终止角度（弧度），是否按顺时针方向绘制。

【示例 6.8】 使用< canvas >标记及属性。

设计一个支持绘图的页面，将文件命名为 E06_08.html，网页功能要求如下：

（1）页面内容及布局在 Firefox 浏览器中的显示效果如图 6.11 所示。

图 6.11 使用< canvas >元素绘制圆弧

（2）使用< canvas >元素创建一个画布区域，新建一个< canvas >元素，并在该元素中通过规定尺寸、颜色和位置绘制两个圆弧。

有关的代码可参见下面，源程序文件见"webPageBook\codes\E06_08.html"。

```
<! DOCTYPE HTML >
< html >
< head >
    < meta http - equiv = "Content - Type" content = "text/html; charset = utf - 8">
    < title >使用< canvas >元素绘制圆弧</title></head>
< body >
    < h3 >使用 canvas 元素绘制圆弧</h3>
    < canvas id = "myCanvas" width = "200" height = "100" style = "border:4px solid #c3c3c3;">
        你的浏览器不支持 < canvas >标签 Your browser does not support the canvas element.
    </canvas >
    < script type = "text/javascript">
        var c = document.getElementById("myCanvas");
        var cxt = c.getContext("2d");
        cxt.beginPath();
        cxt.arc(70,50,30,0,Math.PI * 2,true);
        cxt.closePath();
        cxt.fillStyle = "#ff00ff";
        cxt.fill();
        cxt.beginPath();
        cxt.arc(150,50,30,0,Math.PI * 1,true);
        cxt.closePath();
        cxt.fillStyle = "#0000ff";
```

```
        cxt.fill();
    </script>
</body>
</html>
```

5) 绘制图像

在< canvas >元素中绘制图像需要调用上下文环境对象中的 drawImage()方法,通过该方法可以将页面中存在的<img>元素或者通过 JavaScript 代码创建的 Image 对象绘制在画布中,该方法有 3 种调用格式。

(1) cxt. drawImage(image,dx,dy):其中,cxt 为上下文环境对象,参数 image 表示页面中的图像;参数 dx 表示图像左上角在画布中的横坐标;参数 dy 表示图像左上角在画布中的纵坐标。

(2) cxt. drawImage(image,dx,dy,dw,dh):其中,前 3 个参数的用法与第一种调用格式相同,参数 dw 表示源图像缩放至画布中的宽度;参数 dh 表示源图像缩放至画布中的高度,通过该方式可以将源图像按指定的缩放大小绘制在画布元素< canvas >的坐标为(dx, dy)位置上。

(3) cxt. drawImage(image,sx,sy,sw,sh,dx,dy,dw,dh):其中,参数 image、dx、dy、dw、dh 的用法与第二种调用格式相同;参数 sx、sy、sw 和 sh 表示源图像需要裁剪的范围;参数 sx 表示源图像被绘制部分的横坐标;参数 sy 表示源图像被绘制部分的纵坐标;参数 sw 表示源图像被绘制部分的宽度;参数 sh 表示源图像被绘制部分的高度,通过该方式可以将源图像指定的范围以映射的方式绘制到画布中的指定区域,映射方法如图 6.12 所示。

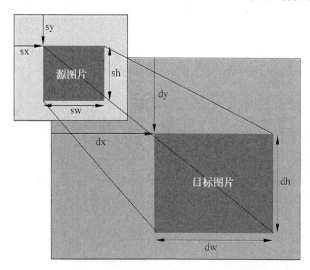

图 6.12　在< canvas >元素中以映射绘制图像的方法

使用映射方法将源图像绘制到画布元素< canvas >中,可以将裁剪的源图像中的图形在画布中进行缩放绘制,从而实现局部放大的效果。

【示例 6.9】　使用< canvas >标记及属性。

设计一个支持绘图的页面,将文件命名为 E06_09. html,网页功能要求如下:

(1) 页面内容及布局在 Firefox 浏览器中的显示效果如图 6.13 所示。

图 6.13　使用<canvas>元素绘制图像

（2）使用<canvas>元素创建一个画布区域，新建一个<canvas>元素，并在该元素中把一幅图像放置到画布上。

有关的代码可参见下面，源程序文件见"webPageBook\codes\E06_09.html"。

```html
<!DOCTYPE HTML>
<html>
<head>
    <meta http-equiv="Content-Type" content="text/html; charset=utf-8">
    <title>使用<canvas>元素绘制图像</title></head>
<body>
    <h3>使用 canvas 元素绘制图像</h3>
    <canvas id="myCanvas" width="320" height="220" style="border:5px solid #aa00c3;">
    你的浏览器不支持<canvas>标签.
    </canvas>
    <script type="text/javascript">
        var c = document.getElementById("myCanvas");
        var cxt = c.getContext("2d");
        var img = new Image()
        img.src = "../image/dog.jpg"
        cxt.drawImage(img,10,10,300,200);
    </script>
</body>
</html>
```

6.6　使用 DWCS5 插入多媒体与外部程序

1. 目标设定与要求

许多设计精美的网页并不是单一的文字与图片，还会通过音乐、视频、动画甚至引入 Java、JS 等外部程序向用户展现不同的内容，这就增加了页面的趣味性、功能性、说明性，同时也有助于充分表现页面的主题。本节的目标是参照 6.1 节的大商集团首页多媒体应用案例针对多媒体与外部程序应用使用 DWCS5 设计一个"大连旅游"宣传页面,具体功能要求如下:

(1) 插入背景音乐,设计关于大连海域的页面背景图片。

(2) 插入 Flash 多媒体欢迎动画,输入文本宣传资料。

(3) 插入宣传视频。

(4) 输入歌词,插入主题歌曲。

(5) 插入外部 JS 程序,实现打开页面弹出"欢迎光临"对话框的功能。

在 IE 浏览器下的参考效果如图 6.14 所示,源程序文件见"webPageBook\codes\E06_10.html"。

图 6.14　多媒体与外部程序页面示例图

2. 准备多媒体素材

制作案例需要用到一些多媒体素材,包括背景图片、音乐素材以及多媒体动画素材(可以为 FLV、SWF 等任意一种动画格式)。所有素材所占的空间应尽量小,以免影响页面的加载速度。在本例中,除了必要的文本素材以外,还用到了背景音乐"This Is. mp3"、大连海域的页面背景图片"dalian_bg. jpg"、主题歌曲文件"刘欢-大连之恋. mp3"、宣传视频文件"dalian. mp4"和 Flash 多媒体欢迎动画文件"welcome. swf",详见 webPageBook/image 文件夹。

3. 设计网页内容与样式

根据页面所要具体呈现的内容对整个页面内容布局进行合理的构思与设计,使整个页面清晰、简洁、实用。首先打开 DWCS5 软件,新建一个 HTML 文件,并在文档的标题栏中输入"使用 DWCS5 插入多媒体与外部程序"的字样,将文件命名为 E06_10.html,在设计窗口和代码窗口中完成设计和代码编写,主要操作步骤如下:

1) 插入背景音乐,设计关于大连海域的页面背景图片

(1) 插入背景音乐:在设计窗口中选择"插入"→"标签"→HTML,在弹出的"标签选择器"对话框中选择 HTML 中的 bgsound,单击"插入"按钮后弹出一个新的对话框,如图 6.15 所示。通过单击"浏览"按钮选择要添加的音乐文件,并且设置好相关属性,单击"确定"按钮。

图 6.15　插入背景音乐

(2) 设置背景图片,在代码窗口中编写以下代码:

```
<body background = "../image/dalian_bg.jpg">
```

2) 插入 Flash 多媒体欢迎动画,输入文本宣传资料

(1) 插入动画:选择"插入"→"媒体"→SWF(根据需求选择不同的文件类型),在弹出的如图 6.16 所示的对话框中选择要插入的文件,即可完成多媒体的插入操作。

图 6.16　插入 SWF 文件

然后在属性面板中进行样式设计,代码如下:

```
#welcome{width:600px;height:60px;margin:20px auto;}
```

(2) 输入文本宣传资料,插入 div 标记,设计样式;在其内部插入 h2 和 blockquote 标记,即内容,并对代码完善如下(完整代码参见源程序文件"webPageBook\codes\E06_10.html"):

```
< div style = "color: #f06; line - height:27px; font - weight:bold;">
    < h2 >大连简介:</h2 >
    < blockquote >大连,别称滨城,……国家环保模范城市等荣誉.</blockquote >
</div >
```

3) 插入宣传视频和主题曲

插入一个一行两列的表格,在表格内插入宣传视频"dalian.mp4"和主题曲音频文件"刘欢-大连之恋.mp3"。

(1) 在表格左边的单元格中插入视频:选择"插入"→"媒体"→"插件",打开对话框进行文件的选择,并在属性面板中进行相应的设置,具体如图 6.17 所示。然后对整个页面进行调整,使之美观。

图 6.17 插入视频的属性值

并对生成的代码完善如下:

```
< video width = "400" height = "350" controls = "controls">
  < source src = "../image/dalian.mp4" type = "video/mp4">
            您的浏览器不支持 video 标签.
</video >
```

(2) 在表格右边的单元格中设置主题曲。

首先输入主题曲歌词,插入 div 标记,即< div id="musicdes">,设计样式,代码如下:

```
# musicdes{font - size:14px;color: #000;font - weight:bold;line - height:16px; padding - left:50px;}
```

在 div 标记内部插入 h4 标记和 p 标记,即内容,并对代码完善如下(完整代码参见源程序文件"webPageBook\codes\E06_10.html"):

```
< div id = "musicdes">< h4 >歌词</h4 >
    < p >太平洋的风挽着我的手,去追赶你奔跑的身影</p >
    ……
    < p >千里万里走不出爱的时空,我是大连灿烂的笑容
</div >
```

其次插入主题曲音乐,将插入面板切换至"常用"项目,选择"多媒体"→"插件",打开对话框选择相应的音频文件即可,其余操作步骤同视频插入,并对生成的代码完善如下:

```
< embed style = "padding - left:50px;" src = "../image/刘欢 - 大连之恋.mp3" autostart = "false" loop = "false" width = "300" height = "60"></embed >
```

4) 插入外部 JS 程序

首先编写实现弹出"欢迎光临"对话框的 JavaScript 程序(具体方法请参照 14.7 节),将文件命名为 E06_10.js,具体代码如下:

```
< script language = "javascript">
    function welcome(){
        alert("欢迎光临!");
    }
</script>
```

其次引用外部 JS 程序,选择"插入"→HTML→"脚本对象"→"脚本",在弹出的对话框中将类型选择为"text/javascript",然后选择对应的文件,单击"确定"按钮,生成的代码为" < script type = "text/javascript" src = "../javascript/E06_10.js"></script >"。

5) 完善页面的设计及代码

对整个页面的设计及代码进行完善后保存文件,有关的代码可参见下面,源程序文件见"webPageBook\codes\E06_10.html"。

```
<! DOCTYPE HTML>
< html >
< head >
    < meta http - equiv = "Content - Type" content = "text/html; charset = utf - 8">
    < title >使用 DWCS5 插入多媒体与外部程序</title>
    < bgsound src = "../image/This Is.mp3" delay = "1" balance = "0">
    < script type = "text/javascript" src = "../javascript/jquery - 1.12.1.min.js"></script >
    < script type = "text/javascript" src = "../javascript/E06_10.js"></script >
    < script src = "../javascript/swfobject_modified.js" type = "text/javascript"></script >
    < style type = "text/css">
        #main{margin - left:100px;}
        #welcome{width:600px;height:60px;margin:20px auto;}
        h4{font - family: "宋体", "黑体", Arial;
            font - size: 18pt; color: #ff0;   text - align: center;}
        h2 {font - family: "宋体", "黑体", Arial;font - size: 18pt;color: #9C0;}
        #musicdes{   font - size:14px;   color: #000;   font - weight:bold;
                    line - height:16px;padding - left:50px;}
    </style>
</head>
< body background = "../image/dalian_bg.jpg">
  < div id = "main">
    < div id = "welcome">
      < object id = "swf" type = "application/x - shockwave - flash" data = "../image/
        welcome.swf"   width = "600" height = "60"></object >
    </div>
  < div style = "color: #f06; line - height:27px; font - weight:bold;">
      <h2>大连简介:</h2>
      <blockquote>大连,别称滨城,旧名达里尼、青泥洼。位于辽宁省辽东半岛南端,地处黄渤海
之滨,背依中国东北腹地,与山东半岛隔海相望。是中国东部沿海重要的经济、贸易、港口、工业、旅
游城市。大连历史悠久,早在 6000 年前,祖先就开发了大连,1899 年开始称大连。大连环境绝佳,气
候冬无严寒,夏无酷暑,有"东北之窗""北方明珠""浪漫之都"之称,是中国东北对外开放的窗口和
最大的港口城市;先后获得国际花园城市、中国最佳旅游城市、国家环保模范城市等荣誉。
</blockquote>
    </div>
```

```
< table width = "580" border = "0" align = "left">
  < tr > < td >
      < video width = "400" height = "350" controls = "controls">
        < source src = "../image/dalian.mp4" type = "video/mp4">
          您的浏览器不支持 video 标签.
      </video>
  </td>
  < td >
      < div id = "musicdes"> < h4 >歌词</h4>
      < p >太平洋的风挽着我的手,去追赶你奔跑的身影</p>
      < p >沧桑变幻美妙瞬间,我期待同你一样年轻</p>
      < p >你的蔚蓝如诗如梦,你的芬芳从春到冬
      < p >我用生命对你承诺,黄金海岸耸立我们的成功
      < p >千里万里走不出爱的时空,大连是我心中的永恒
      < p >千里万里走不出爱的时空,我是大连灿烂的笑容
      </div> < br >
      < embed style = "padding - left:50px;" src = "../image/刘欢 - 大连之恋.mp3" autostart
= "false" loop = "false" width = "300" height = "60"></embed>
  </td>
  </tr>
  </table>
</div>
</body>
</html>
```

本 章 小 结

本章首先介绍图像、音频、视频、动画等多媒体知识和用 Java、JavaScript 语言编写的外部程序的概念,以及大商集团主页的部分多媒体应用案例;然后讲述了在网页中插入图像的标记< img >和图像映射标记< map >、< area >,嵌入音频、视频和动画的标记< embed >、< object >、< img >,插入背景音乐的标记< bgsound >,插入脚本的标记< script >、< noscript >和插入 Java 小程序的标记< applet >;接着介绍 HTML5 多媒体设计的前沿知识,包括多媒体播放标记< video >、< audio >的功能及用法;在网页中绘图标记< canvas >;用 DWCS5 插入多媒体与外部程序,设计一个"大连旅游"宣传页面。

通过本章的学习读者了解了多媒体及外部程序在实际网页设计中的运用,掌握了多媒体及外部程序设计的基本知识和技术;通过示例的学习读者掌握了运用 DWCS5 工具设计多媒体及外部程序的操作方法,具备了运用设计窗口和代码窗口进行网页设计的能力;同时新内容的跟踪和进阶学习知识的补充使读者了解了 HTML5 多媒体及外部程序的前沿知识和技术,也开阔了视野。

进 阶 学 习

1. 外文文献阅读

阅读下面关于"多媒体"知识的双语短文,从中领悟并掌握专业文献的翻译方法,培养外文文献的研读能力。

One of the main changes from HTML4 to HTML5 is that the new specification breaks a few of the boundaries that browsers have been confined to. Instead of restricting user interaction to text, links, images and forms, HTML5 promotes multimedia, from a generic < object > element to a highly specified < video > and < audio > element, and with a rich API to access in pure JavaScript.

【参考译文】：HTML5 相对于 HTML4 的主要变化之一是新规范突破了一些浏览器的局限。HTML5 不是将用户交互限制于文本、链接、图片和表格，而是促进多媒体技术，包括从一个通用的< object >元素到高度规范说明的< video >和< audio >元素，以及一套丰富的 API 来供 JavaScript 使用。

Native multimedia capability has a few benefits：

• End users have full control over the multimedia.

The native controls of browsers allow users to save videos locally or email them to friends. Also, HTML5 video and audio are keyboard-enabled by default, which is a great accessibility benefit.

• End users do not need to install a plug-in to play them.

The browser already has everything it needs to play movies and sound.

• Video and audio content on the page can be manipulated.

They are simply two new elements like any other that can be styled, moved, manipulated, stacked and rotated.

• You can build your own controls using HTML, CSS and JavaScript. No new skills or development environment needed.

• Interaction with the rest of the page is simple.

The multimedia API gives you full control over the video, and you can make the video react both to changes in the video itself and to the page around it.

【参考译文】：本地化多媒体功能有以下几个好处。

（1）终端用户可以完全控制多媒体元素。

用户可以通过浏览器将视频保存在本地或者通过电子邮件传递给朋友。另外，HTML5 中的视频和音频元素在默认情况下可以通过键盘操作，这对用户的访问是非常有好处的。

（2）终端用户不需要安装一个插件来播放多媒体元素。

在浏览器中已经内置了播放视频和音频所需的一切插件。

（3）页面中视频和音频内容的可操作性。

这两个新元素和其他元素一样能够设计样式、移动、操纵、堆放和旋转。

（4）用户可以利用 HTML、CSS 和 JavaScript 建立自己的控件，而不需要其他新技术或开发环境。

（5）与页面中其他内容的交互是简单的。

通过多媒体 API 可以完全控制 video 元素，并且 video 元素可以对自身及页面中其他内容的变化做出响应。

2. 对 canvas 元素的进一步学习

HTML5 中最吸引人的新功能大概就是 canvas 绘图了，强大到以后基本上可以代替 Flash 在网页中的效果。下面利用 canvas 和 JavaScript 制作一个简单的动画——上下移动的球,效果如图 6.18 所示。

图 6.18　参考效果图

有关的代码可参见下面,源程序文件见"webPageBook\codes\E06_11.html"。

```
<html>
<head>
   <title>利用 HTML5 canvas 画来回移动的球</title></head>
<body>
   <canvas width = "300" height = "300" style = "background: #CCC;" onmousemove = "mousexy
(event)" id = "canvas">您的浏览器版本不支持此功能</canvas>
   <div id = "show"></div>
   <script type = "text/javascript">
      var canvas = document.getElementById('canvas');
      var cxt = canvas.getContext("2d");
      var dir = 50;
      var exp = 1;                   //掉头
      function start(){
        cxt.clearRect(0,0,300,300);
        cxt.beginPath();
        cxt.fillStyle = "skyblue"
        cxt.arc(200,dir,30,0,360,false)
        cxt.closePath();
        cxt.fill();
        dir = dir + exp;
        if(dir == 0||dir == 300){
            exp = exp * -1;
        }
      }
   </script>
   <button id = "start" onclick = "tt = setInterval(start,10);"> 开始</button>
   <button id = "end" onclick = "clearInterval(tt);">结束</button>
</body>
</html>
```

3. 视频编码解码器

视频编码解码器是一款可以对特定文件格式的视频进行编码或解码的软件,虽然

HTML5 标准最初强制支持 Theora Ogg 视频编码解码器,但在受到 Apple 和 Nokia 的反对之后这个要求就从标准中去掉了。

令人遗憾的是,这就意味着不同的浏览器支持不同的编码解码器,这听起来确实让人痛苦。但最近情况有所改善,只需要向不同的浏览器提供两种不同格式的视频内容,例如向 Safari 和 Internet Explorer 9 提供 MP4/H.264 格式视频,向 Firefox、Chrome 和 Opera 提供 WebM 格式视频。Firefox 也支持 Theora Ogg,但在版本 4 之后就开始支持 WebM 格式了。

由于在很多时候并不确定真正使用的是哪种编码解码器,因此最好只是提供文件类型,由播放器自身来决定能否播放。当然,用户可以指定用于编码视频文件的确切的编码解码器。若想指定某一编码解码器,可以使用以下代码:

```
< video autoplay controls >
    < source src = "myVideo.mp4" type = 'video/mp4; codec = "mp4a.40.2"'>
    < source src = "myVideo.webm" type = 'video/webm; codec = "vp8"'>
</video >
```

当然,也要向那些继续使用 Internet Explorer 8 及更低版本、不支持 HTML5 的浏览器的用户提供相应的解决方案。

由于浏览器会自动忽略它们不能解读的东西,像 Internet Explorer 8 那样的传统浏览器就会跳过 video 和 source 元素,视它们为不存在。用户可以利用这一特性寻找另外一种替代的、显示自己的视频的方法,通过一个简单的下载链接或者像 Flash Player 那样的第三方插件。传统的浏览器将会只显示视频文件下载链接,而添加对 Flash Player 插件的支持同样很简单:

```
< video autoplay controls >
  < source src = "myVideo.mp4" type = "video/mp4">   < source src = "myVideo.webm"
      type = "video/webm">
  < object type = "application/x - shockwave - flash"
      data = "player.swf?videoUrl = myVideo.mp4&autoPlay = true">
    < param name = "movie" value = "player.swf?videoUrl = mVideo.mp4&autoPlay = true">
  </object >
  < a href = "myVideo.mp4">Download the video </a>
</video >
```

在上面这个例子中,像 Internet Explorer 8 那样版本较老的浏览器就会在 Flash Player 中显示视频(如果系统中装有 Flash Player),视频的下载链接也会显示。通过提供下载链接以及退回到使用 Flash Player 等方法,向那些没有安装 Flash Player 的用户提供了通过下载视频然后在计算机上观看视频的访问方法。

思考与实践

1. 思辨题

判断(✓×)

(1) 在利用网络下载的各种音乐格式中,MP3 是压缩率最高、音质最好的文件格式。

(   )

(2)＜noscript＞标记规定了当脚本程序不能够执行时的替代内容,以便给用户一个提示。　　　　　　　　　　　　　　　　　　　　　　　　　　　　　　( )

(3) 在 HTML5 中,通过设置 loop 属性可以实现媒介文件的循环播放。　( )

选择

(4) 以下( )文件格式的图片背景可以是透明的。

    A. gif　　　　　　　　B. jpeg　　　　　　　　C. bmp　　　　　　　　D. 无

(5) 要想实现图片的居中显示,需要将图片的 align 属性设置为( )。

    A left　　　　　　　　B. right　　　　　　　　C. middle　　　　　　　　D. top

(6)＜area＞标记中用来规定热区形状(如矩形、多边形、圆等)的属性是( )。

    A. area　　　　　　　　B. name　　　　　　　　C. map　　　　　　　　D. shape

填空

(7) _____属性规定了图像不能被显示出来时在空白区域中显示的替换文本。

(8)＜script＞标记中用来指定程序执行时是否延迟的属性名称是_____。

(9) _____标记用来为＜img＞标记指定的图像设置映射区域。

(10) 在 HTML5 中,_____属性可以使视频在页面加载时进行加载,并预备播放。

2. 外文文献阅读实践

查阅、研读一篇大约 1500 字的关于网页中使用多媒体与外部程序技术的小短文,并提交英汉对照文本。

3. 上机实践

1) 页面设计:借助网上素材设计一个在展会上宣传汽车的 HTML 文件

要求如下:

(1) 使用图像作为水平线。

(2) 使用图像作为项目符号。

(3) 利用图像的边框、大小、对齐和间距等属性使图像与文本形成文字环绕效果。

参考效果图如图 6.19 所示(参考答案见 chp06_zy31.html)。

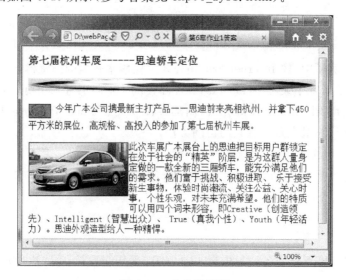

图 6.19　参考效果图

2）页面设计：借助网上素材设计一个介绍各省旅游资源的 HTML 文件

要求如下：

（1）要求使用背景音乐。

（2）当页面打开时能够调用< head >标记内的 JavaScript 函数打开"欢迎光临中国旅游资源网！"的提示对话框。

（3）下载并在页面中插入一幅中国地图。

（4）在中国地图上面至少选择 4 个省份，分别作出多边形或圆形热区，将每个热区链接到一个该省的旅游风景区。

参考答案见 chp06_zy32.html。

3）页面设计：借助网上素材设计一个汽车产品宣传的 HTML 文件

要求如下：

（1）当鼠标指针在"请欣赏 Honda 本田系列汽车官网视频展示"上方时能够调用< head >标记内的 JavaScript 函数打开"欢迎客户访问公司官方网站"的提示对话框。

（2）能够运用 JavaScript 函数让用户自由选择要播放的产品解说音频文件，了解产品说明。

（3）使用 video 标记及 JavaScript 函数播放公司产品的视频展示。

参考效果图如图 6.20 所示（参考答案见 chp06_zy33.html）。

图 6.20　参考效果图

HTML5 网页多媒体与外部程序

第7章　CSS3 样式表定义与应用

本章导读：

前面我们学习了 HTML5 的知识、了解了网页中结构及内容的设计，但在进行网页设计时仅此还不够，还必须考虑网页内容的格式控制，以便使页面的字体变得更漂亮，内容更容易编排，页面更让人赏心悦目，为此引入 CSS 样式表。本章就引导读者学习 CSS3 样式表的设计与应用。

首先通过一个案例的介绍让大家了解样式表在网站中的实际运用，同时建立读者对样式表的初步感性印象；接着通过理论与示例相结合的方式具体讲解样式表选择器及其在网页中的应用；同时紧跟技术的发展介绍 CSS3 样式表设计前沿内容；最后指导大家使用 DWCS5 工具实现一个复杂样式的页面设计。

7.1　CSS3 样式表简介及应用案例

CSS3 是 CSS2 技术的升级版本，是全球互联网发展的未来趋势，因为 CSS3 使用的新技术将简化网站的开发流程，也会带来更好的用户体验。

样式表的运用在网页中处处可见，例如京东网上商城（www.jd.com）页面就对 div、ul、li、h2 等内容的格式设计使用了样式表。图 7.1 所示为京东主页 1F 层"家电通讯"的部分样式应用示例，包括字体、字号、颜色、图像对齐等的样式设置。

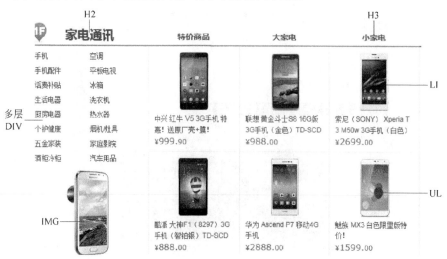

图 7.1　京东网上商城样式表的应用

对于页面中样式表的应用,如希望直接查看整个页面的应用情况,可通过使用 IE 浏览器将京东网上商城页面打开后右击页面,查看源文件;如希望直接查看特定元素的样式表应用,可使用 Chrome 浏览器将京东网上商城页面打开后右击页面中的特定元素,选择"审查元素"查看。

7.2　CSS3 样式表选择器

7.2.1　基本选择器

选择器决定了要选择页面中的哪些对象(如段落、表格等)进行样式设置,基本选择器包括 HTML 标记选择器、class(类)和 id(标识符)选择器。

选择器样式是由放在{ }中的多个"属性:属性值"对的列表组成的,中间用分号隔开,其语法格式为"选择器名{属性:属性值;…属性:属性值}"。例如用来声明页面中所有<p>标记样式为"楷体、红色、斜体"风格的段落标记选择器的代码如下:

```
p{ font - family:楷体_GB2312; color: red; font - style: italic }
```

1. 标记选择器

标记选择器是给指定标记定义样式的。例如我们可以定义<h3>标题标记选择器的样式表如下:

```
h3{ font - family: 楷体_GB2312; color: blue; text - decoration: underline; font - style:
italic }
```

在上面的代码中,h3 是被定义的标记选择器名,"font-family:楷体_GB2312"是被定义的样式属性,指明字体名是楷体_GB2312;"color:blue"指明字体颜色是蓝色;"text-decoration:underline"指明文本的修饰是下画线;"font-style:italic"指明文本的字体样式是斜体。

一旦为标记选择器定义了样式表,则 HTML 文档中的所有该标记将以同样的样式进行显示。

【示例 7.1】　使用内嵌式样式表为标记选择器<h3>和<p>设计样式。

页面文件命名为 E07_01.html,具体样式要求如下:

(1) h3 标记样式:楷体_GB2312、蓝色、下画线、斜体。

(2) 段落 p 标记样式:段落边框为实线、边框颜色为绿色、段落背景色为银白色。

在 Firefox 浏览器中的显示效果如图 7.2 所示。

本例网页的代码可参见下面,源程序文件见"webPageBook\codes\E07_01.html"。

```
< html >
< head >
  <title>为 HTML 标记选择器定义样式的示例</title>
  < style type = "text/css">
    <!-- / * 以下为 h3 和 p 标记定义样式 * /
      h3{ font - family: 楷体_GB2312; color: blue; text - decoration: underline;
      font - style: italic }
```

```
        p{ background - color:silver; border - style: solid; border - color:green }
      -->
  </style>
</head>
<body>
  <h2>为 HTML 标记选择器定义样式表</h2>
  <h3>h3 标记样式: 楷体_GB2312、蓝色、下画线、斜体</h3>
  <p>段落 p 标记样式: 段落边框为实线、边框颜色为绿色、段落背景色为银白色.</p>
  <hr size = "3" color = "#800000">
  <h3>我是第二个 h3 标记,我的显示样式和第一个 h3 标记一样吧!</h3>
  <p>我是第二个段落 p 标记,我的显示样式和第一个 p 标记一样吧!</p>
</body>
</html>
```

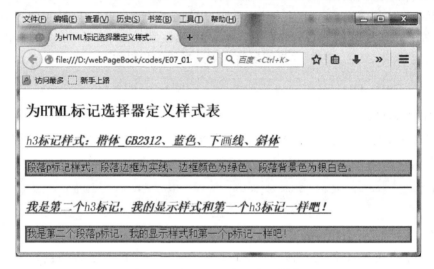

图 7.2　为 HTML 标记定义样式

2. class(类)和 id(标识符)选择器

上面直接使用标记选择器定义 CSS 样式复杂且不灵活,如希望正文中的多个<h3>标记的颜色互不相同,则使用上面的方法就不方便了,为此引入 class(类)和 id(标识符)选择器来定义 CSS 样式。

其方法与标记选择器定义样式表相似,如样式表代码的位置和样式表代码的组成都是相同的。其中,class(类)选择器名以圆点开头,而 id(标识符)选择器名以#号开头。

例如定义 class 选择器 myh3 样式,代码如下:

```
.myh3{ font - family:楷体_GB2312; color: blue; text - decoration: underline; font - style:
italic }
```

例如定义 id 选择器 myp 样式,代码如下:

```
#myp{ background - color:silver; border - style: solid; border - color:green }
```

【示例 7.2】　使用内嵌式样式表为 class 选择器 myh3 和 id 选择器 myp 设计样式。

将页面文件命名为 E07_02.html,具体样式要求如下:

（1）class=myh3 的 h3 标记样式：楷体_GB2312、蓝色、下画线、斜体。

（2）id=myp 的段落 p 标记样式：段落边框为实线、边框颜色为绿色、段落背景色为银白色。

在 Firefox 浏览器中的显示效果如图 7.3 所示。

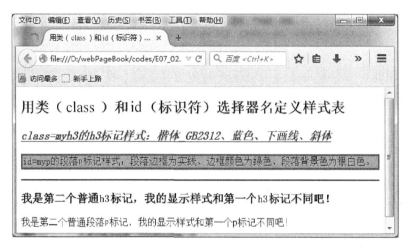

图 7.3　用类 class 和 id 选择器定义样式

本例网页的有关代码可参见下面，源程序文件见"webPageBook\codes\E07_02.html"。

```
<html>
<head>
<title>用类(class)和 id(标识符)选择器名定义样式表的示例</title>
<style type="text/css">
<!-- /* 以下用类 class 和 id 选择器名定义样式表 */
    .myh3{ font-family: 楷体_GB2312; color: blue; text-decoration: underline;
        font-style: italic }
    #myp{ background-color:silver; border-style: solid; border-color:green }
-->
</style>
</head>
<body>
    <h2>用类(class)和 id(标识符)选择器名定义样式表</h2>
    <!-- 应用 class 选择器名 myh3 的 h3 标记 -->
    <h3 class=myh3>class=myh3 的 h3 标记样式：楷体_GB2312、蓝色、下画线、斜体</h3>
    <!-- 应用 id 选择器名 myp 的 p 标记 -->
    <p id=myp>id=myp 的段落 p 标记样式：段落边框为实线、边框颜色为绿色、段落背景色为银白
色。</p>
    <hr size="3" color="#800000">
    <h3>我是第二个普通 h3 标记,我的显示样式和第一个 h3 标记不同吧!</h3>
    <p>我是第二个普通段落 p 标记,我的显示样式和第一个 p 标记不同吧!</p>
</body>
</html>
```

7.2.2　复合选择器

复合选择器是由多个基本选择器复合而成的,用复合选择器定义样式表的内容如下。

（1）标记名.选择器（由 class 名定义的）：其样式只适用于具有该选择器名的指定标记。

例如用标记选择器 p 和 class 选择器定义复合选择器的代码如下：

```
p. myp3{ font－family:楷体_GB2312; color: blue;font－style: italic }
```

该样式仅适用于< p class＝"myp">标记。

（2）并列选择器：为了减少样式表的重复声明，可以把具有共同属性和属性值的多个选择器的声明并列组合在一起，选择器名之间用逗号分开。例如"h1,h2,h3,h4{color:red;font-family:楷体_GB2312}"。

并列选择器的语法格式为"选择器名 1,…,选择器名 k"（其中选择器名可以是复合选择器名）。其样式适用于所有具有该选择器名 1 或选择器名 k 的标记。

例如标记选择器、class 选择器和 id 选择器定义复合选择器的代码如下：

```
.myp3,h1,♯myid{ font－family:楷体_GB2312; color: blue;font－style: italic }
```

该样式为具有指定选择器名.myp3、h1 或♯myid 的所有标记设定共同的样式。

（3）全局选择器名：＊,为网页中的所有标记设定共同样式。

（4）嵌套选择器名：选择器名 1…选择器名 k（其中选择器名可以是复合选择器名，选择器名之间用空格分隔）。其样式适用于具有该嵌套选择器名选择器名 1……选择器名 k 的标记。

例如用标记选择器、class 选择器定义嵌套复合选择器的代码如下：

```
h1 .myp3{ font－family:楷体_GB2312; color: blue;font－style: italic }
```

该样式为 h1 标记内部包含（嵌套）的具有指定类选择器名".myp3"的标记设定样式。

再如，由 p、em 标记选择器组成复合选择器"p em{ font-weight:bold}"。

表明在 p 标记中具有 em 标记的文本会变成粗斜体。例如以下代码：

```
<p>白日依<em>山尽,黄河</em>入海流</p>
```

其中的"山尽,黄河"将以"粗斜体"显示。

此外还有直接子元素选择器（以大于号分隔），例如"p＞span{color:blue;}",以及相邻兄弟选择器（以加号分隔）、普通兄弟选择器（以破折号分隔）。

7.2.3 伪类与伪元素选择器

1. 伪类及锚伪类选择器

伪类是特殊的类,用于区别不同种类的元素。伪类选择器和类选择器不同,是 CSS 已经定义好的,不能像类选择器那样随意用其他名字,伪类能自动地被支持 CSS 的浏览器所识别。

伪类的语法是在原有的语法中加上一个伪类(pseudo-class),其语法规则的形式如下：

```
selector:pseudo－class {property: value}
```

意即"选择器:伪类{属性:值}"。

最常用的伪类选择器是 4 种 a(锚)元素的伪类选择器,它们分别表示链接的 4 种不同状态,即 link(未访问的链接)、visited(已访问的链接)、active(激活的链接)、hover(鼠标指针停留在上方的链接)。样式代码如下:

```
a:link {color: red; text-decoration: none}            /* 未访问的链接 */
a:visited {color: green; text-decoration: none}       /* 已访问的链接 */
a:hover {color:purple; text-decoration: underline}    /* 鼠标指针在链接上 */
a:active {color: blue; text-decoration: underline}    /* 激活的链接 */
```

在上述代码中,4 种 a(锚)元素的伪类选择器样式设置是链接未访问时的颜色是红色且无下画线,访问后是绿色且无下画线,激活链接时为蓝色且有下画线,鼠标指针在链接上时为紫色且有下画线。

上面的锚(anchors)伪类一旦定义好,页面中的所有链接将采用同样的样式显示,而通过复合选择器可以在同一个页面中做出几组不同的链接效果。例如,我们可以定义 a.red 复合选择器(链接为红色,访问后为蓝色)和 a.blue 复合选择器(链接为蓝色,访问后为粉色),代码如下:

```
a.red:link {color: red}      a.red:visited {color: blue}
a.blue:link {color: blue}    a.blue:visited {color: pink}
```

如果将上述选择器应用在两组不同的链接上,则代码可以写为:

```
<a class = "red" href = "…">这是第一组链接</a>
<a class = "blue" href = "…">这是第二组链接</a>
```

2. 伪元素及首行、首字母伪元素选择器

伪元素是特殊的元素,能自动地被支持 CSS 的浏览器所识别。伪元素指元素的一部分,例如段落元素的第一个字母。伪元素的语法规则形式如下:

```
selector:pseudo-class {property: value}
```

意即"选择符:伪元素{属性:值}"。

使用首行(first-line)伪元素可以对元素的首行设定不同的样式,首行伪元素可以用于任何块级元素(例如 p、h1、div 等)。以下是一个首行伪元素的例子,设置 div 块的第一行为红色:

```
div:first-line {color: red}
```

使用首字母(first-letter)伪元素可以对元素的首字母设定不同的样式,例如用于加大字体和添加其他效果。一个首字母伪元素可以用于任何块级元素(例如 p、h1、div 等)。以下是一个首字母伪元素的例子,设置段落标记中文本首字的尺寸为默认大小的两倍:

```
p:first-letter {font-size: 200%}
```

下面我们来看一个应用 CSS 样式表伪类和伪元素的例子。

【示例 7.3】 使用内嵌式样式表为 a(锚)元素的伪类选择器和伪元素选择器设计样式。将页面文件命名为 E07_03.html,具体样式要求如下:

(1) 为 a 元素的未访问、已访问、激活的和鼠标指针停留在上方的链接分别设计样式。

(2) 为 div 的首行、h3 的首字母设计样式。

在 Firefox 浏览器中的显示效果如图 7.4 所示。

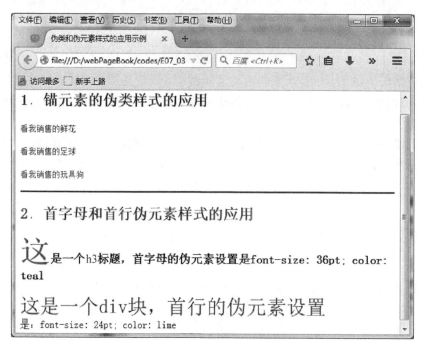

图 7.4 伪类和伪元素样式的应用

本例网页的有关代码可参见下面,源程序文件见"webPageBook\codes\E07_03.html"。

```html
<html>
<head><title>伪类和伪元素样式的应用示例</title>
    <style type="text/css">
    <!--/*锚元素的伪类样式设置*/
    a{text-decoration:none}/*若无此句,浏览器可能会保持默认的超链接样式*/
    a:link{font-size: 10pt; color: purple ;text-decoration:none}
    a:hover { font-size: 14pt; color: blue;text-decoration:underline }
    a:active { font-size: 12pt; color: green }
    a:visited {font-size: 12pt; color: red }
    -->
</style>
    <style type="text/css">
    <!--/*伪元素样式设置*/
    div:first-line{ font-size: 24pt; color:purple }
    h3:first-letter { font-size: 36pt; color: teal }
    --></style>
</head>
<body>
    <h2><font color="#0000FF">1.锚元素的伪类样式的应用</font></h2>
```

```
<p><a href = "BG.jpg">看我销售的鲜花</a></p>
<p><a href = "football.jpg">看我销售的足球</a></p>
<p><a href = "dog.jpg">看我销售的玩具狗</a></p>
<hr size = "3" color = "#800000">
<h2><font color = "#0000FF">2.首字母和首行伪元素样式的应用</font></h2>
<h3>这是一个 h3 标题,首字母的伪元素设置是 font - size: 36pt; color: teal </h3>
<div>这是一个 div 块,首行的伪元素设置是: font - size: 24pt; color: lime </div>
</body>
</html>
```

注意:在上述示例中,当我们单击过一次超链接后返回页面,并把鼠标指针移到超链接上方时,发现其不再按照"蓝色、下画线"的方式显示,因为此时显示的是"已访问的链接"。为避免这种情况发生,可以将样式"a:visited"去掉。

7.3　CSS3 样式表在网页中的应用

在定义好样式表后,就要将其应用到 HTML 文档相应的标记上,以便页面能够按照其指定的样式显示。CSS 样式表包括内部样式表和外部样式表,具体应用方法为行内式、内嵌式、外链式和导入式。

7.3.1　内部样式表的应用

内部样式表是指 CSS 样式表的代码是置于 HTML 文件内部的,无须以独立于 HTML 文件的形式单独保存,包括行内式和内嵌式。

1. 行内式样式表

行内式样式表是指将样式表直接放在要设定样式的标记之后。例如需要定义某个具体段落标记<p>的样式为"背景颜色是银白色、段落边框为实线、边框颜色为绿色",则代码可以书写如下:

```
<p style = "background - color:silver; border - style: solid; border - color:green ">…</p>
```

行内式样式表只能够针对具体的标记起作用,没有体现 CSS 样式表的优越性,应用比较少。

2. 内嵌式样式表

内嵌式样式表是嵌入在 HTML 文件中的<head>标记内的 CSS 样式表,具体位置如下:

```
<head>
  <style type = text/css>
    <!-- /*以下是用类 class、id 名以及标记选择器等定义的内嵌式样式表*/
    内嵌样式定义
    -->
  </style>
</head>
```

其中,语句< style type=text/css >指明该标记内部嵌入的是以文本形式出现的 CSS 样式表,如果浏览器不支持 CSS 样式表则可以忽略样式表。

内嵌式样式表只能够针对当前页面的标记起作用。当前页面的某个标记如果需要使用内嵌样式表中以类(class)选择器名和 id 选择器名定义的样式,只需在该标记中用 class="类选择器名"或 id="id 选择器名"引用即可。

如果内嵌样式是直接用 HTML 标记选择器名命名的,则当前 HTML 文件中的所有该标记都自动应用该样式。

7.3.2 外部样式表的应用

1. 外部 CSS 文件

内部样式表代码是置于 HTML 文件内部的,因此它只能够应用于当前的 HTML 文件。如果希望站点中的其他文件也使用同样的样式表,则需要重新编写一次代码,这样上面的方法既不够灵活,也不够方便,为此引入外部样式表。

外部样式表是指 CSS 样式表的代码是置于 HTML 文件外部的,并以独立于 HTML 文件的形式单独保存在扩展名为.css 的 CSS 样式表文本文件。例如下面的代码组成样式表文件 mycss.css(源程序清单见"webPageBook/css/mycss.css")。

```
.myfont{font-family:楷体_GB2312; color:blue;
        text-decoration:underline; font-style:italic}
#myp{ background-color:silver; border-style: solid; border-color:green }
h3{ font-family: 宋体; color: blue; text-decoration: overline; font-style: italic }
```

2. CSS 文件的编辑

因为 CSS 样式表的内容就是普通的文本,所以任何一个纯文本编辑器都可以作为 CSS 的编辑器,例如 Windows 中的记事本、写字板,Linux 中的 Kedit、Lxy 等,只要在保存文件时将扩展名改为.css 即可。

除此之外,用户也可以使用一些"所如见即所得"的、功能更为强大的专用的 CSS 编辑工具(例如 Dreamweaver、FrontPage 等)编辑。这些编辑工具集代码编辑、效果显示功能于一身,而且可以将各种不同的代码用不同的格式显示,便于编辑。

不过,编辑工具也不是万能的,不能取代大家对 CSS 语言的学习。如果我们不了解 CSS 语句的对象、各个参数的意义就不可能很好地使用这些工具,而且在很多时候我们不得不直接修改网页的源代码,所以建议大家使用纯文本编辑器编写代码,这有助于学习 CSS 语言基础。

这里以 Windows 系统中的"记事本"工具为例对前面的 CSS 文件 mycss.css 进行编辑。

首先打开"记事本"(方法是单击"开始"按钮,选择"程序"→"附件"→"记事本"),然后在"记事本"的编辑窗口中输入所有 CSS 样式代码,在输入过程中可以随时进行编辑、修改,非常方便。

CSS 文件的扩展名可以是.css。在整个 CSS 文件编辑完毕后即可存盘,方法是在记事本窗口中选择"文件"→"保存"命令,此时将打开"另存为"对话框,在对话框的"保存在"列表框中选择存盘路径,在"保存类型"列表框中选择所有,然后将此文件命名为"mycss.css"(要包括扩展名),单击"保存"按钮即可。

3. CSS 文件的应用

1）外链式方法

外链式方法是指把已经建好的外部". css 样式表"文件使用< link >标记链接到当前页面，以便应用其中的样式。

< link >标记在当前页面的位置和其中的属性设置如下：

```
< head >
    < link rel = "stylesheet" type = "text/css" href = ".css 样式表文件 URL">
</head>
```

在上述代码中，属性"href＝". css 样式表文件 URL""，指明被链接（href）的外部 CSS 样式表文件的 URL 地址；"rel＝"stylesheet""指明被链接的外部 CSS 样式表文件和当前 HTML 文件的关系 rel（relationship），它是当前 HTML 文件的样式表（stylesheet）文件；"type＝"text/css""指明被链接的外部 CSS 样式表文件的类型（type），它是文本文件（text）形式的 CSS 样式表文件。

采用这种方法应用的样式表也称为外链式样式表。当前页面的某个标记如果需要使用外链式样式表中以类（class）和 id 选择器定义的样式，只需在该标记中用 class＝"类选择器名"或 id＝"id 选择器名"引用即可。

【示例 7.4】 使用外链式样式表设计样式。

将页面文件命名为 E07_04. html，具体要求如下：

（1）链接自定义的外部样式表文件 mycss.css，格式化当前页面。

（2）对段落 p 应用 mycss.css 中 myfont 选择器的样式。

（3）对段落 p 应用 mycss.css 中 myp 选择器的样式。

在 Firefox 浏览器中的显示效果如图 7.5 所示。

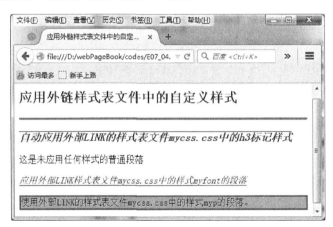

图 7.5　使用外链式样式表设计网页样式

本例网页的有关代码可参见下面，源程序文件见"webPageBook\codes\E07_04. html"。

```
< html >
< head >< title >应用外链样式表文件中的自定义样式</title>
<!-- 链接自定义的外部样式表文件 mycss.css -->
< link rel = "stylesheet" type = "text/css" href = "../css/mycss.css">
```

CSS3 样式表定义与应用

```
</head>
<body>
  <h2><font color="#000080">应用外链样式表文件中的自定义样式</font></h2>
  <hr size="4" color="red">
  <h3>自动应用外部LINK的样式表文件mycss.css中的h3标记样式</h3>
  <p>这是未应用任何样式的普通段落</p>
  <p class="myfont">应用外部LINK样式表文件mycss.css中的样式myfont的段落</p>
  <p id="myp">使用外部LINK的样式表文件mycss.css中的样式myp的段落.</p>
</body>
</html>
```

2) 导入式方法

导入式方法和外链式方法的功能类似,是指把已经建好的外部".css样式表"文件使用@import url语句导入到当前页面,以便应用其中的样式。@import url语句在当前页面的位置如下:

```
<head>
  <style type="text/css">
    <!--
      若干@import url(外部样式表文件URL);
      内嵌式表
    -->
  </style>
</head>
```

所有@import语句必须放在样式表的开始,然后是内嵌式样式表。如果导入式样式表中的样式与内嵌式样式表中的样式有冲突,则以内嵌式样式表中的样式为准。

【示例7.5】 使用导入式及内嵌式样式表设计样式。

将页面文件命名为E07_05.html,具体要求如下:

(1) 导入自定义的外部样式表文件mycss.css,格式化当前页面。

(2) 对h3标记选择器定义字体样式:红色、华文行楷、24号大小。

(3) 对段落p应用mycss.css中myfont选择器的样式。

(4) 对段落p应用mycss.css中myp选择器的样式。

在Firefox浏览器中的显示效果如图7.6所示。

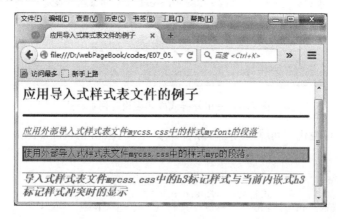

图7.6 应用导入式样式表文件的设计样式

本例网页的有关代码可参见下面，源程序文件见"webPageBook\codes\E07_05.html"。

```
<html>
<head><title>应用导入式样式表文件的例子</title>
<style type = "text/css">
  <!-- / * 导入自定义的外部样式表文件 mycss.css * /
    @import url("../css/mycss.css");
    h3{color:red;font - family:华文行楷;font - size:"24";}
    -->
</style>
</head>
<body>
  <h2>应用导入式样式表文件的例子</h2>
  <hr size = "4" color = "#0000FF">
  <p class = "myfont">应用外部导入式样式表文件 mycss.css 中的样式 myfont 的段落</p>
  <p id = "myp">使用外部导入式样式表文件 mycss.css 中的样式 myp 的段落.</p>
  <h3>导入式样式表文件 mycss.css 中的 h3 标记样式与当前内嵌式 h3 标记样式冲突时的显示</h3>
</body>
</html>
```

注意：导入式样式表中的样式：

```
h3{ font - family:宋体; color: blue; text - decoration: overline; font - style: italic }
```

内嵌式样式表中的样式：

```
h3{color:red;font - family:华文行楷;font - size:"24";}
```

它们在 font-family、color 的属性设置方面有冲突，以内嵌式样式表中的"华文行楷、红色"字体样式为准，同时还应用未发生冲突的"上画线、斜体、字体大小 24"的属性值。

使用外部样式表的优点是我们可以通过一个外部 CSS 样式表文件管理网站中的多个页面。即首先将网站中各页面使用的一些通用样式保存为一个外部 CSS 样式表文件，然后在站点的每个 HTML 文件中应用该外链式或导入式样式表，从而使整个站点的所有文件在风格上保持一致，也避免了 CSS 属性在不同页面的重复设置。

7.3.3　样式表的优先级

前面我们介绍了 HTML 标记应用 CSS 样式表的 4 种方法，即行内式、内嵌式、外链式和导入式。如果这几种方法都对某个标记的样式做了定义，例如对段落<p>标记的字体分别设置了不同的颜色，这时就会出现一个标记应用多个样式的情况，那么该标记应当优先应用哪一种样式呢？ 这就涉及 CSS 样式表应用的优先级问题。

4 种 CSS 样式表的优先级按照从高到低排列依次是行内式>内嵌式>外链式>导入式。

【**示例 7.6**】　使用外链式、内嵌式及行内式样式表设计样式，说明 CSS 样式表的优先级应用。

将页面文件命名为 E07_06.html，具体要求如下：

（1）链接自定义的外部样式表文件 mycss.css，格式化当前页面。

（2）定义内嵌式类选择器 myfont1 和 myfont 的字体样式及 p 标记的行内式字体样式。

（3）对段落 p 应用 mycss.css 中 myfont 选择器和 myp 选择器的样式。

在 Firefox 浏览器中的显示效果如图 7.7 所示。

图 7.7　CSS 样式表的优先级应用

本例网页的有关代码可参见下面，源程序文件见"webPageBook\codes\E07_06.html"。

```
<html>
<head><title>应用 CSS 样式表的优先级示例</title>
  <!--链接自定义的外部样式表文件 mycss.css -->
  <link rel = "stylesheet" type = "text/css" href = "../css/mycss.css">
  <style><!-- /* 自定义的样式 */
  .myfont1 { color:teal; font - size: 24pt; font - family: 华文行楷 }
  .myfont{color:red; text - decoration:line - through;}
  --></style>
</head>
<body>
  <h2><font color = "#000080">应用 CSS 样式表的优先级示例</font></h2>
  <hr size = "4" color = "#000080">
  <!-- 应用当前文件中自定义的样式 myfont1 -->
  <p class = myfont1>1、仅使用内嵌式 myfont1 后的结果.</p>
  <p style = "color:green;font - size:36" class = myfont1>2、内嵌式 myfont1 与行内式样式冲突
后的结果.</p>
  <p class = "myfont">3、内嵌式 myfont 与外链样式 myfont 冲突时的显示结果.</p>
  <p style = "color:green;font - size:36" class = "myfont">4、外链样式 myfont、内嵌式 myfont
      与行内式样式冲突后的结果</p>
</body></html>
```

小贴士：

（1）标记<p style="color:green;font-size:36" class=myfont1>指明内嵌式 myfont1 与行内式样式冲突后该段落优先应用了行内式样式的"字体颜色和大小"，其次才应用了内嵌式 myfont1 的属性设置。

（2）标记<p class="myfont">指明内嵌式 myfont 与外链样式 myfont 冲突时该段落优先应用了内嵌式 myfont 的"字体颜色和修饰"，其次才应用了外链样式 myfont 的属性设置。

（3）标记<p style="color:green;font-size:36" class="myfont">指明外链样式 myfont、内嵌式 myfont 与行内式样式冲突后该段落优先应用了行内式样式的"字体颜色和大小"，其次才应用了内嵌式 myfont 的属性设置，最后应用了外链样式 myfont 的属性设置。

在理解了 CSS 样式表的优先级关系后，我们就可以把多种样式结合在一起使用。

通常在网站建设初期首先要对整个站点的版面样式进行总体的统一规划，并建立独立的 CSS 文件，然后用导入式样式表和外链样式表定义网站中多个页面的共同样式，以确定网站的总体风格。以后如果需要对整个站点的 HTML 文件版面样式进行重大调整，可直接修改这个外部 CSS 样式表文件，而不必对所有的 HTML 文件逐个修改，非常方便。

其次，使用内嵌样式表定义网站中单个页面的各标记的共同样式，以确定本页面的统一风格。

最后，在页面的内部可以使用行内式样式表定义某个标记的特有样式。这样无论将来我们对站点的总体版面样式进行调整还是对具体页面的样式进行修改都是非常方便的，因此我们在网站设计过程中应该注意各种样式表的结合运用。

7.4　CSS3 样式设计前沿内容

7.4.1　CSS3 技术趋势

CSS3 语言开发是朝着模块化发展的，以前的规范作为一个模块实在是太庞大而且比较复杂，所以把它分解为一些小的模块，更多的新模块也被加入进来，这些模块包括盒子模型、列表模块、超链接方式、语言模块、背景和边框、文字特效、多栏布局等。

CSS3 对 CSS 的定义更加严谨，同时加入了一些新的标签功能。在与 CSS2 对比时 CSS3 显现出很多优势，例如使网页的视觉呈现效果更好，尤其是视觉的渲染，如边框圆角、阴影（包括文字阴影）、渐变、图片效果等；在性能上，CSS3 的加载速度更快，对服务器的请求次数也大幅减少。

CSS3 将完全向后兼容，所以我们没有必要修改现在的设计，它们将继续运作。网络浏览器将继续支持 CSS2。CSS3 主要的影响是将可以使用新的可用的选择器和属性，这些会允许实现新的设计效果（如动态和渐变），而且可以用很简单的方法设计出现在的设计效果（如使用分栏）。

CSS3 生成工具 CSS3 Maker 的功能非常强大，可在线演示渐变、阴影、旋转、动画等非常多的效果，并生成对应效果的代码。

至今为止，Firefox4、Safari4、Chrome11、Opera11 和 IE9 以上版本都已经支持或者部分支持 CSS3，其他浏览器（例如傲游 3 闪电模式）也支持 CSS3 的效果，但 IE8 及以下版本均不支持 CSS3。

7.4.2　CSS3 新增选择器

CSS3 增加了更多的 CSS 选择器，可以实现更简单、更强大的功能，例如 nth-child() 等。

它们允许用户在标签中指定特定的 HTML 元素而不必使用多余的 class、id 或 JavaScript。如果要实现一个干净的、轻量级的标签并使结构与表现更好地分离,高级选择器是非常有用的。它们可以减少在标签中的 class 和 id 的数量,并让设计师更方便地维护样式表。

1. 属性选择器

(1) [att＝val]:其中 att 代表属性,val 代表属性值(例如 div[id＝section1]);使用"～"分隔属性和值[att～＝val],这在 CSS2 中就有。

例如属性选择器[title]{color:blue;}会把包含标题(title)属性的所有元素变为蓝色,如< h1 title＝"Hello world" > Hello world </h1 >中的"Hello world"会变为蓝色字体。

选择器[title～＝hello] { color:blue;}会把 title 属性中包含指定值 hello 的元素样式变为蓝色,如< p title＝" student hello" > Hello CSS students! </p >中的 "Hello CSS students!"会变为蓝色字体。

选择器 input[type＝"text"]{width:150px;background-color:yellow;}会使表单中的文本框< input type＝"text" name＝"fname" value＝"Peter" size＝"20">的背景色变为黄色。

接下来的 3 个属性选择器(Attribute selectors)是 CSS3 中新增加的,在属性中可以加入通配符,包括∧^、$ 、* 。

(2) [att * ＝val]:如果元素的 att 属性值至少包含有一个 val 指定的字符,则该元素使用此样式。

(3) [att ^ ＝val]:如果元素的 att 属性值的开头字符为 val 指定的字符,则该元素使用此样式。

(4) [att $ ＝val]:如果元素的 att 属性值的结尾字符为 val 指定的字符,则该元素使用此样式。

注意,若遇到一些符号时要在符号前加上转义字符"\",例如[id＝section\-header]{background:red;}。

上述 CSS 属性选择器得到许多浏览器的支持,例如 IE7 和 IE8、Opera、Webkit 核心和 Gecko 核心浏览器等,所以在样式中使用属性选择器是比较安全的。

2. 伪元素选择器

除了前面讲过的首行 first-line 和首字母 first-letter 伪元素选择器以外,还有 before、after 选择器。

3. 结构性伪类选择器

如果需要对文档中的结构元素指定样式,可使用下面的结构性伪类选择器。

(1) 4 个基本的结构选择器:root、not、empty 和 target。

(2) 选择器 first-child、last-child、nth-child 和 nth-last-child。

(3) 选择器 nth-of-type 和 nth-last-of-type。注意,nth-child 选择器在计算子元素是第奇数个元素还是第偶数个元素的时候是连同父元素中的所有子元素一起计算的。

(4) 选择器 only-child 和 only-of-type。

注意,nth-child、nth-last-child、nth-of-type 和 nth-last-of-type 选择器可以用来循环使用样式。结构性伪类选择器表达式及功能描述见表 7-1。

表 7-1　结构性伪类选择器表达式及功能描述

选择符类型	表达式	描述
结构性伪类	E:root	匹配文档的根元素。在 HTML 中,根元素永远是 HTML,例如 "root{background-color:blue}"指定整个网页的背景色为蓝色
结构性伪类	E:nth-child(n)	匹配父元素中的第 n 个子元素 E,例如 "h1:nth-of-type(odd){background-color:blue}"指定 h1 的父元素中第奇数个 h1 的背景色为蓝色
结构性伪类	E:nth-last-child(n)	匹配父元素中的倒数第 n 个结构子元素 E
结构性伪类	E:nth-of-type(n)	匹配同类型中的第 n 个同级兄弟元素 E,例如 "h1:nth-of-type(odd){background-color:blue}"指定同级兄弟元素 h1 中第奇数个 h1 的背景色为蓝色
结构性伪类	E:nth-last-of-type(n)	匹配同类型中的倒数第 n 个同级兄弟元素 E
结构性伪类	E:last-child	匹配父元素中的最后一个 E 元素
结构性伪类	E:first-of-type	匹配同级兄弟元素中的第一个 E 元素
结构性伪类	E:only-child	匹配属于父元素中唯一子元素的 E
结构性伪类	E:only-of-type	匹配属于同类型中唯一兄弟元素的 E
结构性伪类	E:not	指不包括这个结构元素下面的子结构元素,"body * :root(h1){background-color:blue}"指定整个网页(不包括 h1)的背景色为蓝色
结构性伪类	E:empty	匹配没有任何子元素(包括 text 结点)的元素 E
目标伪类	E:target	匹配相关 URL 指向的 E 元素

　　例如下面的代码中,div 元素的第 1 个子元素 p 的内容字体颜色为红色;最后一个子元素 p 的内容字体颜色为蓝色;而< strong >块的背景色为绿色。

```
< html >
  …
  < style type = "text/css">
    p:nth - child(1) {color: #FF0000;}
    p:last - child {color: #0000FF;}
    strong:empty {display:block;width:200px;height:20px;background - color: #00ff00;}
  </style>
    div style = "width:733px; border: 1px solid #666; padding:5px;">
      <p>匹配父元素中的第 1 个子元素 E</p>
      <p>匹配父元素中的第 2 个子元素 E</p>
      <p>匹配父元素中的最后 1 个子元素 E</p>
    </div>
    < strong ></strong>
      …
    </html>
```

4. UI 元素状态伪类选择器

　　在 CSS3 的选择器中除了结构性伪类选择器外还有一种 UI 元素状态伪类选择器,这些选择器的共同特征是指定的样式只有当元素处于某种状态下时才起作用,在默认状态下不起作用。在 CSS3 中共有 11 种 UI 元素状态伪类选择器。

　　(1) E:hover 选择器:用来指定当鼠标指针移动到元素上面时元素所使用的样式。

　　(2) E:active 选择器:用来指定元素被激活(鼠标在元素上按下还没有松开时)时使用

215

第 7 章

CSS3 样式表定义与应用

的样式。

（3）E:focus 选择器：用来指定当元素获得焦点时使用的样式，主要是在文本框控件获得焦点并进行文字输入时使用。

（4）E:enabled 选择器：用来指定当前元素处于可用状态时的样式。

（5）E:disabled 选择器：用来指定当前元素处于不可用状态时的样式。

（6）E:read-only 选择器：用来指定当元素处于只读状态时的样式，在 ff(Firefox)下需要写成-moz-read-only 的形式。

（7）E:read-write 选择器：用来指定当元素处于非只读状态时的样式，在 ff 下需要写成-moz-read-write 的形式。

（8）E:checked 选择器：用来指定当表单中的 radio 单选按钮或 checkbox 复选框处于选取状态时的样式，在 ff 下需要写成-moz-checked 的形式。

（9）E:default 选择器：用来指定当页面打开时默认处于选取状态的单选按钮或者复选框的样式。需要注意的是，即使用户将默认设定为选取状态的单选按钮或者复选框修改为非选取状态，使用 E:default 选择器设定的样式依然有效。

（10）E:indeterminate 选择器：用来指定当页面打开时，如果一组单选按钮中的任何一个单选按钮都没有设定为选取状态时的整组单选按钮的样式。如果用户选中这一组中的任何一个单选按钮，那么整组单选按钮的样式将被取消。

（11）E::selection 选择器：用来指定当元素处于选中状态时的样式，这里需要注意的是在 ff 下使用时需要写成-moz-selection 的形式。

5. 通用兄弟元素选择器

CSS3 中唯一新引入的连字符～是通用兄弟元素选择器(同级)，它针对一个元素的有同一个父级结点的所有兄弟级别元素，就是同级的元素设置同样的样式，例如 E ～ F 匹配 E 元素之后的 F 元素。主要浏览器都支持这个通用兄弟元素选择器，除了 IE6。

7.5　使用 DWCS5 进行样式表定义与应用

1. 目标设定与需求分析

本节的目标是参照 7.1 节的京东首页使用 DWCS5 对 CSS 样式表进行定义，包括背景样式、字体和文本样式、列表、Web 框设计以及动画效果等，在此过程中会用到各种选择器，包括标签选择器、类选择器、id 选择器以及伪元素选择器等。具体的目标需求如下：

（1）使用 CSS 的背景属性为网页主体设定背景图片。

（2）使用标记选择器(本例为 h2)为文本"图书推荐"设定字体颜色、大小、样式以及使用 before 选择器在文字前插入图片。

（3）使用 class 类选择器为文本"平凡的世界"设置字体样式，包括字体族、大小、颜色和对齐等，当将鼠标指针放置在其上方时，背景变为橘黄色的动画显示效果。

（4）设置列表内容的 CSS 样式，包括字体大小、字体族、样式和浮动等，当将鼠标指针放置在其上方时，出现字体颜色由蓝色变为紫色的显示效果。

（5）为图书内容文本设置 CSS 样式，包括字体的大小、颜色、边框和浮动等，同时还加入了 first-letter 伪元素选择器，将内容的第一个字设定为红色。

参考效果如图 7.8 所示,源文件见"webPageBook/codes/E07_07.html"。

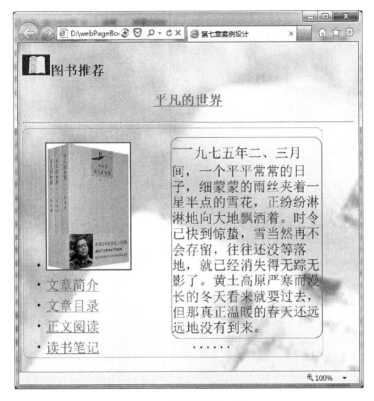

图 7.8   图书推荐页面

2. 准备多媒体素材

准备一张大小适当的页面背景照片,本例中用到的照片为 shujuan.jpg;一张用于"图书推荐"文字前面的照片,本例为 shubiao.jpg;一张作为图像列表的照片,本例为 pfdsj.jpg(见素材文件夹 webPageBook/image);编辑好图书介绍的相关文本材料。

3. 设计网页 HTML 内容

根据页面需求(参考图 7.8)设计网页的 HTML 内容,在本例中插入了 h2 标题"图书推荐"、h3 标题"平凡的世界"、水平线、列表图片和文字组成的区块 div,以及图书内容区块 div。由于使用 DWCS5 设计这些内容的具体操作方法已在本书的 HTML 部分讲述,这里不再赘述。

网页内容效果如图 7.9 所示,对应的网页源程序参看文件"webPageBook/codes/E07_07.html"中去掉涉及样式代码的部分。

4. 用 DWCS5 设计页面 CSS 样式

参考页面效果图 7.8 为页面内容设计 CSS 样式,这里使用了外部 CSS 文件。建立外部 CSS 文件的操作步骤是选择"文件"→"新建"→"CSS 层叠样式表文档",将新建的 CSS 样式文件以"E07_07.css"命名,并保存到"webPageBook/css"目录下。外部 CSS 文件的具体样式设计如下。

(1)为页面设置背景图片:操作步骤是选择"格式"→"CSS 样式"→"新建",在弹出的

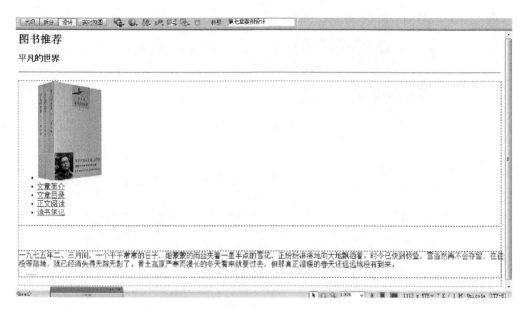

图 7.9　页面内容设计

"新建 CSS 规则"对话框中将选择器类型选为"标签",此时会自动显示选择器名称为 body,单击"确定"按钮,弹出"body 的 CSS 规则定义"对话框,单击"背景",选择相应的背景图片,如图 7.10 所示。

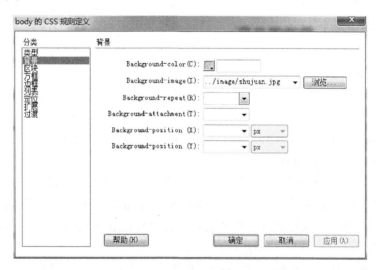

图 7.10　页面背景图片的设置

(2) 为"图书推荐"设计 CSS 样式:操作步骤是新建 CSS 样式文件后在弹出的代码编辑窗口中输入代码,在编辑过程中会出现代码提示器,应用代码提示器可以增加代码编辑的便捷性、准确性;用户也可以右击,选择"CSS 样式"→"新建",或者通过 CSS 样式面板选择"新建 CSS 样式",打开"新建 CSS 规则"对话框,如图 7.11 所示。

确定选择器类型为"标签(重新定义 HTML 元素)",输入选择器名称 h2,单击"确定"按钮,出现如图 7.12 所示的"h2 的 CSS 规则定义"对话框,选择要设计的样式属性,包括字体样式（Arial Black，Gadget，sans-serif）、字体大小（30px）、字体颜色（♯999）等，单击"确定"
按钮。

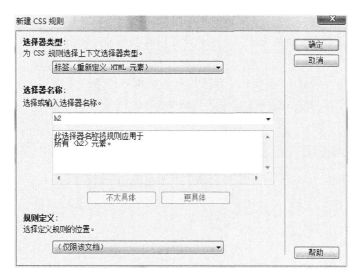

图 7.11　新建 CSS 规则

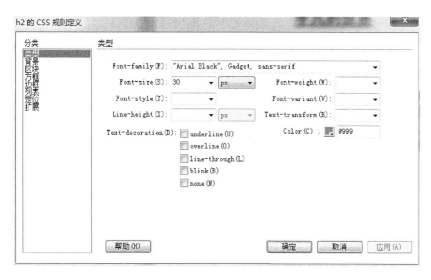

图 7.12　h2 的 CSS 样式规则定义

完成 h2 的 CSS 规则定义之后，下一步是在"图书推荐"字样前添加图片，这里用到的是
before 选择器，可以手动在 CSS 代码窗口中输入以下样式代码：

```
h2:before { content:url(../image/shubiao.jpg); }
```

（3）为图书标题"平凡的世界"设计 CSS 样式：在上述"新建 CSS 规则"对话框中将选择
器的类型定义为"类（可用于任何 HTML 元素）"，输入选择器的类（class）名 c1，单击"确定"
按钮，出现"c1 的 CSS 规则定义"对话框，选择要设计的样式属性，包括字体大小、颜色、样式
等。为简便起见，有关动画效果代码可手动输入，如下：

CSS3 样式表定义与应用

```
- webkit - transition: background - color 1s linear;
- moz - transition: background - color 2s linear;
- o - transition: background - color 3s linear;
```

需要注意的是,这些动画属性是一些浏览器所特有的,因此会有诸如-webkit-、-moz-、-o-等前缀。

(4) 为列表内容设计 CSS 样式:方法与上述类似,只需在"新建 CSS 规则"对话框中输入选择器类(class)名 c2,然后选择要设计的样式属性,包括字体大小、浮动、样式等,如图 7.13 所示。

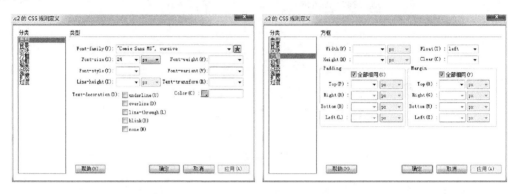

图 7.13　列表内容的 CSS 样式

设置完成后为该部分定义访问样式,这里使用的是伪元素选择器,选中列表内容,在下方的属性面板中保持目标规则为"新建(CSS)规则",单击"编辑规则"按钮,弹出"新建 CSS 规则"对话框,确定选择器类型为"复合内容"、选择器名称为 c2 a:hover,在弹出的"c2 a:hover 的 CSS 规则定义"对话框中选择字体颜色为紫色、文字样式为有下画线,代码如下:

```
.c2 a:hover {color:purple; text-decoration: underline}
```

(5) 为正文文本内容设置 CSS 样式:选中文本,在下方的属性面板中保持目标规则为"新建(CSS)规则",单击"编辑规则"按钮,弹出"新建 CSS 规则"对话框,确定选择器类型为"ID"、选择器名称为 content,在弹出的"content 的 CSS 规则定义"对话框中选择要设计的样式属性,包括字体颜色、大小、浮动、边框等。

完整的外部 CSS 样式代码如下(源文件见"webPageBook/css/E07_07.css")。

```
< style type = "text/css">
  h2 {font - family: "Arial Black", Gadget, sans - serif;
    font - size: 30px;
    color: #999; }
  h2:before { content:url(../image/shubiao.jpg); }
  .c1 {font - family: "方正兰亭黑简体";
    font - size: 24px;
    color: #F00;
    text - decoration: underline;
    - webkit - transition: background - color 1s linear;
    - moz - transition: background - color 2s linear;
    - o - transition: background - color 3s linear;
    text - align: center; }
```

```
.c1:hover{ background - color: #F90;}
.div1{height: 400px; width: 90%;
    border: thin solid #F96;
    border - radius: 10px;}
    .c2{float:left;
  font - family:"Comic Sans MS", cursive;
  font - style:! important;
  font - size:24px;}
    .c2.a:hover {color:purple; text - decoration: underline}
    #content{font - family: SimSun;
    font - size: 24px; color: #000;
    height: 350px; width: 50%;
    border: thin solid red;
    float: right;
    border - radius: 15px;}
    #content:first - letter{color:#F00;font - size:40px;}
</style>
```

5. 在 HTML 文件中应用样式

根据页面效果图 7.8 以及上面的样式设置为 HTML 文件应用 CSS 样式。

(1) 链接外部 CSS 文件：操作步骤是选择"格式"→"CSS 样式"→"附加样式表"，弹出"附加外部样式表"对话框，选择要链接的外部 CSS 文件"webPageBook/css/E07_07.css"，单击"确定"按钮。

(2) 应用具体样式。

首先为"平凡的世界"部分应用样式，操作步骤是选择"平凡的世界"文字，右击选择"CSS 样式"，并选择对应的样式"c1"，此时可在代码窗口中看到生成的 class 属性代码"< h3 class = "c1">平凡的世界</h3>"。

接着为列表内容、文章正文等部分应用样式，操作步骤和上面类似，应用样式后完整的网页文件如下(源程序见"webPageBook/codes/E07_07.html")。

```
< html >
< head >
    < meta http - equiv = "Content - Type" content = "text/html; charset = utf - 8" />
    < title >第七章案例设计</title >
    < link rel = "stylesheet" type = "text/css" href = "../css/E07_07.css">
    < style type = "text/css" >
    body{background - image:url(../image/shujuan.jpg);background - repeat: repeat}
    </style >
</head >
< body >< h2 >图书推荐</h2 >
    < h3 class = "c1">平凡的世界</h3 >
    < hr />
    < div class = "div1">
        < div class = "c2">
        < ul >
            < li >< a href = " #">< img src = "../image/pfdsj.jpg"></a ></li >
            < li >< a href = " #">文章简介</a ></li >
            < li >< a href = " #">文章目录</a ></li >
            < li >< a href = " #">正文阅读</a ></li >
            < li >< a href = " #">读书笔记</a ></li >
```

```
    </ul></div>
    <p><div id = "content"> 一九七五年二、三月间,一个平平常常的日子,细蒙蒙的雨丝夹着一星
半点的雪花,正纷纷淋淋地向大地飘洒着.时令已快到惊蛰,雪当然再不会存留,往往还没等落地,就
已经消失得无踪无影了.黄土高原严寒而漫长的冬天看来就要过去,但那真正温暖的春天还远远地
没有到来.<br>     … </div></p>
    </div>
</body>
</html>
```

需要注意的是,本例的 CSS 样式规则除背景图片为内嵌式 CSS 样式以外,其余全部是以使用外部链接 CSS 的方式应用的。

本 章 小 结

本章主要介绍 CSS 样式表的概念、应用案例,讲述了 CSS3 样式表的定义和应用内容,包括基本选择器、复合选择器、伪类与伪元素选择器的定义;以及内部、外部样式表的应用和优先级;并指出了 CSS3 样式设计前沿内容,包括技术趋势和新增选择器。

通过本章的学习读者了解了 CSS 样式表在实际网页设计中的运用,掌握了 CSS 样式表设计的基本知识和技术;通过示例的学习读者掌握了运用 DWCS5 工具设计 CSS 样式表的操作方法,具备了综合运用 CSS 样式表的各种选择器进行网页设计的能力;同时新内容的跟踪和进阶学习知识的补充使读者了解了 CSS3 样式表设计的前沿知识和技术,也开阔了视野。

进 阶 学 习

1. 外文文献阅读

阅读下面关于"CSS 样式表"知识的双语短文,从中领悟并掌握专业文献的翻译方法,培养外文文献的研读能力。

CSS is designed primarily to enable the separation of document content from document presentation, including elements such as the layout, colors, and fonts. This separation can improve content accessibility, provide more flexibility and control in the specification of presentation characteristics, enable multiple HTML pages to share formatting by specifying the relevant CSS in a separate .css file, and reduce complexity and repetition in the structural content, such as semantically insignificant tables that were widely used to format pages before consistent CSS rendering was available in all major browsers. CSS makes it possible to separate presentation instructions from the HTML content in a separate file or style section of the HTML file. For each matching HTML element, it provides a list of formatting instructions. For example, a CSS rule might specify that "all heading 1 elements should be bold," leaving pure semantic HTML markup that asserts "this text is a level 1 heading" without formatting code such as a < bold > tag indicating how such text should be displayed.

【参考译文】：CSS 的主要目的是实现文档内容和文档展示相分离,包括布局、颜色和字

体等元素。这种分离提高了文档的可读性,提供规范的文档表现特征和更多的灵活性控制,使多个 HTML 页面分享一个单独的相关 CSS 文件,并减少结构内容的复杂性和重复性,如在所有主流浏览器支持 CSS 之前语义上不重要的表被广泛使用。CSS 通过一个单独的文件或者 HTML 文件中的样式表实现了文档内容和表现结构的分离,为每一个匹配的 HTML 元素提供了一个样式列表。例如,一个 CSS 规则可以指定"< h1 >元素应加粗,脱离纯 HTML 语义,不使用< bold >标记"来指明如何展现< h1 >元素中的内容。

2. CSS3 Media Queries

在 CSS2 中,用户可以为不同的媒介设备(如屏幕、打印机)指定专用的样式表,而现在借助 CSS3 的 Media Queries 特性可以更有效地实现这个功能。用户可以为媒介类型添加某些条件,检测设备并采用不同的样式表。

例如,用户可以把用于大屏幕上显示的样式和用于移动设备的专用样式放在一个样式文档中,这样在不改变文档内容的情况下不同的设备可以呈现不同的界面外观。用户可通过网上资源[①],研读、学习 CSS3 Media Queries 的基本功能和国外使用 Media Queries 特性的优秀案例。

3. 听觉样式表

听觉样式表使用了语音合成和声音效果的结合,让用户收听信息,而不是读取信息。有声显示可用于失明人士、帮助用户学习阅读、帮助具有阅读问题的用户、家庭娱乐、车上。

听觉呈现通常会把文档转化为纯文本,然后传给屏幕阅读器(可读出屏幕上所有字符的一种程序)。下面是一个听觉样式表的例子:

```
h1,h2,h3,h4
{
voice - family:male;
richness:80;
cue - before:url("beep.au")
}
```

上面的例子用语音合成器播放声音,开头有一个男性的声音说话,详细内容请参阅"CSS 语音参考手册"。

思考与实践

1. 思辨题

判断(✓×)

(1) class(类)选择器名以♯号开头,而 id(标识符)选择器名则以圆点开头。　　　(　　)

(2) 伪类是特殊的类,用于区别不同种类的元素,和类选择器不同。　　　(　　)

(3) 样式表无须以独立于 HTML 文件的形式单独保存。　　　(　　)

选择

(4) 最常用的伪类选择器就是 4 种 a 元素的伪类选择器,其中表示未访问的链接状态

---

① 学习 CSS3 的 Media Queries 特性及应用案例的优秀参考网站,例如"http://www.cnblogs.com/lhb25/archive/2012/12/04/css3-media-queries.html"。

的是(　　)。

  A. link   B. visited   C. active   D. hover

(5) 可以对元素的首行设定不同样式的伪元素是(　　)。

  A. line   B. letter   C. first-letter   D. first-line

(6) 在以下 4 种 CSS 样式表中,优先级最高的是(　　)。

  A. 行内式   B. 内嵌式   C. 外链式   D. 导入式

填空

(7) 首字母伪元素_____可以对元素的首字母设定不同的样式。

(8) CSS3 结构性伪类中可以匹配父元素中最后一个元素的是_____。

(9) 在 CSS3 UI 状态伪类选择器中,_____选择器可以用来指定当表单中的 radio 单选按钮或 checkbox 复选框处于选取状态时的样式。

2. 外文文献阅读实践

查阅、研读一篇大约 1500 字的关于 CSS 样式表定义与应用的小短文,并提交英汉对照文本。

3. 上机实践

1) 页面设计:用记事本编写 HTML 文件 chp07_zy3. html

要求说明伪类和伪元素及样式表优先级的应用,具体如下:

(1) 锚元素的伪类样式的应用。

(2) 自定义 h3 标记的内联式样式和首字母伪元素样式并应用。

(3) 自定义 div 标记的嵌入式样式和首行伪元素样式并应用。

(4) 导入教材中的文件 mycss. css,自定义样式. myfont,在 p 标记中加入嵌入式样式表并应用样式. myfont(目的是说明导入式样式、内嵌式样式与行内式样式的优先级)。

参考效果如图 7.14 所示(参考答案见 chp07_zy31. html)。

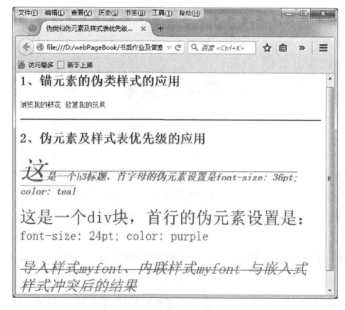

图 7.14　参考效果

2）页面设计：用 DWCS5 编写 HTML 文件 chp07_zy3_2.html

要求说明 CSS3 新增选择器的使用方法，具体要求如下：

（1）将属性选择器 title 的颜色设置为蓝色♯00F。

（2）在每个< h3 >元素前面插入一幅图片。

（3）设置第一个段落 P 元素的属性，其中大小为 16pt、颜色为红色♯C60，效果加粗，第二个段落使用默认属性。

（4）设置标题< h4 >元素被单击激活时的属性，其中字体样式为新罗马、字体大小为 20px、颜色为绿色♯C60。

在 IE 浏览器中的参考效果如图 7.15 所示（参考答案见 chp07_zy32.html）。

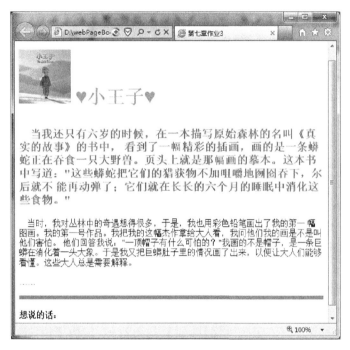

图 7.15　参考效果

3）案例研读分析

用 IE 浏览器或 Chrome 浏览器打开一个具有代表性的网站主页，并用文件名称 chp07_zy33.html 保存，然后查看其完整或部分源代码，找出其应用的 CSS 样式表，对其属性、功能进行分析，从而领会 CSS 技术的应用，并写出书面报告。

第8章　CSS3 中的字体与文本样式设计

本章导读：

第 7 章我们学习了网页中样式表的定义与应用方法，那只是从样式表总体角度做的讲述，在进行网页设计时仅此还不够，还必须考虑网页中不同要素的格式控制，如字体与文本样式设计、背景与边框样式设计、列表与鼠标光标形状样式设计等，本章就引导读者学习 CSS3 样式表字体与文本样式的设计与应用。

首先通过一个案例的介绍让大家了解字体与文本样式在网站中的实际运用，同时建立读者对字体与文本样式的初步感性印象；接着通过理论与示例相结合的方式具体讲解字体与文本样式属性及其在网页中的应用；同时紧跟技术的发展介绍 CSS3 字体与文本样式设计前沿内容；最后指导大家使用 DWCS5 工具实现一个复杂字体与文本样式的页面设计。

8.1　字体与文本样式简介及应用案例

字体样式是用来设置字体外观的，包括字体族、字体大小、是否加粗、字体的倾斜和变形及字体前景色 color 等。文本样式可以改变页面文本的外观，包括文本中字母的大小写转换、文本上下画线修饰、字符间距、单词间距（word-spacing）、文本对齐及行间距处理等。

字体与文本样式表的运用在网页中处处可见，如京东商城图书页面（http://book.jd.com/）上就对字体与文本样式进行了设计，如图 8.1 所示，包括字体、字号、颜色、图像对齐等的样式设置。

图 8.1　京东网上商城的样式表的应用

在该网页中，人物图片部分用 CSS 样式表对大小和位置进行了设置；在下面的作者简介部分使用 CSS 样式表设置了字体的颜色、大小、位置以及高度；在图书介绍部分使用了字体的颜色和高度属性；在相关作品部分使用了 CSS 字体的大小、颜色、高度和文本的距离设置。在接下来的学习中会介绍更多 CSS 样式表设置的实用、有趣的字体和文本样式属性。

对于页面中字体、文本样式表的应用，如希望直接查看整个页面的应用情况，可通过使用 IE 浏览器将京东网上商城页面打开后右击页面，查看源文件；如希望直接查看特定元素的样式表应用，可使用 Chrome 浏览器将京东网上商城页面打开后右击页面中的特定元素，选择"审查元素"查看。

8.2 字体样式设计的相关属性

文档中的字体样式是通过各种字体的属性及其取值的设置来描述的，如字体族、字体大小、字体风格等。字体的主要属性及其取值如表 8-1 所示。

表 8-1 字体的主要属性

属性名称	属性说明(或功能)
font-family (字体族)	字体族属性值中定义了一系列字体(族)名，字体名如 times、courier、arial；字体族名有 5 种，即 Serif(衬线字体)、Sans-Serif(无衬线字体)、Cursive(草书)、Fantasy(幻想)、Monospace(等宽字体)。浏览器按顺序读取这些字体，并使用其中第一个可以使用的
font-size (字体大小)	字体大小值有 4 种，即绝对大小(small、medium、large 等，每个属性值的具体大小由浏览器决定)、相对大小(smaller、larger，分别表示在原有大小的基础上"缩小"或"增大"一级)、数值(常用单位有英寸 in、毫米 mm、派卡 pc、点 pt、像素 px、小写 x 的高度 ex、大写 M 的高度 em 等)、百分比大小，默认值为 medium
font-style (字体风格)	字体风格值有 3 种，即普通(normal)、斜体(italic)、倾斜(oblique)，默认值为 normal
font-weight (字体粗细)	字体粗细值有 4 种，即普通(normal，不加粗)、加粗(bold)、较粗(bolder)、lighter，数值(100～900，普通为 400,900 为最粗)，默认值为 normal
font-variant (字体变形)	字体变形值有两种，即普通(normal)、小型大写字母(small-caps)，当文字中的字母是大写的时候，该值会显示比小写字母稍大的大写字母，默认值为 normal，目前其未得到广泛支持
font (字体)	字体(font)采用字体属性值列表的方式对字体的多个属性值进行一次设置。字体属性值列表按顺序依次是风格、变形、粗细、大小、行高、字体名、字体族。如果某个属性值为空，则以默认值代替，但字体大小和字体族不能够为空
color	该属性可设置字体颜色，颜色值有两种，即颜色名(如 red、blue 等)、RGB 值(可用十进制、十六进制或百分比表示)，参见 2.2.3 节

【示例 8.1】 使用内嵌式样式表设计字体样式。

将页面文件命名为 E08_01.html，具体样式要求如下：

(1) 通过 class 选择器定义字体的粗细样式：bold、bolder、lighter、normal。

(2) 用 class 选择器定义字体的多种样式：字体族为"隶书"、大小为 18pt、italic、粗细为 bold、行高为 18pt、字体变形为 small-caps。

(3) 在动态字体练习部分使用了鼠标的 onMouseOver 和 onMouseOut 事件属性，这样当用户将鼠标指针移到指定段落上方时就会使该段落的字体大小变为 32，移出时字体大小变为 12。

在 IE 浏览器中的显示效果如图 8.2 所示。

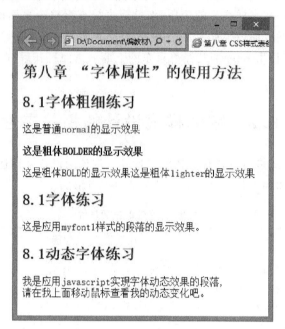

图 8.2 "字体属性"的使用方法

本例网页文件 E08_01.html 的源程序代码如下:

```
< html >
< head >< title >第八章"字体属性"的使用方法</title >
< style type = "text/css">
    <!--
    .myp1{ font - weight: bold }
    .myp2{ font - weight: bolder }
    .myp3{ font - weight: lighter }
    .myp4{ font - weight: normal }
    -->
<!--
    .myfont1{ font - family:"隶书", "楷体_GB2312"; font - size: 18pt; font - style: italic;
font - weight: bold;line - height:18pt;font - variant:small - caps }
    -->
</style ></head >
< body >
  < h2 >< font color = "#800000">第八章 "字体属性"的使用方法</font ></h2 >
  < h2 >< font color = "blue">8.1 字体粗细练习</font ></h2 >
  < p class = "myp4">这是普通 normal 的显示效果< div class = "myp2">这是粗体 BOLDER 的显示效果
</div ></p >
  < p class = "myp1">这是粗体 BOLD 的显示效果< span class = "myp3">这是粗体 lighter 的显示效果
</span ></p >
  < h2 >< font color = "blue">8.1 字体练习</font ></h2 >
  < p class = "myfont1">这是应用 myfont1 样式的段落的显示效果.</p >
  < h2 >< font color = "blue">8.1 动态字体练习</font ></h2 >
  < p onMouseOver = "this.style.fontSize = 32" onMouseOut = "this.style.fontSize = 12">
```

我是应用 javascript 实现字体动态效果的段落,
请在我上面移动鼠标查看我的动态变化吧.
    </p>
</body>
</html>

8.3 文本样式设计的相关属性

文本样式通过文档中文本的各种属性及其取值描述,包括文本转换(text-transform)、文本修饰(text-decoration)、字符间距(letter-spacing)、单词间距(word-spacing)、文本水平对齐(text-align)、文本垂直对齐(vertical-align)、空白(white-space)处理、行高(line-height,即行间距)和文本前景色处理等。

文本的主要属性及其取值如表 8-2 所示。

<p style="text-align:center">表 8-2 文本的主要属性</p>

属性名称	属性说明(或功能)
text-transform (文本转换)	该属性值有 4 种,即默认值 none(使用原始值)、capitalize(单词的第一个字母大写)、uppercase(单词的所有字母大写)、lowercase(单词的所有字母小写)
text-decoration (文本修饰)	该属性值有 5 种,即默认值 none(无)、underline(下画线)、overline(上画线)、line-through(删除线)、blink(闪烁)
letter-spacing (字符间距)	该属性值有两种,即默认值 normal(正常间距)、数值(正数表示在正常间距的基础上加这个值,负数表示在正常间距的基础上减去这个值的绝对值,单位见"字体大小"部分)
word-spacing (单词间距)	说明同字符间距
text-align (文本水平对齐)	该属性值有 4 种,即 left(左对齐)、right(右对齐)、center(居中对齐)、justify(均匀分布),默认值由浏览器决定
white-space (空白)	该属性定义区块内容空格部分的显示方式为 normal(将多个空白合并)、pre(不改变空白的状态)或 nowrap(不换行,当< br>标记存在时有效),默认值为 normal
text-indent (文本首行缩进)	该属性定义区块内容的第一行缩进的数量,若取值为"百分比",则是相对于浏览器窗口的,主要用于段落的首行缩进,默认值为 0
color (文本前景颜色)	文本前景颜色值有两种,即颜色名(如 red、blue 等)、RGB 值(可用十进制、十六进制或百分比表示),参见 2.2.3 节,默认值由浏览器决定
vertical-align (垂直对齐)	该属性定义一个内部元素相对于其上一级元素的垂直对齐位置,取值为 top(将元素的顶部同最高的上一级元素的顶部对齐)、middle(将元素的中部同上一级元素的中部对齐)、bottom(将元素的底部同最低的上一级元素的底部对齐)、baseline(将元素的基准线同上一级元素的基准线对齐)、text-top(将元素的顶部同上一级元素文本的顶部对齐)、text-bottom(将元素的底部同上一级元素文本的底部对齐)、sub(使元素以"下标"形式显示)和 super(使元素以"上标"形式显示)。 该属性的适用范围为"内部标记"(相对于包含它的外部标记而言),默认值为 baseline
line-height (行高或行间距)	该属性主要用于设定行间距,取值为 normal(正常高度,通常为字体尺寸的 1~1.2 倍)、数字(行高为字体尺寸乘以这个数)、比例(行高为字体尺寸乘以这个比例)、长度单位,默认值为 normal

【示例8.2】 使用内嵌式样式表设计文本样式。

将页面文件命名为 E08_02.html,具体要求为用 class 选择器定义文本转换、修饰、对齐、缩进、行高等多种样式。

在 IE 浏览器中的显示效果如图 8.3 所示。

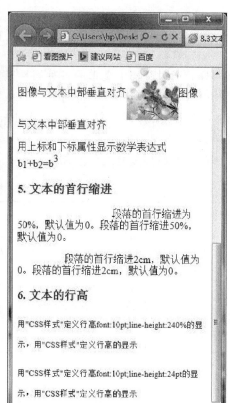

图 8.3 "文本属性"的使用方法

本例网页文件 E08_02.html 的源程序代码如下:

```html
<html>
<head><title>8.3 文本属性示例</title>
<style type=text/css>
    <!--1. 文本转换样式-->
    <!--
    .zhhh2{text-transform:capitalize}
    .zhhp{text-transform:uppercase}
    -->
    <!--2. 文本修饰样式-->
    <!--
    .xshh2{text-decoration:line-through}
    .xshp{text-decoration:blink}
    -->
    <!--3. 文本水平对齐样式-->
    <!--
```

```
    .dqh2{text-align:center}
    .dqp{text-align:justify}
    -->
    <!-- 4. 文本垂直对齐样式 -->
    <!--
    .dqimg1{vertical-align:text-top}
    .dqimg2{vertical-align:middle}
    -->
    </style></head>
    <body>
    <h3><b><font color="#800000">1. 文本转换示例</font></b></h3>
    <h2 class="zhhh2">I am a student</h2>
    <p class="zhhp">I am a student</p>
    <h3><b><font color="#800000">2. 文本修饰示例</font></b></h3>
    <h2 class="xshh2">文本修饰删除线</h2>
    <p class="xshp">文本修饰闪烁</p>
    <h3><b><font color="#800000">3. 文本水平对齐示例</font></b></h3>
    <h2 class="dqh2">文本居中对齐</h2>
    <p class="dqp">文本均匀分布对齐</p>
    <h3><font color="#800000">4. 文本垂直对齐示例</font></h3>
    <p>图像与文本顶部垂直对齐<img class=dqimg1 border="0" src="flower2.jpg" width=
"83" height="82">图像与文本顶部垂直对齐</p>
    <p>图像与文本中部垂直对齐<img class=dqimg2 border="0" src="flower2.jpg" width=
"83" height="82">图像与文本中部垂直对齐</p>
    <p>用上标和下标属性显示数学表达式 b<span style="vertical-align:sub">1</span>+b
<span style="vertical-align:sub">2</span>=b<span style="vertical-align:super">3
</span></p>
    <h3><font color="#800000">5. 文本的首行缩进</font></h3>
    <p style="text-indent:50%">段落的首行缩进为 50%,默认值为 0.段的首行缩进 50%,
默认值为 0.</p>
    <p style="text-indent: 2cm">段落的首行缩进 2cm,默认值为 0.段落的首行缩进 2cm,默认值
为 0.</p>
    <h3><font color="#800000">6. 文本的行高</font></h3>
    <p style="font-size:10pt;line-height:240%"><font color="blue">用"CSS样式"定义
行高 font:10pt;line-height:240%的显示,用"CSS样式"定义行高的显示</font></p>
    <p style="font-size:10pt;line-height:24pt">用"CSS样式"定义行高 font:10pt;line-
height:24pt 的显示,用"CSS样式"定义行高的显示</p>
    </body>
</html>
```

8.4　CSS3 字体与文本样式设计前沿内容

CSS3 对文本样式也做了改变,部分属性的内容如下。

1. 文本阴影效果样式

属性 text-shadow(文字投影)用于给页面上的文本添加阴影效果,目前得到包括 Safari 等在内的许多浏览器支持。该属性的使用方法如下:

```
text-shadow: length length length color
```

其中 4 个属性值分别指定阴影离开文本的横向距离、纵向距离以及模糊半径和阴影颜

色。用户可以为文本指定多个阴影，用逗号分隔。

2. 文本溢出样式

对于属性 text-overflow（文字溢出），当盒中的文本内容在水平方向上超出盒的容纳范围时可在盒的末尾显示一个省略号"…"作为提示。该属性的取值包括 ellipsis、clip、ellipsis-word、inherit，前两个在 CSS2 中就有了，目前还是部分浏览器支持。ellipsis-word 可以省略掉最后一个单词，对中文意义不大，inherit 可以继承父级元素。

3. 字体特效属性

以往对网页上的文字加特效只能用 filter 这个属性，这次 CSS3 中专门制定了一个加文字特效的属性——font-effect（字体特效），而且不止加阴影一种效果，其语法见进阶学习。

4. 文本下画线样式

属性 text-underline-style、text-underline-color、text-underline-mode、text-underline-position 丰富了文本、链接等下画线的样式，以往的下画线都是直线，这次不同，有波浪线、点线、虚线等，更可以对下画线的颜色和位置进行任意改变，还有对应顶线和中横线的样式，效果与下画线类似。

5. 字体强调属性

字体强调属性包括 font-emphasize-style 和 font-emphasize-position。通过在文字下点几个点或打个圈以示强调重点，CSS3 也开始加入这项功能，这应该在某些特定网页上很有用。

通过上面的内容我们已经对文本样式属性有了一些基本了解，下面看一个使用文本阴影效果的例子。

【示例 8.3】 使用内嵌式样式表设计文本样式。

将页面文件命名为 E08_03. html，具体要求为运用 CSS3 中的 text-shadow 文本阴影样式来实现一种火焰字体效果。

在 Google Chrome 浏览器中的显示效果如图 8.4 所示。

图 8.4 使用 text-shadow 样式实现一种火焰字体效果

本例网页文件 E08_03. html 的源程序代码如下。

```
<! DOCTYPE HTML >
< html >
< head >
    < meta charset = "utf - 8"/>
    < title >阴影效果</title >
    < style type = text/css >
        <!--
        body{                                /* 将背景设置成黑色,以便于查看火焰效果 */
            background - color:black;
        }
        .container{
            font - family:serif,sans - serif,cursive;      /* 设置字体类型 */
            /* 下面设置 height 与 line - height,使文字在 container 中垂直方向上居中显示 */
            height:400px;
            line - height:200px;
            font - size:80px;                     /* 设置字体大小 */
            font - weight:bold;                   /* 将字体加粗显示 */
            color:black;                          /* 设置文本颜色为黑色,营造黑夜效果 */
            text - align:center;                  /* 设置文本在水平方向上居中显示 */
            /* 下面为文本指定多个阴影 */
            text - shadow:0 0 4px white,
                0  - 5px 6px ♯FFE500,
                2px  - 10px 6px ♯FFCC00,
                 - 2px  - 15px 11px ♯FFCC00,
                2px  - 25px 18px ♯FF8000;
        }
        -- >
    </style >
</head >
< body >
< div class = "container">
    设置文本颜色为黑色,营造黑夜环境,便于查看火焰效果
</div >
</body >
</html >
```

8.5　使用 DWCS5 进行字体与文本样式设计

1. 目标设定与需求分析

本节的目标是参照 8.1 节的京东网上商城图书页面案例设计一个图书推荐页面,要求体现 CSS3 的字体样式与文本样式设计,参考效果如图 8.5 所示。

2. 准备多媒体素材

准备一张图书作者照片,大小为 174×125,一张书籍封面图片,大小为 130×130,或者直接使用本例中用到的作者照片 person. jpg、书籍封面图片 book. jpg(见素材文件夹 webPageBook/image),编辑好作者和图书介绍相关文本材料。

3. 设计页面布局和内容

根据页面需求来确定页面结构,计算好各个版块的相关属性,如宽度、高度等,并进行布局设计,可以先绘制草图,本实例采用表格布局。操作步骤是在设计窗口下选择"插入"→

图 8.5　图书推荐页面

"表格"(选择对应的行列数,本例中为两行两列);然后选中第 1 行右击,选择"表格"→"合并单元格",表格布局完成。

　　参考图 8.5 在表格对应的单元格内插入相关素材,设定网页内容,效果如图 8.6 所示,对应的网页源程序参看文件"webPageBook/codes/E08_04.html"中去掉涉及样式代码的部分。

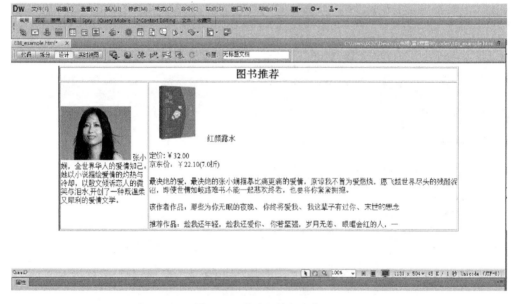

图 8.6　页面布局和内容

4. 用 DWCS5 设计页面 CSS 样式

　　根据页面效果图 8.5 为页面内容设计 CSS 样式。

　　(1) 建立外部 CSS 文件:操作步骤是选择"文件"→"新建"→"CSS 层叠样式表文档",将新建的 CSS 样式文件以"E08_04.css"命名,并保存到"webPageBook/css"目录下。

　　(2) 设置具体样式。

　　首先为作者介绍部分设置样式。操作步骤是新建 CSS 样式文件后在弹出的代码编辑窗口中输入代码,在编辑过程中会出现代码提示器,应用代码提示器可以增加代码编辑的便捷性、准确性;用户也可以右击,选择"CSS 样式"→"新建",或者通过 CSS 样式面板选择"新建 CSS 样式",打开"新建 CSS 规则"对话框,如图 8.7 所示。

图 8.7　"新建 CSS 规则"对话框

　　输入 class 选择器的名称(这里为 introduction),单击"确定"按钮,出现". introduction 的 CSS 规则定义"对话框,选择要设计的样式属性,例如字体颜色(♯666)、大小(9px)、行高 (180%)等,如图 8.8 所示,单击"确定"按钮。

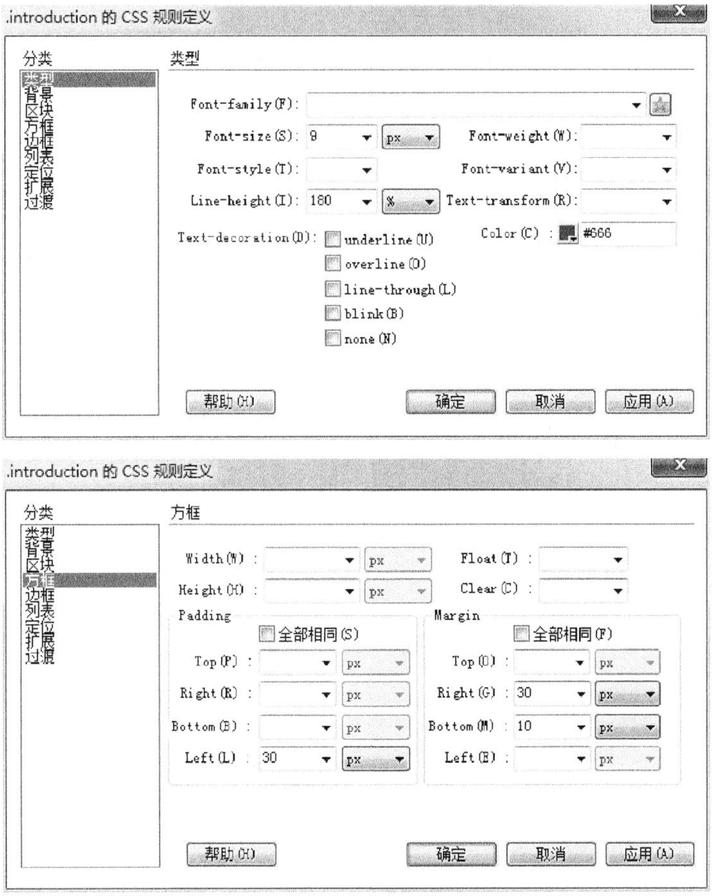

图 8.8　introduction 的 CSS 规则定义

CSS3 中的字体与文本样式设计

接着为图书标题、定价等部分设置样式，步骤与上面类似。设计完成后单击"保存"按钮，最终看到生成的 CSS 代码如图 8.9 所示。

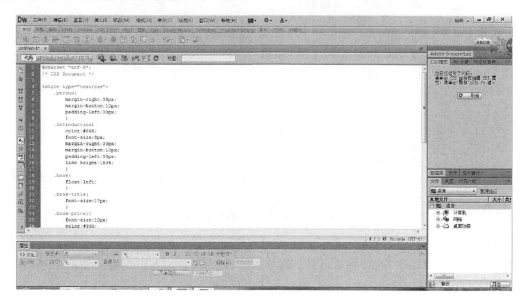

图 8.9　页面内容的 CSS 样式代码

完整的 CSS 代码如下（源文件见"webPageBook/css/E08_04.css"）：

```css
<style type="text/css">
    /*以下样式属性参见11.3*/
    .person{
        margin-right:30px;
        margin-bottom:10px;
        padding-left:30px;
        }
    .introduction{
        color:#666;
        font-size:9px;
        margin-right:30px;
        margin-bottom:10px;
        padding-left:30px;
        line-height:180%;
        }
    /*以下样式属性参见11.3*/
    .book{
        float:left;
        }
    .book-title{
        font-size:17px;
        }
    .book-price1{
        font-size:10px;
        color:#999;
        text-decoration:line-through;
        }
```

```
        .book - price2{
            font - size:14px;
            color: #F00;
            }
        .book - introduction{
            color: #666;
            line - height:140 % ;
            }
        .book - related1{
            font - size:9px;
            color: #00F;
            margin - left:30px;
            padding - bottom:10px;
            }
        .book - related2{
            font - size:9px;
            color: #00F;
            margin - left:30px;
            }
        ...
</style>
```

5. 在 HTML 文件中应用样式

根据页面效果图 8.5 以及上面的样式设置为 HTML 文件应用 CSS 样式。

（1）链接外部 CSS 文件：操作步骤是选择"格式"→"CSS 样式"→"附加样式表"，弹出 "附加外部样式表"对话框，选择要链接的外部 CSS 文件"webPageBook/css/E08_04.css"， 单击"确定"按钮。

（2）应用具体样式。

首先为作者介绍部分应用样式，操作步骤是选择作者简介文字，右击选择"CSS 样式"， 选择对应的样式"introduction"，此时可在代码窗口中看到生成的 class 属性代码如下：

```
< span class = "introduction">张小娴，全世界华人的爱情知己。她以小说描绘爱情的灼热与冷却，
以散文倾诉恋人的微笑与泪水，开创了一种既温柔又犀利的爱情文学。</span>;
```

接着为图书标题、定价等部分应用样式，操作步骤与上面类似，应用样式后完整的网页 文件如下（源程序见"webPageBook/codes/E08_04.html"）。

```
< html >
< head >< title >使用 DWCS5 进行字体与文本样式设计</title>
< link href = "../css/E08_04.css" rel = "stylesheet" type = "text/css">
</head >
< body >
< table border = "1" align = "center">
    < tr >
    < td colspan = "2" align = "center">< h2 >图书推荐</h2></td>
    </tr >
    < tr >
    < td width = "200" height = "230">
        < img src = "../image/person.jpg" width = "163" height = "120" class = "person"/>
```

```
        <span class = "introduction">张小娴,全世界华人的爱情知已。她以小说描绘爱情的灼热
与冷却,以散文倾诉恋人的微笑与泪水,开创了一种既温柔又犀利的爱情文学。</span>
        </td>
        <td width = "700" height = "230">
            <img src = "../image/book.jpg" class = "book"/>
            <span class = "book-title">红颜露水</span><br><br>
            <span class = "book-price1">定价：￥32.00</span><br>
            <span class = "book-price2">京东价：￥22.10(7.0折)</span><br><br>
            <span class = "book-introduction">最决绝的爱,最决绝的张小娴描摹比痛更痛的爱
情,原谅我不曾为爱燃烧,愿飞越世界尽头的残酷泥沼,即使世情如岐路难书不能一起悲欢终老,也
要将你紧紧拥抱。</span><br><br>
            <span class = "book-related1">该作者作品：那些为你无眠的夜晚、你终将爱我、我
这辈子有过你、末世的思念</span><br><br>
            <span class = "book-related2">推荐作品：趁我还年轻,趁我还爱你、你若坚强,岁月
无恙、眼眶会红的人,一</span>
        </td>
    </tr>
</table>
</body>
</html>
```

本 章 小 结

　　本章主要介绍字体与文本样式设计的概念、应用案例,内容包括字体样式设计的相关属性、文本样式设计的相关属性以及 CSS3 新增与改进的字体与文本样式属性知识。

　　通过本章的学习读者了解了字体与文本样式在实际网页设计中的应用,掌握了字体与文本样式设计的基本知识和技术;通过示例的学习读者掌握了运用 DWCS5 工具设计字体与文本样式的操作方法;同时新内容的跟踪和进阶学习知识的补充使读者了解了 CSS3 字体与文本样式设计的前沿知识和技术,也开阔了视野。

进 阶 学 习

1. 外文文献阅读

　　阅读下面关于"字体和文本属性"知识的短文,从中领悟并掌握专业文献的翻译方法,培养外文文献的研读能力。

(1) font-effect Description

The font-effect property controls the special effect applied to font glyphs.

font-effect in CSS3 Syntax :font-effect：none ｜ emboss ｜ engrave ｜ outline ｜ initial ｜ inherit.

none - apply no special effects.

emboss - the text appears embossed or raised above the page surface.

engrave - the text appears engraved or sunken into the page.

outline - only the outline of the glyphs is rendered.

font-effect Example：

＜p style＝"font-family：Arial；"＞This is Arial＜span style＝"font-effect：emboss；"＞ And this is embossed Arial.＜/span＞＜/p＞

（2）Text decoration style：the'text-underline-style'，'text-line-through-style' and 'text-overline-style' properties.

Names	text-underline-style，text-line-through-style，text-overline-style
Value	none ｜ solid ｜ double ｜ dotted ｜ dashed ｜ dot-dash ｜ dot-dot-dash ｜ wave
Applies to	all elements with and generated content with textual content
Inherited	no
Media	visual
Computed value	specified value (except for initial and inherit)

These properties specify the line style for underline，line-through and overline text decoration. Possible values：

None：Produces no line.

Solid：Produces a solid line.

Double：Produces a double line.

Dotted：Produces a dotted line.

Dashed：Produces a dashed line style.

dot-dash：Produces a line whose repeating pattern is a dot followed by a dash.

dot-dot-dash：Produces a line whose repeating pattern is two dots followed by a dash.

Wave：Produces a wavy line.

The following figure shows the appearance of these various line styles.

solid
double
dotted
dashed
dot dash
dot dot dash
wave

2. 通用字体族的深入学习[①]

通用字体族也可以看作是一种通用字体系列。前面讨论过,实际上相同的字体可能有很多不同的称呼,CSS 力图帮助用户代理(User Agent)把这种混乱状况理清楚。

我们所认为的"字体"可能有许多字体变形组成,分别用来描述粗体、斜体文本,等等。例如,字体 Times 实际上是多种变形的一个组合,包括 TimesRegular、TimesBold、TimesItalic、TimesOblique、TimesBoldItalic、TimesBoldOblique 等。Times 的每种变形都是一个具体的字体风格(font face),而我们通常认为的 Times 是所有这些变形字体的一个组合。换句话说,Times 实际上是一个字体系列(font family),而不只是单个的字体,尽管

---

① 来源"http://www.w3school.com.cn/css/css_font-family.asp"。

我们大多数人都认为字体就是某一种字体。

除了各种特定的字体系列外（如 Times、Verdana、Helvetica 或 Arial），CSS 还定义了 5 种通用字体系列。

（1）Serif 字体：这些字体成比例，而且有上下短线。如果字体中的所有字符根据其不同大小有不同的宽度，则该字符是成比例的。例如，小写 i 和小写 m 的宽度不同。上下短线是每个字符笔画末端的装饰，比如小写 l 顶部和底部的短线，或大写 A 两条腿底部的短线。Serif 字体的例子包括 Times、Georgia 和 New Century Schoolbook。

（2）Sans-serif 字体：这些字体是成比例的，而且没有上下短线。Sans-serif 字体的例子包括 Helvetica、Geneva、Verdana、Arial 或 Univers。

（3）Monospace 字体：Monospace 字体并不是成比例的，它们通常用于模拟打字机打出的文本、老式点阵打印机的输出，甚至更老式的视频显示终端。采用这些字体，每个字符的宽度必须完全相同，所以小写的 i 和小写的 m 有相同的宽度。这些字体可能有上下短线，也可能没有。如果一个字体的字符宽度完全相同，则归类为 Monospace 字体，而不论是否有上下短线。Monospace 字体的例子包括 Courier、Courier New 和 Andale Mono。

（4）Cursive 字体：这些字体试图模仿人的手写体，通常它们主要由曲线和 Serif 字体中没有的笔画装饰组成。例如，大写 A 在其左腿底部可能有一个小弯，或者完全由花体部分和小的弯曲部分组成。Cursive 字体的例子包括 Zapf Chancery、Author 和 Comic Sans。

（5）Fantasy 字体：这些字体无法用任何特征来定义，只有一点是确定的，那就是我们无法很容易地将其规划到任何一种其他的字体系列当中，这样的字体包括 Western、Woodblock 和 Klingon。

从理论上讲，用户安装的任何字体系列都会归到上述某种通用系列中，但实际上可能并非如此，不过例外情况（如果有）往往很少。

3. 行间距调整和行高

大家都知道，为了提高易读性我们必须在文本行之间留一些空白，因为增加的空白可以保证相邻行的字母的上伸部分和下伸部分不会产生视觉效果上的冲突（参见以下样例）。

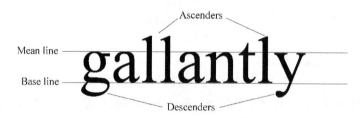

字母的上伸部分就是超过文本平均线之上的部分，下伸部分就是越过文本基准线以下的部分。

一个元素的 font-size 和其 line-height 的关系并不紧密，但默认情况下，所有用户代理都会在文本的每一行插入少量的行间距——通常是字母本身高度的 10%～15%。因为这个默认值会随字样而改变，除了数字值之外，line-height 属性也支持 normal。

大家还需要注意的是，与大部分 CSS 属性不同，line-height 属性可以接受没有单位的数字值，这样的值将作为默认值的百分比来渲染，行间距和易读性是密切相关的。

思考与实践

1. 思辨题

判断(✓✗)

(1) 文本样式可以改变页面文本的外观,包括文本中字母的大小写转换、文本上下画线修饰、字符间距、单词间距(word-spacing)、文本对齐及行间距处理等。   (   )

(2) vertical-align 属性定义一个内部元素相对于其上一级元素的垂直对齐位置。 (   )

(3) font-style 属性的适用范围为所有标记,默认值为 medium。   (   )

选择

(4) text-decoration 属性的默认值为(   )。

    A. none(无)   B. underline

    C. overline   D. line-through(删除线)

(5) 在 HTML 文本显示状态代码中表示(   )。

    A. 文本加注下标线   B. 文本加注上标线

    C. 文本闪烁   D. 文本或图片居中

(6) CSS 中 font 属性的各属性值的编组顺序为(   )。

    A. 样变粗大行名族   B. 变粗名族大行样

    C. 行名样变粗大族   D. 名族大行粗样变

填空

(7) 字体样式是用来设置字体外观的,包括_____、_____、_____、_____和变形及字体前景色 color 等。

(8) text-indent 属性定义区块内容的第 1 行缩进的数量,取值为百分比是相对于_____的。

(9) _____属性给页面上的文本添加阴影效果。

(10) font-size 属性的适用范围为所有标记,默认值为_____。

2. 外文文献阅读实践

查阅、研读一篇大约 1500 字的关于 CSS 字体与文本样式设计的小短文,并提交英汉对照文本。

3. 上机实践

1) 页面设计:使用网页编辑软件设计网页字体及文本样式

具体要求如下:

(1) 使用字体的倾斜风格显示效果,设置适当的字体颜色和大小。

(2) 设置字体的小型大写属性。

(3) 对一段文本设置不同的对齐方式并进行对比。

(4) 给页面中的一段文字添加阴影效果。

参考效果图如图 8.10 所示(参考代码见 chp08_zy31.html)。

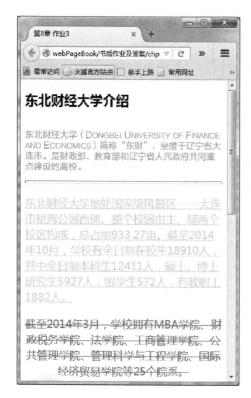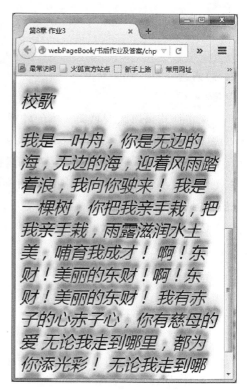

图 8.10　chp08_zy31 的参考效果

2) 页面设计:仿照 8.5 节设计如图 8.11 所示的推荐图书列表网页

图片等文件可根据情况有所变动,但是要实现其 CSS 样式(本网页在 Google Chrome 浏览器上显示,参考代码见 chp08_zy32.html)。

图 8.11　chp08_zy32 的参考效果

3）案例研读分析

用 IE 浏览器或 Chrome 浏览器打开一个具有代表性的网站页面,并用文件名称 chp08_zy33.html 保存,然后查看其完整或部分源代码,找出其应用的 CSS 样式表,对字体与文本样式属性、功能进行分析,从而领会 CSS 技术的应用。

在该网站的源代码中是否使用了 CSS3 字体与文本样式属性? 如果使用了,请指出并做出相关说明,最后写出书面报告。

第9章 CSS3 中的背景与边框样式设计

本章导读：

第 8 章我们学习了网页中字体与文本样式的定义与应用方法，在进行网页的外观、格式设计时仅此还不够，还必须考虑网页其他要素的格式控制，如背景与边框样式设计、列表与鼠标光标形状样式设计等，本章就引导读者学习 CSS3 样式表背景与边框样式的设计与应用。

首先通过一个案例的介绍让大家了解背景与边框样式表在网站中的实际运用，同时建立读者对背景与边框样式的初步感性印象；接着通过理论与示例相结合的方式具体讲解背景与边框样式属性及其在网页中的应用；同时紧跟技术的发展介绍 CSS3 样式表背景与边框样式设计前沿内容；最后指导大家使用 DWCS5 工具实现一个复杂背景与边框样式的页面设计。

9.1 背景与边框样式简介及应用案例

背景样式是用来设置页面元素的背景色和背景图像外观的，包括背景颜色的选取、背景图像的设置、背景图像的重复方式和依附方式以及背景图像的位置确定等；边框样式是用来设置页面元素的边框格式的，包括圆角边框及其边框颜色、边框图像的样式设计等。

背景与边框样式表的运用在网页中处处可见，如新浪网首页（http://www.sina.com.cn）上的搜索框就应用了背景与边框样式表，如图 9.1 所示。

图 9.1　新浪网首页中背景与边框样式的应用

在新浪网首页中，区块父 Div 首先为界面定义总体的高度、宽度和边距；新浪网的 Logo 图片是在父 Div 区块的内部左侧设置的背景图片，使用 CSS 样式表设定了该图片的位置、大小等属性；接下来在父 Div 区块内部背景图片的右侧设定一个搜索框，使用 CSS 样式表设置该搜索框边框的高度、边角属性；在搜索框右侧添加搜索按钮图片，作为部分背景，同样使用 CSS 样式表设置图片的高度、宽度和浮动等情况。

对于页面中背景与边框样式表的应用，如希望直接查看整个页面的应用情况，可通过使用 IE 浏览器将新浪网首页打开后右击页面，查看源文件；如希望直接查看特定元素的样式表应用,可使用 Chrome 浏览器将新浪网首页打开后右击页面中的特定元素,选择"审查元素"查看。

9.2　背景色和背景图像样式设计的相关属性

网页的背景色及背景图像的各种属性及其取值包括背景颜色(background-color)、背景图像(background-image)、背景重复方式(background-repeat)、背景依附方式(background-attachment)、背景位置(background-position)和背景(background)等。

背景色与背景图像的主要属性及其取值如表 9-1 所示。

表 9-1　背景色与背景图像的主要属性

属性名称	属性说明(或功能)
background-color (背景颜色)	该属性设置页面或其中某元素的背景颜色,适用范围为所有标记,默认值为 transparent(透明)。例如定义 p 标记的背景颜色为红色,代码如下: p{background − color: ♯ff0000}
background-image (背景图像)	该属性设置元素的背景图像,属性值为 none(无)、相对路径或网址(URL),适用范围为所有标记,默认值为 none。例如定义文档的背景图像,代码如下: body{background − image:url(/image/a.gif)}
background-repeat (背景重复方式)	背景图像的重复方式有 4 种,即 no-repeat(不重复)、repeat-x(横向重复)、repeat-y(纵向重复)、默认值 repeat(横向、纵向都重复)。例如定义文档背景图像的重复方式,代码如下: body{background − image:url(/image/a.gif); background − repeat: repeat − x}
background-attachment (背景依附方式)	该属性设置背景图像是否随页面内容滚动,属性值有两种,即 fixed(背景图像固定不动)、默认值 scroll(背景图像随页面内容滚动)。例如定义文档背景图像的依附方式为 fixed,代码如下: body{background − image:url(/image/a.gif); 　　　background − attachment: fixed }
background-position (背景位置)	该属性设置背景图像的起始位置,适用范围为区块标记和替换标记(包括 img、textarea、input、select 和 object)。背景位置 3 种,即名称关键字[横向(left right center),纵向(top center bottom)],百分比(x,y 坐标)、数值(x,y 坐标),默认值 0% 0%。 下面的代码定义段落背景图像从水平距离段落左端 70px、垂直距离段落顶端 10px 处显示: p{background − position: 70px 10px; 　　　background − image:url(/image/a.gif) }
background (背景)	该属性采用背景属性值列表的方式对背景的多个属性值进行一次设置。背景属性值表按顺序依次是颜色、图像、重复、依附、位置。如果某个属性值为空,则以默认值代替。 例如定义 body 标记的 background 样式,代码如下: body{background:lightgrey url(girl1.gif) repeat − y fixed center}

【示例 9.1】 使用内嵌式样式表设计背景颜色和背景图像样式。

将页面文件命名为 E09_01.html,具体样式要求如下:

(1) 通过 class 选择器定义背景颜色样式,例如 background-color:green 等。

(2) 用 class 选择器定义背景图像,例如 url(earth.gif)。

(3) 用 class 选择器定义背景图像位置及重复方式,例如 background-position:center;background-repeat:repeat-x。

在 IE 浏览器中的显示效果如图 9.2 所示。

图 9.2 背景颜色与背景图像属性的使用方法

有关的代码可参见下面,源程序文件见"webPageBook\codes\E09_01.html"。

```
<html>
<head><title>CSS 样式表"背景颜色与背景图像属性"的使用方法</title>
  <style type="text/css">
    <!--1. 背景颜色样式 -->
    .yellow-background { background-color: #FFFF00 }
    .gray-background { background-color: lightgrey }
    .green-background { background-color: green }
    .p { background-color: lime }
    <!--2. 背景图像样式 -->
    .backimage{ background-color: #ffff00; background-image: url(../image/earth.gif);}
    -->
```

```
<!-- 3. 背景图像位置及重复方式样式 -->
.position1{background - position:center;background - image:url(../image/cls.jpg);
        background - repeat:repeat - x}
.position2{background - position:50%,100%;background - image:url(../image/BG.jpg);
        background - repeat:no - repeat}
.position3{background - position:70px,10px;background - image:url(../image/football.
jpg);background - repeat:repeat - y}
</style></head>
<body>
    <h1><font color = "#800000">9.1 颜色与背景属性</font></h1>
    <h2><font color = "blue">1. 背景颜色(BACKGROUND - COLOR)</font></h2>
    <p class = "p">我们可以设置段落的背景为绿色</p>
    也可以设置<span class = "yellow - background">部分文字为黄色背景</span>属性 <br><br>
    下面设置表格的背景为浅灰色,单元格的背景为绿色
    <table border = "2" cellpadding = "2" cellspacing = "3" width = "258" class = "gray -
background">
    <tr><td class = "green - background" width = "120">这个单元格的背景为绿色,这个单元格
的背景为绿色.</td><td width = "120"></td>
    </tr>
    </table>
    <h2><font color = "blue">2. 背景图像(BACKGROUND - IMAGE)</font></h2>
    <table border = "2" cellpadding = "2" cellspacing = "3" width = "260" class = "backimage"
height = "106">
    <tr><td height = "96" width = "242"><p align = "left">这是表格的背景图像</td></tr>
    </table>
    <h2><font color = "blue">3. 背景位置</font></h2>
    <p class = "position1">举例:定义背景图像位于段落中部,并横向平铺:<br>
    定义背景图像位于段落中部,并横向平铺:<br>
    定义背景图像位于段落中部,并横向平铺:
    </p>
    <p class = "position2">举例:定义背景图像水平位于段落左端50%,垂直位于段落顶端100%显
示:<br>
    定义背景图像水平位于段落左端50%,垂直位于段落顶端100%显示:<br>
    定义背景图像水平位于段落左端50%,垂直位于段落顶端100%显示:<br>
    举例:定义背景图像水平位于段落左端50%,垂直位于段落顶端100%显示:<br>
    定义背景图像水平位于段落左端50%,垂直位于段落顶端100%显示:<br>
    定义背景图像水平位于段落左端50%,垂直位于段落顶端100%显示:
    </p>
    <p class = "position3">举例:定义背景图像从水平距离段落左端70px,垂直距离段落顶端10px
处显示:<br>定义背景图像从水平距离段落左端70px,垂直距离段落顶端10px处显示:<br>
    定义背景图像从水平距离段落左端70px,垂直距离段落顶端10px处显示:
    </p>
</body>
</html>
```

9.3　背景与边框样式设计前沿内容

前面我们已经介绍了背景样式,而边框样式属性则用来指定页面元素要显示的边界样式,详细内容在第11章讲述。下面介绍 CSS3 中背景与边框新增的属性,例如在一个元素的背景中使用多个图像文件以及圆角边框的绘制等。

1. 背景

在 CSS3 中增加了一些背景模块(background module)属性,用来确定背景的定位、大小,具体如表 9-2 所示。

表 9-2　CSS3 中增加的背景属性

属 性 名 称	属 性 说 明
background-clip (裁剪)	该属性规定背景的绘制区域,取值为 border-box,背景被裁剪(只覆盖)到边框盒;取值为 padding-box,背景被裁剪到内边距框;取值为 content-box,背景被裁剪到内容框
background-origin (起源)	该属性决定了背景在 Web 框模型中的初始位置,它提供了 3 个值,padding-box 表示背景起始于留白的左上角;border-box 表示背景起始于边框的左上角;content-box 表示背景起始于内容的左上角
background-size (大小)	该属性规定背景图像的尺寸,它提供了 4 个值,length 用于设置背景图像的高度和宽度,第一个值设置宽度,第二个值设置高度,如果只设置一个值,则第二个值会被设置为"auto";percentage 用于以父元素的百分比来设置背景图像的宽度和高度,语法同 length;cover 用于把背景图像扩展至足够大,以使背景图像完全覆盖背景区域,背景图像的某些部分也许无法显示在背景定位区域中;contain 用于把图像扩展至最大尺寸,以使其宽度和高度完全适合内容区域

在 CSS3 中,对一个元素可以使用一张以上的背景图片,把不同背景图像放到一个块元素里,即 multiple backgrounds(多重背景图像)。除了使用逗号将图片分开以外,其代码与 CSS2 相同。第一个声明的图片定位在元素的顶部,即层 1,接下来的图片层列于下面,语法如下:

```
background-image: url(top-image.jpg), url(middle-image.jpg), url(bottom-image.jpg);
```

背景的实例效果如图 9.3 所示。

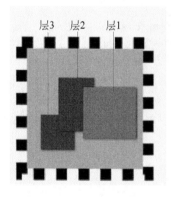

图 9.3　CSS3 多重背景图像

大家可以看到使用 CSS3 中的 background 设置多个背景非常方便。

2. 圆角边框

圆角边框的绘制也是网页设计中经常使用的用来美化页面的手法之一,在 CSS2 中需要使用图像文件完成的效果(圆角边框的绘制)在 CSS3 中只需要使用样式即可完成。

传统的圆角生成方案必须使用多张图片作为背景图案,CSS3 的出现使我们再也不必浪费时间去制作这些图片,而且还有其他多个优点:

(1) 减少维护的工作量:图片文件的生成、更新和编写网页代码等工作都不再需要了。

(2) 提高网页性能:由于不必再发出多余的 HTTP 请求,网页的载入速度将变快。

(3) 增加视觉可靠性:在某些情况下(网络拥堵、服务器出错、网速过慢等)背景图片会下载失败,导致视觉效果不佳,CSS3 就不会发生这种情况。

圆角边框的属性见表 9-3。

表 9-3　CSS3 中的圆角边框属性

属 性 名 称	属 性 说 明
border-color	控制边框颜色,并且 CSS3 有了更大的灵活性,可以产生渐变效果
border-image	控制边框图像,语法为"border-image:url(图片路径) 上边距 右边距 下边距 左边距 [/边框宽度] 显示方法(上下) 显示方法(左右)"。 显示方法可选值为 repeat、stretch、round,详细内容见后面的"进阶学习",例如在 div 中使用图片创建边框,代码如下: div{ border - image:url(border.png) 30 30 round; - webkit - border - image:url(border.png) 30 30 round; /* Safari 5 and older */ - o - border - image:url(border.png) 30 30 round; /* Opera */}
border-corner-image	控制边框边角的图像
border-radius	设置边框半径,以产生类似圆角边框的效果。该属性提供一个值就能同时设置 4 个圆角的半径。所有合法的 CSS 度量值都可以使用,例如 em、ex、pt、px、百分比等。 border-radius 也可以同时设置 1～4 个值。如果设置 1 个值,表示 4 个圆角都使用这个值;如果设置两个值,表示左上角和右下角使用第一个值,右上角和左下角使用第二个值;如果设置 3 个值,表示左上角使用第一个值,右上角和左下角使用第二个值,右下角使用第三个值;如果设置 4 个值,则依次对应左上角、右上角、右下角、左下角(顺时针顺序)

例如语句"border-radius：15px;"可同时将每个圆角的"水平半径"(horizontal radius)和"垂直半径"(vertical radius)都设置为 15px,效果如图 9.4 所示。

语句"border-radius：15px 5px;"表示左上角和右下角半径为 15px、右上角和左下角半径为 5px,显示效果如图 9.5 所示。

图 9.4　"border-radius：15px;"的圆角效果

图 9.5　"border-radius：15px 5px;"的圆角效果

语句"border-radius：2em 1em 4em / 0.5em 3em;"与下面的代码效果相同。

```
border - top - left - radius: 2em 0.5em;
border - top - right - radius: 1em 3em;
border - bottom - right - radius: 4em 0.5em;
border - bottom - left - radius: 1em 3em;
```

目前 IE 9、Opera 10.5、Safari 5、Chrome 4 和 Firefox 4 等浏览器都支持上述 border-radius 属性。早期版本的 Safari 和 Chrome 浏览器支持-webkit-border-radius 属性,早期版本的 Firefox 支持-moz-border-radius 属性。为了保证兼容性,只需同时设置-moz-border-radius 和 border-radius 即可,代码格式分别为"-moz-border-radius：15px;"和"border-

CSS3 中的背景与边框样式设计

radius:15px;"。需要注意的是,border-radius 必须放在最后声明,否则可能会失效。

圆角边框的应用很广泛,最简单的例子就是内容的圆角边框显示,大家要注意学习运用。

【示例 9.2】 使用内嵌式样式表设计背景与边框样式。

将页面文件命名为 E09_02.html,具体样式要求如下:

(1) 通过标记选择器定义 div 的样式:

```
width:250px;height:80px;padding:30px;border: 4px solid #92b901;
```

(2) 用 3 个 id 选择器分别定义"background-clip:content-box;"、"background-origin:border-box;"和"background-size:35% 100%;"。

(3) 用 class 选择器定义"border-image:url(../image/photoBox1.jpg) 69 124 69 124 round;"。

在 Chrome 浏览器中的显示效果如图 9.6 所示。

 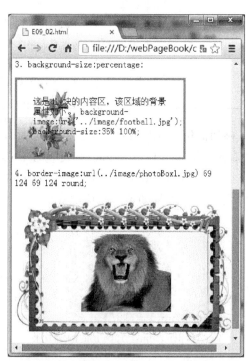

图 9.6 CSS3 背景与边框样式的使用

有关的代码可参见下面,源程序文件见"webPageBook\codes\E09_02.html"。

```
<!DOCTYPE HTML>
<html>
<head>
    <meta http-equiv="content-type" content="text/html;charset=gb2312">
    <style>
        div {width:250px;
```

```
            height:80px;
            padding:30px;
            border:4px solid #92b901;}
    #clipdiv{background-color:yellow;
        background-clip:content-box;}
    #origindiv{background-image:url(../image/football.jpg);
        background-repeat:no-repeat;
        background-position:left;
        background-origin:border-box;}
    #sizediv{background-image:url(../image/flower4.jpg);
        background-size:35% 100%;
        -moz-background-size:35% 100%; /* 老版本的 Firefox */
        background-repeat:no-repeat;}
    .img-lion-box{width:108px;
        height:81px;
        -moz-border-image:url(../image/photoBox1.jpg) 69 124 69 124 round;
        -webkit-border-image:url(../image/photoBox1.jpg) 69 124 69 124 round;
        -o-border-image:url(../image/photoBox1.jpg) 69 124 69 124 round;
        border-image:url(../image/photoBox1.jpg) 69 124 69 124 round;
        border-width:69px 124px;}
    .img-lion{position:absolute;
        margin-top:-69px;
        margin-left:-124px;
        width:356px;
        height:219px;
        border:0;
        z-index:-1;}
    </style>
</head>
<body>
    <h3>CSS3 背景与边框样式设计示例</h3>
    <p>1、background-clip:content-box:</p>
    <div id="clipdiv">这是 div 块的内容区,该区域的背景属性如下:
        background-color:yellow;background-clip:content-box; </div>
    <p>2、background-origin:border-box:</p>
    <div id="origindiv">这是 div 块的内容区,该区域的背景属性如下.
        background-image:url('../image/football.jpg');background-origin:border-box;
</div>
    <p>3、background-size:percentage:</p>
    <div id="sizediv">这是 div 块的内容区,该区域的背景属性如下.
        background-image:url('../image/football.jpg');background-size:35% 100%;</div>
    <p>4、border-image:url(../image/photoBox1.jpg) 69 124 69 124 round;</p>
    <div class="img-lion-box"><img src="../image/lion.jpg" class="img-lion"/></div>
</body>
</html>
```

9.4　使用 DWCS5 进行背景与边框样式设计

1. 目标设定与需求分析

本节的目标是参照图 9.1 新浪网站首页案例设计一个网站搜索框,要求体现 CSS 的背景与边框设计,具体要求如下,参考效果如图 9.7 所示。

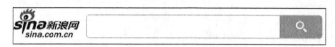

图 9.7　新浪网站首页的部分效果

(1) 使用 CSS 的背景属性设置背景图片。

(2) 构造一个边框,具体属性包括边框的颜色、样式、角的形状等。

2. 准备多媒体素材

准备一张新浪网 Logo 图片,大小为 111×47,一张搜索按钮图片,大小为 65×35,或者可以使用本例中的新浪网图片 sina.jpg,搜索按钮图片为 bg1.gif、bg2.gif(见素材文件夹 webPageBook/image)。

3. 设计页面布局

根据页面需求来确定页面结构,计算好各个版块的相关属性,如宽度、高度等,并进行布局设计,可以先绘制草图。

4. 用 DWCS5 设计页面布局及 CSS 样式

本实例采用 Div 布局,具体操作步骤如下:

(1) 打开 DWCS5,新建一个空白 HTML 网页,首先定义父 Div 标签,将鼠标指针放在要插入< div >标签的位置上,然后选择"插入"→"布局对象"→"Div 标签",或者在插入面板中选择"布局"项,单击"插入 Div 标签"图标,弹出如图 9.8 所示的对话框。

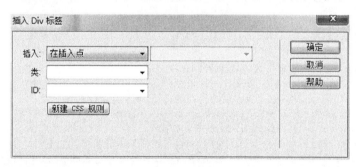

图 9.8　插入 Div 标签

输入类名为 search,单击"新建 CSS 规则"按钮,在出现的".search 的 CSS 规则定义"对话框中选择本例设定的相关属性:

```
width:500px;
height:37px;
margin:0 auto;
margin-top:100px;
```

设计完成后单击"确定"按钮,具体操作可参见 8.5 节,此时设计和代码窗口中的效果如图 9.9 所示。

(2) 根据本节实例的要求,设计以新浪网 Logo 图片为背景。在父 Div 标签的"盒子"里插入子 Div 标签,步骤与插入 search 类相似,即选择"插入"→"布局对象"→"Div 标签",输

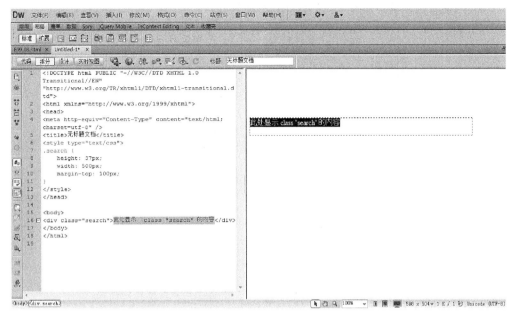

图 9.9　父 Div 标签

入类名为 logo，在".logo 的 CSS 规则定义"对话框中设计已定义的属性，如图 9.10 所示。

```
.logo{
    width:111px;
    height:47px;
    background - image:url(../image/sina.jpg);
    background - repeat:no - repeat;
    float:left;
    margin - top: - 10px; }
```

设计完成后单击"确定"按钮。

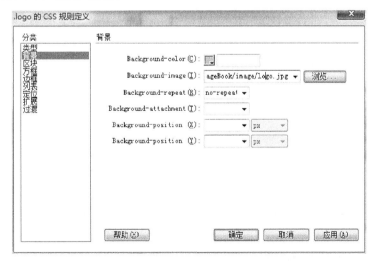

图 9.10　.logo 的 CSS 规则定义

CSS3 中的背景与边框样式设计

（3）为搜索框部分设置样式，步骤与上面类似，即在父 Div 区块中再插入一个子 Div 标签，命名该类为 input，在".input 的 CSS 规则定义"对话框中选择适合的属性，如图 9.11 所示。

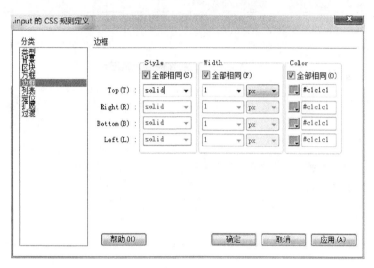

图 9.11 .input 的 CSS 规则定义

（4）在完成的搜索框中为搜索按钮设置 CSS 样式：将鼠标指针定位在 input 区块中，使用与插入 Logo 图片相同的方法在其中插入搜索按钮图片。注意，此时新建 CSS 规则时浮动方式是向右浮动，即 float：right。之后再新建一个 CSS 样式定义，为搜索按钮设置将鼠标指针放置在上面时的变化情况。注意，此时在新建 CSS 规则时是将选择器的类型定义为复合内容，名称为.input .img：hover，即将鼠标指针放置在搜索按钮图片上时背景图片由 bg1. gif 变为 bg2. gif。

在定义相关属性完成设计后将文件以 E09_03. html 命名，保存到"webPageBook/codes"中。

样式表的具体代码如下：

```
< style type = "text/css">
    .search{
        width:500px;
        height:37px;
        margin:0 auto;
        margin - top:100px;}
    .logo{
        width:111px;
        height:47px;
        background - image:url(../image/sina.jpg);
        background - repeat:no - repeat;
        float:left;
        margin - top: - 10px; }
    .input{
        height:35px;
        border: 1px solid #c1c1c1;
        border - radius:6px;
```

```
                margin - left:120px;}
        .input .img{
                width:65px;
                height:35px;
                float:right;
                background - image:url(../image/bg1.gif);
                }
        .input .img:hover{
                background - image:url(../image/bg2.gif);
                }
</style>
```

5. 编写 HTML 文件

在插入 Div 标签的同时会自动生成 HTML 代码,部分代码如下(源程序见 "webPageBook/codes/E09_03.html"):

```
< html >
< head >
< meta http - equiv = "Content - Type" content = "text/html; charset = utf - 8" />
< title >第 9 章 DW 案例</title>
< style type = "text/css">
        .search{
                width:500px;
                height:37px;
                margin:0 auto;
                margin - top:100px;}
        .logo{
                width:111px;
                height:47px;
                background - image:url( sina. jpg);
                background - repeat:no - repeat;
                float:left;
                margin - top: - 10px; }
            ...
</style>
</head >
< body >
< div class = "search">
    < div class = "logo"></div>
    < div class = "input"><a href = " # "><div class = "img"></div></a></div>
</div>
</body >
</html >
```

本 章 小 结

本章主要介绍背景与边框样式设计的概念、应用案例,内容包括背景色和背景图像样式设计的相关属性,以及 CSS3 新增与改进的背景图像与边框样式设计的属性知识。

通过本章的学习读者了解了背景与边框样式在实际网页设计中的应用,掌握了背景与

CSS3 中的背景与边框样式设计

边框样式设计的基本知识和技术；通过示例的学习读者掌握了运用 DWCS5 工具设计背景与边框样式的操作方法；同时新内容的跟踪和进阶学习知识的补充使读者了解了 CSS3 背景与边框样式设计的前沿知识和技术，也开阔了视野。

进 阶 学 习

1. 外文文献阅读

阅读下面关于"背景和边框属性"知识的代码，从中领悟并掌握专业文献的翻译方法，培养外文文献的研读能力。

The background CSS property is a shorthand for setting the individual background values in a single place in the style sheet. Background can be used to set the values for one or more of: background-clip, background-color, background-image, background-origin, background-position, background-repeat, background-size, and background-attachment.

The CSS border properties allow you to specify the style and color of an element's border. You'll be surprised to know how cool the CSS Border property is. The border CSS property is a shorthand property for setting the individual border property values in a single place in the style sheet. Border can be used to set the values for one or more of: border-width, border-style, border-color.

Very easy to understand how to create a menu list using either CSS border-style or background-image property. More interestingly, a newer CSS property called border-image allows you to apply images directly to your borders.

【参考译文】：CSS 的背景属性是一个用于在样式表的某处设置个别背景值的简化方法。背景可以用来为背景属性设置一个或多个值，属性包括背景剪切、背景颜色、背景图像、背景起点、背景位置、背景重复、背景大小和背景依附。

CSS 边框属性能够让用户指定元素边框的样式和颜色，酷炫的 CSS 边框属性会让观者感到惊奇。边框属性是一个用于在样式表的某处设置个别边框属性值的简化方法。边框可以用来为边框属性设置一个或多个值，属性包括边框宽度、边框样式、边框颜色。

大家很容易知道如何使用 CSS 来实现一个既有 CSS 边框风格，也有背景图像属性的菜单列表。更有趣的是，一个新的 CSS 属性 border-image 可以让用户直接将图片应用于边线上。

2. CSS3 border-image 属性的深入学习[①]

border-image 属性就是使用图片作为(对象的)边框，这样边框的样式就不像以前只有实线、虚线、点状线等那样单调了，其属性值为 border-image-source、border-image-slice、border-image-width、border-image-outset 和 border-image-repeat 的值，省略的值设置为它们的默认值。

其语法格式为"border-image：source slice/width outset repeat；"，属性的取值及说明如下。

---

① 参考资源为"http://www.w3cschool.cc/cssref/css3-pr-border-image.html"。

（1）border-image-source 属性：它就像 background-image 一样，也采用 url()作为它的值，语法为"border-image-source：url()；"。

（2）border-image-slice 属性：指明对图片的切割方法，现在我们引入一张图片（borderimage. png），如图 9.12 所示。

border-image-slice 可以取 1～4 个值，分别指定在图像的上、右、下、左（top、right、bottom、left）的切割距离（从图像外边算起），但这几个值是不能带单位的，可以取数字或百分比，当取数字时默认单位为像素（px）。刚才我们提到了切割，那么它是怎么切割的呢？假如取 4 个值"10 15 30 20"，那么切割如图 9.13 所示。

图 9.12　border-image-slice 前原始图像　　　　图 9.13　border-image-slice 对图像的分割

4 条线将图像分割为 9 个部分，除中间部分以外，分别应用到边框的 4 个角和 4 条边上。表 9-4 所列的各部分的名称与图 9.12 的顺序对应。

表 9-4　图像被分割为 9 个部分的名称

各部分名称		
border-top-left-image 作为边框左上角图像	border-top-image 作为上边框图像（可平铺）	border-top-right-image 作为边框右上角图像
border-left-image 作为左边框图像（可平铺）	中间部分	border-right-image 作为右边框图像（可平铺）
border-bottom-left-image 作为边框左下角图像	border-bottom-image 作为下边框图像（可平铺）	border-bottom-right-image 作为边框右下角图像

（3）border-image-width 的 4 个值分别指定上、右、底部、左边框的宽度（两侧向内）。如果第四个值被省略，它和第二个是相同的；如果也省略了第三个，它和第一个是相同的；如果也省略了第二个，它和第一个是相同的。

（4）border-image-outset 用于指定在边框外部绘制 border-image-area 的量，包括上下部分和左右部分。如果第四个值被省略，它和第二个是相同的；如果也省略了第三个，它和第一个是相同的；如果也省略了第二个，它和第一个是相同的。

（5）border-image-repeat 属性共有 3 个值，即 stretch（拉伸）、repeat（重复）、round（平铺），其中 stretch 是默认值。在使用时可以取 1～2 个参数，例如：

```
border - image:url(borderimage.png) 30;
```

等同于

```
border - image:url(borderimage.png) 30 stretch stretch;
```

表示水平方向（上、下两边）和垂直方向（左、右两边）均使用 stretch 参数，即在水平方向

CSS3 中的背景与边框样式设计

和垂直方向都拉伸。

如果是"border-image:url(borderimage.png) 30 round repeat;",则边框图片在水平方向上平铺、在垂直方向上重复。

round 平铺可能会改变边框背景图片的大小来适应边框宽度排列,而 repeat 就不一样了,repeat 重复是不改变背景图片的大小而直接从中间向两端排列。

注意,round 效果和 repeat 效果在 WebKit 内核下(如 Chrome 浏览器里)区分不出来,效果是一样的,但在 Opera 12.14 里可以准确地区分这两个参数。

Firefox、Chrome 和 Safari 6 支持 border-image 属性;Opera 通过私有属性-o-border-image 支持;Safari 和 Chrome 通过私有属性-WebKit-border-image 支持。

示例代码如下:

```html
<html><head><style>
  div {
    border:10px solid transparent;
    width:40px;
    padding:5px 10px;
    -webkit-border-image: url(button.png) 2 14 1 14 stretch;
    border-image: url(button.png) 2 14 1 14 stretch;
  }
</style></head>
<body>
  <p><b>注意:</b> Internet Explorer 浏览器不支持 border-image 属性.</p>
  <div>Search</div>
  <p>这是使用的图片:</p>
  <img src="button.png">
</body>
</html>
```

运行效果如图 9.14 所示。

3. 背景图像设计方法

(1) 多背景图像设计:多背景图像设计使用 background-image 属性,在指定图像文件的时候是按在浏览器中显示时图像叠放的顺序从上往下指定的,第一个图像放在最上面,最后指定的放在最下面。CSS3 示例代码如下:

图 9.14 运行效果图

```css
div{
    background-color:#888888;
    background-image:url(anwy.jpg), url(annie.jpg);
    background-repeat:repeat-x,no-repeat;
    width:500px;
    padding:0.2em;
    color:gray;
    line-height:1.5;
    font-size:1em;
    font-weight:bold;
}
```

（2）全背景图片设计：很多网站是全背景图片的，而且适应各种主流分辨率，给人一种干净、大气的感觉。下面介绍一种实现全屏图片自适应缩放背景图片的方法，CSS3 示例代码如下：

```
html {
    background: url(images/bg.jpg) no-repeat center center fixed;
    -webkit-background-size: cover;
    -moz-background-size: cover;
    -o-background-size: cover;
    background-size: cover;
}
```

思考与实践

1. 思辨题

判断（√×）

（1）background-attachment（背景依附方式）属性设置背景图像是否随页面内容滚动，适用范围为所有标记，默认值为 fixed。 （　　）

（2）background-repeat 属性的适用范围为所有标记，默认值为 repeat。 （　　）

（3）表格外边框属性的属性值 hsides 是指只显示表格的上、下两条边框。 （　　）

选择

（4）下列（　　）不是 background-origin 属性的值。

    A. margin-box   B. border-box   C. padding-box   D. content-box

（5）CSS3 的圆角边框属性中（　　）控制边框边角的图像。

    A. border-color   B. border-image

    C. border-corner-image   D. border-radius

（6）（　　）表示左上角和右下角半径为 15px、右上角和左下角半径为 5px。

    A. 语句"border-radius：5px 15px；"   B. 语句"border-radius：15% 5%；"

    C. 语句"border-radius：15px 5px；"   D. 语句"border-radius：5% 15%；"

填空

（7）background-repeat 背景图像重复方式有 4 种，即 _____、_____、_____、_____。

（8）background-image 属性设置元素的背景图像，属性值为 _____。

（9）_____ 属性设置边框半径，以产生类似圆角边框的效果。

（10）border-image 属性设置背景图像的显示方法，可选值为 _____、_____、_____。

2. 外文文献阅读实践

查阅、研读一篇大约 1500 字的关于 CSS3 背景与边框设计的小短文，并提交英汉对照文本。

3. 上机实践

1）页面设计

设计 CSS 样式，实现如图 9.15 所示的网页效果，其中包括段落背景颜色样式、表格背景颜色样式等(参考代码见 chp09_zy31. html)。

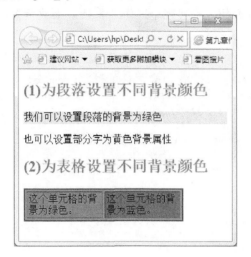

图 9.15　运行效果图

2) 案例设计

参照 9.4 节"使用 DWCS5 进行背景与边框样式设计"设计简单的百度搜索界面,网页效果如图 9.16 所示,图片素材可以从网上搜集(参考代码见 chp09_zy32. html)。

图 9.16　运行效果图

3) 案例研读分析

用 IE 浏览器或 Chrome 浏览器打开一个具有代表性的网站页面,并用文件名称 chp09_zy33. html 保存,然后查看其完整或部分源代码,找出其应用的 CSS 样式表,对背景与边框样式属性、功能进行分析,从而领会 CSS 背景与边框技术的应用。

在该网站的源代码中是否使用了 CSS3 背景与边框样式属性? 如果使用了,请指出并做出相关说明,最后写出书面报告。

第10章

CSS3 中的列表与
鼠标光标样式设计

本章导读：

前面我们讲述了网页中的字体与文本样式设计、背景与边框样式设计，但在进行网页设计时仅此还不够，还必须考虑网页其他要素的格式控制，例如列表与鼠标光标样式设计等，本章将引导读者学习 CSS3 列表与鼠标光标样式的设计与应用。

首先通过一个案例的介绍让大家了解列表与鼠标光标样式在网站中的实际运用，同时建立读者对列表与鼠标光标样式的初步感性印象；接着通过理论与示例相结合的方式具体讲解列表与鼠标光标样式属性及其在网页中的应用；同时紧跟技术的发展介绍 CSS3 列表与鼠标光标样式设计前沿技术；最后指导大家使用 DWCS5 工具实现一个复杂列表与鼠标光标样式的页面设计。

10.1　列表与鼠标光标样式简介及应用案例

列表样式是用来设置列表项外观的，包括列表位置样式、列表类型样式、列表图像样式、总列表样式等。鼠标光标样式可以改变鼠标出现在页面中不同元素上的鼠标光标形状外观，包括"工"字形、手形、漏斗形和十字形等。

列表与鼠标光标形状样式表的运用在网页中处处可见，如新东方网站（www.xdf.cn）主页上就对 ul、li 等列表内容的格式设计使用了样式表。图 10.1 所示为新东方主页的"热点推荐"栏目部分的样式应用示例，包括列表标记 ul、li，以及对 ul 的样式设置（class="f14 126"）。

至于鼠标在页面中的光标形状外观的变化，读者可通过在页面的不同元素上移动鼠标来观察其应用情况。

对于页面中列表与鼠标光标形状样式表的应用，如希望直接查看整个页面的应用情况，可通过使用 IE 浏览器将新东方网站首页打开后右击页面，查看源文件；如希望直接查看特定元素的样式表应用，可使用 360 安全浏览器将新东方网站首页打开后右击页面中的特定元素，选择"审查元素"查看。

图 10.1　新东方主页上的"热点推荐"栏目列表及样式

10.2　列表样式设计

网页中的列表样式是通过各种列表的属性及其取值的设置来描述的，如列表位置样式、列表类型样式、列表图像样式、总列表样式等。列表样式属性及其取值如表 10-1 所示。

表 10-1　列表样式的常用属性

属性名称	说明（或功能）
list-style-position （列表样式位置）	该属性用来设置列表项目符号的位置，属性值为 inside（列表项目符号出现在列表文字的内部）、outside（列表项目符号出现在列表文字的外部，默认值）
list-style-type （列表样式类型）	该属性用来设置列表项目符号的类型，属性值为 disc（圆盘，默认值）、circle（圆圈）、square（正方形）、decimal（十进制数字）、lower-roman（小写罗马数字）、upper-roman（大写罗马数字）、lower-alpha（小写英文字母）、upper-alpha（大写英文字母）、none（不显示任何符号）
list-style-image （列表样式图像）	该属性使用图像代替列表项目符号，属性值为 url，表示指定图像文件的来源。如果指定了列表图像，则指定的任何列表类型都无效。但是如果同时使用列表类型和列表图像属性，可以在列表图像无法显示的情况下显示列表类型，默认值为 none
list-style （总列表样式）	该属性可以一次性设置列表类型、列表位置、列表图像 url 三个属性值的部分或全部，例如"list-style: url(girl1. gif)inside disc；"
display（显示）	该属性定义了一个元素在浏览器上的显示方式，属性值为 block（在元素前后都会有换行，默认值）、inline（在元素前后都不换行）、list-item（与 block 相同，但增加了目录项标记）、none（不显示）

【示例 10.1】 使用内嵌式样式表设计列表样式。

将页面文件命名为 E10_01.html,具体样式要求如下:

(1)通过 class 选择器定义列表的项目符号位置样式,说明属性值 inside 或 outside 的使用。

(2)通过 class 选择器定义列表的类型样式,说明列表属性值 square、circle 等的使用。

(3)通过 class 选择器定义列表的项目符号图像及总列表(list-style)样式,说明列表属性值(如 url(rose.gif))的使用。

在 IE 浏览器中的显示效果如图 10.2 所示。

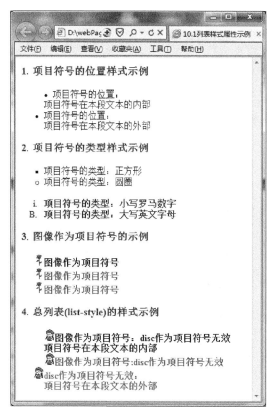

图 10.2 列表属性的使用方法

有关的代码可参见下面,源程序文件见"webPageBook\codes\E10_01.html"。

```
<html><head><title>10.1列表样式属性示例</title>
<style type = text/css>
  <!--1. 项目符号的位置样式 -->
  <!--
  .pinside{list-style-position:inside}
  .poutside{list-style-position:outside} -->
  <!--2. 项目符号的类型样式 -->
  <!--
  .types{list-style-type:square}
  .typec{list-style-type:circle}
```

CSS3 中的列表与鼠标光标样式设计

```
    .typelr{list－style－type:lower－roman}
    .typeua{list－style－type:upper－alpha} －－>
 <!--3.图像作为项目符号的样式 -->
 <!--
    .img{list－style－image:url(../image/rose.gif)} -->
 <!--4.总列表的样式 -->
 <!--
       .liststyle{list－style:url(../image/girl1.gif) inside disc} -->
</style></head>
<body>
   <h3><b><font color="#800000">1.项目符号的位置样式示例</font></b></h3>
   <ul class=pinside>
      <li>项目符号的位置:<br>项目符号在本段文本的内部 </li>
      <li class=poutside>项目符号的位置:<br>项目符号在本段文本的外部</li>
   </ul>
   <h3><b><font color="#800000">2.项目符号的类型样式示例</font></b></h3>
   <ul class=types>
      <li>项目符号的类型:正方形</li>
      <li class=typec>项目符号的类型:圆圈</li>
   </ul>
   <ol class=typelr>
      <li><b><font color="#800000">项目符号的类型:小写罗马数字</font></b></li>
      <li class=typeua><b><font color="#800000">项目符号的类型:大写英文字母</font>
</b></li>
   </ol>
   <h3><b><font color="#800000">3.图像作为项目符号的示例</font></b></h3>
   <ul class=img>
      <li><b><font color="navy">图像作为项目符号</font></b></li>
      <li><b><font color="teal">图像作为项目符号</font></b></li>
      <li><b><font color="olive">图像作为项目符号</font></b></li>
   </ul>
   <h3><b><font color="#800000">4.总列表(list－style)的样式示例</font></b></h3>
   <ul class=liststyle>
      <li><b><font color="navy">图像作为项目符号:disc 作为项目符号无效<br>项目符号在本
段文本的内部</font></b></li>
      <li><b><font color="teal">图像作为项目符号:disc 作为项目符号无效</font></b></li>
      <li style="list－style:disc outside"><b><font color="olive">disc 作为项目符号无效:
<br>项目符号在本段文本的外部</font></b></li>
   </ul>
</body></html>
```

10.3 鼠标光标样式设计

鼠标光标的形状在浏览网页的过程中有着重要的作用,不同形状的鼠标光标能够提示
浏览者进行不同的操作,例如把鼠标指针移动到有超链接的文字或图像的上方时鼠标指针
会变成"小手"的形状,提示浏览者在这里可以进行单击操作,链接到其他页面。

网页的设计者如果为了使页面美观或给予浏览者更好的提示而希望对鼠标光标的形状
进行更多的控制,则可以使用 CSS 中的 cursor 属性。

该属性的允许值与相应的鼠标光标形状说明如表 10-2 所示[①]。

表 10-2　cursor 属性值与鼠标光标形状说明

属　性　值	中　文　含　义	形　状
auto	自动改变样式(默认设置)	I
crosshair	十字准心	+
default	默认指针	↖
hand	手形	☝
no-drop	无法释放	☝⊘
not-allowed	禁止	⊘
move	移动(十字箭头)	✛
e-resize	向右改变大小(正东方向,East)	↔
ne-resize	东北方向改变大小(North East)	↗
nw-resize	西北方向改变大小(North West)	↘
n-resize	向上改变大小(正北方向,North)	↕
se-resize	东南方向改变大小(South East)	↘
sw-resize	西南方向改变大小(South West)	↗
s-resize	向下改变大小(正南方向,South)	↕
w-resize	向左改变大小(正西方向,West)	↔
text	文本/编辑形	I
wait	等待(漏斗形状)	⧗
progress	处理中	↖⧗
help	帮助(带?号的箭头)	↖?
url('＃')	＃表示光标文件(格式必须为.cur 或.ani)地址,该属性值允许用户自定义动画	(

注意:CSS 光标类型(Cursor Types)的实际效果依赖于用户的系统设置,与用户在这里看到的效果不一定一致。其中,手形"cursor:pointer;"或"cursor:hand;"写两个是为了照顾 IE5,它只认 hand。

【**示例 10.2**】　使用内嵌式与行内式样式表设计鼠标的光标样式。

将页面文件命名为 E10_02.htmL,具体样式要求如下:

(1)通过 class 选择器定义光标样式,例如"cursor:help",说明光标样式属性的使用。

(2)用 class 选择器定义超链接不同状态下鼠标光标的样式,例如"a:hover{ cursor:hand;border-style:dotted}"等。

(3)用行内式样式说明鼠标的各种光标形状,如"cursor:ne-resize"等样式的使用。

---

① 　CSS 鼠标光标属性 cursor 的参考资源地址为"http://www.shejicool.com/web/html_css/306.html"。

在 IE 浏览器中的显示效果如图 10.3 所示。

图 10.3　鼠标的光标形状属性的使用方法

有关的代码可参见下面,源程序文件见"webPageBook\codes\E10_02.html"。

```
<html><head><title>10.3 鼠标的光标形状示例</title>
<style type = text/css>
  <!--1. 鼠标的光标形状样式 -->
  <!--
  .sbxz1{cursor:help;border - style:dotted}
  -->
  <!-- 2. 超链接下光标形状的样式 -->
  <!--
    a:hover{font:18pt "隶书";color:blue;cursor:hand;border - style:dotted}
    a:active{font:12pt "宋体";color:red;cursor:ne - resize;border - style:solid}
    a:visited{color:green;cursor:se - resize;border - style:dashed}
    a{color:purple}
  -->
</style></head>
<body>
  <h3><b><font color = "#800000">1.移动鼠标,查看其在图像上的光标形状</font></b></h3>
  <img class = sbxz1 border = "4" src = "../image/flower2.jpg" width = "200" height = "120">
  <h3><b><font color = "#800000">2.段落及超链接不同状态上的光标形状</font></b></h3>
  <p style = "cursor:wait"><font color = "teal" size = "5">我的网上超市</font></p>
  <p><a href = "../image/red_flower.jpg">超市主页</a><a href = "../image/dog.jpg">商品类
别</a>| <a href = "http://">付款说明</a>|<a href = "http://">送货方式</a>|
```

```
    </p>
    <h3><b><font color="#800000">3.移动鼠标,查看各种光标形状</font></b></h3>
    <p><span style="cursor:e-resize">光标形状 e-resize</span>|
        <span style="cursor:n-resize">光标形状 n-resize</span>
    </p>
    <p><span style="cursor:ne-resize">光标形状 ne-resize</span>|
        <span style="cursor:default">光标形状 default</span>
    </p>
    <p><span style="cursor:sw-resize">光标形状 sw-resize</span>|
        <span style="cursor:s-resize">光标形状 s-resize</span>
    </p>
    <p><span style="cursor:move">光标形状 move</span>|
        <span style="cursor:crosshair">光标形状 crosshair</span>
    </p>
</body>
</html>
```

10.4　列表与鼠标光标样式设计前沿技术

10.4.1　有序列表中的项目编号设计

CSS counters 主要是用来创建自动计数器。单纯地依赖列表实现个性化的项目编号效果是比较困难的,那么使用 counter-reset、counter-increment、counter()配合伪类:before、:after 以及 content 就会变得比较容易,下面介绍如何使用 CSS counters 的相关属性实现非列表元素的、个性化项目编号设计效果[①]。

我们要想完全了解或者熟练使用 CSS counters 来创建计数器,需要对用到的每个属性的使用规则有一定的了解。计数器的相关属性及使用方法如表 10-3 所示。

表 10-3　计数器的相关属性及使用方法

属性名称	说明(或功能)
counter-reset (计数器重置)	该属性用来标识计数器的作用域,而且此值必须用在选择器上,并且是不能缺少的。其语法规则为"counter-reset:[< identifier > < integer >?]+ | none",默认值为 none。它共包括两个部分,第一个部分是自定义计数器名称,这一部分是必需的;第二部分是计数器起始值,此值是可选的,默认值为 0,此时计数从 1 开始。用户可以定义多个计数器,例如"counter-reset: section 0 heading 0;"
counter-increment (计数器增量)	该属性用来标识计数器与实际相关联元素的范围,其语法规则为"counter-increment:[< identifier > < integer >?]+ | none"。其中,第一个值是必需的,用于获取 counter-reset 定义的标识符;第二个值是一个可选整数值,可以是正整数、负整数,用来预设递增的值,如果取值为负值表示递减,默认值为 1
content (内容)	该属性和伪类:before、:after 或者伪元素::before、::after 配合在一起使用,主要用来生成内容。 语法规则为"content: counter([< identifier >])"

---

① 资源参考为"http://www.w3cplus.com/css3/css-counters.html"。

续表

属性名称	说明(或功能)
counter	counter()是一个函数,接受两个参数,第一个参数调用定义好的计数器标识符;第二个用来设置计数器的风格,有点类似于 list-style-type,默认情况下取值为十进制,用户也可重置这个样式风格,例如,upper-roman 或者 upper-alpha 等。 counter 中的第二个值与列表中的 list-style-type 值相等。 用户可以使用多个 counter(),例如"content: counter(Chapter,upper-roman) "-" counter(section,upper-roman);"
:befote、:after 或 ::befoer、::after	配合 content 用来生成计数器内容。严格来说,这些属性并不算真正意义上的 CSS counters 的属性,它们只是配合上述各属性联合使用的伪类或伪元素

10.4.2 鼠标光标样式设计

在 CSS3 中我们有更多的样式可以选择,以下列出了大多数浏览器所共有的 CSS3 鼠标光标的样式(括号中标明了该样式不适用的浏览器名称)。

```
cursor:none (not IE, Safari, Opera)
cursor:context - menu (not Firefox, Chrome)
cursor:cell (not Safari)
cursor:vertical - text
cursor:alias (not Safari)
cursor:copy (not Safari)
cursor:nesw - resize
cursor:nwse - resize
cursor:col - resize
cursor:row - resize
cursor:all - scroll
```

它们可以工作在 IE9 和 Firefox、Chrome、Safari、Opera 浏览器的最新版本上[①],并且不同的浏览器具有一些特有的鼠标光标样式。

除此之外,Mozilla 和 Chrome、Safari 浏览器的某些版本中提供了一些私有样式,这很可能成为 CSS3 规范的一部分:

```
cursor: - webkit - grab;          cursor: - moz - grab;
cursor: - webkit - grabbing;      cursor: - moz - grabbing;
cursor: - webkit - zoom - in;     cursor: - moz - zoom - in;
cursor: - webkit - zoom - out;    cursor: - moz - zoom - out;
```

那么用户可不可以自己定义鼠标光标样式呢?答案是肯定的,用户可以应用以下代码来实现 DIY CSS 鼠标光标样式的目的。

```
css:{cursor:url('绝对路径的图片(格式: cur,ico)'), - moz - zoom - out;}
css:{cursor:url('绝对路径'),auto;}//IE、Firefox、chrome 浏览器都可以
```

前面的 url 是自定义鼠标光标图像的绝对路径地址,后面的参数是 CSS 标准的 cursor

---

① 参考资源为"http://www.jbxue.com/article/17367.html"。

样式。图片的格式根据不同的浏览器来分，IE 支持 cur、ani、ico 这 3 种格式，Firefox 支持 bmp、gif、jpg、cur、ico 这几种格式，不支持 ani 格式，也不支持 gif 动画格式，因此一般将图片保存为 cur 或 ico 格式。如果是 ani 格式，那么可以在 Firefox 下面用 jpg、gif、bmp 来代替"cursor:url(…ani),url(…gif),auto"。

用户在自定义鼠标光标样式的过程中需要注意以下几点：图片的地址应设为绝对路径，图片的大小在不同浏览器中的显示效果会有所不同（这是浏览器的兼容问题导致的）。

通过上面的内容我们已经对列表和鼠标光标样式属性有了进一步了解，下面看一个较复杂的例子。

【示例 10.3】 使用内嵌式样式表设计列表与鼠标光标样式。

将页面文件命名为 E10_03.html，具体要求如下：

(1) 实现列表项的自动计数功能。

(2) 鼠标在列表的不同区域显示不同的光标样式。

在 Chrome 浏览器中的显示效果如图 10.4 所示。

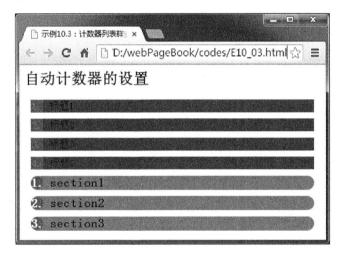

图 10.4　计数器列表样式及鼠标光标形状效果

有关的代码可参见下面，源程序文件见"webPageBook\codes\E10_03.html"。

```
< html >
< head >
  < meta http - equiv = "Content - Type" content = "text/html; charset = utf - 8" />
  < title >示例 10.3：计数器列表样式</title >
  < style type = text/css >
    body{ counter - reset: header 0 section 0;}
    div{ counter - increment: header;
         margin: 10px;
         cursor:default;
      background: #03F;}
    div:before{
         content: counter(header) '.';
         display:inline - block;
         width: 20px;
```

```
        height:20px;
        text - align: center;
        line - height: 20px;
        background:green;
        color:#ff00ff;
        margin - right:10px;
        transition: all .28s ease; }
    div a:hover{cursor:help;}
    h3{ counter - increment: section;
        margin: 10px;
        cursor:default;
        background: #09C;
        border - radius: 30px;}
    h3:before{ content: counter(section) '.';
        display:inline - block;
        width: 20px;
        height:20px;
        text - align: center;
        line - height: 20px;
        background:black;
        border - radius:100%;
        color:#fff;
        margin - right:10px;
        transition: all .28s ease; }
    h3 a:hover{ cursor:pointer;}
  </style>
</head>
<body>
    <h2>自动计数器的设置</h2>
    <div class = "header"><a>标题 1</a></div>
    <div class = "header"><a>标题 2</a></div>
    <div class = "header"><a>标题 3</a></div>
    <div class = "header"><a>标题 4</a></div>
    <h3><a>section1</a></h3>
    <h3><a>section2</a></h3>
    <h3><a>section3</a></h3>
</body>
</html>
```

10.5　使用 DWCS5 进行列表与鼠标光标样式设计

1. 目标设定与需求分析

本节的目标是参照 10.1 节的内容制作一个简单的网页导航菜单和内容列表,要求使用到 DWCS5 的列表与鼠标光标样式设计方法,具体属性的要求如下:

(1) 为导航菜单、列表部分设置 CSS 样式,包括字体的基本样式属性,当鼠标指针划过菜单项时字体颜色变为蓝色、鼠标光标样式变为"手形"、边框变为虚线效果。

(2) 为公告列表内容设置"正常状态下、鼠标划过时、鼠标选中时"字体颜色的不同效果。在 Chrome 浏览器中的显示效果如图 10.5 所示。

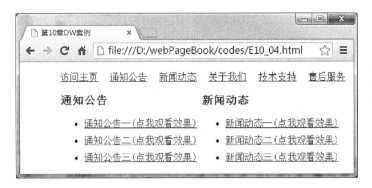

图 10.5　DWCS5 的列表与鼠标光标样式设计案例

2. 设计页面布局与内容

　　根据页面需求来确定页面布局结构,计算好各个版块的相关属性及标题内容,并进行布局设计,可以先绘制草图。根据预先设计好的布局首先新建 HTML 网页,设置父 Div 区块,步骤为在插入面板中选择“布局”项,单击“插入 Div 标签”图标,或者选择“插入”→“布局对象”→“Div 标签”(具体操作方法见第 9 章的案例)。之后在已经设定好的父 Div 区块中分别插入各部分的子 Div 区块,在设计中设定好各部分的位置和比例。

　　然后进行菜单栏的 CSS 样式设计,在上部菜单区块中插入列表及内容,选择“格式”→“列表”→“项目列表”,具体步骤可参考第 3 章。在列表位置输入相应内容,并且设置链接(选中文字,在属性面板的链接下拉菜单中选择♯)。接着参考图 10.5,在网页中插入相关内容,效果如图 10.6 所示,对应的网页源程序参看文件“webPageBook/codes/E10_04.html”中去掉涉及样式代码的部分。

图 10.6　页面布局和内容

3. 用 DWCS5 设计页面 CSS 样式

　　(1) 为菜单设置 CSS 样式规则:选择页面中的“访问主页”等列表内容部分后将下方的属性面板调至 CSS 样式,单击“新建 CSS 样式”,将类名设定为 nav,并且在“. nav 的 CSS 规

CSS3 中的列表与鼠标光标样式设计

则定义"对话框中选择设定好的样式信息。该案例的设计目的除使用 CSS 设计列表样式以外，还练习鼠标光标样式的设置，因此需要设置当内容被激活或选中时的显示效果。再次选中该列表内容，单击属性面板中的"编辑规则"，将选择器类型定为复合内容，选择器名称为 . nav li，在". nav li 的 CSS 规则定义"对话框中进行设置，同理对 nav a:hover 设置 CSS 规则。代码如下：

```css
.nav {
    text - decoration:none;
    list - style - type:none;
    }
.nav li{
    margin - left:20px;
    float:left;}
.nav a:hover{
    font:14pt "隶书";color:blue;cursor:hand;border - style:dotted;
    }
```

（2）在下方的"通知公告"和"新闻动态"两部分的子 Div 区块中设定类名为 list，并且设置复合选择器. list li、. list li a、. list li a:hover 和. list li a:active 的 CSS 样式规则。

图 10.7 为 CSS 规则定义的列表与鼠标样式的设计界面。选择适当的标记属性，单击"确定"按钮。

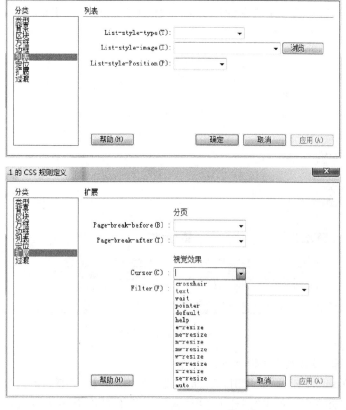

图 10.7　列表与鼠标样式的设计界面

（3）设计完成后以 E10_04. html 命名保存文件，此时可看到全部的 CSS 代码：

```
< style type = text/css >
  .list li{ margin - top:10px; }
  .list li a{color:purple}
  .list li a:hover{ color:green; font - size:17px; }
  .list li a:active{ color:red; }
  .nav { text - decoration:none; list - style - type:none; }
  .nav li{ margin - left:20px; float:left;}
  .nav a:hover{ font:14pt "隶书";color:blue;cursor:hand;border - style:dotted;}
</style>
```

页面的 HTML 代码可参见下面，完整的源程序文件见"webPageBook\codes\E10_04. html"。

```
< html >
< head >
  < meta http - equiv = "Content - Type" content = "text/html; charset = utf - 8" />
  < title >第 10 章 DW 案例</title>
  < style type = text/css >
    .list li{ margin - top:10px; }
    ...
    .nav a:hover{ font:14pt "隶书";color:blue;cursor:hand;border - style:dotted; }
  </style>
</head>
< body >
  < div >
    < div >
      < ul class = "nav">
          < li ><a href = "#">访问主页</a></li>
          < li ><a href = "#">通知公告</a></li>
          < li ><a href = "#">新闻动态</a></li>
          < li ><a href = "#">关于我们</a></li>
          < li ><a href = "#">技术支持</a></li>
          < li ><a href = "#">售后服务</a></li>
      </ul>
    </div>
    < br >
    < div style = "float:left; margin - left:60px;">
      < h3 >通知公告</h3>
      < ul class = "list">
          < li ><a href = "#">通知公告一(点我观看效果)</a></li>
          < li ><a href = "#">通知公告二(点我观看效果)</a></li>
          < li ><a href = "#">通知公告三(点我观看效果)</a></li>
      </ul>
    </div>
    < div style = "margin - left:300px;">
      < h3 >新闻动态</h3>
      < ul class = "list">
          < li ><a href = "#">新闻动态一(点我观看效果)</a></li>
          < li ><a href = "#">新闻动态二(点我观看效果)</a></li>
          < li ><a href = "#">新闻动态三(点我观看效果)</a></li>
      </ul>
```

273

第10章

```
        </div>
      </div>
   </body>
   </html>
```

本 章 小 结

　　本章主要介绍列表和鼠标光标样式设计的概念、应用案例。列表样式设计涉及列表位置（list-style-position）、列表类型（list-style-type）、列表图像（list-style-image）等与样式设计相关的属性；鼠标光标形状属性只有一个，即 cursor，决定鼠标指针的形状。本章还介绍了CSS3 新增与改进的列表和鼠标光标的样式属性知识。

　　通过本章的学习读者了解了列表和鼠标光标样式在实际网页设计中的应用，掌握了列表和鼠标光标样式设计的基本知识和技术；通过示例的学习读者掌握了运用 DWCS5 工具设计列表和鼠标光标样式的操作方法；同时新内容的跟踪和进阶学习知识的补充使读者了解了 CSS3 列表和鼠标光标样式设计的前沿知识和技术，也开阔了视野。

进 阶 学 习

1. 外文文献阅读

　　阅读下面关于"有序列表"知识的英文短文，从中领悟并掌握专业文献的翻译方法，培养研读外文文献的能力。

Styling ordered lists[①]

Styling ordered lists was always a tricky task. To style numbers you need to remove default browser styles and add hooks to your lists elements in order to target them and style accordingly.

In this article you'll learn how to add some CSS3 fine tuning to your ordered lists, using a semantic approach.

- The HTML

Below you'll find nothing than simple ordered list markup：

```
< ol class = "rounded - list">
    < li >< a href = "">List item </a></li>
    < li >< a href = "">List item </a></li>
    < li >< a href = "">List item </a>
        < ol >
            < li >< a href = "">List sub item </a></li>
            < li >< a href = "">List sub item </a></li>
            < li >< a href = "">List sub item </a></li>
        </ol>
    </li>
```

---

　　① 参考资源为"http://red-team-design.com/css3-ordered-list-styles/"。

```
    <li><a href = "">List item</a></li>
    <li><a href = "">List item</a></li>
</ol>
```

- The CSS

Further, I'll try to explain how this works in a few words. This technique uses automatic counters and numbering. Basically it's about using two CSS 2.1 properties: counter-reset (this initiate a counter) and counter-increment (this increments the previous counter). As you will see below, the counter-increment will be used along with CSS generated content (pseudo-elements).

```
ol {
    counter - reset: li; / *  Initiate a counter  * /
    list - style: none; / *  Remove default numbering  * /
    * list - style: decimal; / *  Keep using default numbering for IE6/7  * /
    font: 15px 'trebuchet MS', 'lucida sans';
    padding: 0;
    margin - bottom: 4em;
    text - shadow: 0 1px 0 rgba(255,255,255,.5);
}
ol ol {
    margin: 0 0 0 2em; / *  Add some left margin for inner lists  * /
}
```

- Rounded-shaped numbers

```
.rounded - list a{
    position: relative;
    display: block;
    padding: .4em .4em .4em 2em;
    * padding: .4em;
    margin: .5em 0;
    background: # ddd;
    color: # 444;
    text - decoration: none;
    border - radius: .3em;
    transition: all .3s ease - out;
}
.rounded - list a:hover{
    background: # eee;
}
.rounded - list a:hover:before{
```

CSS3 中的列表与鼠标光标样式设计

```
    transform: rotate(360deg);
}
.rounded-list a:before{
    content: counter(li);
    counter-increment: li;
    position: absolute;
    left: -1.3em;
    top: 50%;
    margin-top: -1.3em;
    background: #87ceeb;
    height: 2em;
    width: 2em;
    line-height: 2em;
    border: .3em solid #fff;
    text-align: center;
    font-weight: bold;
    border-radius: 2em;
    transition: all .3s ease-out;
}
```

2. 如何根据列表项序号的不同设计不同的样式

在设计网页列表样式的时候,有时需要根据列表项序号的不同设计不同的样式,如图 10.8 所示(Firefox 浏览器下)。要求序号为 3 的倍数的列表项 li 下面有一行虚线,而第一个和最后一个列表项的样式不同。

图 10.8　不同列表项的设计样式不同

那么怎样很方便地用 CSS 样式表实现呢? CSS 参考代码如下:

```
<style type=text/css>
    .list li:first-child{ border-bottom:1px dashed #f00;} /* first-child 指第一个元素 */
    .list li:nth-child(3n){ border-bottom:2px dashed #00f;} /* 3n 指 3 的倍数都用这个样式 */
    .list li:last-child{ border-bottom:1px dashed #0f0;} /* first-child 指最后一个元素 */
</style>
```

有关的 HTML 代码可参见下面,源程序文件见"webPageBook\codes\ E10_05.html"。

```
<h3>一品网商品信息</h3>
<ul class="list">
    <li>1.这里是一品网商品信息标题</li>
    <li>2.这里是一品网商品信息标题</li>
    <li>3.这里是一品网商品信息标题</li>
    <li>4.这里是一品网商品信息标题</li>
    <li>5.这里是一品网商品信息标题</li>
    <li>6.这里是一品网商品信息标题</li>
    <li>7.这里是一品网商品信息标题</li>
</ul>
```

思考与实践

1. 思辨题

判断(✓✕)

(1) list-style-position 属性用来设置列表项目符号的位置。 ( )

(2) 当 cursor 属性的值为 hand 时鼠标光标的形状为小手。 ( )

(3) counter-reset 属性用来标识计数器与实际相关联元素的范围。 ( )

选择

(4) display 属性定义了一个元素在浏览器上的显示方式,其默认属性值为( )。

    A. block   B. inline   C. list-item   D. none

(5) 如果要设置列表项目符号的类型为正方形,则 list-style-type 属性应设置为( )。

    A. disc   B. circle   C. decimal   D. square

(6) 表明鼠标光标形状属性 cursor 值为处理中的是( )。

    A. crosshair   B. no-drop   C. not-allowed   D. progress

填空

(7) 用来设置列表项目符号类型的属性名称是_____。

(8) 如果要把鼠标光标形状设置为十字准星,则 cursor 的属性值为_____。

(9) 设置列表项目符号出现在列表文字的内部的属性值为_____。

(10) 计数器属性 content 的语法规则是_____。

2. 外文文献阅读实践

查阅、研读一篇大约 1500 字的关于 CSS 列表及鼠标光标样式设计的小短文,并提交英汉对照文本。

3. 上机实践

1) 页面设计:根据本章关于列表与鼠标光标样式设置的学习设计一个新闻动态列表页

具体要求如下:

(1) 采用有序列表 ol 进行设计。

(2) 对列表中的超链接分别添加 hover 和 active 状态时的不同样式。

(3) 将鼠标指针悬停在图片上时鼠标指针变为"小手"形状。

参考效果如图 10.9 所示(参考代码见 chp10_zy31.html)。

2)页面设计:根据本章所学知识设计出如图 10.10 所示的网页

图 10.9　参考效果图　　　　　　　　　　图 10.10　参考效果图

具体要求如下:

(1)利用无序列表 ul 设计出如图 10.10 所示的新闻列表。

(2)对列表中的第一个和最后一个元素增加下画线样式。

(3)对列表中顺序号为 2 的倍数的元素使用图像代替列表项目符号。

(4)当鼠标指针滑过元素时显示相应样式。

参考效果如图 10.10 所示(参考代码见 chp10_zy32.html)。

3)案例研读分析

用 IE 浏览器或 Chrome 浏览器打开一个具有代表性的网站主页,并用文件名称 chp10_zy33.html 保存,然后找出其应用列表与鼠标光标样式的完整或部分源代码,对其功能进行分析,从而领会列表与鼠标光标样式技术的应用,最后写出书面报告。

第11章 CSS3 中的 Web 框样式设计

本章导读：

通过前面几章对 CSS3 的基本知识的学习我们了解了 CSS3 的样式表的定义以及字体、文本、边框、背景、列表、鼠标光标等基本网页内容的 CSS3 样式表设计,在此基础上我们将学习 CSS 样式表的核心内容——Web 框,即 box 模型,它是基于 CSS 的 Web 设计中最重要的概念之一。Web 框是针对 HTML 元素的一组规则,指定了元素的高度、宽度、内边距、外框和外边距是如何度量的。在本章中首先介绍 Web 框的基本概念、分类、组成,然后重点介绍 Web 框的浮动与定位以及 CSS3 新增加的 Web 弹性框,最后指导大家用 Dreamweaver 工具进行 Web 框的设计。

11.1　Web 框简介及应用案例

11.1.1　Web 框的概念与组成

在 CSS 语言中,对于每一个可显示的页面标记,如<p>、<table>、<div>、<img>、<input>、<textarea>、<select>、<object>等,其外形都可以看作是一个样式表生成的矩形框(box)[①],即 Web 框(或称为盒子),一个网页就是由许多这样的 Web 框组成的。一个 Web 框由 4 个部分组成,从里到外依次是内容(content)区、内边距(padding)、边框(border)和外留白(margin,或称外边距),如图 11.1 所示。

(1) 内容(content)：Web 框里容纳的东西,即实际的内容,类似相框里的照片。

(2) 内边距(padding)：也称为填充距,是内容和边框的距离,如照片和框之间的距离。内边距呈现了元素的背景。

(3) 边框(border)：类似相框的木框部分。

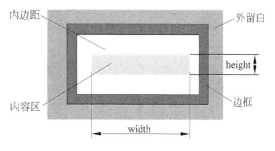

图 11.1　Web 框的组成

(4) 外边距(margin)：围绕在元素边框的空白区域,为了分隔 Web 框而设,使得一个 Web 框与周围其他 Web 框的上下左右之间留有一定的间隙,正如两个相框之间要留有空

---

① 需要指出的是,在 CSS2 中 Web 框模型被规定为矩形,但是随着技术的发展,在 CSS3 中 Web 框模型出现了圆角矩形框。

白。margin 默认是透明的，因此不会遮挡其后的任何元素。

11.1.2　Web 框的度量单位与大小计算

组成 Web 框的内容（content）、内边距（padding）、边框（border）和外留白（margin，或称外边距）的默认度量单位为 px（像素 Pixel 的缩写），此外还有 in（英寸）、cm（厘米）pt（点数）等。

在设计页面中的一个 Web 框的样式之前我们需要计算其在页面上占有多大的尺寸，下面的公式给出了 Web 框总体的高度和宽度的计算方法，其中 width 和 height 仅指内容的宽度和高度。

（1）总宽度计算公式：Total width＝left margin＋left border＋left padding＋width＋right padding＋right border＋right margin。

（2）总高度计算公式：Total height＝top margin＋top border＋top padding＋height＋bottom padding＋bottom border＋bottom margin。

通过调整 Web 框内容（content）、内边距（padding）、边框（border）和外留白（margin）的高度和宽度值，我们可以很方便地调整 Web 框总体的大小，从而达到样式表预期的布局效果。

注意：在 CSS 中内边距、边框、外边距是可选的，初始默认值是零。width 和 height 指的是内容区域的宽度和高度，增加内边距、边框和外边距不会影响内容区域的尺寸，但是会增加元素框的总尺寸。

11.1.3　Web 框的分类

可以说，在 CSS 中页面的一切对象皆为 Web 框。这些 Web 框根据其在一行内部显示还是独自占满一行而作为块显示，分为行内（inline）框和块级（block）框。如 span 和 strong 等元素，因为它们的内容显示在一行中，所以常被称为行内框。与之相反，div、h1 或 p 标记常显示为一块内容，则被称为块级框。

行内框和块级框不是固定的，可以使用 Web 框的 display 属性改变 Web 框的类型。如将行内元素（比如<a>元素）的 display 属性值设置为 block，可以让其表现得像块级元素一样。用户还可以通过把 display 设置为 none 让生成的元素根本没有框，这样该框及其所有内容就不再显示，不占用文档中的空间。

11.1.4　Web 框的应用案例

Web 框在网页中处处可见，如京东网上商城（www.jd.com）主页上就使用了 div、ul、li、h2 等大量 Web 框进行页面的设计。图 11.2 所示为京东主页 1F 层家电通讯的部分 Web 框应用示例。

对于页面中 Web 框的应用，如果用户希望直接查看整个页面的应用情况，可通过使用 IE 浏览器将京东网上商城首页打开后右击页面，查看源文件；如希望直接查看特定的 Web 框应用，则可使用 Chrome 浏览器将京东网上商城首页打开后右击页面，选择"审查元素"命令查看。

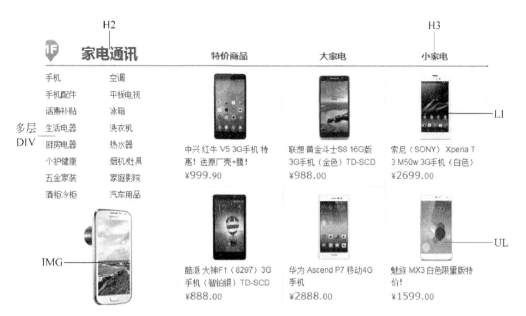

图 11.2　京东网上商城的 Web 框应用

11.2　Web 框样式设计

11.2.1　Web 框样式的属性

页面中 Web 框的各种样式的控制由其属性的设置决定，这些属性包括 Web 框内容的宽度、高度、边框、填充距、外边距；边框宽度、边框颜色、边框样式等，此外还包括与 Web 框显示方式相关的属性，如可见性、溢出、切片。

我们可以通过图 11.3 直观地了解 CSS 中相关属性的三维层次关系[①]。

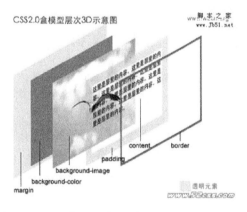

图 11.3　CSS 中 Web 框相关属性的三维层次关系

---

① 　参考资料见"脚本之家（www.jb51.net）"。

从该图中我们可以看到,在 CSS 中各个属性实际上是层层嵌套的关系,将所有属性按照一定的顺序和规则进行排列,最终显示出一个完整的 Web 框界面。

Web 框样式设计的常用属性如表 11-1 所示。

表 11-1　Web 框的常用属性及其取值

属 性 名 称	属 性 说 明
width(宽度) height(高度)	两个属性分别设置 Web 框内容区的宽度和高度,其值有 3 种,即长度(可以使用前面提到的各种单位)、百分比(相对于父元素宽度或高度的百分比)、默认值 auto(浏览器自动调整或者保持该元素的原有大小,也就是元素(如一个图像)自己的宽度和高度)
padding-top(上填充距) padding-bottom(下填充距) padding-left(左填充距) padding-right(右填充距) padding (总填充距)	前 4 种属性用来分别设置 Web 框的各个填充距,其值有两种,即数值(可以使用前面提到的各种单位,但不允许使用负值)和百分比(相对于父元素的大小,如上下内边距和左右内边距一致,则上下内边距的百分数会相对于父元素宽度设置,而不是相对于高度)。 padding (总填充距)一次性设置 4 个填充距,取值为 1～4 个属性值。如果设置一个值,表示各填充距皆为该值;如果用两个值,则第一个值表示上下填充,第二个值表示左右填充;如果用 3 个值,则分别表示上边填充、左右填充和下边填充;如果用 4 个值,则分别表示上、右、下、左填充距
margin-top(上外边距) margin-bottom(下外边距) margin-left(左外边距) margin-right(右外边距) margin(总外边距)	前 4 种属性用来分别设置 Web 框的 4 个外边距,其值有 3 种,即长度(可以使用前面提到的各种单位)、百分比(相对于父元素的大小)和 auto(浏览器自动调整),默认值为 0。 margin(总边界)一次性设置 4 个外边距,取值为 1～4 个属性值,语法及含义同上。margin 的默认值为 0,且是透明的,因此不会遮挡其后的任何元素。这个属性接受任何长度单位、百分数值甚至负值
border-top-width(上边框宽度) border-bottom-width(下边框宽度) border-left-width(左边框宽度) border-right-width(右边框宽度) border-width(总边框宽度)	前 4 种属性用来设置 Web 框的各个边框宽度,其值有 4 种,即 thin(细边框)、medium(中等粗细的边框)、thick(粗边框)、长度数值(可以使用前面提到的各种单位),默认值为 medium。 border-width(总边框宽度)一次性设置 4 个边框宽度,取值为 1～4 个属性值,含义同上
border-color(边框颜色)	该属性用来一次性设置 4 个边框的颜色,语法格式同 border-width(总边框宽度),颜色值可以用颜色名或 RGB 值
border-style(边框样式)	该属性用来设置 Web 框的各个边框的样式,样式名称包括 none(无边框)、dotted(虚线点)、dashed(短线组成的虚线)、solid(实线)、double(双线)、groove(凹线)、ridge(3D 山脊状线)、inset(边框有沉入感)、outset(边框有浮出感),默认值为 none。 并非所有的浏览器都能显示 ridge、inset、outset 之类的样式,有些浏览器将所有边框都绘制成实线

属　性　名　称	属　性　说　明
border-top(上边框) border-bottom(下边框) border-left(左边框) border-right(右边框) border(总边框)	这 5 种属性用来一次设置 Web 框的各个边框的宽度、样式、颜色,其中 border(总边框)属性的值作用于边框的各边,其属性值为{边框宽度,边框样式,边框颜色}组成的三元组,其顺序无关。例如"border-left:{20px, solid, blue}"表示左边框是宽度为 20px 的蓝色实线
visibility(可见性)	该属性用来定义元素的可见性,取值为 visible(可见)、hidden(不可见)、inherit(继承上一级元素的可见性),默认值为 inherit
overflow(溢出)	该属性用来定义元素溢出内容(元素超出其自身的高度和宽度的内容)的显示方式,取值为 visible(显示所有的溢出内容,直到溢出的内容超出网页的边界)、hidden(隐藏所有的溢出内容)、auto(在出现溢出内容的水平或垂直方向上出现滚动条)、scroll(不论是否有溢出内容都显示滚动条),默认值为 visible
clip(切片)	该属性用来从元素中剪切出一个 rect(矩形)区域显示在网页上,取值格式为"rect([top]|[right][bottom][left]] |auto"。top、bottom(left、right)分别设定矩形切片的上下边(左右边)距离元素上边框(左边框)的距离(可用任何单位),当设置为 auto 时元素的边不被剪切,默认值为 auto

Web 框的边框(border)区分为上(border-top)、右(border-right)、下(border-bottom)、左(border-left)4 个单边,每个边框有 3 个属性,即宽度、样式以及颜色。说明如下:

border-top-width	border-top-style	border-top-color
border-right-width	border-right-style	border-right-color
border-bottom-width	border-bottom-style	border-bottom-color
border-left-width	border-left-style	border-left-color

同理,内边距(padding)和外留白(margin)也区分为 4 个部分,分别进行样式设计。

11.2.2　Web 框属性的用法

接下来对表 11-1 中的部分复杂属性的用法进行介绍,这里只介绍实现相应功能的代码示例,具体应用效果参见图 11.4 和图 11.5。

1. Web 框的宽度(width)、高度(height)样式

定义一个 Web 框样式类 kdgd1,设置 Web 框的宽度、高度,使得应用这个类的标记会以 50%的宽度和 20mm 的高度显示,边框为两个像素的凹线形状。代码如下:

```
.kdgd1{width:50%;height:20mm;border:groove 2px}
```

2. Web 框的填充距(padding)样式

定义段落 p 的一个子类 tc,设置 Web 框的填充距,使得应用这个类的段落标记会以上下填充距为 10mm、左右填充距为 1.5cm 显示,边框为两个像素的凹线形状。代码如下:

```
p.tc{padding:10mm 1.5cm;border:groove 2px}
```

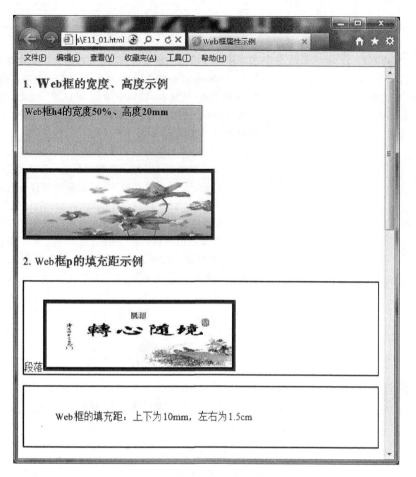

图 11.4　Web 框属性的使用方法

3. Web 框的外边距(margin)样式

定义一个样式类 bj,设置 Web 框的外边距,使得应用这个类的标记会以上下外边距为 10mm、左右外边距为 1.5cm 显示,边框为两个像素的凹线形状。代码如下:

```
.bj{margin:10mm 1.5cm;border:groove 2px}
```

4. Web 框的边框(border)样式

定义一个样式类 bk,设置 Web 框的边框,使得应用这个类的标记会以上下边框为粗线、蓝色,左右边框为细线、栗色显示;边框样式为实线形状。代码如下:

```
.bk{border - width:thick thin;border - color:blue maroon;border - style:solid}
```

5. Web 框的可见性(visibility)

定义 3 个样式类 vi、hi、inhe,设置元素的可见性属性,使得应用这 3 个类的标记分别以可见、隐藏、继承上级元素可见性的方式显示。代码如下:

```
.vi{visibility:visible} .hi{visibility:hidden} .inhe{visibility:inherit}
```

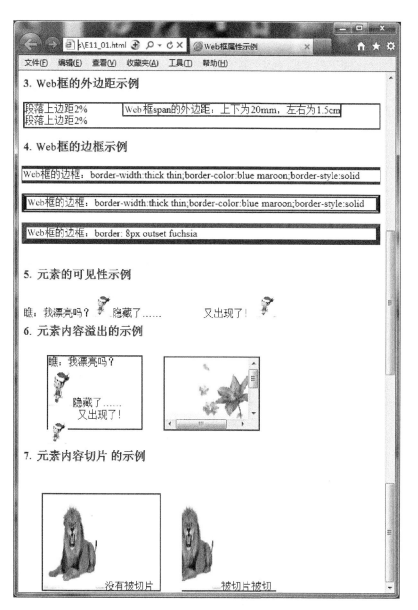

图 11.5 Web 框属性的使用方法

6. Web 框内容溢出（overflow）

定义两个样式类 yc1、yc2，设置 Web 框的内容溢出属性，使得应用这两个类的标记分别以溢出部分可见、自动出现滚动条的方式显示。代码如下：

```
.yc1{overflow:visible;position:absolute;left:1cm;top:16cm;width:4cm;height:3cm;
    z-index:1}
.yc2{overflow:auto;position:absolute;left:6cm;top:16cm;width:4cm;height:3cm;
    z-index:1}
```

7. Web 框内容切片（clip）

定义两个样式类 qp1、qp2，设置 Web 框的内容切片属性，使得应用这两个类的标记分别以无切片和切出矩形区域的方式显示。代码如下：

```
.qp1{clip:auto;position:absolute;left:1cm;top:20cm;width:4cm;height:3cm;z-index:1}
.qp2{clip:rect(5mm 3cm auto 1cm);position:absolute;left:6cm;top:20cm;width:4cm;
    height:3cm;z-index:1}
```

【示例 11.1】 使用 CSS 样式表的 Web 框属性设计一个页面。

将文件命名为 E11_01.html，网页功能要求如下：

(1) 在样式表中通过 class 属性定义 Web 框的宽度、高度、填充距、外边距、边框样式。

(2) 页面包含的 Web 框和布局在 IE 浏览器中的显示效果如图 11.4 和图 11.5 所示。

有关的代码可参见下面，源程序文件见"webPageBook\codes\E11_01.html"。

```
<!DOCTYPE HTML>
<html>
<head>
  <meta http-equiv="Content-Type" content="text/html; charset=utf-8" />
  <title>Web框属性示例</title>
  <style type=text/css>
  /* 1. Web框的宽度、高度样式 */
  .kdgd1 {
      background-color: #CCC;
      height: 20mm;
      width: 50%;
      border: 2px groove #0F0;}
  img.kdgd{height:100px;border:groove 6px purple}
<!-- /* 2. Web框的填充距样式 */
  .tctop{ padding-top:5%;
          border:groove 2px}
  p.tc{padding:10mm 1.5cm;border:groove 2px} -->
<!-- /* 3. Web框的外边距样式 */
  .bj{ margin:20mm 1.5cm;
       border:groove 2px}
  .bjtop{margin-top:2%;
          border:groove 2px} -->
<!-- /* 4. Web框的边框样式 */
  .bk{border-width:thick thin;border-color:blue maroon;border-style:solid}
  .bk1{border-width:thick 8px;border-style:double ridge}
  .bk2{border: 8px outset fuchsia} -->
<!-- /* 5. 元素的可见性样式 */
  .vi{visibility:visible} .hi{visibility:hidden} .inhe{visibility:inherit}
<!-- /* 6. 元素内容溢出的样式 */
  .yc1{ overflow:visible;
      position:relative;
      left:1cm; top:2cm;
      width:4cm; height:3cm;
    z-index:1}
  .yc2{overflow:auto;
      position:relative;
      left:6cm;top:-1.5cm;
       width:4cm;height:3cm;
        z-index:1}
    -->
```

```
<!-- /* 7. 元素内容切片的样式 */
.qp1{clip:auto;
     position:absolute;
     left:1cm;top:35cm;
     width:5cm;height:4cm;
     z-index:1}
.qp2{clip:rect(5mm 5cm auto 1cm);
     position:absolute;
     left:6cm;top:35cm;
     width:5cm;height:4cm;
     z-index:1}
</style></head>
<body>
  <h3><b><font color="#800000">1. Web框的宽度、高度示例</font></b></h3>
  <h4 class="kdgd1">Web框 h4 的宽度 50%、高度 20mm</h4>
  <p><img class=kdgd border="4" src="../image/flower4.jpg" width="300"></p>
  <h3><b><font color="#800000">2. Web框 p 的填充距示例</font></b></h3>
  <p class=tctop>段落<img class=kdgd border="4" src="../image/心境.jpg" width="300">
</p>
  <p class="tc">Web框的填充距：上下为 10mm,左右为 1.5cm</p>
  <h3><b><font color="#800000">3. Web框的外边距示例</font></b></h3>
  <p class="bjtop">段落上边距 2%<span class="bj">Web框 span 的外边距：上下为 20mm,左右
为 1.5cm</span>段落上边距 2%</p>
  <h3><b><font color="#800000">4. Web框的边框示例</font></b></h3>
  <p class="bk">Web框的边框：border-width:thick thin;border-color:blue maroon;border-
style:solid</p>
  <p class="bk1">Web框的边框：border-width:thick thin;border-color:blue maroon;border
-style:solid</p>
  <p class="bk2">Web框的边框：border: 8px outset fuchsia</p>
<h3 style="position:relative;top:5mm"><b><font color="#800000">5. 元素的可见性示例</
font></b></h3>
  <p style="position:absolute;top:25cm" class=vi>瞧：我漂亮吗?
    <img border="0" src="../image/ktboy.jpg" width="32" height="36">隐藏了……
    <span class=hi>呵呵!我</span>又出现了!
    <img class=inhe border="0" src="../image/ktboy.jpg" width="32" height="36"></p>
  <h3 style="position:relative;top:18mm"><b><font color="#800000">6. 元素内容溢出的
示例</font></b></h3>
  <p style="border:2px solid blue" class=yc1>瞧：我漂亮吗?
    <img border="0" src="../image/ktboy.jpg" width="40" height="60">隐藏了……
    <span class=hi>呵呵!我</span>又出现了! <img class=inhe border="0" src="../image/
ktboy.jpg" width="32" height="36"></p>
  <p style="border:2px solid blue" class=yc2>
    <img border="0" src="../image/flower4.jpg" width="160" height="182"></p>
  <h3 style="position:relative;top:5mm"><b><font color="#800000">7. 元素内容切片的示
例</font></b></h3>
  <p style="border:2px solid blue" class=qp1>
    <img border="0" src="../image/lion.jpg" width="100" height="150">没有被切片</p>
  <p style="border:2px solid blue" class=qp2>
    <img border="0" src="../image/lion.jpg" width="100" height="150">被切片
  </p>
</body>
</html>
```

11.3　Web框的浮动与定位设计

在CSS的使用中,尤其是对Web界面的设计上,能够创造出一个又一个奇迹,而这一切归功于Web框的浮动和定位属性的灵活应用。

11.3.1　Web框的浮动设计

一般情况下,页面中的块级元素(如div)在水平方向上宽度会自动延伸,直到达到包含它的元素(父元素,如body)的边界;而在垂直方向上会按照元素在页面中出现的先后次序依次排列,即所说的标准流排列。任何一个Web框都被标准流所限制,但是通过人为的设计后就可以打破这种默认的排版方式,让Web框的位置、大小等产生任意的变化。

Web框的水平浮动就是通过其float(浮动)属性的设置使Web框向其父元素的左侧或右侧靠拢,从而改变原来的竖直排列方式,此时其宽度不再延伸,大小由其内容的宽度确定。其浮动后,下面的元素(如p)内容会自动上移,结果就会受到上面浮动框的影响,如果需要清除这种影响,需要使用clear(清除)属性。浮动元素可以清除,是相对定位属性的优势,因而浮动属性成为控制分栏布局的最好工具。

Web框浮动样式设计的常用属性如表11-2所示。

表11-2　Web框浮动样式的常用属性

属 性 名 称	属 性 说 明
float(浮动)	该属性用来设置Web框的浮动方式,间接设置一个元素的文本环绕方式,其取值为left(Web框浮动到左边,即向左侧靠拢,则右边可以有文字环绕)、right(Web框浮动到右边,即向右侧靠拢,左边可以有文字环绕)、none(两边都不可以有文字环绕)。默认值为none,就是标准流通常的显示状态
clear(清除)	该属性用来取消一个Web框在某个方向上的浮动影响,其取值为left(Web框左边不能有浮动框影响)、right(Web框右边不能有浮动框影响)、both(两边都不可以有浮动框影响)、默认值none

接下来对表11-2中属性的用法进行介绍。

1. Web框的float样式

下面是一幅图像和两个行框,当图像div向左浮动时,其占据的空间就会由原来占据浏览器从左到右的整个区域自动变回原来的大小,图像下方的行会向其靠拢,显示出围绕效果,如图11.6所示。

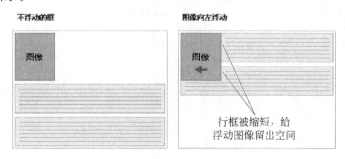

图11.6　Web框的float样式

2. Web 框的 clear 样式

要想阻止行框围绕浮动图像框,需要对行框应用 clear 属性。clear 属性的值可以是 left、right、both、none,它表示框的哪边不应该挨着浮动框。

为了实现这种效果,为被清理的元素的上外边距添加足够的空间,使元素的顶边缘垂直下降到浮动框下面,如图 11.7 所示。

图 11.7 Web 框的 clear 样式

【示例 11.2】 使用 CSS 样式表的浮动与清除属性设计一个页面。

将文件命名为 E11_02.html,网页的功能要求如下:

(1) 为该页面设计一个向左浮动样式.ft1{float:left}和一个清除左边浮动影响的样式.cll{clear:left}。

(2) 页面使用 4 个段落,段落 1 做图文混排;段落 2 对段落 1 的图像进行左浮动。

(3) 段落 3 未使用清除样式;段落 4 清除图像左浮动的影响。

(4) 页面内容及包含的 Web 框元素和布局在 IE 浏览器中的显示效果如图 11.8 所示。

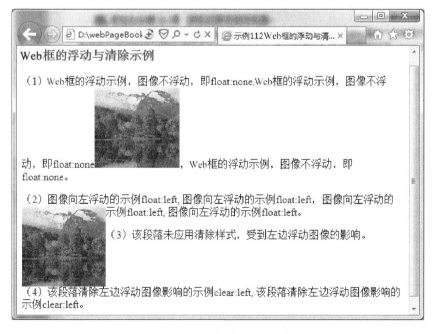

图 11.8 浮动与清除属性示例

CSS3 中的 Web 框样式设计

有关的代码可参见下面,源程序文件见"webPageBook\codes\E11_02.html"。

```
<!DOCTYPE HTML><html>
<head>
  <meta http-equiv="Content-Type" content="text/html; charset=utf-8">
  <title>示例 112 Web 框的浮动与清除属性</title>
  <style type=text/css>
    <!--/* Web 框的浮动与清除样式 */
      .ft1{float:left} .cll{clear:left}
    -->
  </style></head>
<body>
  <h3><b><font color="#800000">Web 框的浮动与清除示例</font></b></h3>
  <p>(1)Web 框的浮动示例,图像不浮动,即 float:none,Web 框的浮动示例,图像不浮动,即
float:none
    <img border="0" src="../image/fj001.jpg" width="130" height="120">,Web 框的浮动示
例,图像不浮动,即 float:none.</p>
  <p>(2)图像向左浮动的示例 float:left,图像向左浮动的示例 float:left <img class=ft1
border="0" src="../image/fj001.jpg" width="130" height="120">,图像向左浮动的示例
float:left,图像向左浮动的示例 float:left.</p>
  <p>(3)该段落未应用清除样式,受到左边浮动图像的影响.</p>
  <p class="cll">(4)该段落清除左边浮动图像影响的示例 clear:left,该段落清除左边浮动图像
影响的示例 clear:left.</p>
</body></html>
```

11.3.2　Web 框的定位设计

在网页设计中,我们可以按照页面排版、布局的需要调整 Web 框的平面或空间位置,改变其在网页中的显示方式。如果要确定 Web 框的位置,首先要明确定位的参照物或定位基准,而这可以通过设置 Web 框的 position(定位基准)属性实现。

在 CSS 中有 4 种基本的定位基准,即 static(静态)定位、relative(相对)定位、absolute(绝对)定位和 fixed(固定)定位。

1. static 定位

这是 position 属性的默认值。Web 框的位置是由其在 HTML 中的排列位置决定的,即按照标准流中 Web 框的位置布局。块级框从上到下一个接一个地排列,框之间的垂直距离是由框的垂直外边距计算出来。行内框在一行中水平布置,可以使用水平内边距、边框和外边距调整它们的间距。但是,垂直内边距、边框和外边距不影响行内框的高度。由一行形成的水平框称为行框(Line Box),行框的高度总是足以容纳它包含的所有行内框,不过设置行高可以增加这个框的高度。

2. relative 定位

relative 定位指 Web 框相对于其原本在标准流中的位置进行定位,具体位置的移动需要通过属性 top、right、bottom、left 指定。相对定位的 Web 框依然是在标准流中,当 Web 框偏离某个距离后仍然保持其未定位前的形状,它原本所占的空间仍然保留,移动元素会导致它覆盖其他框。

如图 11.9 所示,设有 3 个 Web 框,分别是框 1、框 2 和框 3。如果希望将框 2 相对于原位置的顶部下移 20px,左边右移 30px 的空间,则 Web 框 2 的 CSS 代码可编写如下:

```
#box_relative {position: relative; left: 30px; top: 20px;}
```

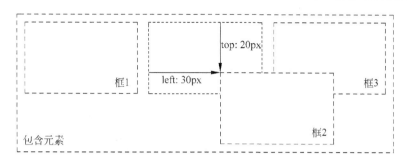

图 11.9　Web 框的相对定位

3. absolute 定位

绝对定位的 Web 框既不单纯地以浏览器作为参照物,又不以父 Web 框作为参照物,而是以它"最近"的一个已经定位(指 position 的值非 static)的祖先框作为参照物。如果没有已经定位的祖先框,那么它的位置相对于最初的包含块。绝对定位的 Web 框从标准文档流完全删除。元素原先在正常文档流中所占的空间会关闭,就好像元素原来不存在一样。元素定位后生成一个块级框,而不论原来它在正常流中生成何种类型的框。因为绝对定位的框与文档流无关,所以它们可以覆盖页面上的其他元素。用户可以通过设置 z-index 属性来控制这些框的堆放次序。

如图 11.10 所示,设有 3 个 Web 框,分别是框 1、框 2 和框 3。如果希望将框 2 进行 absolute 定位,即相对于其最近的已定位祖先元素的顶部下移 20px,左边右移 30px 的空间,则 Web 框 2 的 CSS 代码可编写如下:

```
#box_absolute {position: absolute; left: 30px; top: 20px;}
```

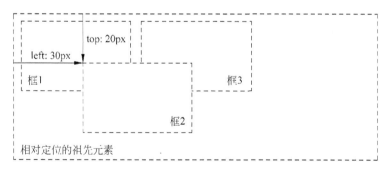

图 11.10　Web 框的绝对定位

4. fixed 定位

固定定位和绝对定位类似,只是总以浏览器窗口作为参照物进行定位。

Web 框的定位不能单独依靠 position 属性实现,还需要其他属性与之配合,以便指出其相对移动的距离或空间位置,这样才能共同完成其定位功能。Web 框定位的主要相关属性如表 11-3 所示。

CSS3 中的 Web 框样式设计

表 11-3　Web 框定位的主要相关属性

属 性 名 称	属 性 说 明
position (平面定位基准)	该属性用来设置元素在浏览器上的平面定位基准,其取值为 absolute(绝对定位)、relative(相对定位)、static(静态位置)、fixed(固定定位),默认值为 static
left、right(左、右边距) top、bottom(上、下边距)	这些属性用来定义 Web 框相对于参照物的位移,分别表示与参照物的左右边距和上下边距,在设定这些距离时可以使用前面提到的各种单位或比例值,默认值为 auto
width(宽度) height(高度)	这些属性用来定义 Web 框显示的宽度和高度,在设定这些值时可以使用前面提到的各种单位或比例值,默认值为 auto
z-index(Z 定位,空间定位)	该属性用来定义 Web 框沿 Z 轴方向的层叠顺序号,实现空间定位。其取值可以为数值;或 inherit,继承父元素的 z-index 属性值;默认值为 auto,表示层叠顺序与父元素相同

对于表 11-3 中的属性说明如下。

(1) position(平面定位基准):绝对定位使我们能精确地定位元素(即一个矩形容器)在页面中的独立位置,而不考虑页面中其他元素的定位设置。如果绝对定位的元素与其他元素的位置相重合,那么前者会覆盖后者。

比较而言,相对定位更加方便,它定义了元素的位置相对于其通常位置(指元素没有设定相对或绝对定位时的位置)的变动。大家在使用相对定位时要小心,否则容易将页面弄得非常乱。

使用 static(静态)属性的元素不再接受绝对或相对定位,只能处于通常的位置上。

(2) left(左边距)和 top(上边距):浏览器显示一个元素时先定位这个元素的左上角,然后按照宽度(width)与高度(height)显示这个元素,top 和 left 属性值的作用就是给出元素左上角的位置,通常这个位置是相对上一级元素给出的。

如果是固定定位,基准元素就是指浏览器窗口。此时,左边距(left)设定 Web 框距浏览器窗口左边的距离,上边距(top)设定 Web 框距浏览器窗口顶部的距离。

(3) 我们在 11.1 节已经介绍过宽度(width)与高度(height)两个属性,这里再一次提到,主要是因为这两个属性不仅可以用在区块标记上,还可以用在 position 属性为 absolute 或者 relative 的元素上。

(4) z-index(Z 定位):当我们定位多个元素并将其重叠时,可以使用 z-index 来设定元素在 Z 轴的层叠顺序。

我们可以把网页看作是由 X 轴、Y 轴确定的一个平面,将 Z 理解为三维空间中的 Z 轴。元素在垂直于网页的 Z 轴方向上的坐标值(z-index)就可以决定元素的层叠顺序。z-index 大的元素叠放在 z-index 小的元素的上方。

z-index 用于绝对定位或相对定位的元素,可以实现段落 p 的背景图像或水印效果。

【示例 11.3】　使用 CSS 样式表的定位属性设计一个页面。

将文件命名为 E11_03.html,网页功能要求如下:

(1) 在 1. 中,为段落中的 span 框设计一个绝对定位样式 .abp{position:absolute;…},并为图 1 设计一个相对定位样式 rlp{position:relative;…}。

（2）在 2. 中，使用 z-index 设定 3 个 div 元素在 Z 轴的层叠顺序。

页面内容及包含的 Web 框元素和布局在 IE 浏览器中的显示效果如图 11.11 所示。

图 11.11　Web 框的定位示例

有关的代码可参见下面，源程序文件见"webPageBook\codes\E11_03.html"。

```
<!DOCTYPE HTML>
<html><head>
  <meta http-equiv="Content-Type" content="text/html; charset=utf-8">
  <title>11.3 Web框的定位示例</title>
  <style type=text/css>
    /* 1. Web框的(绝对和相对定位及大小)属性 */
    .abp{position:absolute;left:4cm;top:20mm;width:3cm;height:1cm;border-style:dotted}
    .rlp{position:relative;left:1cm;top:5mm}
    /* 2. Web框的Z定位样式 */
    .zdw1{position:absolute;left:1cm;top:85mm;width:3cm;height:1cm;z-index:1}
    .zdw2{position:absolute;left:4cm;top:90mm;width:2cm;height:1cm;z-index:2}
    .zdw3{position:absolute;left:6cm;top:120mm;width:2cm;height:1cm;
        border-style:solid;z-index:3}
  </style>
</head>
<body>
  <h3><b><font color="#800000">1. Web框的(定位、边框、高宽)属性示例</font></b></h3>
  <img class=rlp border="0" src="../image/flower2.jpg" width="240" height="181">
  <p><font color="blue">段落的正常文本：<span class=abp>满园春色,春意盎然</span>
    图像上是使用了绝对定位后的文本块</font></p>
  <h3><b><font color="#800000">2. 元素的Z定位示例</font></b></h3>
```

```
<div class = zdw1><img border = "0" src = "../image/fj002.jpg" width = "156" height = "115">
</div>
<div class = zdw2><img border = "0" src = "../image/bird.jpg" width = "200" height = "150">
</div>
<div class = zdw3><font color = "purple">鸟与沙滩</font></div>
</body>
</html>
```

11.4　Web 框设计前沿技术

11.4.1　Web 框的特效设计

1. 边框的颜色

值得注意的是,CSS3 中的 border-color(边框颜色)属性有别于 CSS2 中的 border-color 属性。在 CSS3 中如果用户设计了 border (边框)的宽度为 n 像素,那么就可以为这个边框最多定义 n 种颜色,每种颜色显示 1px 的宽度。如果用户定义的颜色个数小于 n,那么最后一个颜色将被用到剩下的宽度。

下面的代码定义了一个宽度为 10px 边框的颜色:

```
#border-Color{border: 10px solid #dedede; -moz-border-bottom-colors: #300 #600
#700 #8;}
```

多颜色边框的效果如图 11.12 所示。

图 11.12　多颜色边框的效果

不过,目前只有 Firefox 浏览器支持 CSS3 border-colour 属性。

2. Web 框的缩放

Web 框的 resize 属性是 CSS3 新增的属性,允许用户自由缩放 Web 框元素,属性取值为 none|both|horizontal|vertical|inherit,依次表示为不允许、允许水平和垂直双向缩放;允许水平方向缩放;允许垂直方向缩放;默认值为 inherit,表示继承上一级元素的属性值。

3. Web 框的阴影

box-shadow[1] 属性定义了 Web 框元素的阴影,它与 text-shadow 属性的功能基本相同,但是作用的对象不同。box-shadow 包括了 6 个参数值:阴影类型(inset 为内阴影,默认值为外阴影);X 轴位移(单位一般为 px);Y 轴位移;阴影大小(单位一般为 px);阴影模

---

[1]　由于各大浏览器对 CSS3 的标准不统一,很多浏览器设定了一些私有属性。对于 box-shadow,在 Firefox、Chrome 下使用各自的私有属性来定义,即 firefox(-moz)、chrome(-webkit)。

糊扩展（单位一般为 px）；阴影颜色。

例如定义 div 的阴影样式代码如下，显示效果如图 11.13 所示。

```
< style type = text/css >
# shadow1{height:100px;width: 300px;
   - moz - box - shadow:10px 10px 20px 10px # 06C;
  box - shadow: 10px 10px 20px 10px # 06C;}
# shadow2{height:100px;width: 300px;
  box - shadow:inset 10px 10px 20px 10px yellow     ;}
</style >
< div id = "shadow1" >< p > </p >
   < p > Web框样式：类型为外阴影，X轴、Y轴位移10px，阴影大小20px，扩展为10px，颜色 # 06C </p >
</div >
< div id = "shadow2" >< p > </p >
   < p > Web框样式：类型为内阴影，X轴、Y轴位移10px，阴影大小20px，扩展为10px，颜色黄色</p >
</div >
```

11.4.2　弹性 Web 框设计

传统的 Web 框模型基于 HTML 流在垂直方向上排列 Web 框，CSS3 引入了新的 Web 框模型——弹性 Web 框模型（flexible box model），该模型决定一个父 Web 框中各子 Web 框的分布方式以及如何处理可用的空间，使用该模型，用户可以很轻松地创建自适应浏览器窗口的流动布局或自适应字体大小的弹性布局。

如果要开启弹性 Web 框模型，只需设置父 Web 框的 display 的属性值为 box（或 inline-box）即可。代码如下：

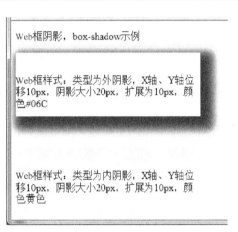

图 11.13　Web 框的阴影（box-shadow）效果

```
{ display: - webkit - box; display: - moz - box; display:box;}
```

大家可以想象 Web 框具有弹性，在浏览器窗口大小变化时相应的 Web 框大小也会发生变化。在以前，我们一般是通过百分比设置宽高来实现类似效果，如今有了 Web 框则比较方便。弹性 Web 框的常用属性如表 11-4 所示。

表 11-4　弹性 Web 框的常用属性

属　　性	属性说明
box-pack	该属性用于设置子 Web 框在水平方向上的空间分配方式，它共有 4 种可能值，其中 start 表示所有子 Web 框都分布在父 Web 框的左侧，右侧留空；end 表示所有子 Web 框都在父 Web 框的右侧，左侧留空，justify 表示所有子 Web 框平均分布（默认值）；center 表示平均分配在父 Web 框剩余的空间（能压缩的子容器的大小，并且有全局居中的效果）

CSS3 中的 Web 框样式设计

续表

属　　性	属 性 说 明
box-align	该属性用于管理子 Web 框垂直方向上的对齐方式,共有 5 种值,其中 start 表示子 Web 框从父 Web 框顶部开始排列;end 表示子 Web 框从父 Web 框底部开始排列;center 表示子 Web 框横向居中;baseline 表示所有子 Web 框沿同一基线排列;stretch 表示所有子 Web 框和父 Web 框保持同一高度(默认值)
box-orient	该属性用于设置 Web 框内部元素的排列布局方向。属性值为 inline-axis 表示子元素沿着内联轴从左到右排列(默认值);属性值为 horizontal 表示水平排列,和 inline-axis 属性效果一致;属性值为 vertical 表示垂直排列;属性值为 block-axis 表示子元素沿着块轴从上到下排列 如果父框不设置高度,子框的高度值才生效,在 Firefox 下它们的高度取其中的最大值,而 Chrome 下设置高度的子框为自己的高度,未设置的其高度和最大值的高度一样,其实就是和父框的高度一致
box-sizing	该属性用于设置 Web 框元素的计算方式。属性值为 content-box,保持 CSS2.1 中计算 Web 框元素总宽度的计算方式｛element width＝border＋padding＋content｝;属性值为 border-box,改变 CSS2.1 中计算 Web 框元素总宽度的计算方式｛element width＝content｝
box-direction	该属性用于改变子 Web 框的显示方向。其值可以是 normal:正常顺序显示,默认情况下,block 级元素是按照加载顺序从上到下排列,inline 级元素是从左到右排列的;inherit:继承上级元素的显示顺序;reverse:反向显示,即 block 级元素显示在最顶部,最后加载的 inline 级元素显示在左边
box-flex	该属性为 CSS3 新添加的属性,用于定义 Web 框的弹性空间,取值是一个整数或者小数,用于自动分配子元素占父 Web 框空间的比例份额,可实现垂直等高、水平均分、按比例划分。但是在 Firefox、Chrome 浏览器下需要使用它们的私有属性来定义,即 firefox(-moz)、chrome(-webkit)

【示例 11.4】　使用 CSS 样式表的弹性 Web 框属性设计一个页面。

将文件命名为 E11_04.html,网页功能要求如下:

(1) 为页面中的父 div 框设计一个弹性框样式.box｛display:-moz-box;…｝。

(2) 设计 3 个子 div 框,在父 div 框中所占的空间比为 1 : 2 : 2。

(3) 页面内容及包含的 Web 框元素和布局在 Firefox 浏览器中的显示效果如图 11.14 所示。

图 11.14　弹性 Web 框属性

有关的代码可参见下面,源程序文件见"webPageBook\codes\E11_04.html"。

```html
<html><head>
  <meta http-equiv = "Content-Type" content = "text/html; charset = utf-8">
  <title>11.4.2 弹性 Web 框设计示例</title>
  <style type = "text/css">
  .box {display:box;
        display:-webkit-box;
        display:-moz-box;
        background-color:#fff;
        width:500px;
        height:100px;
        border:1px solid #333;
        margin:0 auto;}
  .col_1 {box-flex:1;
        -moz-box-flex:1;
        -webkit-box-flex:1;
        background-color:#ffc;}
  .col_2 {background-color:#ccf;
        box-flex:2;
        -moz-box-flex:2;
        -webkit-box-flex:2;}
  .col_3 {background-color:#fcf;
        box-flex:2;
        -moz-box-flex:2;
        -webkit-box-flex:2;}
  </style>
</head>
<body>
  <h3>弹性 Web 框属性应用示例</h3>
  <div class = "box">
        <div class = "col_1">第一子框</div>
        <div class = "col_2">第二子框</div>
        <div class = "col_3">第三子框</div>
  </div>
</body>
</html>
```

在上面的例子中,3 个子框分别设置了 1、2、2,也就是把这个父 Web 框分成 5 份,3 个子框分别占据了父结构宽度的 1/5(100px)、2/5(200px)、2/5(200px)。

11.5　使用 DWCS5 进行 Web 框的样式设计

1. 目标设定与需求分析

本节的目标是设计制作"一品网"家电通信商场网页,要求利用 Web 框设计这个商品展示网页。本例要求参考京东网上商城(www.jd.com)主页中 1F 的"家电通讯"层部分的 Web 框布局设计,实现以下功能及技术需求:

(1) 使用 div、ul、li、h2 等 Web 框进行页面设计。

(2) 要求两栏排版,左边为目录栏,右边为商品展示栏。

在 IE 浏览器下显示效果如图 11.15 所示。

图 11.15　Web 框使用示例

2. 准备多媒体素材

在进行网页设计之前应该提前准备好应用于网页的多媒体素材（如图片、音频、视频、动画等），设计 Web 框也一样，在这里我们需要准备 4 张图片，本例图片在本书配套资源网站的 webPageBook/image 文件中，包括三星手机 samsungGalaxys5. jpg、苹果手机 apple5s. jpg、海尔高清电视 haierTv. jpg、三星电视机 samsungTv. jpg，此外我们还需要编辑商品的相关描述信息。

3. 设计页面布局和内容

根据页面需求来确定页面结构，计算好各个版块的相关属性，如宽度、高度等，并进行布局设计，可以先绘制草图，本实例采用 Div 布局。Div 布局的详细做法将在第 13 章中介绍，这里不再赘述。

4. 用 DWCS5 设计 HTML 页面

（1）根据页面需求设计好所需的 HTML 标记，包括元素，id、class 等属性值及标记内容，可以先绘制草图。如左边目录栏 Web 框＜ div id＝"leftCatalogue"＞内容如图 11.16 所示。

（2）在 DW 设计窗口中插入并编辑设计好的元素，如 div、ul、li 等。其中，插入 Div Web 框的方法是选择"插入"→"布局对象"→"AP Div(A)"，或者单击布局菜单栏中的"绘制

图 11.16　目录栏 Web 框的
div 内容设计

AP Div"按钮 。其他 Web 框的插入方法在前面已有讲述,这里不再赘述。用户可以看到在 DW 代码窗口中自动形成了代码,以下为左边目录栏 Web 框的代码片段。

```
< div id = "leftCatalogue">
    < div >< strong >1F: 家电通讯 </strong ></div >
      < div >
        < ul >
          < li >< a href = "../image/apple5s.jpg">手机</a></li>
            …
        </ul >
      </div >
</div >
```

(3) 在 DW 代码窗口中通过复制、粘贴、编辑等方法对 HTML 代码进行修改、完善。

5. 用 DWCS5 设计 Web 框的 CSS 代码

(1) 根据页面布局需求确定页面结构,设计好各个 Web 框所需的 CSS 样式属性,包括元素的 id、class 及宽度、高度等 CSS 属性值,可以先绘制草图。图 11.17 所示为左边目录栏< div id="leftCatalogue">的 Web 框样式。

(2) 在 DW 设计窗口中选择要设计样式的元素,在属性面板中输入属性值或在 CSS 样式面板中添加属性值,图 11.18 和图 11.19 所示分别为左边目录栏的属性面板和 CSS 样式面板。

图 11.17 leftCatalogue 的 Web 框样式

图 11.18 leftCatalogue 的属性面板

用户可以看到在 DW 代码窗口中自动形成了 CSS 代码片段,下面是< div id="leftCatalogue">的 CSS 代码。

```
# leftCatalogue {
    position:absolute;
    width:191px;
    height:432px;
    z – index:1;
    float: left;
    background – color: # CCCCCC;
}
```

(3) 在 DW 代码窗口中通过复制、粘贴、编辑等方法对 CSS 代码进行修改、完善。

(4) 使用相同的方法设计其余 Web 框的 CSS 代码。完整的 CSS 代码如下(源文件见"webPageBook/

图 11.19 leftCatalogue 的 CSS 样式面板

CSS3 中的 Web 框样式设计

css/E11_05.css")：

```
< style type = "text/css">
  # leftCatalogue {
        position:absolute;
        width:191px;
        height:432px;
        z - index:1;
        float: left;
        background - color: # CCCCCC; }
  # productList {
        position:relative;
        width:932px;
        height:428px;
        z - index:1;
        float: left;
        left: 211px; }
  . smc li {
        padding: 5px 10px 0;
        border - left: 1px solid # F1F1F1;
        border - top: 1px solid # F1F1F1;
        overflow: hidden;
        width: 300px; }
  # title {
        text - align: center;
        color: # 309; }
</style>
```

　　全部完成后，以 E11_05.html 为名保存，可在 DW 代码窗口中自动显示出网页文件的参考代码。本例完整的源程序文件在"webPageBook/codes"文件夹下。

```
< html >
< head >
  < meta http - equiv = "Content - Type" content = "text/html; charset = utf - 8" />
  < title >11.5 使用 DWCS5 进行 Web 框的样式设计</title>
  < style type = "text/css">
      略，见前面的 E11_05.css
  </style >
</head >
< body >
  <!-- 11.5 使用 DWCS5 进行 Web 框的样式设计 -->
  < h2 id = "title">欢迎来到一品网 -- 家电通信商场</h2 >
  < hr size = "4" noshade color = " # 0000FF">
  < div id = "leftCatalogue">
  < div >< strong > 1F: 家电通信 </strong ></div >
    < div >< ul >< li >< a href = "../image/apple5s.jpg">手机</a ></li >
      < li >< a href = "http://www.jd.com/products/
          737 - 794 - 870 - 0 - 0 - 0 - 0 - 0 - 0 - 0 - 1 - 1 - 1 - 1 - 33.html">空调</a ></li >
      < li >< a href = "http://www.360buy.com/products/652 - 830 - 000.html">手机配件</a >
</li >
      < li >< a href = "../image/samsungTV.jpg">平板电视</a ></li >
      < li >< a href = "http://channel.jd.com/yunyingshang.html">话费补贴</a ></li >
      < li >< a href = "http://www.jd.com/products/
```

```
                737 - 794 - 878 - 0 - 0 - 0 - 0 - 0 - 0 - 0 - 1 - 1 - 1 - 1 - 72 - 33.html">冰箱</a></li>
            <li><a href = "http://www.jd.com/products/737 - 738 - 000.html">生活电器</a></li>
            <li><a href = "http://www.jd.com/products/
                737 - 794 - 880 - 0 - 0 - 0 - 0 - 0 - 0 - 0 - 1 - 1 - 1 - 1 - 72 - 33.html">洗衣机</a></li>
            <li><a href = "http://www.jd.com/products/737 - 752 - 000.html">厨房电器</a></li>
            <li><a href = "http://www.jd.com/products/
                737 - 794 - 1706 - 0 - 0 - 0 - 0 - 0 - 0 - 0 - 1 - 1 - 1 - 1 - 72 - 33.html">热水器</a></li>
            <li><a href = "http://www.jd.com/products/737 - 1276 - 000.html">个护健康</a></li>
            <li><a href = "http://www.jd.com/products/
                737 - 794 - 1300 - 0 - 0 - 0 - 0 - 0 - 0 - 0 - 1 - 1 - 1 - 1 - 72 - 33.html">烟机/灶具</a>
</li>
            <li><a href = "http://www.jd.com/products/737 - 1277 - 000.html">五金家装</a></li>
            <li><a href = "http://www.jd.com/products/
                737 - 794 - 823 - 0 - 0 - 0 - 0 - 0 - 0 - 0 - 1 - 1 - 1 - 1 - 72 - 33.html">家庭影院</a>
</li>
            <li><a href = "http://www.jd.com/products/
                737 - 794 - 1707 - 0 - 0 - 0 - 0 - 0 - 0 - 0 - 1 - 1 - 1 - 1 - 72 - 33.html">酒柜冷柜</a>
</li>
            <li><a href = "http://channel.jd.com/auto.html">汽车用品</a></li>
        </ul>
    </div>
</div>
<div id = "productList">
    <div style = " margin - left: 330px;"><strong>品牌商品</strong></div>
    <div class = "smc">
        <ul><li style = "float: left;"><a href = "../image/samsungGalaxys5.jpg">
            <img src = "../image/samsungGalaxys5.jpg" width = "148" height = "118"
            alt = "三星手机"></a><p style = " width:300"><a href = "../image/
            samsungGalaxys5.jpg">三星 Galaxy K Zoom C1116 3G 手机,欲购从速!</a>¥3699.00</p>
</li>
        <li><div><img src = "../image/apple5s.jpg" width = "146" height = "125" alt = "苹果手
机"><p style = " width:300">苹果(APPLE)iPhone 5s 16G,欲购从速!¥4699.00</p></div></li>
        <li style = "float: left; clear:left"><div><img src = "../image/haierTv.jpg" width =
"164" height = "157" alt = "海尔电视机"><p style = " width:300">海尔(Haier) 32DA3300 32 英寸
LED超窄边框互联网高清电视(黑色)!¥1359.00!</p></div></li>
        <li><div><img src = "../image/samsungTv.jpg" width = "164" height = "160"
alt = "三星电视机"><p style = " width:300">三星(SAMSUNG) UA48HU5920JXXZ 48 英寸 4K 超高清智
能电视¥5699.00!</p></div></li>
        </ul>
    </div>
</div>
</body>
</html>
```

本 章 小 结

  本章主要介绍 Web 框的概念、应用案例,讲述了组成 Web 的内容、内边距(padding)、边框(border)、外边距(margin)的属性和用法,以及 Web 框的浮动与定位的属性和用法,另外还讲解了 CSS3 中引入的有关 Web 框边框新属性与弹性 Web 框的属性和用法,最后通过使用 DWCS5 工具指导读者学习 Web 框在网页设计中的实际应用。

通过本章的学习读者了解了 Web 框在业界实际网页设计中运用的重要性,掌握了 Web 框设计的基本知识和技术;通过示例的学习读者掌握了运用 DWCS5 工具设计 Web 框的操作方法,具备了综合运用 Web 框的各种技术进行网页设计的能力;同时新内容的跟踪和进阶学习知识的补充使读者了解了 CSS3 Web 框设计的前沿知识和技术,也开阔了视野。

进 阶 学 习

1. 外文文献阅读

阅读下面关于 Web 框"float 属性"知识的双语短文,从中领悟并掌握专业文献的翻译方法,培养研读外文文献的能力。

CSS floats can be a tricky topic to understand. Here are a few examples to help explain how floats interact with their surrounding elements. Our containing div has a red border, while our image has a green border.

Normal Document Flow

This paragraph is inside a div and follows an image. The image is not floated, so this is the normal document flow.

Floated Image

In this example, the image has been floated to the left. Notice how the document flow has changed: our text is wrapping around the image, but our container is only as tall as our non-floated element requires.

Clear Following a Float

Here our image has been floated, which makes the text wrap around, but now we've done something different.

This paragraph has been cleared, which changes the size of our containing element yet again.

【参考译文】:理解 CSS 浮动可以说是一个需要技巧的话题。这里有几个例子可以帮助解释浮动是如何与周围的元素相互作用的。我们包含 div 具有红色边界,而我们的图像则有一个绿色边界。

正常文档流

这一段是在一个 div 内,并跟随一个图像。图像没有浮动,所以这是正常文档流。

浮动的图像

在这个例子中,图像已经浮动到左边。注意文档流已经发生了改变;我们的文本在环绕图片,但是我们的容器只是像未浮动的元素需要的一样高。

清除跟随的浮动

在这里,我们的图像已经浮动,使文字环绕其周围,但是现在我们已经做了一件不同的事情。

这段已经被清除,还再次修改了我们容器元素的大小。

2. Web 框的 float 和 clear 属性的进一步学习

让我们更详细地看一看浮动和清除属性。假设希望让一个图片浮动到文本块的左边,并且希望这幅图片和文本包含在另一个具有背景颜色和边框的元素中,可能的代码编写如下:

```
.news {
    background - color: gray;
    border: solid 1px black;}
.news img {
    float: left;}
.news p {
    float: right;}
< div class = "news">
  < img src = "news - pic.jpg" />
  < p > some text </p>
</div>
```

在这种情况下出现了一个问题,因为浮动元素脱离了文档流,所以包围图片和文本的 div 不占据空间,如图 11.20 所示。那么如何让包围元素在视觉上包围浮动元素呢? 需要在这个元素中的某个地方应用 clear 属性。

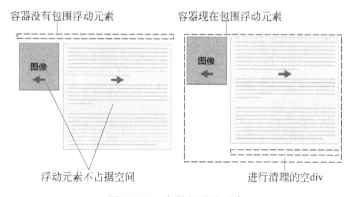

图 11.20　容器与浮动元素

但此时出现了一个新的问题,由于没有现有的元素可以应用清理,所以我们只能添加一个空元素并且清理它,代码如下:

```
.news {background - color: gray;
    border: solid 1px black;}
.news img {
    float: left;}
.news p {
    float: right;}
.clear {
```

```
    clear: both;}
< div class = "news">
  < img src = "news − pic.jpg" />
  < p > some text </ p >
  < div class = "clear"></ div >
</ div >
```

3. 弹性框模型的进一步学习

在前面我们学习了弹性 Web 框,这里进一步对其属性进行探索。

box-flex 属性在弹性布局中使用,它的取值是一个整数或者小数,当 Web 框中定义了多个 box-flex 时,浏览器将会把这些子元素的 box-flex 值相加,然后计算它们各自所占的比例来分配空间,但是它只能在 Web 框拥有固定的空间大小之后才能够正确解析。

box-ordinal-group 属性可以设置每一个子元素在 Web 框中的具体显示位置,其值是自然数,从 1 开始,根据该值的大小进行排序。

box-lines 属性用于空间溢出管理,其取值可以是 single,表示所有子元素都单行或者单列显示;也可以是 multiple,表示所有子元素可以多列或者多行显示。不过目前并没有浏览器支持这一属性。

(1) 父 Web 框必须定义为 display:box,其子 Web 框才可以进行划分(如果定了 display:box,则该 Web 框为内联元素,使用 margin:0 auto 让其居中,在 Firefox 下无效,需要通过父 Web 框的 text-align:center 来控制,但在 Chrome 下是可以的)。

(2) 在示例 11.4 中,3 个子 Web 框是按比例数进行划分的,如果其中一个或多个子 Web 框设置了固定宽度,其他子 Web 框没有设置,那么设置宽度的按宽度来计算,剩下的部分再按上面的方法来计算。例如将 E11_04.html 中的 col_1 样式代码修改如下:

```
.col_1 {
    background − color:#fcf;
    width:10px;/ * 设置宽度为 10px * /}
```

则效果如图 11.21 所示。

图 11.21 一个子 Web 框设置固定宽度的效果

(3) 在弹性 Web 框中,当子 Web 框需要有间距的时候,它们平分的宽度需要减去中间的 margin,然后再按比例平分。例如将 E11_04.html 中的 col_2 样式代码修改如下:

```
.col_2 {
    background − color:#ccf;
    box − flex:2;
     − moz − box − flex:2;
     − webkit − box − flex:2;
    margin:0 20px; }
```

则效果如图 11.22 所示。

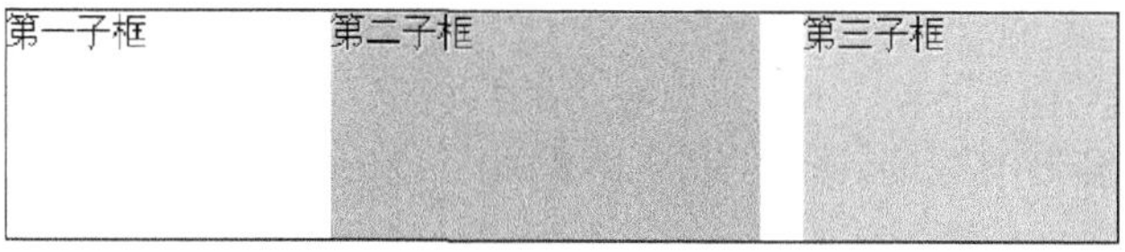

图 11.22　子 Web 框有间距的效果

（4）当父 Web 框设置高度时，在 Firefox 下其子 Web 框的高度无效，但在 Chrome 下有效。

```
.col_1 {
    height:50px;}
.col_2 {
    height:80px;}
```

如果父 Web 框不设置高度，子 Web 框的高度值才生效，在 Firefox 下它们的高度取其中的最大值；而在 Chrome 下设置高度的子 Web 框为自己的高度，未设置的其高度和最大值的高度一样，其实就是和父 Web 框的高度一致。

思考与实践

1. 思辨题

判断（✓✗）

（1）Web 框的宽度等于边框宽度、内容宽度、内边距之和。　　　　　　　　（　　　）

（2）当 Web 框的 width 属性为 auto 时，浏览器自动调整或者保持该元素的原有大小。

　　　　　　　　　　　　　　　　　　　　　　　　　　　　　　　　　　　（　　　）

（3）overflow 的默认属性值为 auto。　　　　　　　　　　　　　　　　　　（　　　）

选择

（4）当 Web 框的 box-sizing 属性为 content-box 时，Web 框的宽度不包括（　　　）。

　　A. margin　　　　　　B. border　　　　　　C. padding　　　　　　D. content

（5）下列 Web 框的（　　　）属性的默认值为 auto。

　　A. width　　　　　　B. overflow　　　　　　C. clip　　　　　　D. visibility

（6）positive 的默认值是（　　　）。

　　A. absolute　　　　　B. relative　　　　　　C. static　　　　　　D. fixed

填空

（7）Web 框的空间定位属性名称是＿＿＿＿＿＿。

（8）Web 框的模型组成从里到外依次是＿＿＿＿＿＿。

（9）Web 框的 clip 属性值有＿＿＿＿＿＿。

（10）＿＿＿＿＿＿属性是用来取消一个 Web 框在某个方向上的浮动影响的。

2. 外文文献阅读实践

查阅、研读一篇大约 1500 字的关于 Web 框设计的小短文，并提交英汉对照文本。

CSS3 中的 Web 框样式设计

3. 上机实践

1）页面设计：建立一个 HTML 文件 chp11_zy31.htm，保存并显示

要求如下：

（1）设置一个容器的宽度、高度、边框样式用于<img>标记，为图像增加边框，以达到美化图像的效果。

（2）建立一个"客户注册"表单，设置一个容器的"字体、背景、边框"样式用于<form>标记，为表单增加背景、边框，以达到美化表单的效果。

参考效果如图 11.23 所示（参考答案见 chp11_zy31.htm）。

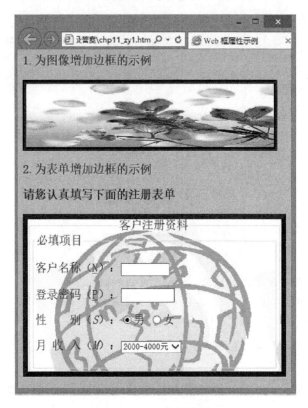

图 11.23　参考效果图

2）页面设计：建立一个 HTML 文件 chp11_zy32.htm，保存并显示

要求如下：

（1）设置一个 Z 定位样式用于<img>标记，要求该图像处于所有层叠 Web 框的最下层。

（2）建立一个"客户注册"表单，设置一个内容溢出样式用于<form>标记，要求该表单处于所有层叠 Web 框的最上层。

参考效果如图 11.24 所示（参考答案见 chp11_zy32.htm）。

3）案例研读分析

用 IE 浏览器或 Chrome 浏览器打开一个具有代表性的网站页面，并用文件名称 chp11_zy33.html 保存，然后查看其完整或部分源代码，找出其应用 Web 框的标记、属性、功能进

图 11.24　参考效果图

行分析,从而领会 Web 框设计技术的应用。

　　在该网站的源代码中是否使用了 Web 框新增内容? 如果使用了,请指出并做出相关说明,最后写出书面报告。

第11章

CSS3 中的 Web 框样式设计

第12章　CSS3 中的变形与动画设计

本章导读：

在第 11 章我们学习了 CSS3 中 Web 框的样式设计，本章将对 CSS3 中的变形和动画的设计进行学习。在 CSS3 未出现之前，CSS 一直仅仅被网页设计师视为页面静态效果的设计工具，不过 CSS3 将要改变这种思维定式，很多必须依赖 JavaScript 脚本的二维、三维动画现在借助 CSS3 也能够实现了。下面我们将结合具体应用案例以及浏览器的支持情况详细地讲解 CSS3 中变形与动画的实现技术。

12.1　变形与动画简介及应用案例

CSS3 是 CSS2 技术的升级版本，CSS3 语言的开发是朝着模块化发展的。由于以前的规范作为一个模块显得庞大而复杂，所以把它分解为一些小的模块，而更多新的模块也被加入进来，变形与动画便是其中的一个动画模块中的两个属性。

变形（Transform）是指使指定元素发生旋转、扭曲、缩放、移动以及矩形变形等变化。它分为 2D 和 3D 两个方面的变形，使用变形可以使网页的文字、图片等更富于变化。

动画（Animation）是指元素从一种样式逐渐变为另一种样式的效果。通过 CSS3 技术创建的动画可以取代网页中的许多动画图片、Flash 动画以及 JavaScript 动态效果，使设计网页变得更加方便、快捷。

CSS3 中的变形和动画设计使网页变得更加生动、有趣，得到了众多网站及设计师的青睐。下面给出几个利用 CSS3 实现变形与动画效果的案例网站，在 Chrome 浏览器中的显示效果分别如图 12.1、图 12.2 和图 12.3 所示。用户可以使用浏览器浏览相关网站并查看图 12.1、图 12.2 和图 12.3 所示网页的源代码，了解这 3 个案例网页中 CSS3 变形与动画模块的属性使用情况，体会结合 JavaScript 技术（后续章节中讲解）所形成的绚丽的网页表现效果。

单独使用 CSS3 的变形与动画属性就能实现网页的位置、图片、Web 框变化的"动态"效果，但由于目前浏览器对变形和动画属性的支持还没有达成统一的标准，在实际使用中要注意尽量使用主流浏览器兼容的变形与动画属性。

图 12.1　iPad 3D 旋转带表面光线变化特效 [①]

图 12.2　生成 3D 云彩的 CSS3 特效 [②]

---

① 案例资料来源于"http://attasi.com/labs/ipad/"。
② 案例资料来源于"http://www.clicktorelease.com/code/css3dclouds/"。

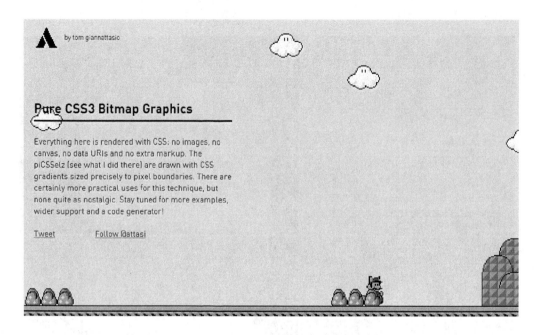

图 12.3　CSS3 生成动态图像动画特效[1]

12.2　CSS3 中的变形设计

在 CSS3 中用变形(Transform)功能可以实现文字或图像的旋转、缩放、扭曲、移动以及矩阵变形等变化,这几种变形分别使用 rotate、scale、skew、translate 和 matrix 方法来实现,方法调用的语法格式为"transform: none|transform-functions(变形函数)"。

将各种变形结合使用就会产生不同的效果,使用的顺序不同,产生的效果是不一样的。目前支持变形效果的浏览器有 Safari 3.1+、Chrome 8+、Firefox 4+、Opera 10+、IE9+。但是在书写 CSS 代码的时候,不同浏览器的 transition 的前缀格式要求不同,如 Firefox 浏览器为"-moz-transition"的形式;Opera 浏览器为"-o-transition"的形式[2];Safari 或者 Chrome 浏览器为"-webkit-transition"的形式,而 Internet Explorer 需要前缀-ms-transition。

1. 变形相关方法介绍

1) 旋转

在 CSS 中使用 rotate 方法来实现对元素的旋转,在参数中加入角度值,旋转方式为顺时针旋转,参数允许负值,元素将逆时针旋转。例如样式代码"transform: rotate(45deg)",表示顺时针旋转 45°。deg(度)是 CSS3"Values and Units"模块中定义的一个角度单位。

2) 缩放

scale 方法实现文字或图像的缩放效果,在代码"translate: scale(number,number)"中,

---

[1]　案例资料来源于"http://attasi.com/labs/picsselz/"。

[2]　最新版的 Opera 浏览器开始使用 Webkit 内核,因此前缀也是"-webkit-transition"的形式。

第一个参数代表宽度(X 轴),第二个参数代表高度(Y 轴)。在参数中指定缩放倍率,例如 scale(2,4)表示把元素宽度拉伸为原来的两倍,高度拉伸为原来的 4 倍。若第二个参数省略,则默认为 0,如"scale(0.5)"表示缩小 50%,参数可以是整数,也可以是小数。

3) 倾斜

使用 skew 方法来实现文字或图像的倾斜旋转效果,在代码"translate:skew(number deg,number deg)"中,第一个参数代表围绕 X 轴水平方向上的倾斜旋转的角度,第二个参数代表围绕 Y 轴垂直方向上的倾斜旋转角度。

例如"skew(30deg,30deg)"表示水平方向上倾斜 30°,垂直方向上也倾斜 30°。

注意,skew 方法中的两个参数可以修改成只使用一个参数,省略另一个参数,此时默认第二个参数为 0。即不是水平方向和垂直方向一样,这种情况视为只在水平方向倾斜,在垂直方向上不倾斜。

4) 移动

使用 translate 方法来实现将文字或图像进行移动,在参数中分别指定水平方向上的移动距离与垂直方向上的移动距离。例如"translate(50px,50px)"表示水平方向上移动 50px,垂直方向上移动 50px。和 skew 方法类似,若省略另一个参数,这种情况视为只在水平方向移动,在垂直方向上不移动。

【示例 12.1】 使用 CSS3 的变形属性设计一个页面。

将文件命名为 E12_01.html,网页功能要求如下:

对一个 div 元素使用多种变形,先移动(向右移动 150px,向下移动 200px),然后旋转(顺时针旋转 45°),最后缩放(放大 1.5 倍)。在 Firefox 浏览器中的显示效果如图 12.4 所示。

有关的代码可参见下面,源程序文件见 "webPageBook\codes\E12_01.html"。

图 12.4 CSS 变形显示效果

```
<html>
<head>
  <meta charset = "gb2312" />
  <title>Transform 多重变形(先移动,然后旋转,最后缩放)</title>
  <style>
    div {
      width: 280px;
      margin: 150px auto;
      background - color: yellow;
      text - align: center;
```

CSS3 中的变形与动画设计

```
    -webkit-transform: translate(10px, 200px) rotate(45deg) scale(1.5); /* for Chrome ||
Safari */
    -moz-transform: translate(30px, 100px) rotate(45deg) scale(1.5); /* for Firefox */
    -ms-transform: translate(150px, 200px) rotate(45deg) scale(1.5); /* for IE */
    -o-transform: translate(150px, 200px) rotate(45deg) scale(1.5); /* for Opera */}
  </style>
</head>
<body>
  <div>黄色区域多重变形: 右移 150px,<br/>下移 200px,然后顺时针<br/>旋转 45 度,最后放大
1.5 倍</div>
</body>
</html>
```

2. 变形基准点的设置

在使用 transform 方法进行文字或图像变形的时候是以元素的中心点为基准点进行的,使用 transform-origin 属性可以改变变形的基准点。在指定 transform-origin 属性值的时候采用"基准点在元素水平方向上的位置,基准点在元素垂直方向上的位置"的方法,其中在"基准点在元素水平方向上的位置"中可以指定的值为 left、center、right,在"基准点在垂直方向上的位置"中可以指定的值为 top、center、bottom。

【示例 12.2】 使用 CSS3 样式表的变形基准点属性设计一个页面。

将文件命名为 E12_02.html,网页功能要求为使用 transform-origin 属性把变形的基准点修改为第二个元素的左下角。在 Firefox 浏览器中的显示效果如图 12.5 所示。

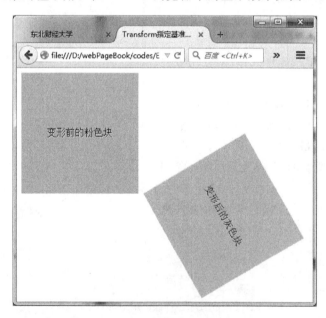

图 12.5 CSS 变形基准点显示效果

有关的代码可参见下面,源程序文件见"webPageBook\codes\E12_02.html"。

```
<!DOCTYPE HTML>
<html>
  <head>
```

```
<meta charset = "gb2312" />
<title>Transform 指定基准点变形</title>
  <style>
    div {width: 200px;
        height: 200px;
        display: inline - block;
        line - height: 200px;
        text - align: center; }
    div.a {background - color: pink; }
    div.b {
        background - color: lightgray;
        - webkit - transform: rotate(45deg);           /* for Chrome || Safari */
        - moz - transform: rotate(60deg);              /* for Firefox */
        - ms - transform: rotate(60deg);               /* for IE */
        - o - transform: rotate(45deg);                /* for Opera */
        /* 修改变形基准点 */
        - webkit - transform - origin: left bottom;    /* for Chrome || Safari */
        - moz - transform - origin: left bottom;       /* for Firefox */
        - ms - transform - origin: left bottom;        /* for IE */
        - o - transform - origin: left bottom;         /* for Opera */}
  </style>
</head>
<body>
    <div class = "a">变形前的粉色块</div>
    <div class = "b">变形后的灰色块</div>
</body>
</html>
```

12.3　CSS3 中的动画设计

在页面里加入动画可以使页面更加生动、活泼,使用 CSS3 的动画功能可以使页面上的文字或图像具有动态效果。例如使背景色从一种颜色平滑地过渡到另一种颜色。CSS3 中的动画功能有两种,即 Transitions 和 Animations,这两种功能都可以通过改变 CSS 中的属性值来产生动画效果。

12.3.1　Transitions 动画设计

到目前为止,支持 CSS3 中的 Transitions 功能的浏览器有 Firefox 4＋、Opera 10＋、Safari 3.1＋、Chrome 8＋等。

transitions 属性的代码形式为"transition：property duration timing-function"。其中,property 表示需要改变的属性;duration 表示在多长时间内完成动画,也就是动画执行持续的时间;timing-function 表示通过什么方法进行动画。

还有一种用法,就是把 transition 的 3 个属性分开写,写成 transition-property 属性、transition-duration 属性、transition-timing-function 属性。代码如下:

```
transition - property: background - color;
transition - duration: 1s;
transition - timing - function: linear;
```

但是,在书写 CSS 代码的时候不同的浏览器 transition 的前缀格式要求不同,如 Firefox 浏览器为"-moz-transition"的形式;Opera 浏览器为"-o-transition"的形式;Safari 或者 Chrome 浏览器为"-webkit-transition"的形式。

【示例 12.3】 使用 CSS3 样式表的 Transitions 功能属性设计一个页面。

将文件命名为 E12_03.html,网页功能要求如下:

演示 Transitions 功能的动画效果,页面中一个 div 元素的背景色为黄色,用 hover 属性指定当鼠标指针停留在 div 元素上时背景色变为浅蓝色;通过 transition 属性指定当鼠标指针移动到 div 元素上时在 2 秒钟内 div 元素的背景色从黄色平滑地过渡到浅蓝色。在 Firefox 浏览器中的显示效果如图 12.6 所示。

图 12.6　CSS3 的 Transitions 功能的显示效果

有关的代码可参见下面,源程序文件见"webPageBook\codes\E12_03.html"。

```html
<!DOCTYPE HTML >
<html>
<head>
    <meta http-equiv="Content-Type" content="text/html; charset=gb2312" />
    <title>Transitions 功能用法</title>
    <style>
      div { width:80%;
         border:solid 5px blue;
         text-align:center;
         background-color: #ffff00;
         -webkit-transition: background-color 1s linear;
         -moz-transition: background-color 2s linear;
         -o-transition: background-color 3s linear; }
      div:hover {
                 background-color: #00ffff; }
    </style>
</head>
<body>
    <div>鼠标放上来,我的背景色会在 2 秒钟内<br/>从黄色平滑过渡到浅蓝色</div>
</body>
</html>
```

我们用浏览器打开示例 12.3 的源程序 E12_03.html 可以看到,当鼠标指针移到 div 元素上时背景色从黄色变绿色然后变浅蓝色,这样的平滑过渡效果在 CSS2 中一般可以用 jQuery 实现,如今采用 CSS3 的 Transitions 功能方便多了。

示例 12.3 只是改变了一个 background-color 属性值,Transitions 功能还可以同时改变多个属性值,如下面的例子。

【**示例 12.4**】　使用 CSS3 样式表的动画属性设计一个页面。

将文件命名为 E12_04.html,网页功能要求如下：

页面中有一个 div 元素,背景色为黄色,字体颜色为黑色,宽度为 50%,通过 hover 属性指定当鼠标指针停留在 div 元素上时背景色变为浅蓝色,字体变为白色,宽度增加到 80%。通过 transition 属性指定当鼠标指针移到 div 元素上时在 2 秒钟的时间内完成这几个属性值的变化,即平滑过渡。在 Firefox 浏览器中的显示效果如图 12.7 所示。

图 12.7　CSS3 中 Transitions 功能多属性的显示效果

有关的代码可参见下面,源程序文件见"webPageBook\codes\E12_04.html"。

```html
<!DOCTYPE HTML>
<html>
<head>
  <title>Transitions 功能用法</title>
    <style>
      div {
          width:50%;
          color:#000;
          border:solid 5px blue;
          text-align:center;
          background-color:#ffff00;
          -webkit-transition: background-color 1s linear, color 1s linear,
                            width 1s linear;
          -moz-transition: background-color 2s linear, color 1s linear,
                            width 1s linear;
          -o-transition: background-color 3s linear, color 1s linear, width 1s linear;
      }
    div:hover {
          background-color:#00ffff;
          color:#fff;
          width:80%;
          }
  </style>
</head>
<body>
  <div>鼠标放上来,我的背景色,字体颜色,宽度,<br/>会在 2 秒钟内完成多个属性值的平滑过渡
  </div>
</body>
</html>
```

CSS3 中的变形与动画设计

12.3.2　Animations 动画设计

动画(Animations)是指指定元素从一种样式逐渐变为另一种样式的动态效果。CSS3中的动画功能与 Transitions 功能相同,都是通过改变元素的属性值来实现动画效果,不同之处是 Transitions 功能只能通过改变指定属性的开始值与结束值,然后在这两个属性值之间进行平滑的过渡来实现动画效果,所以 Transitions 功能不能实现比较复杂的动画效果。

Animations 功能可以定义多个 keyframes(关键帧)以及定义每个关键帧中元素的属性值来实现复杂的动画效果。到目前为止,Safari 4+、Chrome 2+等对 Animations 功能提供支持。Animations 的常用属性如表 12-1 所示。

表 12-1　Animations 的常用属性

属 性 名 称	属 性 说 明
animation-name	规定 @keyframes 动画的名称。如 animation-name:myfirst;
animation-duration	规定动画完成一个周期所花费的时间,单位是 s(秒)或 ms(毫秒),默认是 0。如 animation-duration:5s;
animation-timing-function	规定动画的曲线,默认是"ease"。如 animation-timing-function:linear;
animation-delay	规定动画何时开始,默认是 0。如 animation-delay:2s;
animation-iteration-count	规定动画被播放的次数,默认是 1。如 animation-iteration-count:infinite;
animation-direction	规定动画是否在下一周期逆向地播放,默认是"normal"。如 animation-direction:alternate;
animation-play-state	规定动画是否正在运行或暂停,默认是"running"。如 animation-play-state:running;
animation-fill-mode	规定对象动画时间之外的状态
animation	所有动画属性的一次设置,除了 animation-play-state 属性。如 animation:myfirst 5s linear 2s infinite alternate;

动画设计及调用的步骤如下。

(1) 创建关键帧集合:代码格式为"@keyframes 关键帧集合名{创建关键帧的代码}"。不同的浏览器 keyframes 要求的前缀不同,如果是 Safari 或 Chrome,要在属性前加上"-webkit-"前缀;如果是 Firefox,则加上"-moz-"前缀,像"@-webkit-keyframes"或"@-moz-keyframes"这样。

(2) 创建各个关键帧:代码格式示例如"40%{本关键帧的样式代码}",这里的 40%表示该帧位于整个动画过程的 40%处。

(3) 动画调用:关键帧的集合创建完成之后就要在元素的样式中来使用它,通过 div 元素的伪类:hover 可以触发执行动画,如果是其他元素,例如< input type="text">,还可以通过:focus 伪类触发来执行动画。代码如下:

```
div:hover {
    -webkit-animation-name: wobble;
    -webkit-animation-duration: 5s;
    -webkit-animation-timing-function: linear;
    -webkit-animation-iteration-count: infinite;}
```

animation-name 属性中指定关键帧集合的名称,animation-duration 属性中指定完成动画所用的时间,animation-timing-function 属性中指定实现动画的方法。 animation-iteration-count 属性来指定动画的播放次数,属性值 infinite 表示让动画循环播放。如果将鼠标指针移到 div 元素上,动画将开始播放,例如把 div:hover 中的 hover 伪类去掉,那么动画将在页面打开时进行播放。

我们明白了 Animations 功能的工作原理,下面就通过一个实例来看一下 Animations 功能的用法。

【示例 12.5】 使用 CSS 样式表的 Animations 功能设计一个页面。

将文件命名为 E12_05.html,网页功能要求如下:

开始帧为 0%、结束帧为 100%,关键帧可以在 0%～100%任意设置。在 70%处设置了一个关键帧,背景色为黄色,这样 div 元素的背景色就在红色、深蓝色、黄色这 3 个颜色之间平滑过渡,在 Firefox 浏览器中的显示效果如图 12.8 所示。

图 12.8　Animations 功能的动画显示效果

有关的代码可参见下面,源程序文件见"webPageBook\codes\E12_05.html"。

```
<!DOCTYPE HTML>
<html>
<head>
  <title>Animations 功能用法</title>
  <style>
    div {
        width:50%;
        color:#000;
        border:solid 5px blue;
        text-align:center;
        background-color:#f00;
        }
    @-moz-keyframes mycolor {
        0% {background-color: red; }        /* 开始帧:这时候 div 元素的背景色为红色 */
        40% {background-color: darkblue; }  /* 背景色为深蓝色的关键帧 */
        70% {background-color: yellow; }    /* 在整个动画过程的 70%处,该关键帧背景色为
                                               黄色 */

        100% {background-color: red; }      /* 结束帧:整个动画的最后一帧,结束帧之后,元
                                               素的属性不再发生变化,结束帧与开始帧的页面显
                                               示完全相同,div 元素的背景色都是红色 */

        }
    div:hover {
        -moz-animation-name: mycolor;
```

CSS3 中的变形与动画设计

```
        - moz - animation - duration: 4s;
        - moz - animation - timing - function: linear;
         - webkit - animation - name: mycolor;
        - webkit - animation - duration: 4s;
        - webkit - animation - timing - function: linear;
        }
    </style>
</head>
<body>
    <div>鼠标放上来,我的背景色会 4s 内完成红色,深蓝色,黄色这三个颜色之间平滑过渡</div>
</body>
</html>
```

【示例 12.6】 利用 Animations 功能实现多个属性值同时改变的动画示例。

使用 CSS 样式表的 Animations 功能的多属性设计一个页面,将文件命名为 E12_06. html,网页功能要求如下:

在动画中不仅要完成 3 种背景色之间的平滑过渡,而且在背景色为深蓝色的关键帧中让 div 元素顺时针旋转 30°,在背景色为黄色的关键帧中让 div 元素逆时针旋转 30°。在 Firefox 浏览器中的显示效果如图 12.9 所示。

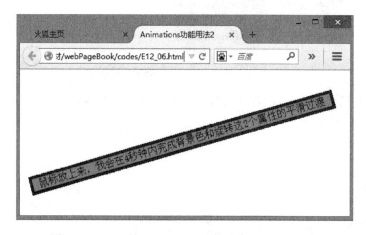

图 12.9　CSS3 的 Animations 功能的多属性显示效果

有关的代码可参见下面,源程序文件见"webPageBook\codes\E12_06. html"。

```
<! DOCTYPE HTML>
<html>
<head>
    <meta http - equiv = "Content - Type" content = "text/html; charset = gb2312" />
    <title>Animations 功能用法 2</title>
    <style>
    div { width:500px;
        color: #000;
        border:solid 5px blue;
        text - align:center;
        background - color: yellow;
        top: 100px;
```

```
            position: absolute; }
       @ − moz − keyframes myAmt {
           0% {background − color: red;
                − moz − transform: rotate(0deg);
                − webkit − transform: rotate(0deg); }
           40% {background − color: darkblue;
                − moz − transform: rotate(30deg);
                − webkit − transform: rotate(30deg); }
           70% {background − color: yellow;
                − moz − transform: rotate( − 30deg);
                − webkit − transform: rotate( − 30deg); }
           100% { background − color: red;
                − moz − transform: rotate(0deg);
                − webkit − transform: rotate(0deg);}
           }
       div:hover {
                − moz − animation − name: myAmt;
                − moz − animation − duration: 4s;
                − moz − animation − timing − function: linear;
                − webkit − animation − name: myAmt;
                − webkit − animation − duration: 4s;
                − webkit − animation − timing − function: linear; }
     </style>
</head>
< body >
   <div>鼠标放上来,我会在4s内完成背景色和旋转这2个属性的平滑过渡</div>
</body>
</html>
```

12.4 使用 DWCS5 进行变形与动画设计

1. 目标设定与需求分析

由于 CSS3 变形与动画还未在网站实际应用上得到广泛的推广,使用 CSS3 变形与动画的网站还很少,但 CSS3 变形与动画能实现以往一些必须使用 JavaScript 才能实现的动画效果,为网页设计带来了方便。本节的目标是设计一个动画效果的导航栏,具体样式属性要求如下:

(1)访问前导航栏的菜单选项字体较小、颜色为蓝色、背景图片为卡通人物 girl1.gif。

(2)当鼠标指针停留在导航栏的菜单选项上时,该菜单选项表现为放大的变形效果,并改变字体颜色为#FFF、背景图片为玫瑰 rose.gif。

(3)访问后菜单选项(如产品介绍)的字体颜色为红色等。

在 Chrome 浏览器中的显示效果如图 12.10 所示。

2. 设计页面布局和内容

根据页面需求来确定页面结构,计算好列表、链接等各个 Web 框的相关属性,如宽度、高度、颜色、浮动等,并进行布局设计,可以先绘制草图。本示例整体为列表,操作方法为手动输入列表代码,或者选择"格式"→"列表"→"项目列表",输入列表相关内容(详见第 3 章中的介绍);然后在页面下方的属性面板中添加超链接;最后为网页设置背景图片,效果如

图 12.10 CSS3 变形应用于导航栏的效果图

图 12.11 所示。对应的网页源程序请读者参看文件"webPageBook/codes/E12_07.html"中去掉涉及样式代码的部分。

图 12.11 页面导航栏整体内容

3. 用 DWCS5 设计页面 CSS 样式

根据页面设计目标和需求及效果图 12.10 为页面内容设计外部 CSS 样式。建立外部 CSS 文件的步骤是选择"文件"→"新建"→"CSS 层叠样式表文档",将新建的 CSS 样式文件以"E12_07.css"命名,并保存到 webPageBook/css 目录下。

(1) 设置具体样式:导航菜单中有首页、产品介绍、服务介绍、技术支持、立即购买、联系我们 6 个超链接,首先设置总体样式。新建 CSS 样式文件后,在弹出的代码窗口中输入代码,在编辑过程中会出现代码提示器,善于应用代码提示器可以大大加快代码编辑的速度;也可以右击,选择"CSS 样式"→"新建",或者通过 CSS 样式面板选择"新建 CSS 样式",打开"新建 CSS 规则"对话框,如图 12.12 所示。输入 class 选择器的名称(这里为 test),单击"确定"按钮,然后在弹出的". test 的规则定义"对话框中单击"确定"按钮(具体操作可参见 8.5 节)。

(2) 建立该无序列表的 CSS 样式:新建 CSS 规则,将选择器内容定义为复合内容,选择器名称为 test ul;在 test ul 的规则定义中选择相关列表属性 list-style:none,单击"确定"按钮。

(3) 设置将鼠标指针放置于导航栏的菜单选项上时 CSS3 的变形与动画效果,在"test a:hover 的 CSS 规则定义"对话框中选择相关属性即可,如图 12.13 所示。

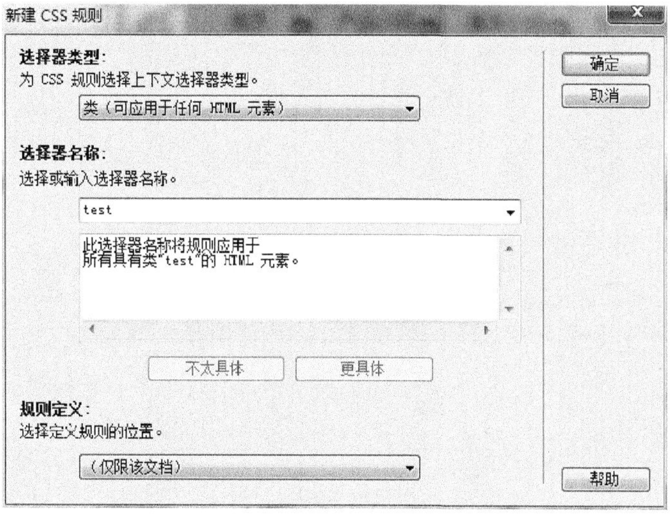

图 12.12 "新建 CSS 规则"对话框

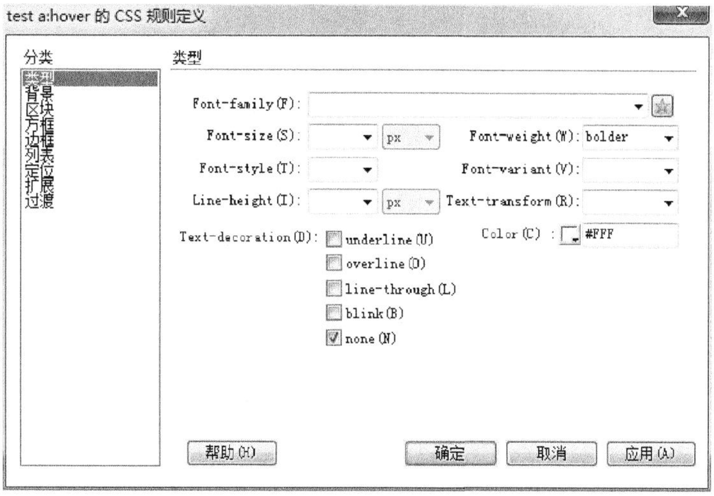

图 12.13 "test a:hover 的 CSS 规则定义"对话框

同理,分别为选择器 .test li、.test a、.test a:link、.test a:visited 设置相关属性,最后通过手动输入部分代码完善 CSS 文件。

设计完成后保存,最终可以看到生成的 CSS 代码如下(源文件见"webPageBook/css/E12_07.css"):

```
.test ul {
list-style:none;
}
.test li {
    float:left;
    width:100px;
    margin-left:3px;
```

```
        line - height:30px;
    }
    .test a {
        display:block;
        text - align:center;
        height:30px;
         }
    .test a:link {
        color:blue;
        background: #CCC url(../image/girl1.gif) no - repeat 80px 12px;
        text - decoration:none;
    }
    .test a:visited {
        color: #f00;
        text - decoration:underline;}
    .test a:hover {
        color: #FFF;
        font - weight:bold;
        text - decoration:none;
        background:url(../image/rose.gif) #F00 no - repeat 5px 12px;
        - webkit - transform: scale(1,2);①
        - moz - transform: scale(1,2);
        - o - transform: scale(1,2);
    }
```

4. 在 HTML 文件中应用样式

(1)完善前面建好的 HTML 文件,这里使用 HTML5 新增的语义化标签<nav>来制作导航菜单,并将 class 名定义为 test。

(2)将上面建好的外部 CSS 文件链接到 HTML 页面,操作步骤是选择"格式"→"CSS样式"→"附加样式表",弹出"附加外部样式表"对话框,选择要链接的外部 CSS 文件"webPageBook/css/E12_07.css",单击"确定"按钮。HTML 文件的具体代码如下(源程序见"webPageBook/codes/E12_07.html"):

```
<!DOCTYPE HTML>
<html>
<head><meta charset = "utf - 8"><title>CSS3 变形应用于导航栏</title>
    <link href = "../css/E12_07.css" rel = "stylesheet" type = "text/css">
</head>
<body background = ../image/叶子.gif>
    <nav class = "test">
        <ul>
            <li><a href = "1">首页</a></li>
            <li><a href = "../image/dog2.gif">产品介绍</a></li>
            <li><a href = "3">服务介绍</a></li>
```

---

① 这里用到一些浏览器的私有属性,其中-moz 代表 Firefox 浏览器的私有属性,-ms 代表 IE 浏览器的私有属性,-webkit 代表 Chrome、Safari 的私有属性。

```
            <li><a href = "4">技术支持</a></li>
            <li><a href = "5">立刻购买</a></li>
            <li><a href = "6">联系我们</a></li>
        </ul>
    </nav>
</body>
</html>
```

本 章 小 结

本章主要介绍 CSS3 变形与动画的概念、应用案例,介绍了 CSS3 变形的 translate()、rotate()、scale()、skew()、matrix()方法,CSS3 动画的 transition-property 属性、transition-duration 属性、transition-timing-function 属性的值、作用和用法,最后以 CSS3 变形在导航栏的应用为例讲述了使用 DWCS5 设计 CSS3 变形与动画的方法。

通过本章的学习读者了解了 CSS3 动画与变形功能在实现网页元素动态变化方面的强大功能,以及在业界实际网页设计中的重要性,掌握了 CSS3 变形与动画设计的基本知识和技术;通过示例的学习读者掌握了运用 DWCS5 工具设计变形与动画的操作方法;同时新内容的跟踪和进阶学习知识的补充使读者了解了 CSS3 变形与动画设计的前沿知识和技术,也开阔了视野。尽管由于各大浏览器对于 CSS3 变形与动画的支持标准还未达成统一,但随着 CSS3 的推广和不断发展,未来越来越多的网站将使用 CSS3 变形与动画技术。

进 阶 学 习

1. 外文文献阅读

阅读下面关于"CSS3 变形与动画"知识的双语短句,从中领悟并掌握专业文献的翻译方法,培养外文文献的研读能力。

(1) What Are CSS3 Animations?

【参考译文】:什么是 CSS3 中的动画?

(2) An animation lets an element gradually change from one style to another.

【参考译文】:动画是使元素从一种样式逐渐变化为另一种样式的过程。

(3) You can change as many properties you want, as many times you want.

【参考译文】:您可以改变任意多的样式,任意多的次数。

(4) You can specify when the change will happen in percent, or you can use the keywords "from" and "to" (which represents 0% and 100%).

【参考译文】:能够用百分比来规定动画变化的时间,或用关键词"from"和"to"表示 0% 和 100%。

(5) 0% represents the start of the animation, 100% is when the animation is complete.

【参考译文】:0%表示动画的开始,100%是动画完成的时候。

2. 变形与动画属性的深度学习

(1) CSS3 变形——transform 属性:transform 属性实现了一些可用 SVG[①] 实现的变形功能,它可用于内联(inline)元素和块级(block)元素。该属性可以旋转、缩放和移动元素,熟练地使用 transform 属性可以控制文字的变形,这种纯 CSS 的方法可以确保网页内的文字保持可选,这是 CSS3 变形相对于使用图片或背景图片的一个巨大优势。

(2) CSS3 转换——transition 属性:CSS Transformation(变形)呈现的是一种变形结果,而 Transition(过渡)呈现的是一种转换过渡效果,也就是一种动画转换的过程,如渐显、渐弱、动画快慢等。CSS Transformation 和 Transition 是两种不同的动画模型,因此 W3C 单独为动画 Transition 定义了模块[②]。

在 CSS 中,过渡属性可以和变形属性同时使用。例如,触发:hover 或者:focus 事件后创建动画过程,如淡出背景色、滑动一个元素以及让一个对象旋转,都可以通过 CSS 同时实现。

transition 属性是一个复合属性,可以同时定义 transition-property、transition-duration、transition-timing-function、transition-delay 等子属性,如表 12-2 所示。

表 12-2　CSS3 过渡属性

属 性 名 称	属　性　值	属性解释说明
transition-property	none|all|[attr]	transition 分别表示停止执行、执行所有属性变化、执行指定的属性变化
transition-duration	时间值,单位为秒(s),默认值为 0	元素过渡动画持续的时间
transition-timing-function	ase(逐渐变慢) | linear(匀速) | ease-in(加速) | ease-out(减速) | ease-in-out(先加速后减速) | cubic-bezier(该值允许用户自定义一个时间曲线)	指定 transition 执行的运动形式
transition-delay	时间值,单位为秒(s),默认值为 0	指定 transition 执行的延迟时间

到目前为止,支持 CSS3 中的 Transitions 功能的浏览器有 Firefox 4＋、Opera 10＋、Safari 3.1＋、Chrome 8＋等。

(3) CSS3 动画——animation 属性:对于动画属性的定义,W3C 组织在 2009 年 3 月发布了 CSS Animations Model Level3 草案[③]。可以说,CSS3 动画是最值得期待的一个特性,同时 CSS 动画也是网页设计师最终需要的东西,虽然目前我们还无法指望 CSS 动画能够设计出类似 Flash 的动感效果或者视觉冲击力,但是 animation 属性确实能够给我们带来期望。随着 CSS 的不断发展,CSS3 的动画设计将逐渐取代 Flash 动画。

[①] SVG 指可缩放矢量图形(Scalable Vector Graphics),它是基于可扩展标记语言(标准通用标记语言的子集),用于描述二维矢量图形的一种图形格式。它由万维网联盟制定,是一个开放标准。

[②] W3C 定义的 CSS Transition 模块的详细信息请参阅"http://www.w3.org/TR/css3-transitions"。

[③] Animation 模块的详细信息请参阅"http://www.w3.org/TR/css3-animations"。

（4）3D 变形：3D 变形和 2D 变形基本相似，主要变形函数见表 12-3[①]。

表 12-3　3D 变形函数

函　　　数	说　　　明
matrix3d$(n, n, \cdots n, n)$	定义 3D 矩阵变形，使用 16 个值的 4×4 矩阵
translate3d(x, y, z)	定义 3D 移动变形
translateX(x)	定义 3D 移动变形 X 轴的值
translateY(y)	定义 3D 移动变形 Y 轴的值
translateZ(z)	定义 3D 移动变形 Z 轴的值
scale3d(x, y, z)	定义 3D 缩放变形
scaleX(x)	定义 3D 缩放变形 X 轴的值
scaleY(y)	定义 3D 缩放变形 Y 轴的值
scaleZ(z)	定义 3D 缩放变形 Z 轴的值
rotate3d$(x, y, z, angle)$	定义 3D 旋转变形
rotateX$(angle)$	定义沿 X 轴的 3D 旋转变形
rotateY$(angle)$	定义沿 Y 轴的 3D 旋转变形
rotateZ$(angle)$	定义沿 Z 轴的 3D 旋转变形
perspective(n)	定义 3D 转换元素的透视视图

3. CSS3 中变形与动画设计的应用案例研究与学习

目标是通过具有代表性的特色网站案例研究与学习，跟进新技术的应用，进一步提升实践能力。由于各大主流浏览器对 CSS3 动画的支持才刚刚启动，很多旧版本的浏览器并不支持 CSS3 动画，为了确保网页的兼容性，目前使用 CSS3 动画的网站还很少。图 12.14 是著名数码产品公司尼康的摄影作品分享网站（地址为 experience.nikonusa.com），该网站在新版 Chrome 下能显示动画效果，但在 IE 下无动画效果。

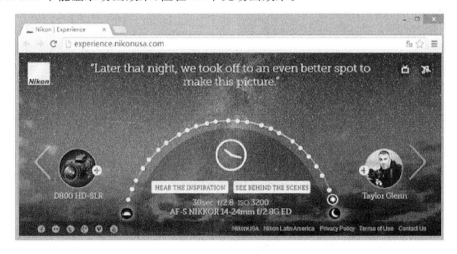

图 12.14　CSS3 中的变形与动画设计应用案例

325

---

① 详细内容请参阅"http://www.w3cplus.com/css3/css3-3d-transform.html"。

打开 Chrome 的菜单选项,单击"工具",选择 Chrome 浏览器自带的开发者工具,在 Source 窗口中找到外部链接的样式表 main.css 打开,找到以下关键代码,即可研习 CSS3 的变形、过渡、动画等属性的应用。

```
# arcInfo .buttons > a.startbutton {
        font-weight: 700;
        font-size: 23px;
        line-height: 24px;
        padding: 3px 0;
        z-index: 502;
        position: absolute;
        left: 0;
        right: 0;
        margin-left: auto;
        margin-right: auto;
        opacity:0;
        filter:alpha(opacity = 0);
        background-color:transparent;
        background-image:none;
        width: 151px;
        height: 37px;
        -webkit-transition: all .5s ease-in-out;
        -moz-transition: all .5s ease-in-out;
        -o-transition: all .5s ease-in-out;
        transition: all .5s ease-in-out; }
# arcInfo .buttons > a.startbutton.scaleUp {
        -moz-transform: scale(1.1,1.1);
        -ms-transform: scale(1.1,1.1);
        -o-transform: scale(1.1,1.1);
        -webkit-transform: scale(1.1,1.1);
        transform: scale(1.1,1.1); }
.startButton {
        position:absolute
        width:151px;
        height:37px;
        top: 352px;
        left: 0;
        right: 0;
        margin: 0 auto;
        opacity:0;
        filter:alpha(opacity = 0);
        display:none;
        z-index: 500;
        -webkit-transition: all .5s ease-in-out;
        -moz-transition: all .5s ease-in-out;
        -o-transition: all .5s ease-in-out;
        transition: all .5s ease-in-out;}
```

```
.startButton.scaleUp {
        - moz - transform: scale(1.1,1.1);
        - ms - transform: scale(1.1,1.1);
        - o - transform: scale(1.1,1.1);
        - webkit - transform: scale(1.1,1.1);
        transform: scale(1.1,1.1);}
```

思考与实践

1. 思辨题

判断(✓✗)

(1) 在 CSS3 中不能够对同一个元素同时使用变形和动画。　　　　　　(　　)

(2) 在 CSS3 中能够对同一个元素同时使用缩放和移动变形。　　　　　(　　)

(3) 在 CSS3 中变形属性只有 4 种。　　　　　　　　　　　　　　　(　　)

(4) 在 CSS3 中动画属性只有 3 种。　　　　　　　　　　　　　　　(　　)

选择

(5) 下列(　　)指定变形的旋转属性。

　　A. rotate　　　　　　　　　　　　B. skew

　　C. scale　　　　　　　　　　　　 D. translate

(6) 下列(　　)能实现矩阵变形。

　　A. rotate　　　　　　　　　　　　B. skew

　　C. scale　　　　　　　　　　　　 D. matrix

(7) 缩放变形由下列(　　)属性来实现。

　　A. rotate　　　　　　　　　　　　B. skew

　　C. scale　　　　　　　　　　　　 D. translate

填空

(8) CSS3 变形的主要属性包括_____。

(9) 规定@keyframes 动画的名称的 CSS3 动画的属性是_____。

(10) animation-timing-function 的默认属性是_____。

2. 外文文献阅读实践

查阅、研读一篇大约 1500 字的关于变形和动画设计的小短文,并提交英汉对照文本。

3. 上机实践

1) 页面设计:用 DWCS5 编写 HTML 文件 chp12_zy31. html

设计一个运用 CSS3 动画的网页,要求 div 文本元素的背景色在红色、深蓝色、黄色 3 个颜色之间平滑过渡,并且当鼠标指针停留在图片上时图片实现旋转。

在 Firefox 浏览器中的显示效果如图 12.15 所示(参考答案见 chp12_zy31. html)。

2) 页面设计:用 DWCS5 编写 HTML 文件 chp12_zy32. html

设计一个运用 CSS3 动画的网页,要求参考 12.4 节的例子设计一个具有 CSS3 动画效果的导航栏网页,例如动画可以设计成 3s,并且要求每一秒都变换一种颜色。

图 12.15　参考效果图

在 Firefox 浏览器中的显示效果如图 12.16 所示(参考答案见 chp12_zy32.html)。

图 12.16　参考效果图

3) 动画制作工具的学习

用 Firefox 或 Chrome 浏览器打开网站(http://ecd. tencent. com/css3/tools. html),该
网站提供了在线 CCS3 动画制作工具,进入网站学习,动手制作包含 CSS3 动画的页面,并用
文件名称 chp12_zy33. html 保存,在掌握动画制作工具用法的基础上写出书面报告。

第 13 章　CSS3 中的网页布局样式设计

本章导读：

前面我们分别学习了 CSS3 的字体、文本、边框、背景以及 Web 框模型和变形动画等样式设计内容,这些都是从页面设计局部元素出发来思考的,本章将从页面设计整体布局角度出发学习 CSS3 的网页布局样式设计。首先通过一个案例的介绍让大家对 CSS3 网页布局的作用有一个大致的了解,然后介绍比较流行的"1-2-1"和"1-3-1"网页布局设计；接着针对 CSS3 中的布局做详细介绍,主要介绍 CSS3 新增的多栏布局和弹性 Web 框布局；最后指导大家使用 DWCS5 工具设计一个包含复杂布局样式的网页。

13.1　CSS3 中的网页布局简介及应用案例

Web 页面中的布局是指在页面中如何对标题栏、导航栏、正文内容、页脚以及表单等各种构成要素进行一个合理的编排。

最早,网页是使用表格来进行布局的,要求在设计的开始阶段就要确定页面的布局形式。由于是使用表格进行布局,一旦确定下来就无法再更改,因此有极大的缺陷。

CSS 的排版是一种新的排版理念,完全有别于传统的排版习惯。设计者首先考虑的不是如何分割网页,而是从网页内容的逻辑出发,区分出内容的层次和重要性,然后根据逻辑关系把网页的内容使用 div 或者其他适当的 HTML 标记组织好,再考虑网页的形式与内容相适应,对各个块进行 CSS 定位,最后再在各个块中添加相应的内容。利用 CSS 排版的页面更新起来十分容易,甚至连页面的拓扑结构都可以通过修改 CSS 属性来重新定位。

目前,绝大多数网站使用 CSS 来设计页面布局,一般大型门户网站和新闻网站的首页都采用 CSS 的"1-2-1"布局和"1-3-1"布局,即页面从上到下依次划分为顶部的页头区、中间的内容区和底部的页脚区,而中间内容区则分为两栏或三栏格式。由于现在 CSS3 还未得到广泛的应用,使用 CSS3 新增的多栏布局和弹性框布局的网站还很少,但 CSS3 页面布局将是未来网页布局设计的必然趋势。图 13.1 所示的是中国铁路客户服务中心网站主页[①],其页面布局采用了典型的"1-2-1"布局。

使用 360 安全浏览器或 Chrome 浏览器打开页面,右击页面的正文区,选择"审查元素"命令,可以看到页面的如下源代码。

---

① 参考网址为"http://www.12306.cn/"。

图 13.1 "12306"网站首页的"1-2-1"页面布局

```
< html xmlns = "http://www.w3.org/1999/xhtml">
  < head >…</head >
  < body >
    < div id = "page" class = "clearfix">
      < div id = "top" class = "flash-replaced">…</div >
      < script type = "text/javascript">…</script >
      < div id = "menu">…</div >
      <!-- erweima -->
      < div id = "appDown">…</div >
      <!-- end -->
      < div id = "indexLeft">…</div >
      < div id = "indexRight">…</div >
      :after
    </div >
    < div class = "bottom_copy">…</div >
  </body >
</html >
```

从源代码可以看出,网页正文部分 div 区域的 id 分别为上面的 top;中间为 indexLeft 和 indexRight 的两栏,通过分别设置其 float 属性值为 left 和 right 来实现两栏并排的布局;下面 class 为 bottom_copy,总体形成了"1-2-1"布局的样式。

13.2 "1-2-1"网页布局样式设计

采用"1-2-1"布局结构的网页一般页面顶部和底部各有一个占满浏览器窗口宽度的横栏,可以分别命名为页头(header)和页脚(footer),中间内容区分为两栏,可以分别命名为正文栏(section)和侧边栏(aside)。其布局模型如图 13.2 所示。

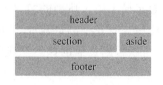

图 13.2 常见的"1-2-1"页面布局模型

为了实现上述模型的页面布局效果,可以对中间内容区的两栏使用 position 属性的绝对定位法或 float 属性的浮动定位法完成。

13.2.1　绝对定位法

首先介绍用绝对定位法实现"1-2-1"布局结构。

【示例 13.1】　使用绝对定位法设计一个"1-2-1"布局结构的页面。

将文件命名为 E13_01.html,网页功能要求如下:

设页面宽度为 760px、section 部分为 500px,设置 page header、page footer 和 container 部分的样式,其中 container 用作中间 section 和 side 部分的容器,使整个页面为"1-2-1"布局结构。在 IE 浏览器中的效果如图 13.3 所示。

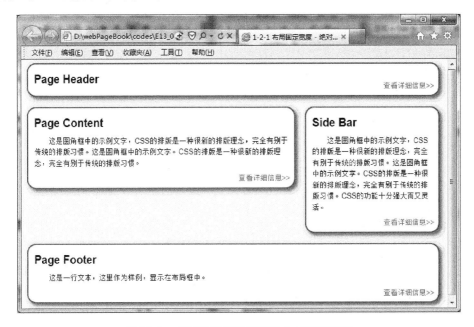

图 13.3　用绝对定位法实现"1-2-1"布局结构

有关的代码可参见下面,源程序文件见"webPageBook\codes\E13_01.html"。

```
<!DOCTYPE HTML>
<html>
<head>
 <meta charset = "utf-8"><title>1-2-1 布局固定宽度 - 绝对定位法</title>
 <style type = "text/css" media = "screen">
  body {background: #FF9; font: 13px/1.5 Arial; margin:0; padding:0; }
  p{ text-indent:2em; }
  .rounded {background: url(../image/left-top.gif) top left no-repeat;
        width:100%;}
  .rounded h2 {background:url(../image/right-top.gif) top right no-repeat;
        padding:20px 20px 10px; margin:0;}
  .rounded .main { background: url(../image/right.gif) top right repeat-y;
        padding:10px 20px; margin: -2em 0 0;}
  .rounded .footer{background:url(../image/left-bottom.gif) bottom left no-repeat;}
```

CSS3 中的网页布局样式设计

```
        .rounded .footer p {color:#888; text-align:right;
                background:url(../image/right-bottom.gif) bottom right no-repeat;
                display:block; padding:10px 20px 20px; margin:-2em 0 0 0;}
        #header, #pagefooter, #container{margin:0 auto;  width:760px;  }
        #container{ position:relative; }
        #content{ position:absolute; top:0; left:0;   width:500px; }
        #side{margin:0 0 0 500px;}
    </style>
    </head>
    <body>
        <div id="header">
          <div class="rounded">
            <h2>Page Header</h2>
            <div class="main"></div>
            <div class="footer"><p>查看详细信息 &gt;&gt;</p>   </div>
          </div>
        </div>
        <div id="container">
          <div id="content">
            <div class="rounded">
              <h2>Page Content</h2>
              <div class="main">
                <p>这是圆角框中的示例文字,CSS的排版是一种很新的排版理念,完全有别于传统的排
版习惯。这是圆角框中的示例文字。CSS的排版是一种很新的排版理念,完全有别于传统的排版习
惯。</p></div>
              <div class="footer"><p>查看详细信息 &gt;&gt;</p></div>
            </div>
          </div>
          <div id="side">
            <div class="rounded">
              <h2>Side Bar</h2>
              <div class="main"><p>这是圆角框中的示例文字,CSS的排版是一种很新的排版理念,完
全有别于传统的排版习惯。这是圆角框中的示例文字。CSS的排版是一种很新的排版理念,完全有
别于传统的排版习惯。CSS的功能十分强大而又灵活。</p>   </div>
              <div class="footer">  <p>  查看详细信息 &gt;&gt;</p></div>
            </div>
          </div>
        </div>
        <div id="pagefooter">
          <div class="rounded">
            <h2>Page Footer</h2>
            <div class="main"><p>这是一行文本,这里作为样例,显示在布局框中。</p></div>
            <div class="footer"><p>查看详细信息 &gt;&gt;</p>   </div>
          </div>
        </div>
    </body>
    </html>
```

【代码说明】 为了使 section 能够使用绝对定位,在上述 CSS 代码中选择 container 这个 div 作为定位基准。因此将 #container 的 position 属性设置为 relative,使它成为下级元素的绝对定位基准,然后将 section 这个 div 的 position 设置为 absolute,即绝对定位,这样它就脱离了标准流,aside 就会向上移动占据原来 section 所在的位置。同时将 section 的宽度和 aside 的左 margin 设置为相同的数值,正好可以保证它们并列紧挨着放置,而且不会重叠。

注意：这种方法存在一种缺陷，当左边的 content 部分的高度大于右边的 aside 部分时，显示的布局就会出现问题。

13.2.2 浮动定位法

除了可以采用绝对定位法以外，用户还可以使用 float 属性的浮动定位法来实现"1-2-1"布局，只需将上述 HTML 文件 E13_01.html 的 CSS 部分稍作修改即可。下面分"栏宽固定"和"栏宽可变"两种方式实现页面的"1-2-1"布局样式。

1. 栏宽固定的布局样式

在浮动定位的"1-2-1"布局中可以将中间部分的 section 和 aside 两栏的宽度设置为固定值，如下例。

【示例 13.2】 使用绝对定位法设计一个栏宽固定的"1-2-1"布局结构页面。

将文件命名为 E13_02.html，网页功能要求如下：

将 E13_01.html 的 CSS 部分 #container 的 position 属性去掉，将 #section 和 #aside 都设置为向左浮动，二者宽度固定，相加等于总宽度。

例如，将它们的宽度改为 500px 和 260px，相关的 CSS 代码如下：

```
#header, #footer, #container{margin: 0 auto; width:760px;}
#section{float: left; width: 500px; }
#aside{float: left;width: 260px;}
#footer{clear: both; }
```

在 IE 浏览器中的布局效果如图 13.4 所示。

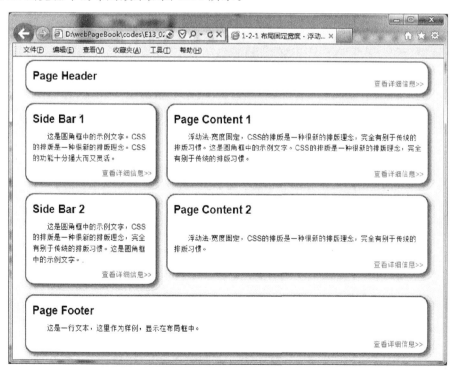

图 13.4　宽度固定的"1-2-1"浮动布局效果

CSS3 中的网页布局样式设计

有关的代码可参见下面,源程序文件见"webPageBook\codes\E13_02. html"。

```html
<html>
<head><meta charset = "utf - 8"><title>1 - 2 - 1 布局固定宽度 – 浮动法</title>
  <style type = "text/css" media = "screen">
    body {background: #FF9;font: 13px/1.5 Arial;margin:0;padding:0;}
    p{text - indent:2em; }
    .rounded {background: url(../image/left - top.gif)   top left no - repeat;
        width:100 % ; }
    .rounded h2 { background:   url(../image/right - top.gif)   top right no - repeat;
        padding:20px 20px 10px; margin:0; }
    .rounded .main { background: url(../image/right.gif)   top right repeat - y;
        padding:10px 20px;  margin: - 2em 0 0 0; }
    .rounded .footer {background: url(../image/left - bottom.gif) bottom left no - repeat;
        }
    .rounded .footer p {color: #888;  text - align:right; display:block;
        background:url(../image/right - bottom.gif) bottom right no - repeat;
        padding:10px 20px 20px;  margin: - 2em 0 0 0; }
    #header, #pagefooter, #container{ margin:0 auto; width:760px; }
    #content{  float:right;  width:500px;  }
    #side{float:left;  width:260px;  }
    #pagefooter{  clear:both;}
  </style>
</head>
<body>
  <div id = "header">
    <div class = "rounded">  <h2>Page Header</h2>
        <div class = "main"></div>
        <div class = "footer">  <p>查看详细信息 &gt;&gt;</p></div>
    </div>
  </div>
  <div id = "container">
    <div id = "content">
        <div class = "rounded">  <h2>Page Content 1</h2>
            <div class = "main"><p>浮动法 - 宽度固定,CSS 的排版是一种很新的排版理念,完全
有别于传统的排版习惯。这是圆角框中的示例文字。CSS 的排版是一种很新的排版理念,完全有别
于传统的排版习惯。</p>  </div>
        <div class = "footer"><p>查看详细信息 &gt;&gt;</p></div>
    </div>
    <div class = "rounded"><h2>Page Content 2</h2>
        <div class = "main">  <p>浮动法 - 宽度固定,CSS 的排版是一种很新的排版理念,完
全有别于传统的排版习惯。</p></div>
        <div class = "footer">  <p>查看详细信息 &gt;&gt;</p></div>
    </div>
    </div>
    <div id = "side">
```

```
      < div class = "rounded">   < h2 > Side Bar 1 </h2 >
          < div class = "main"><p>   这是圆角框中的示例文字。CSS 的排版是一种很新的排版理念。
CSS 的功能十分强大而又灵活。</p></div>
          < div class = "footer"><p>查看详细信息 &gt;&gt;   </p></div>
        </div >
      < div class = "rounded">   < h2 > Side Bar 2 </h2 >
          < div class = "main"><p>   这是圆角框中的示例文字,CSS 的排版是一种很新的排版理念,
完全有别于传统的排版习惯。这是圆角框中的示例文字。</p>   </div>
          < div class = "footer"><p>查看详细信息 &gt;&gt;   </p></div>
        </div >
      </div >
    </div >
    < div id = "pagefooter">
      < div class = "rounded">   < h2 > Page Footer </h2 >
          < div class = "main"><p>   这是一行文本,这里作为样例,显示在布局框中。</p></div>
          < div class = "footer"><p>查看详细信息 &gt;&gt;</p>   </div>
      </div >
    </div >
  </body >
  </html >
```

注意: 在 CSS 代码中加入"#footer{ clear: both; }"是用来清除浮动对底部 footer 的影响。

2. 栏宽可变的布局样式

前面我们只对固定宽度分栏的页面布局做了讲解,在许多情况下,分栏宽度应该允许随着浏览器窗口的缩放而变化,因此可变栏宽页面布局设计就显得非常重要。可变宽度的布局比固定宽度的布局复杂一些,原因在于宽度不确定,导致很多参数无法确定。

对于可变宽度的布局,首先要使内容的整体宽度随浏览器宽度的变化而变化,因此中间的容器 container 中的左右两栏的总宽度也会变化,这样就会产生不同的情况。这两栏是按照一定的比例同时变化,还是一栏固定,另一栏变化,这两种情况都是很常用的布局方式。后一种情况见本章进阶学习部分,下面介绍前一种方式。

【示例 13.3】 使用浮动定位法设计一个"1-2-1"布局结构页面。

将文件命名为 E13_03.html,网页功能要求如下:

使前面"1-2-1"布局的例子中的网页(E13_02.html)内容的宽度为浏览器窗口宽度的 85%,页面内容中左侧的边栏的宽度和右边的内容栏的宽度保持 1:2 的比例,使得无论浏览器窗口的宽度如何变化它们都会等比例变化。

为此只需对 E13_02.html 中的 CSS 关键代码进行如下改动:

```
# header, # footer, # container{margin: 0 auto; width: 85% ;}
# section{float: right; width: 66% ;}
#aside{float: left; width: 33% ;}
```

此时在 IE 浏览器下页面"1-2-1"布局的效果如图 13.5 所示。

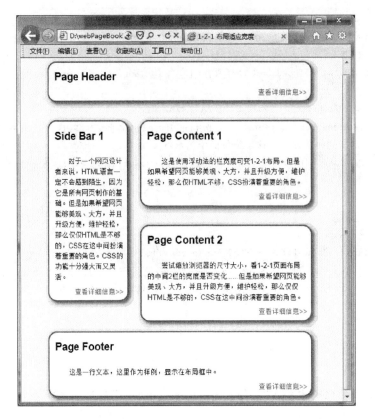

图 13.5　利用 float 属性的"1-2-1"可变栏宽页面布局的效果

有关的代码可参见下面,源程序文件见"webPageBook\codes\E13_03.html"。

```
<!DOCTYPE HTML>
<html>
<head><meta charset = "utf - 8"><title>1 - 2 - 1 布局适应宽度</title>
  <style type = "text/css" media = "screen">
    body {background: #FF9;font: 13px/1.5 Arial;margin:0;padding:0;}
    p{text - indent:2em; }
    .rounded {background: url(../image/left - top.gif) top left no - repeat;width:100 % ;}
    .rounded h2 {background: url(../image/right - top.gif) top right no - repeat;
        padding:20px 20px 10px; }
    .rounded .main { background: url(../image/right.gif) top right repeat - y;
        padding:10px 20px; margin: - 2em 0 0 0; }
    .rounded .footer {background:url(../image/left - bottom.gif) bottom left no - repeat;}
    .rounded .footer p {color: #888; text - align:right; display:block;
        background:url(../image/right - bottom.gif) bottom right no - repeat;
        padding:10px 20px 20px; margin: - 2em 0 0 0; }
      #header, #pagefooter, #container{ margin:0 auto; width:85 % ; min - width:500px;
        max - width:800px;}
    #content{  float:right;  width:66 % ;}
    #content img{  float:right;}
    #side{float:left;  width:33 % ;}
    #pagefooter{  clear:both;}
  </style>
```

```
  </head>
  <body>
    <div id="header">
      <div class="rounded"><h2>Page Header</h2>
        <div class="main"></div>
        <div class="footer">  <p>查看详细信息 &gt;&gt;</p></div>
      </div>
    </div>
    <div id="container">
      <div id="content">
        <div class="rounded">  <h2>Page Content 1</h2>
          <div class="main"><p>这是使用浮动法的栏宽度可变1-2-1布局。但是如果希望
网页能够美观、大方,并且升级方便,维护轻松,那么仅HTML不够,CSS扮演着重要的角色。</p></
div>
          <div class="footer"><p>查看详细信息 &gt;&gt;</p></div>
        </div>
        <div class="rounded">  <h2>Page Content 2</h2>
          <div class="main"><p>  尝试缩放浏览器的尺寸大小,看1-2-1页面布局的中间2
栏的宽度是否变化……但是如果希望网页能够美观、大方,并且升级方便,维护轻松,那么仅仅HTML
是不够的,CSS在这中间扮演着重要的角色。</p></div>
          <div class="footer"><p>查看详细信息 &gt;&gt;</p>  </div>
        </div>
      </div>
      <div id="side">
        <div class="rounded">  <h2>Side Bar 1</h2>
          <div class="main"><p>  对于一个网页设计者来说,HTML语言一定不会感到陌生,因
为它是所有网页制作的基础。但是如果希望网页能够美观、大方,并且升级方便,维护轻松,那么仅
仅HTML是不够的,CSS在这中间扮演着重要的角色。CSS的功能十分强大而又灵活。</p>
          </div><div class="footer"><p>查看详细信息 &gt;&gt;</p></div>
        </div>
      </div>
    </div>
    <div id="pagefooter">
      <div class="rounded"><h2>Page Footer</h2>
        <div class="main"><p>  这是一行文本,这里作为样例,显示在布局框中。</p></div>
        <div class="footer"><p>查看详细信息 &gt;&gt;</p></div>
      </div>
    </div>
  </body>
</html>
```

注意: 一列的宽度过窄或过宽都会影响用户对网页内容的阅读和感受,这时可以通过 max-width 属性和 min-width 属性来限制宽度的范围。如下代码可以将宽度设为 500～800px。

```
#header, #footer, #container{margin:0 auto; width: 85%;
        min-width: 500px; max-width:800px; }
```

13.3 "1-3-1"网页布局样式设计

采用"1-3-1"布局结构的网页一般页面顶部和底部与"1-2-1"布局相似,只是中间内容分为3栏,可以分别命名为导航栏(nav)、正文栏(section)和侧边栏(aside)。其布局模型如

图 13.6 所示。

为了实现上述模型的页面布局效果,可以对中间内容区的 3 栏使用 position 属性的绝对定位法或 float 属性的浮动定位法完成。下面以"浮动定位法"布局为例分"栏宽固定浮动定位法"和"栏宽可变浮动定位法"讲述。

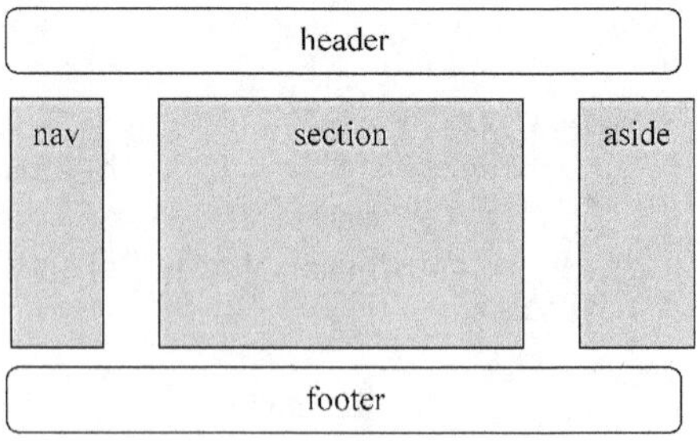

13.3.1 栏宽固定浮动定位法

和"1-2-1"网页布局的学习方法一样,下面通过一个示例讲述"栏宽固定浮动定位法"的运用。

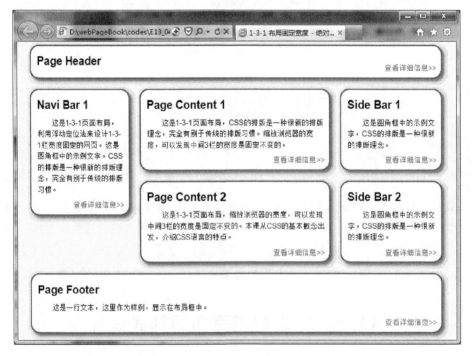

图 13.6 "1-3-1"网页布局模型

【示例 13.4】 利用浮动定位法来设计"1-3-1"结构布局网页。

将文件命名为 E13_04.html,网页功能要求 ♯nav、♯section 和 ♯aside 几列栏宽固定,且宽度之和正好等于总宽度。

为此 CSS 样式的关键代码设置如下:

```
♯header, ♯footer, ♯container{ margin: 0 auto; width: 760px;}
♯nav{float: left; width: 200px;}
♯section{float: left; width: 360px;}
♯aside{float: left; width: 200px;}
♯footer{clear: both;}
```

此时在 IE 浏览器下的页面"1-3-1"布局效果如图 13.7 所示。

图 13.7 利用 float 属性浮动定位的宽固定的"1-3-1"页面布局

有关的代码可参见下面，源程序文件见"webPageBook\codes\E13_04.html"。

```
<! DOCTYPE HTML >
< html >
< head >< meta charset = "utf - 8" >< title > 1 - 3 - 1 布局固定宽度 - 绝对定位法 </title >
    < style type = "text/css" media = "screen" >
        body {background: #FF9;font: 13px/1.5 Arial;margin:0;padding:0;}
        p{text - indent:2em; }
        .rounded {background: url(../image/left - top.gif) top left no - repeat; width:100 % ;}
        .rounded h2 {background:   url(../image/right - top.gif) top right no - repeat;
            padding:20px 20px 10px; margin:0;}
        .rounded .main { background: url(../image/right.gif) top right repeat - y;
            padding:10px 20px; margin: - 2em 0 0; }
  .rounded .footer{ background:   url(../image/left - bottom.gif) bottom left no - repeat;}
        .rounded .footer p { color: #888; text - align:right; display:block;
            background:url(../image/right - bottom.gif) bottom right no - repeat;
            padding:10px 20px 20px; margin: - 2em 0 0; }
        #header, #pagefooter, #container{ margin:0 auto; width:760px;}
        #container{ position:relative;}
        #navi{ position:absolute;top:0;left:0;   width:200px;   }
        #content{margin:0 200px 0 200px;   width:360px;   }
        #content img{float:right;   }
        #side{ position:absolute;top:0;right:0;width:200px;   }
    </style >
</head >
< body >
    < div id = "header" >
        < div class = "rounded" >   < h2 > Page Header </h2 >
            < div class = "main" ></div >
            < div class = "footer" >< p >查看详细信息 &gt;&gt;</p ></div >
        </div >
    </div >
    < div id = "container" >
        < div id = "navi" >
            < div class = "rounded" >   < h2 > Navi Bar 1 </h2 >
                < div class = "main" >< p >这是 1 - 3 - 1 页面布局,利用浮动定位法来设计 1 - 3 - 1 栏
宽度固定的网页。这是圆角框中的示例文字。CSS 的排版是一种很新的排版理念,完全有别于传统
的排版习惯。</p ></div >
                < div class = "footer" >< p >查看详细信息 &gt;&gt;</p >   </div >
            </div >
        </div >
        < div id = "content" >
            < div class = "rounded" >   < h2 > Page Content 1 </h2 >
                < div class = "main" >< p >   这是 1 - 3 - 1 页面布局,CSS 的排版是一种很新的排版理念,
完全有别于传统的排版习惯。缩放浏览器的宽度,可以发现中间 3 栏的宽度是固定不变的。</p >
                </div >
                < div class = "footer" >< p >查看详细信息 &gt;&gt;</p ></div >
            </div >
            < div class = "rounded" >   < h2 > Page Content 2 </h2 >
```

```
        <div class = "main"><p>  这是1-3-1页面布局,缩放浏览器的宽度,可以发现中间
3栏的宽度是固定不变的。本课从CSS的基本概念出发,介绍CSS语言的特点。</p></div>
            <div class = "footer"><p>查看详细信息 &gt;&gt;</p></div>
        </div>
    </div>
    <div id = "side">
        <div class = "rounded">  <h2>Side Bar 1</h2>
            <div class = "main"><p>  这是圆角框中的示例文字,CSS的排版是一种很新的排版
理念。</p></div>
            <div class = "footer"><p>查看详细信息 &gt;&gt;</p></div>
        </div>
        <div class = "rounded">  <h2>Side Bar 2</h2>
            <div class = "main"><p>  这是圆角框中的示例文字。CSS的排版是一种很新的排版
理念。</p></div>
            <div class = "footer"><p>查看详细信息 &gt;&gt;</p>  </div>
        </div>
    </div>
</div>
    <div id = "pagefooter">
        <div class = "rounded">  <h2>Page Footer</h2>
            <div class = "main"><p>  这是一行文本,这里作为样例,显示在布局框中。</p>
</div>
            <div class = "footer"><p>查看详细信息 &gt;&gt;</p>
        </div>
    </div>
</div>
</body>
</html>
```

13.3.2　栏宽可变浮动定位法

上面对栏宽固定的页面布局做了讲解,接下来对可变宽度的页面布局做进一步分析。对于可变宽度的布局,首先要使内容的整体宽度随浏览器宽度的变化而变化,因此中间的container(容器)中的3栏的总宽度也会变化,这样就会产生不同的情况,例如3栏是按照一定的比例同时变化,还是有一栏固定,下面介绍3栏等比例变化的情况。

【示例13.5】　使用浮动定位法设计一个"1-3-1"布局结构页面。

将文件命名为 E13_05.html,网页功能要求为使前面"1-3-1"布局的例子中的网页(E13_04.html)内容的宽度为浏览器窗口宽度的85%,页面中3栏的宽度比例分别为20%、60%、20%,无论浏览器的窗口宽度如何变化,3栏的宽度都会等比例变化。

为此只需对 E13_04.html 中的 CSS 关键代码进行如下改动:

```
#header, #footer, #container{ margin: 0 auto; width: 85%;}
#nav{float: left; width:20%;}
#section{float: left; width: 60%;}
#aside{float:right; width: 20%;}
#footer{clear: both;}
```

此时在 IE 浏览器下页面"1-3-1"布局的效果如图 13.8 所示。

图 13.8 利用 float 属性的"1-3-1"可变栏宽页面布局的效果

可以发现,当我们改变浏览器的大小时中间 3 栏的宽度也会随之变化。有关的代码可参见下面,源程序文件见"webPageBook\codes\E13_05.html"。

```
<!DOCTYPE HTML>
<html>
<head><meta charset = "utf-8"><title>1-3-1 可变栏宽布局</title>
  <style type = "text/css" media = "screen">
    body{background: #FF9;font: 13px/1.5 Arial;margin:0;padding:0;}
    p{text-indent:2em;}
    .rounded { background: url(../image/left-top.gif) top left no-repeat;width:100%;}
    .rounded h2 {background:   url(../image/right-top.gif) top right no-repeat;
        padding:20px 20px 10px; margin:0; }
    .rounded .main { background: url(../image/right.gif) top right repeat-y;
        padding:10px 20px; margin:-2em 0 0; }
    .rounded .footer { background: url(../image/left-bottom.gif) bottom left no-repeat;}
    .rounded .footer p {color:#888; text-align:right; display:block;
        background:url(../image/right-bottom.gif) bottom right no-repeat;
        padding:10px 20px 20px; margin:-2em 0 0; }
    #header, #pagefooter, #container{ margin:0 auto; width:85%; }
    #navi{float:left;   width:20%;}
    #content{float:left;   width:60%;}
    #content img{float:right;   }
    #side{float:right;width:20%;}
    #pagefooter{   clear:both;}
  </style>
```

CSS3 中的网页布局样式设计

```
</head>
<body>
  <div id = "header">
    <div class = "rounded">   <h2>Page Header</h2>
        <div class = "main"></div>
        <div class = "footer"><p>查看详细信息 &gt;&gt;   </p></div>
    </div>
  </div>
  <div id = "container">
    <div id = "navi">
        <div class = "rounded">   <h2>Navi Bar 1</h2>
          <div class = "main"><p>   这是圆角框中的示例文字,CSS 的排版是一种很新的排版理
念,完全有别于传统的排版习惯。这是圆角框中的示例文字。CSS 的排版是一种很新的排版理念,完
全有别于传统的排版习惯。</p></div>
          <div class = "footer"><p>查看详细信息 &gt;&gt;</p></div>
        </div>
    </div>
    <div id = "content">
        <div class = "rounded">   <h2>Page Content 1</h2>
          <div class = "main"><p>   这是圆角框中的示例文字,CSS 的排版是一种很新的排版理
念,完全有别于传统的排版习惯。</p></div>
          <div class = "footer"><p>查看详细信息 &gt;&gt;</p></div>
        </div>
        <div class = "rounded">   <h2>Page Content 2</h2>
          <div class = "main">  <p>这是圆角框中的示例文字,CSS 的排版是一种很新的排版
理念,完全有别于传统的排版习惯。这是圆角框中的示例文字。CSS 的排版是一种很新的排版理念,
完全有别于传统的排版习惯。本课从 CSS 的基本概念出发,介绍 CSS 语言的特点。</p></div>
          <div class = "footer"><p>查看详细信息 &gt;&gt;   </p></div>
        </div>
    </div>
    <div id = "side">
        <div class = "rounded">   <h2>Side Bar 1</h2>
          <div class = "main"><p>   这是圆角框中的示例文字,CSS 的排版是一种很新的排版理念,
完全有别于传统的排版习惯。</p></div>
          <div class = "footer"><p>查看详细信息 &gt;&gt;</p>   </div>
        </div>
        <div class = "rounded"><h2>Side Bar 2</h2>
          <div class = "main"><p>   这是圆角框中的示例文字。CSS 的排版是一种很新的排版理
念,完全有别于传统的排版习惯。</p></div>
          <div class = "footer"><p>查看详细信息 &gt;&gt;</p>   </div>
    </div>
  </div>
</div>
  <div id = "pagefooter">
    <div class = "rounded">   <h2>Page Footer</h2>
      <div class = "main"><p>   这是一行文本,这里作为样例,显示在布局框中。</p></div>
      <div class = "footer"><p>查看详细信息 &gt;&gt;</p>   </div>
    </div>
  </div>
</body>
</html>
```

13.4 CSS3 网页布局样式设计前沿内容

当不考虑语义时,可以利用一些适当的嵌套和其他技巧用 table 建立具有一定功能的布局。在 CSS3 之前,大多数人也在使用 float 属性或 position 属性进行页面中的简单布局,但是使用它们存在一些缺点,例如两栏或者多栏中如果元素的内容高度不一致会有底部很难对齐的问题。另外,浮动布局不是很容易掌握,一个缺点就是需要通过额外的元素清除浮动,或者更好一点,可以清除 CSS 浮动而不添加额外的标签。所以要实现多栏布局还需要更多的辅助方法,不是很方便。因此,在 CSS3 中追加了一些新的布局方式,使用这些新的布局方式除了可以修改之前存在的问题以外,还可以更为便捷地进行更为复杂的页面布局。下面介绍弹性框模型布局和多栏布局样式设计技术。

13.4.1 弹性框模型布局设计

利用弹性框模型布局模块可以设置等高的栏目,独立的元素顺序;可以指定元素之间的关系;可以设置灵活的尺寸和对齐方式。目前它得到许多浏览器的支持,例如 Firefox 3.0+、Google Chrome 5.0+、Safari 3.2+、iOS 3.2+(Mobile Safari)、Android 2.2+ 等。

【示例 13.6】 使用 CSS3 弹性框模型布局设计一个页面。

将文件命名为 E13_06.html,网页功能要求页面为 3 栏布局结构,使每一栏的背景色不同,在 Firefox 浏览器中的显示效果如图 13.9 所示。

图 13.9　简单的 3 栏布局的显示效果

有关的代码可参见下面,源程序文件见"webPageBook\codes\E13_06.html"。

```
<!DOCTYPE HTML>
<html>
<head><meta charset = "utf-8"><title>一个简单3栏弹性布局</title>
  <style>
        div {color:#000;
          border:solid 1px blue;
          text-align:center;
          background-color: yellow; }
        .flex-container {
            display: -moz-box;
            display: -webkit-box;
            display: box;
            -moz-box-orient: horizontal;
            -webkit-box-orient: horizontal;
```

CSS3 中的网页布局样式设计

```
                box-orient: horizontal; }
        .col-1   {background-color: yellow;}
        .col-2   {background-color: blue;}
        .col-3   {background-color: yellow;}
    </style>
</head>
<body>
    <div class="flex-container">
        <div class="col-1">这是第1栏:<br/>一个简单的三栏布局例子.</div>
        <div class="col-2">这是第2栏:<br/>一个简单的三栏布局例子.</div>
        <div class="col-3">这是第3栏:<br/>一个简单的三栏布局例子.</div>
    </div>
</body>
</html>
```

在上述代码中,使用display属性把容器元素设为box,使用box-orient属性将它的排列方向设置为水平(也可以使用vertical设为垂直),这样直接子元素(如<div class="col-1">等)将被一个接一个地水平放置。

上述各栏的宽度由它们的内容决定,但是如果用户想用自适应的方法让它们扩展到整个容器元素的宽度,就需要为它们设置box-flex,其中容器的空白部分(即父容器中除了子容器以外的剩余空间)会按照box-flex属性值的大小在子容器中进行分配,代码如下:

```
.col-1 {-moz-box-flex: 1;
        -webkit-box-flex: 1;
        box-flex: 1; }
.col-2 {-moz-box-flex: 1;
        -webkit-box-flex: 1;
        box-flex: 1;}
.col-3 {-moz-box-flex: 2;
        -webkit-box-flex: 2;
        box-flex: 2;}
```

框元素(各分栏)的显示顺序可以调整,有两种方法设置呈现顺序:其一,通过设置容器元素(即display:box的元素)的box-direction属性;其二,对框进行编组,用box-ordinal-group(框组顺序号)给每个列/子元素设置一个数字来表示它们的呈现顺序[①]。

使用box-direction属性的关键CSS3代码如下:

```
.flex-container-reverse {
    display: -moz-box;
    display: -webkit-box;
    display: box;
    -moz-box-orient: horizontal;
    -webkit-box-orient: horizontal;
    box-orient: horizontal;
    -moz-box-direction: reverse;          //reverse表示反向呈现
```

---

① 这个属性在不同浏览器中的呈现顺序会有差异,例如在Firefox中会使元素右对齐,而在Chrome和Safari中则是左对齐。

```
    - webkit - box - direction: reverse;
    box - direction: reverse;
}
```

使用 box-ordinal-group(框组顺序号)的关键 CSS3 代码如下：

```
.col - 1 {
    - moz - box - ordinal - group: 2;
    - webkit - box - ordinal - group: 2;
    box - ordinal - group: 2;
    }
.col - 2 {
    - moz - box - ordinal - group: 3;
    - webkit - box - ordinal - group: 3;
    box - ordinal - group: 3;
    }
.col - 3 {
    - moz - box - ordinal - group: 1;
    - webkit - box - ordinal - group: 1;
    box - ordinal - group: 1;
    }
```

各栏目设置的关键 HTML5 代码如下：

```
< div class = "flex - container - reverse">
    < div class = "col - 1">这是第 1 栏：< br/>一个简单的三栏布局例子.</div>
    < div class = "col - 2">这是第 2 栏：< br/> 一个简单的三栏布局例子.</div>
    < div class = "col - 3">这是第 3 栏：< br/>一个简单的三栏布局例子.</div>
</div>
```

最后各栏的显示顺序为 col-3 是第一个，然后是 col-1，最后是 col-2。在 Firefox 浏览器中的显示效果如图 13.10 所示。

图 13.10　使用 box-ordinal-group 属性设置各栏的显示顺序

13.4.2　多栏布局样式设计

在 CSS3 之前，使用 float 属性或者 position 属性进行页面布局有一个比较明显的缺点，就是第一个 div 元素和第二个 div 元素是各自独立的。因此如果在第一个 div 元素中加入一些内容,将会使得两个元素的底部不能对齐,导致页面中多出一块空白区域。针对这种缺点,在 CSS3 中加入了多栏布局(multi-column layout),让文字或页面以多栏显示,并确保各栏内容底部对齐。CSS3 多栏布局样式的常用属性如表 13-1 所示。

表 13-1　CSS3 多栏布局样式的常用属性①

属 性 名 称	属性说明(或功能)
column-width	该属性用来指定每栏的宽度,也可以使用 width 属性将元素的宽度设置成多个栏目的总宽度
column-count	该属性用来指定栏数
column-gap	该属性用来指定每栏之间的间距
column-space-distribution	该属性用来平均分配栏间距
column-rule-color	该属性用来设置栏与栏之间的间隔线的颜色
column-rule-style	该属性用来设置栏间隔线的样式
column-rule-width	该属性用来设置栏间隔线的宽度
column-rule	该属性一次设置间隔线的宽度、样式、颜色,如代码"-moz-column-rule:1px solid red;"设置一条间隔线为红色、实线,宽度为 1px

【示例 13.7】　使用 CSS3 多栏弹性布局样式属性设计一个多栏布局页面。

将文件命名为 E13_07.html,网页功能要求如下:

(1)页面内容及多栏布局在 Firefox 浏览器中的显示效果如图 13.11 所示。

图 13.11　CSS3 多栏弹性布局页面

---

①　上述属性在不同的浏览器中使用时属性前面需要加的前缀不同,以 column-width 为例,如在 Firefox 浏览器中,需要将其书写成"-moz-column-width"的形式;在 Safari 浏览器或 Chrome 浏览器中,需要将其书写成"-webkit-column-width"的形式。其中,"-moz"、"-webkit"等是指对应浏览器的私有属性。

（2）页面支持 Firefox 浏览器、Safari 浏览器或 Chrome 浏览器。

（3）在页面中的两栏之间增加一条红色的间隔线，宽度为 1px。

有关的代码可参见下面，源程序文件见"webPageBook\codes\E13_07.html"。

```
<!DOCTYPE HTML>
<html>
<head><meta charset = "utf - 8"><title>弹性多栏布局方式使用示例</title>
  <style type = "text/css">
      div # div1{
        - moz - column - count: 2;
        - webkit - column - count: 2;
        - moz - column - width: 15em;
        - webkit - column - width: 15em;
        - moz - column - gap: 2em;
        - webkit - column - gap: 2em;
        - moz - column - rule: 1px solid red;
        - webkit - column - rule: 1px solid red;
        }
      div # div2{ width:100 % ; background - color:yellow; height:200px;}
  </style>
</head>
<body>
  <div id = "div1"><img src = "../image/apple5s.jpg">
    <p>屏幕尺寸: 4.0 英寸     <br>分辨率: 1136×640     <br>后置摄像头: 800 万像素
<br>前置摄像头: 120 万像素    <br>核    数: 双核  <br>苹果(Apple) iPhone 5s (A1530)
16GB 金色 移动联通 4G 手机   兼容移动/联通网络 iPhone5s(A1530),畅享 4G/3G 高速网络!</p>
      <p>屏幕尺寸: 4.0 英寸     分辨率: 1136×640     后置摄像头: 800 万像素     前置摄像
头: 120 万像素   核    数: 双核   苹果(Apple) iPhone 5s (A1530) 16GB 金色 移动联通 4G 手
机   兼容移动/联通网络 iPhone5s(A1530),畅享 4G/3G 高速网络!</p>
  </div>
  <div id = "div2"><p>商品介绍<br>商品规格<br>包装清单<br>用户评价</p></div>
</body>
</html>
```

13.5　使用 DWCS5 进行布局样式设计

1. 目标设定与需求分析

本节的目标是为第 11 章中使用 DWCS5 实践的"一品网"设计一个商品详情页面，要求页面采用弹性多栏布局，并参考示例 13.7 完成，在 Firefox 浏览器中的显示效果如图 13.12 所示。

具体要求如下：

（1）将整体页面分为上、中、下 3 个部分，即 header、section、footer。

（2）将中间的正文部分划分为两个区域进行显示。

（3）为尾部的 footer 部分设置字体样式、背景颜色等 CSS 属性。

2. 准备多媒体素材

准备好要介绍的商品图片 apple5s.jpg（见素材文件夹 webPageBook/image），以及需要编辑的手机相关信息与功能介绍。

图 13.12 使用 DWCS5 设计弹性布局的商品详情页面

3. 设计页面布局和内容

根据页面需求来确定页面结构，计算好各栏 Web 块的相关属性，如宽度、高度、栏数、栏宽等，并进行布局设计，可以先绘制草图。在本例中，页面采用"1-2-1"布局，中间的一层使用弹性框布局，显示商品图片和商品详情文本，并且使用 HTML5 的 header、footer 元素。

设计好所需的 HTML 标记，包括元素、id 等属性及标记内容。参考图 13.12，在 DW 设计窗口中插入并编辑设计好的网页内容，包括页面头部 header、中间内容层 section、页面尾部 footer。

(1) 设计网页的头部 header 部分：由于该部分使用代码编辑法较简便，所以在代码窗口中手动输入代码"< header >—品网 iPhone5S 商品详情</ header >"即可。

(2) 设置中间层的 Div 标签：具体步骤为选择"插入"→"布局对象"→"Div 标签"，或者单击"布局"菜单栏的"插入 Div 标签"按钮，在 ID 文本框中以 div1 命名，在设计面板中输入相应的文本内容并且插入所选图片。

(3) 网页尾部 Div 标签的设置：单击"插入 Div 标签"按钮，在 ID 文本框中以 div2 命名，在设计面板中输入文本，并手动完善 footer 等代码部分。效果如图 13.13 所示，源程序参看文件"webPageBook/codes/E13_08.html"中去掉 CSS 代码的部分。

4. 用 DWCS5 设计页面 CSS 样式

在 DW 设计窗口中选择要设计样式的元素，在属性面板中输入属性值或在 CSS 样式面板中添加属性值。

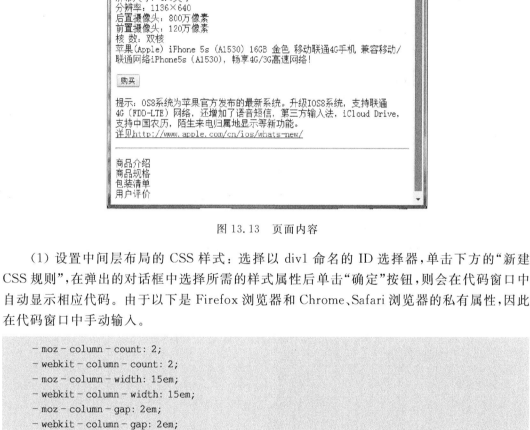

图 13.13　页面内容

（1）设置中间层布局的 CSS 样式：选择以 div1 命名的 ID 选择器，单击下方的"新建CSS 规则"，在弹出的对话框中选择所需的样式属性后单击"确定"按钮，则会在代码窗口中自动显示相应代码。由于以下是 Firefox 浏览器和 Chrome、Safari 浏览器的私有属性，因此在代码窗口中手动输入。

```
- moz - column - count: 2;
- webkit - column - count: 2;
- moz - column - width: 15em;
- webkit - column - width: 15em;
- moz - column - gap: 2em;
- webkit - column - gap: 2em;
- moz - column - rule: 1px solid red;
- webkit - column - rule: 1px solid red;
```

其中，column-count：2 代表将 div 元素中的文本分为两列；column-width：15em 代表列的宽度；column-rule：1px solid red 代表列之间的宽度为 1 像素，以实心线分隔，线的颜色为红色。

（2）为页脚 footer 部分设置 CSS 样式：选择以 div2 命名的 ID 选择器，单击下方的"新建 CSS 规则"，在弹出的对话框中选择所需的样式属性，这里设置页面宽度为相对 100%、背景颜色为黄色、高度为 200 像素，单击"确定"按钮。

　　完成页面的全部设置后，在浏览器中进行预览，并进行整体调整。HTML 网页的具体代码如下（源程序见"webPageBook/codes/E13_08.html"）：

```
<!DOCTYPE HTML>
<html>
<head><meta charset = "utf - 8"><title>弹性多栏布局方式使用示例</title>
  <style type = "text/css">
  div#div1{
      - moz - column - count: 2;
      - webkit - column - count: 2;
      - moz - column - width: 15em;
      - webkit - column - width: 15em;
      - moz - column - gap: 2em;
      - webkit - column - gap: 2em;
      - moz - column - rule: 1px solid red;
      - webkit - column - rule: 1px solid red;}
  div#div2{
      width:100%;
      background - color:yellow;
      height:200px;}
  </style>
</head>
<body>
    <header><h2>一品网 iPhone5S 商品详情</h2><hr></header>
    <div id = "div1"><img src = "../image/apple5s.jpg">
      <p>屏幕尺寸: 4.0 英寸    <br>分辨率: 1136×640    <br>后置摄像头: 800 万像素
<br>前置摄像头: 120 万像素    <br>核    数: 双核   <br>苹果(Apple) iPhone 5s (A1530)
16GB 金色 移动联通 4G 手机   兼容移动/联通网络 iPhone5s(A1530),畅享 4G/3G 高速网络!</p>
      <p><input type = "button" value = "购买"></p>
      <p>提示: OS8 系统为苹果官方发布的最新系统。升级 IOS8 系统,支持联通 4G(FDD - LTE)网
络,还增加了语音短信,第三方输入法,iCloud Drive,支持中国农历,陌生来电归属地显示等新功能。
<br><a href = "http://www.apple.com/cn/ios/whats - new/">详见 http://www.apple.com/cn/ios/
whats - new/</a></p>
    </div>
    <div id = "div2">
      <footer><hr>
      <p>商品介绍<br>商品规格<br>包装清单<br>用户评价</p>
      </footer>
    </div>
</body>
</html>
```

本 章 小 结

　　本章主要介绍网页布局的概念以及进行页面布局设计的多种方法，具体内容包括表格页面布局方法、使用 float 属性或 position 属性的 Web 框布局方法、CSS3 多栏布局以及弹性盒布局的方法等。

　　由于表格布局方法较为落后，本书并未多加描述，也不推荐大家使用。对于使用 float

属性或 position 属性的 Web 框布局方法,本书重点讲解了"1-2-1"和"1-3-1"的 CSS 页面布局方法,包括固定列宽度和可变列宽度的页面布局方法,其中对于单列固定其他列可变的页面布局方法需要重点掌握。另外,本章还介绍了 CSS3 新增的多栏布局方法和弹性盒布局方法,这两种方法各有优势,同时也是未来网页布局设计的发展趋势。

进 阶 学 习

1. 外文文献阅读

阅读下面关于"CSS3 网页布局"知识的双语短文[①],从中领悟并掌握专业文献的翻译方法,培养外文文献的研读能力。

Flexible box layout (or flexbox) is a new box model optimized for UI layout. As one of the first CSS modules designed for actual layout (floats were really meant mostly for things such as wrapping text around images), it makes a lot of tasks much easier, or even possible at all. Flexbox's repertoire includes the simple centering of elements (both horizontally and vertically), the expansion and contraction of elements to fill available space, and source-code independent layout abilities.

【参考译文】:灵活的框布局(或弹性框)是一种新的 UI 布局优化框模型。作为第一个为实际布局设计的 CSS 模块(浮动实际上主要上是为了图文混排),它使很多任务容易得多,甚至是完全可能的。Flexbox 的技能包括元素的简单居中(横向或纵向),通过元素的扩展和收缩来填补可用空间,以及源代码的独立布局能力。

CENTERING HORIZONTALLY:Next, we want to horizontally center our h1 element.

```
<body><h1>OMG, I'm centered</h1></body>
```

No big deal, you might say; but it is somewhat easier than playing around with auto margins. We just need to tell the flexbox to center its flex items. By default, flex items are laid out horizontally, so setting the justify-content property will align the items along the main axis:

```
body { display: flex;    justify-content: center;}
```

【参考译文】:水平居中:接下来,我们想水平居中正文标记中的 h1 元素。你可能会说,没什么大问题,但这一点比运用 margins 属性值 auto 容易。我们只需要告诉 Flexbox 居中其弹性项目即可。在默认情况下,弹性项目为水平布局,所以设置 justify-content 属性值为 center,即将沿着主轴对齐项目,代码如下。

```
body { display: flex;    justify-content: center;}
```

351

---

① 资料参考地址为"https://www.smashingmagazine.com/2013/05/centering-elements-with-flexbox/"。

CSS3 中的网页布局样式设计

2. "1-2-1"单列可变宽布局的学习

在13.2节的实例中,当宽度变化时,左、右两栏的宽度比例是保持不变的。在实际运用中,只有单列宽度变化的情况更多,在很多网页中,通常宽栏用来存放内容,窄栏用来显示导航、链接等,且这些窄栏一般是需要宽度不变的。因此,将内容栏设置为可变的,其他栏固定,这种方式更为常用。

这里对13.2节的例子 E13_02.html 进行改动,使 side 部分的宽度保持 300 像素不变,而左侧内容的宽度可变,这时需要考虑的核心问题就是怎样实现浮动列的宽度等于"100%-300px",CSS 显然不支持这种带有加减运算的宽度表达方法,但是通过 margin 可以变通地实现这个宽度。

实现原理就是在 section 的外面再套一个 div,即图 13.14 中的 sectionWrap(Wrap 是包、缠之意,为布局方便,引入 sectionWrap 作为 section 部分的包装),使它的宽度为 100%,也就是等于 container 的宽度。然后通过将左侧的 margin 设置为负的 300 像素,使它向左平移了 300 像素,并设置向左浮动。section 在 sectionWrap 里面以标准流的形式存在,将其左侧 margin 设置为正的 300 像素,这样就保证了里面的内容不会溢出到布局的外面,就实现了"100%-300px"这个本来无法直接表达的宽度,效果如图 13.14 所示。

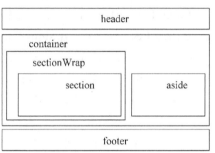

图 13.14 "1-2-1"单列可变宽布局

其 CSS 代码如下:

```
#header, #footer, #container{margin: 0 auto;width: 85%;}
#sectionWrap{margin-left: -300px;float: left;width: 100%;}
#section{margin-left: 300px;}
#aside{float: right;width: 300px;}
#footer{ clear: both; }
```

3. "1-3-1"的单侧列宽度固定的可变宽布局

在"1-3-1"可变宽度布局中宽度按固定比例伸缩适应总宽度,和前面介绍的"1-2-1"布局基本一致,下面介绍单侧列宽度固定的可变宽布局。

还是在前面例子的基础上做修改,假设要使 aside 列宽度固定为 200 像素,而 nav 列和 section 列按照 2∶3 的比例分配剩下的宽度。此时如果还按照前面给出的"1-2-1"单侧固定的可变宽布局的方法是无法实现的,解决的方法就是在存放 nav 列和 section 列的容器里面再嵌套一个 div,即将原来的 sectionWrap 变为两层,分别叫 outerWrap 和 innerWrap,结构如图 13.15 所示。

由于新增加的 innerWrap 是以标准流方式存在的,宽度会自然伸展。由于设置了 200 像素的左侧 margin,因此它的宽度就是总宽度减去 200 像素,这样 innerWrap 里面的 nav 和 section 就会都以这个新宽度为宽度基准。

```
#header, #pagefooter, #container{ margin:0 auto; width:85%; }
#outerWrap{float:left;  width:100%;  margin-left:-200px;}
#innerWrap{margin-left:200px;}
```

```
#navi{float:left;  width:40%;}
#section{  float:right;  width:59.5%;  }①
#aside{float:right;width:200px;}
#footer{  clear:both;}
```

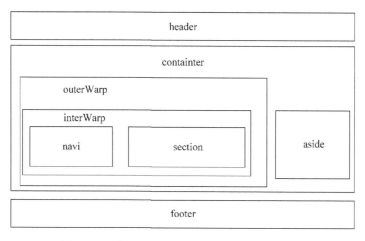

图 13.15 "1-3-1"单侧列宽度固定的可变宽布局

4. 网格布局样式设计

CSS3 网格(Grid)布局是 Internet Explorer 10 和使用 JavaScript 的 Windows 应用商店应用中新增的功能。与 Flexbox 相似,通过"网格"所获得的布局流畅性超过使用浮动或脚本进行定位所获得的布局流畅性。CSS3 网格对齐可以为网页或 Web 应用的主要区域划分空间,并在尺寸、位置和层范畴内定义各个 HTML 控件部件之间的关系,从而无须创建固定布局,固定布局无法利用浏览器窗口中的可用空间。

Grid 页面布局的应用很广泛,最简单的例子就是内容的分栏显示。例如图 13.16 展示的三栏布局网页。

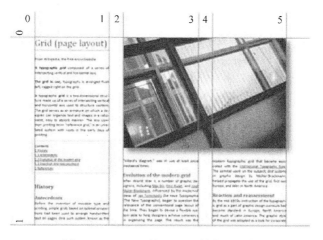

图 13.16 CSS3 的 Gird 三栏布局格式

<hr>

① 这里将 section 的宽度设为 59.5%而不是 60%是为了避免四舍五入误差。

CSS3 中的网页布局样式设计

CSS3 的 Grid 布局图中蓝色的线不会出现在实际的网页中。如果使用 CSS3 的 Grid 布局,代码可以这样写:

```
body{columns:3;column－gap:0.5in;}
img{float:pagetopright;width:3gr;}
```

其中,body 部分声明页面为 3 栏,栏间距为 0.5 英寸;img 中的 float 属性指明图片的浮动位置为页面的右上角,而宽度为 3 个栏宽。用户只需这样的两行 CSS 就可以实现这个复杂布局。

网格布局的基本构建块就是网格元素,将元素的 display 属性设置为-ms-grid(对于块级的网格元素)或-ms-inline-grid(对于内联级的网格元素),属性中包含了 Microsoft 供应商前缀"-ms-"。例如,下面的代码在具有 ID 为"myGrid"的元素内创建网格:

```
<style>
    #myGrid {
        display: － ms － grid;
        background: gray;
        border: blue;}
</style>
```

在创建网格元素之后使用以下属性指定列和行(统称为"轨道")的大小,即列宽和行高。

(1) -ms-grid-columns:指定网格内每个网格列的宽度,使用空格分隔每个列。

(2) -ms-grid-rows:指定网格内每个网格行的高度,使用空格分隔每个行。

其中,列宽和行高的大小取值如下。

- 标准长度单位或列宽、行高的百分比。
- auto:表示列宽或行高基于其中的项自动调整。
- min-content:表示将任何子元素的最小宽度或高度用作宽度或高度。
- max-content:表示将任何子元素的最大宽度或高度用作宽度或高度。
- minmax(a, b):表示宽度或高度介于 a 和 b 之间(只要可用空间允许)。
- 分数单位(fr):表示可用空间应根据其分数值在列或行之间分配。

关于列宽和行高设置的示例代码如下:

```
<style>
    #myGrid {
        display: － ms － grid;
        background: gray;
        border: blue;
        － ms － grid － columns: auto 100px 1fr 2fr;
        － ms － grid － rows: 50px 5em auto;
    }
</style>
```

上述代码说明此网格有 4 列,其中列 1(auto)的宽度适合于列中的内容;列 2(100px)

的宽度为 100 像素；列 3(1fr)占据剩余空间的一个分数单位；列 4(2fr)占据剩余空间的两个分数单位。由于此网格中共有 3 个分数单位，所以列 3 被分配了剩余空间的 1/3，列 4 被分配了剩余空间的 2/3。

同样，此网格有 3 行，其中行 1(50px)的高度为 50 像素；行 2(5em)的高度为 5em；行 3(auto)的高度适合于行中的内容。

思考与实践

1. 思辨题

判断(✓✗)

(1) 在 CSS3 之前，使用 float 属性或者 position 属性进行页面布局时有一个比较明显的缺点，就是第一个 div 元素与第二个 div 元素是各自独立的。 (   )

(2) 在"1-2-1"可变栏宽的网页布局中只能用 float 属性的浮动定位法完成。 (   )

(3) 在弹性 Web 框中使用 display 属性把容器元素设为 box，然后用 box-orient 属性将它的排列方向设置为水平。 (   )

(4) 通过"网格"所获得的布局流畅性超过使用浮动或脚本进行定位所获得的布局流畅性。 (   )

选择

(5) 常用的网页布局是(   )。

    A. 1-2-1   B. 1-3-1   C. 1-4-1   D. 1-5-1

(6) 在网页布局中要使 Web 框紧贴浏览器窗口的左侧，应将 margin 值设置为(   )。

    A. "0 auto 0 0"   B. "0 0 auto 0"

    C. "auto 0 0 0"   D. "0 0 0 auto"

(7) 下列(   )属性是 CSS3 中新增的多列布局中用来指定栏数的属性。

    A. column-gap   B. column-width

    C. column-rule-color   D. column-count

填空

(8) _____属性用来设置 CSS3 多栏布局中栏间隔线的样式。

(9) 在网格布局中指定网格内每个网格列的宽度的属性为_____。

(10) 在 CSS3 多栏布局中用来指定每栏之间间距的属性为_____。

2. 外文文献阅读实践

查阅、研读一篇大约 1500 字的关于 CSS 布局设计的小短文，并提交英汉对照文本。

3. 上机实践

1) 页面设计：用记事本或工具软件 DWCS5 设计 HTML 文件 chp13_zy31.html，保存并显示

要求如下：

(1) 使用浮动与定位设计一个栏宽可变的"1-2-1"布局的商品详情页面。

(2) 要求有商品图片和商品参数。

（3）采用缩进方式书写代码。

在 Firefox 浏览器中的参考效果如图 13.17 所示（参考答案见 chp13_zy31.html）。

图 13.17　参考效果图

2）页面设计：用记事本或工具软件 DWCS5 设计 HTML 文件 chp13_zy32.html,保存并显示

要求如下：

（1）使用 CSS3 弹性 Web 框来设计一个栏宽可变的"1-2-1"布局教育网站页面。

（2）要求使用 HTML 5 的 header、footer 等标签,并使中间两栏成弹性布局。

（3）采用缩进方式书写代码。

在 Firefox 浏览器中的参考效果如图 13.18 所示（参考答案见 chp13_zy32.html）。

3）案例研读分析

用 IE 或 Chrome 等浏览器打开一个具有代表性的网站主页,并用文件名称 chp13_zy33.html 保存,然后找出其应用 CSS3 布局的完整或部分源代码,对其功能进行分析,从而领会 CSS3 布局设计技术的应用,最后写出书面报告。

图 13.18　参考效果图

CSS3 中的网页布局样式设计

第14章 | JavaScript 的基本语法

本章导读：

前面我们学习了 HTML 可以实现文字、表格、声音、图像、动画等多媒体信息的发布，而 CSS 可以帮助控制页面元素的显示样式，但仅有这两种技术还不够，还不能实现许多网页中的动态效果。JavaScript 的出现使得网页和用户之间不仅只是一种显示和浏览的关系，而是实现了一种实时的、动态的、可交换式的表达能力，本章就引导大家开始 JavaScript 的学习。

本章首先通过对 JavaScript 相关概念和案例的介绍让大家了解什么是 JavaScript 及其在网页中的实际运用；接着通过理论与示例相结合的方式具体讲解 JavaScript 编程必需的基本语法知识；最后指导大家使用 DWCS5 工具实现一个包含 JavaScript 页面的设计。

14.1 JavaScript 的使用及应用案例

在 HTML 文档中使用 JavaScript 代码有两种方法，即内部 JavaScript 代码的嵌入和外部 JavaScript 文件的引用。

14.1.1 内部 JavaScript 代码的嵌入

内部 JavaScript 的嵌入是指把 JavaScript 代码嵌入到 HTML 文件内部，使它成为 HTML 文档的一部分，而无须以独立于 HTML 文件的形式单独保存。在 HTML 文档中直接嵌入 JavaScript 脚本代码的方法是直接将 JavaScript 脚本放在标记< script >…</script >内部，具体位置如下：

```
< script language = "JavaScript">
    <!-- hide script from old browsers
        JavaScript 语言代码;
        JavaScript 语言代码;
        …
    //JavaScript 注释-->
</script>
```

（1）在上述代码中标记< script >…</script >指明了其内部嵌入的是"脚本"源代码。"属性 language＝"JavaScript""说明标记中的脚本源代码使用的是何种语言，这里表示使用的是 JavaScript 语言。

（2）<!--…-->部分是来自 HTML 文档的注释部分。把 JavaScript 代码放入其中，可以避免旧版本或不支持 JavaScript 的浏览器因为不认识这些代码而产生错误。因为此时这些浏览器会把<!--…-->部分的内容编译为 HTML 的注释。

（3）双斜线"//"后面的内容表示 JavaScript 的注释。

（4）< script >…</script >标记可以放到< head >…</head >标记内部，或< body >…</body >标记中的任何位置。如果把< script >…</script >标记放到< head >…</head >内部，则可以使 JavaScript 脚本在主页和其余部分代码之前装载。

【示例 14.1】 示范说明如何在 HTML 文档中直接嵌入 JavaScript 代码。

当用户在本文框中输入姓名，在页面中的其他区域单击鼠标后会调用 JavaScript 代码，弹出一个 alert（提示）对话框，向用户问好。在 IE 浏览器中的显示效果如图 14.1 所示。

图 14.1　在 HTML 文档中调用内部 JavaScript 的效果图

有关的代码可参见下面，源程序文件见"webPageBook\codes\E14_01.html"。

```
<!DOCTYPE HTML>
< html >
< head >
  < meta charset = "utf - 8">
  < title >JavaScript 程序的示例</title >
  < script language = "JavaScript">
    <!--   hide script from old browsers
    document.write ("这是一个 JavaScript 程序的示例<br>");
        function getname(str) {
            alert("hello! " + str + " 您好! 欢迎您学习 JavaScript");
            }
    document. close();
    //end hiding contents -->
  </script >
</head >
< body >
  <p>请在下面的文本框中输入你的名字</p>
  < form >
    < input type = "text" name = "name" onBlur = "getname(this. value)" value = "">
  </form >
</body >
</html>
```

（1）document. write()是文档对象的输出函数，其功能是将括号中的字符或变量值输出到窗口。

（2）document. close()是将输出关闭。

（3）这个例子可以让用户在文本框中输入名字，当文本框失去焦点时发生 onBlur 事件

JavaScript 的基本语法

并调用 getname（this. value）函数，将信息显示在对话框中。其中，函数 getname（this. value）中的"this. value"是用户在文本框中输入的名字。

14.1.2 外部 JavaScript 文件的应用

内部 JavaScript 由于其代码是置于 HTML 文件内部的，因而它只能够应用于当前的 HTML 文件。如果希望站点中的其他文件也使用同样的 JavaScript 代码，则需要重新编写一次代码，上面的方法就不够灵活、也不方便，为此引入外部 JavaScript 文件。

外部 JavaScript 文件是指 JavaScript 代码置于 HTML 文件外部，并以独立于 HTML 文件的形式单独保存在扩展名为.js 的文本文件中。

1. 外部 JavaScript 文件的编辑与保存

（1）使用纯文本编辑器：JavaScript 程序代码是一些可用字处理软件编辑的文本，所以任何一种文本处理软件（如记事本等）都可以作为其编辑工具。纯文本编辑的优点是简单、易用；缺点是不具备对 JavaScript 语言特点的支持，一般只适用于脚本的少量编辑、修改，对于大量的脚本代码编写则需要使用专业、可视化脚本编辑工具。下面以 Windows 系统中的"记事本"工具为例介绍。

【**示例 14.2**】 将 E14_01. html 中的 JavaScript 代码单独提取出来，用记事本编写、保存为一个外部 JavaScript 文件，文件名为"E14_01. js"。

首先打开"记事本"（方法是单击"开始"按钮，选择"程序"→"附件"→"记事本"），然后在其中输入上面的 JavaScript 程序代码。在输入过程中可以随时进行编辑、修改，非常方便。

JavaScript 文件的扩展名是. js。当整个 JavaScript 文件编辑完毕后即可存盘，方法是在记事本窗口中选择"文件"→"保存"命令，此时将打开"另存为"对话框，在该对话框的"保存在"列表框中选择存盘路径，在"保存类型"列表框中选择所有文件，然后将此文件命名为"E14_01. js"（一定要包含扩展名. js），单击"保存"按钮即可，在记事本窗口中的显示如图 14.2 所示。

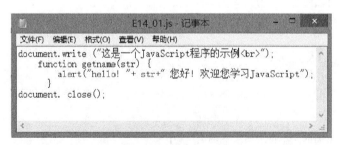

图 14.2 使用记事本编辑的外部 JavaScript 文件

（2）使用专业化脚本编辑工具：使用专业网页设计工具（如 FrontPage、Dreamweaver 等）在可视化状态下编辑脚本，这些编辑软件的优点是使用方便、利于提高效率，具有代码自动生成、智能感知、语法敏感编辑、调试等功能；缺点是工具软件在自动生成 JavaScript 代码的同时会加入一些冗余代码，使网页文件臃肿。

对于 Dreamweaver 工具的用法会在后续章节中结合示例讲述，读者也可以直接查阅学习 Dreamweaver 的使用说明。

2. 外部 JavaScript 文件的引用

网页文件如果需要应用外部 JavaScript 文件中的代码,则需要在页面代码中使用 <script>标记,通过 src 属性指明要运行的 JavaScript 文件的地址,具体代码如下:

```
< script language = "JavaScript" src = "外部 JavaScript 文件 URL">…</script>①
```

例如将 E14_01.js 应用到 E14_02.html 页面中,有关的代码可参见下面,源程序文件见 "webPageBook\codes\E14_02.html"。

```
<!DOCTYPE HTML >
< html >
< head >
    < meta charset = "gb2312">
    < title >HTML 文档中嵌入外部 JavaScript 文件的例子</title>
    < script language = "JavaScript" src = "../javaScript/E14_01.js" charset = "gb2312">
    </script >
</head >
< body >
    < p >< font color = "#0000FF">请在下面的文本框中输入你的名字,然后在其他位置单击鼠标</ font >
</p >< hr size = "3" color = "#800000">
    < form >
        < input style = "background:yellow" type = "text" name = "name" onBlur = "getname(this.
value)" value = "输入姓名">
    </form >
</body >
</html >
```

在 IE 浏览器中的显示效果如图 14.3 所示。

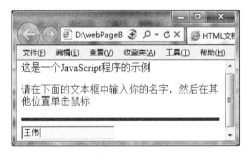

图 14.3　在 HTML 文档中调用外部 JavaScript 的效果图

在本例中,< script >标记中的 src 属性指明了要链接的 JavaScript 文件名"E14_01.js", 这是相对文件名,要求指明该代码文件所在的文件夹。

在网站页面设计中一般把网站中经常使用的功能编写为多个扩展名为.js 的外部 JavaScript 文件,然后在需要使用该功能的页面中引入一个相应的外部 JavaScript 源文件来 代替直接在 HTML 文件中嵌入 JavaScript 脚本,这样就可以避免直接在 HTML 文件中嵌 入大量的 JavaScript 脚本,也便于使相同的 JavaScript 源程序被站点中不同的 HTML 文件

---

① 　使用外部文件,对于较多的 JavaScript 脚本来说非常方便,也很简洁,脚本代码不会重复出现在各个页面中,而 且可以避免别人查看到本页面的 JavaScript 脚本。

所引用,从而可以节省大量的空间,为程序的编写带来较大的方便。

14.1.3 JavaScript 应用案例

JavaScript 应用在网页中处处可见,如京东商城(https://www.jd.com/)登录页面(访问京东商城主页后单击"请登录")上就使用了 JavaScript 来进行页面的交互设计。

在 IE 浏览器下访问京东的登录页面,若不输入任何内容直接单击表单的登录按钮,就会在文本框中出现"请输入账户名和密码"的提示框,这就是应用 JavaScript 来实现和用户交互的功能,如图 14.4 所示[①]。

使用 IE 浏览器的查看源文件功能(选择"查看"→"源文件"命令)就能看到 JavaScript 代码的应用,如图 14.5 所示。

图 14.4　京东商城的登录页面

图 14.5　京东商城的登录页面的 JavaScript 应用

14.2　JavaScript 的基本数据类型

JavaScript 的基本数据类型主要包括 6 种,分别是数值型、字符串型、布尔型、空值(null)以及 undefined 类型和对象类型几种,如表 14-1 所示。

表 14-1　JavaScript 的基本数据类型

类 型 名 称	类 型 说 明
数值型(number)	整型:只能是整数,可以为正数、0 或者负数;可以用十进制数表示、十六进制数表示(以 0X 开头)或八进制数表示(以 0 开头)。例如十进制的 15 可用十六进制的"0xf"或八进制的"017"表示。 实型(也称浮点类型,即小数):例如 12.34。实型也可用科学记数法表示,例如—1 200 000 可以表示为"—1.2e+6",其中字母"e"大小写均可,在科学记数法中表示"10 的幂"

---

① 来源网址为"https://passport.jd.com/new/login.aspx?ReturnUrl=http%3A%2F%2Fsale.jd.com%2Fact%2FFNzfvb6rM3.html%3Fcu%3Dtrue%26utm_source%3Dkong%26utm_medium%3Dtuiguang%26utm_campaign%3Dt_291540637_sogou_ads%26utm_term%3D6ed18ae767dc4482a56b6a186265a56e-p_610"。

类 型 名 称	类 型 说 明
字符串型(string)	string 数据类型是指用单引号或双引号括起来的一串字符,例如'Abc s'、'! 11'、'中国'。如果字符串本身含有引号,则外层使用单引号,里层使用双引号。 两个引号之间没有任何字符的字符串称为空串,如" "就是一个空串。放在引号中的数字也是字符串,例如,"6"代表由 6 组成的字符串,而表示方式 6 则是一个数值。 字符串也可以包括以反斜杠(\)开头的转义字符,表示不可显示的特殊字符(如'\a'警报符、'\r'回车符、'\n'换行符等)
布尔型(boolean)	boolean 数据类型,也称逻辑型,它有两种:用非 0 数字表示逻辑真 true;用 0 表示逻辑假 false。当把 true 和 false 转换为数值时分别为 1 和 0,如 true+1 为 2,true+false 为 1
空类型(null)	空(null)值表示没有任何值,或不存在的对象引用。它是 JavaScript 的保留值。null 与数值 0 或空串不同,0 或空串是有值的。因为 JavaScript 的大小写敏感性,所以 null 不能够写为 Null 或 NULL,否则可能出错
未定义类型(undefined)	undefined 的值就是指在变量被创建(即声明)后但未给该变量赋值以前所具有的值,它也是 JavaScript 的保留值
对象类型(object)	除了上面提到的各种常用类型以外,对象也是 JavaScript 中的重要组成部分,对于该部分将在后面的章节详细介绍

【示例 14.3】 说明 JavaScript 的数据类型的使用。

有关的代码可参见下面,源程序文件见"webPageBook\codes\ E14_03.html"。

```
<!DOCTYPE HTML>
<html>
<head>
    <meta charset = "utf-8">
    <title>JavaScript 的基本数据类型示例</title>
</head>
<body>
    <h2 align = "center">示例 14.3</h2>
    <hr size = "3" color = "#CC0066">
    <h3 align = "center">JavaScript 的基本数据类型示例</h3>
    <script language = "JavaScript">
        <!--                                              //各种进制数表示
    document.write("10 进制的 15 是" + 15);
    document.write(" ; 16 进制的 15,0xf 是" + 0xf);
    document.writeln("<br>8 进制的 15,017 是" + 017);
    document.writeln('<br>-1.2e+6 的科学记数法输出: '+-1.2e+6); //科学记数法输出
    document.writeln('<br>特殊字符\ * \b\\');                   //特殊字符
    document.writeln('<br>-1200000 的科学记数法表示是: "-1.2e+6",知道吗?');
                                                              //引号的使用
    document.writeln("<br>布尔值 1 = 2?",1 == 2);              //输出布尔值
        document.writeln(" ; 布尔值 good = good?","good" == "good"); //输出布尔值
    _a = null;                                                //a 被赋值 null
    document.write(" ; null 值",_a);
    //-->
    </script>
```

363

第 14 章

JavaScript 的基本语法

```
</body>
</html>
```

在 IE 浏览器中的显示效果如图 14.6 所示。

图 14.6　JavaScript 的基本数据类型应用示例

14.3　JavaScript 的常量和变量

14.3.1　JavaScript 的常量

JavaScript 的常量通常又称字面（Literals）常量，它是不能改变的固定数据，主要包括下面几类。

（1）整型常量：可以使用十六进制、八进制和十进制的整型数据类型表示其值，例如 123、O77（八进制）、Ox3ABC（十六进制）。

（2）实型常量：可以使用实型数据类型表示其值，例如 24.36、383.42、1.23E40（科学记数法表示）。

（3）字符型常量：可以使用字符串（string）型数据类型表示其值，例如"welcome you"、'商务网站'。

（4）布尔型常量：可以使用 boolean 型数据类型 true 或 false 表示其值。它主要用来说明或代表一种状态或标志，以说明操作流程。

（5）空值 null：使用空数据类型"null"表示的值。

此外，JavaScript 还提供了一个特殊的数值常量——NaN（Not a Number），即非数字，表示无意义的运算结果。

14.3.2　JavaScript 的变量

变量是存放数据的容器。在 JavaScript 中变量的主要作用是存放脚本中的值，这样在需要用这个值的地方就可以用变量来代表。对于变量必须明确变量的命名、变量的声明、变量的类型及其转换以及变量的作用域。

1. 变量的命名

JavaScript 中变量的命名和其他计算机语言非常相似,这里要注意以下几点:

变量名必须由 JavaScript 标识符[①]来命名。变量名不能有空格、"+"、"-"、","或其他符号,且首字符不能为数字。标识符的长度无特别限制,但大小写敏感。在对变量命名时,最好把变量的意义与其代表的意思对应起来,以免出现错误。

注意不能使用 JavaScript 中的保留字单独作为变量名。保留字是保留给 JavaScript 内部使用的、已被赋予特定意义的单词,如 var、true 以及变量类型说明符(int、double、char等),类和方法的访问控制说明符(public、private 等),以及流程控制语句中的单词(如 if、for、do)等,其中有些保留字是为以后的功能扩展而准备的,在当前的 JavaScript 版本中还未用到。

2. 变量的声明

在 JavaScript 中,变量可以使用关键字 var 声明,有下面两种格式。

(1) 只声明不赋初值,格式为"var 变量名;"如"var myVar;"。

(2) 声明时也可赋初值,格式为"var 变量名=初值(或变量名=初值);",如"var a=2(或 a=2);"。

JavaScript 是一种对变量的数据类型要求不太严格的语言,也就是说,在声明一个变量时不必指定数据的类型,此时是根据其赋值的数据类型来确定其变量的类型的。例如代码"a=15,b=12.46,c="hello",d= true;"定义了 4 个变量,其中 a 为整型、b 为实型、c 为字符串、d 为布尔型。

说明:(1) 如果只是声明变量不赋初值,则该变量存在,但处于未定义状态。此时如果输出其值,则为 undefined(未定义)。

(2) 如果既不声明变量,也不赋初值,直接引用该变量会提示"变量未定义"错误,因为 JavaScript 不知道忽然出现的变量是什么类型。

3. 变量的类型转换

不同类型的变量可以相互转换,包括自动类型转换和强制类型转换。

(1) 自动类型转换:当程序执行时变量的类型可以根据它当前的值的类型自动发生变化,例如在一个表达式中,将一个字符串类型的值和数值型的值进行"+"运算时,JavaScript会将数值转换为字符串进行连接,而在除了"+"运算以外的其他运算符中情况会有所不同,如下面的代码。

```
x = " answer is" + 50        //将返回"answer is 50"
x = "50" + 5                 //将返回 505
x = "50" - 5                 //将返回 45
x = "50"/5                   //将返回 10
```

(2) 强制类型转换:语法格式为"类型名(要转换的值)",如下面的代码。

```
a = "12";   x = Number(a)    //x 将返回数字 12
b = 12;     x = String(b)    //x 将返回字符串"12"
```

---

① 标识符是 JavaScript 用来标识类、变量、方法、类型、数组、文件等名称的有效字符序列,由字母、数字、下画线组成,字母可以包括拉丁字母。

4. 变量的作用域

变量的作用域是指变量的作用范围或使用范围,在 JavaScript 中变量分为全局变量和局部变量。

全局变量是定义在函数(function)体之外的变量,其作用范围为整个应用程序,即当前页面中的所有脚本;而局部变量是定义在函数体之内的变量,它只作用于该函数内,即只对该函数是可见的,对其他函数是不可见的。

说明:在函数内用 var 声明的变量为局部变量,其有效性只局限于函数内部(如果与在函数外声明的变量同名,也不是同一个变量)。

在函数内未用 var 声明的变量为全局变量,如果与外部变量同名,则是同一个变量。

【**示例 14.4**】 说明 JavaScript 的变量的使用。

在页面中分别定义了局部变量和全局变量,并输出变量的值。有关的代码可参见下面,源程序文件见"webPageBook\codes\E14_04.html"。

```
<!DOCTYPE HTML>
<html>
<head>
  <meta charset = "utf - 8">
  <title>JavaScript 的常量和变量示例</title>
  <script language = "JavaScript">
      <!-- Begin 下面定义了一个函数
function f(r)
        {var a2 = 11,d2 = 44;                //a2、d2 为局部变量(因为使用了 var)
         b2 = 22,c2 = 33;                     //b2、c2 为全局变量(因为未使用 var)
         document.writeln("a2 = " + a2)       //输出"a2"为数值 11
         document.writeln("b2 = " + b2)       //输出"b2"为数值 22
         L = 2 * Math.PI * r;
         return L;
        }//End -->
  </script>
</head>
<body>
    <h2 align = "center">示例 14.4</h2>
    <hr size = "3" color = "#CC0066">
    <h3 align = "center">JavaScript 的常量和变量示例</h3>
    <script language = "JavaScript">
        <!--
        /* 变量的命名与声明 */
        var a;                                //变量 a 声明,但未赋值
        document.writeln(a);                  //输出为未定义 undefined
        b = a;
        document.writeln(b);                  //输出为未定义 undefined
        /* 去掉下面语句前面的//,观察运行情况 */
        //document.write(c);                  //变量不声明,也不赋初值,直接引用该变量会
                                              //提示"变量未定义"错误
        //d = Null;                           //null 错写为 Null,导致下面语句输出错误
        //document.write(d);
        /* 变量类型的自动转换 */
```

```
        var x1 = "88bye", y1 = 12, z1 = "138";
        document.writeln(x1 + y1);              //输出"x1 + y1"为字符串
        document.writeln(z1 + y1);              //输出"z1 + y1"为字符串
        document.writeln(y1 + z1);              //输出"y1 + z1"为字符串
        document.writeln(z1 - y1);              //输出"z1 - y1"为数值126
        document.writeln(x1 - y1);              //输出"x1 - y1"为NaN,表示不确定数值
        document.writeln("50"/5)                //输出"50"/5为数值10
        /*变量类型的强制转换*/
        a1 = "12"; x = Number(a1);
        document.writeln(x)                     //输出"x"为数值12
        b1 = 12; y = String(b1);
        document.writeln(y)                     //输出"y"为字符串"12"
        /*变量的作用域*/
        a2 = 1; b2 = 2; c2 = 3;                 //全局变量
        L1 = f(3);
        document.writeln("圆的周长是:" + L1)     //输出"L1"为18.84955592153876
        document.writeln("a2 = " + a2)          //输出"a2"为数值1
        document.writeln("b2 = " + b2)          //输出"b2"为数值22
        document.writeln("c2 = " + c2)          //输出"c2"为数值33
        //document.writeln("d2 = " + d2)        //输出"d2"时,提示"变量未定义"错误
        //-->
    </script>
</body>
</html>
```

在 IE 浏览器中的显示效果如图 14.7 所示。

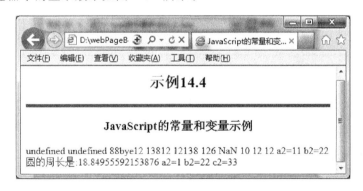

图 14.7　JavaScript 的常量和变量应用示例

14.4　JavaScript 的运算符和表达式

14.4.1　运算符和表达式概述

运算符是完成操作的一系列符号,在 JavaScript 中运算符按照运算的功能划分为算术运算符、关系运算符、逻辑运算符(或称布尔运算符)、字符串运算符和特殊运算符,各运算符的符号表示、作用和用法如表 14-2 所示。

表 14-2　JavaScript 中常用的运算符

运算符类型	运算符号	作　用	示　例	运算结果
算术运算符	－	负值	－32	－32
	＊	乘法	5 ＊ 30	150
	/	除法	5.0/2	2.5
	％	取余	7％2	1
	＋	加法	15＋3	18
	－	减法	15－3	12
	++	递加	a＝15，a++	a＝16
	——	递减	a＝15，a——	a＝14
按位运算符	｜	按位或运算	5｜3	7
	＆	按位与运算	5＆3	1
	<<	左移	5<<3	40
	>>	右移	5>>1	2
	～	取补	～5	－6
字符串运算符	＋	字符串的连接	"go"＋"od"	"good"
关系运算符	==	等于	15==3	false
	!=	不等于	5!=33	true
	<	小于	15<3	false
	>	大于	8>3	true
	<=	小于等于	15<=3	false
	>=	大于等于	15>=3	true
逻辑运算符	！	逻辑非	！true	false
	＆＆	逻辑与	true ＆＆ false	false
	｜｜	逻辑或	true ｜｜ false	true
	＾	逻辑异或	true ＾ false	true

　　表达式是指用各种运算符和括号将常量、变量、函数等连接起来的符合 JavaScript 语法规则的式子,以完成复杂的运算,例如"$(x＋2)＊y－4％3$"。

14.4.2　常用的运算符和表达式

　　下面按照运算功能对常用的运算符和表达式分别介绍。

1. 算术运算符与算术表达式

　　算术运算符用来完成算术运算,主要包括加(＋)、减(－)、乘(＊)、除(/)、求余(％)、自增(++)和自减(——)。

- 除(/):5/2 和 5.0/2 的结果都是 2.5。
- 求余(％):9％2 为 1,而 12.6％5.1 为 2.4(因为 12.6＝2×5.1＋2.4),但计算机输出有误差,结果为 2.4000000000000003。
- 自增(++)和自减(——):单目运算符,操作元必须是整型或浮点型变量。$++x$($--x$)表示先使 x 的值加(减)1,再使用 x 的值作为表达式 $++x$($--x$)的值。而 $x++$($x--$)表示先使用 x 的值作为表达式 $++x$($--x$)的值,再使 x 的值加(减)1。如 X 的原值为 5,则对于 $y＝++x$,y 的值为 6,而对于 $y＝x++$,y 的值为 5,然后 x 的值变为 6。

368

算术表达式是用算术符号和括号连接起来的符合 JavaScript 语法规则的式子,结果为数值型,例如"$(x+2)*y-4\%3$"。

2. 关系运算符与关系表达式

关系运算符用来比较两个值的大小、相等关系,运算结果为 boolean 型 true 或 false,当关系成立时结果为 true,否则为 false。

关系运算符包括>(大于)、<(小于)、>=(大于等于)、<=(小于等于)、==(等于)、!=(不等于)等。

注意,不要把"==(等于)"与"=(赋值号)"相混淆。

关系表达式是通过关系运算符将结果值为数值型的表达式连接起来的式子,结果为逻辑型。例如 5<4 的结果为 false,2==2 的结果为 true。

3. 逻辑运算符与逻辑表达式

逻辑运算符操作数与运算结果都为布尔型,可用来连接关系表达式。逻辑运算符包括 &&(逻辑与)、||(逻辑或)、!(逻辑非或取反)、^(逻辑异或)等。

(1) 当两个表达式做"与"运算时,只有二者都为真,结果才为真,其余皆为假。

(2) 当两个表达式做"或"运算时,只要二者之一为真,结果就为真,其余皆为假。

(3) 当两个表达式做"异或"运算时,只要二者的值相异,结果就为真,其余皆为假。

逻辑表达式是通过逻辑运算符将结果值为逻辑型的表达式连接起来的式子,结果为逻辑型 true 或 false。例如:

```
var a = 2.1;                              //为变量 a 赋值
document.writeln(!(a<0||a>1));            //输出为 false
document.writeln(a<0&&a>1);               //输出为 false
document.writeln(a<0^a>2);                //输出为 1
```

4. 字符串运算符

字符串运算符的功能是完成字符串的连接,运算符号为"+"。字符串表达式的计算值为一个字符串,例如""computer"+"中心""。

5. 特殊运算符

特殊运算符包括赋值运算符、三目条件运算符、delete 运算符、typeof 运算符和"==="(!==)运算符。

- 赋值运算符:赋值运算符包括简单赋值运算符"="和复杂赋值运算符。复杂赋值运算符由简单赋值运算符"="和上面介绍的其他运算符构成,例如+=、*=等,实际上 $x+=a$ 与 $x=x+a$ 等价,其余与此类似。赋值运算符也可以连续使用,例如"$x=y=0$;"使 x 和 y 的值都为 0。

- 三目条件运算符:"?:":具有 3 个操作数,其语法格式为"条件表达式?表达式 1:表达式 2"。判断三目条件运算结果值的规则是如果"条件表达式"为真,结果值为"表达式 1"的值,否则为"表达式 2"的值。例如:

```
var x = 2.1
document.write(x>3?1:2+3);                //输出为 5
status = (age >= 18) ? "adult" : "minor"; //如果 age 大于等于 18,那么该语句将值"adult"赋
                                          //予变量 status,否则将值 "minor" 赋予变量
                                          //status
```

- delete 运算符：用来删除一个变量、对象、对象属性或数组中指定下标的元素。如果 delete 运算成功，则 delete 运算结果返回真，并将属性或元素的内存空间清空，否则返回假。

delete 运算符的语法格式为"delete objectName; delete objectName. property; delete objectName[index]; delete property;"，仅在语句中合法。

可以用 delete 运算符删除隐式定义的变量，而不是通过 var 语句定义的变量，例如：

```
x = 2; var y = 3;
myobj = new Number();
myobj. h = 4;                    //创建属性 h
delete x ;                       //返回真(因为隐式的定义将被删除)
delete y;                        //返回假(因为用 var 定义将不能删除)
delete myobj. h;                 //返回真(用户定义属性可以删除)
delete myobj;                    //返回真(用户定义对象可以删除)
delete Math. PI;                 //返回假(不能删除预定义属性)
```

- typeof 运算符：用来判断表达式的数据类型，例如 number(数值型)、string(字符串类型)、boolean(布尔类型)、object(对象类型)、function(函数类型)、undefined(未定义类型)。typeof 运算符的语法格式为"typeof(表达式)"或"typeof 表达式"。例如：

```
typeof (120);                    //输出为 number
typeof('good') ;                 //输出为 string
typeof true;                     //输出为 boolean
typeof null;                     //输出为 object
```

- "==="(!==)运算符：对于前面所述的"=="(!=)运算符，在比较前 JavaScript 解释器先将运算符两边的表达式转化为同一类型，而"==="(!==)运算符不转化。例如：

```
x = 2.1;
document. write(x == "2.1");                    //输出为 true
document. write(x === "2.1");                   //输出为 false
```

【示例 14.5】 说明 JavaScript 的运算符和表达式的使用。

有关的代码可参见下面，源程序文件见"webPageBook\codes\E14_05. html"。

```
< html >
< head >< title > JavaScript 的运算符和表达式示例</title>
  < script language = "JavaScript">
      <!-- Begin 下面定义了一个函数
      function f(r)
        { return ;}
      //End -->
  </script >
</head >
< body >
  < h2 align = "center">示例 14.5 </h2 >
```

```
< hr size = "3" color = "#CC0066">
< h3 align = "center" > JavaScript 的运算符和表达式示例</h3>
< script language = "JavaScript">
    /*算术运算符和表达式示例*/
    document.writeln("5/2 = " + 5/2);                   //输出为 2.5
    document.writeln("5.0/2 = " + 5.0/2);               //输出为 2.5
    document.writeln("12.6%5.1 = " + 12.6%5.1);//输出为 2.4000000000000003
    /*逻辑运算符和表达式示例*/
    var a = 2.1;                                        //为变量 a 赋值
    document.writeln(!(a<0||a>1));                      //输出为 false
    document.writeln(a<0&&a>1);                         //输出为 false
    document.writeln(a<0^a>2);                          //输出为 1
    /*特殊运算符和表达式示例*/
    b = c = 1;                                          //赋值运算符可以连续使用
    document.writeln(b + c);                            //输出为 2
    //delete 操作符的使用
    delete a;document.writeln(a);                       //a 未被删除,因为用 var 声明
    document.writeln(delete a);                         //a 被删除不成功,输出为 false
    //delete b;document.writeln(b);                     //b 被删除,输出时提示"变量未定义"错误
    //typeof 操作符的使用
      myobj1 = new Number();myobj2 = new String("ok");
      document.writeln("myobj1 是一个" + typeof(myobj1) + "类型的表达式.<br>");
      document.writeln("myobj2 是一个" + typeof(myobj2) + "类型的表达式.<br>");
      document.writeln("3 + 5 是一个" + typeof (3 + 5) + "类型的表达式.<br>");
      document.writeln("test 是一个" + typeof(test) + "类型的表达式.<br>");
      document.writeln("f 是一个" + typeof(f) + "类型的表达式.<br>");
      document.writeln("a + &ltbr&gt 是一个" + typeof(a + "<br>") + "类型的表达式.<br>");
    document.writeln("true 是一个" + typeof(true) + "类型的表达式.<br>");
  </script >
</body>
</html>
```

在 IE 浏览器中的显示效果如图 14.8 所示。

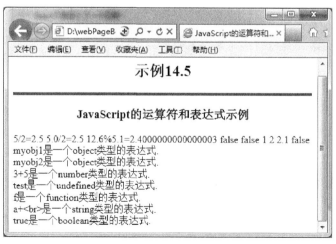

图 14.8　JavaScript 的运算符和表达式示例

JavaScript 的基本语法

14.5　JavaScript 的函数

函数是 JavaScript 中最基本的组成部分，是一个拥有名字的一系列 JavaScript 语句的有效组合，它主要是执行一个特定的任务，完成一个特定的功能，如完成三角形面积的计算、圆的周长计算或者更复杂的数学计算与数据处理任务等。

为了能使用一个函数，我们必须首先对它进行定义，然后在脚本中对它进行调用。

14.5.1　函数的定义

在 JavaScript 中定义函数的语句格式如下：

```
function 函数名(参数表)
    {若干语句；
      return 表达式；}
```

例如，返回值为"x 乘 y"的函数可以定义如下：

```
function multi(x,y) {return x * y; }
```

参数表是由逗号分开的多个形式参数的列表，参数传递均为值传递，即函数中的形式参数值改变不会对实际参数值发生影响。

"return 表达式"语句的作用是返回函数值，其中"表达式"的值即为函数值。如果无"return 表达式"语句，或省略其中的"表达式"，则函数返回 undefined 类型的值。如果希望在程序的其他地方使用函数的返回值，而不是仅仅执行函数中语句的功能，则必须使用"return 表达式"语句。

说明：形式参数是指定义函数时为函数赋予的参数，它代表了参数位置和类型，系统并不为形式参数分配实际的存储空间，而是在调用函数时由实际参数代表形式参数参与函数的运行。

实际参数是指调用函数时传递给函数的参数，它通常在调用函数前已经分配了内存，并包含了实际数据。在函数执行的过程中，实际参数参与函数的运行，函数定义中的形式参数只是表明了调用函数时实际传递的参数类型。

14.5.2　函数的调用

定义一个函数只是简单地为函数命名并告诉该函数干些什么，即完成什么功能。在函数定义好以后，用户就可以在文档中需要使用该函数的地方调用它。函数调用的语句格式如下：

```
函数名(实际参数表)
```

例如要计算 20 乘以 10 的值，调用函数 multi(x,y) 即可，调用语句为"multi(20,10)"。

用户不仅可以调用当前文档中定义的函数，也可以调用另一个窗口或框架中定义的函数。一个函数还可以进行递归调用，也就是说自己调用自己。

对函数的两个属性说明如下。

- caller：意思是"调用者"，如果用户想知道哪个函数调用了当前函数，即函数的调用者是谁，可以使用该属性，方法是"functionName. caller;"。
- arguments：意思是"参数数组"，通过调用函数的"arguments"属性可以返回一个包含了传递给当前执行函数的参数的数组。

其调用方法为 functionName.arguments[i]或 arguments[i]，这里 i 是参数数组元素的下标序号，从 0 开始，因此传递给函数的第一个参数应当是 arguments[0]。

整个参数数组的长度即参数的个数，由 arguments. length 指定。

通过 arguments 属性，函数可以很好地处理可变数量的参数。当用户不知道有多少个参数将传递给函数时，arguments 是个有用的功能，可以用 arguments. length 决定实际传递给函数的参数数目，然后用 arguments 数组确定每个参数。

14.5.3 函数的使用说明

函数为程序设计人员提供了一个非常方便的功能，通常在进行一个复杂的程序设计时总是根据所要完成的功能将程序划分为一些相对独立的部分，为每部分编写一个函数，从而使各部分充分独立，任务单一，程序清晰，易懂、易读、易维护。

JavaScript 函数可以封装那些在程序中可能要多次用到的功能，并可作为事件驱动的结果被调用，从而可以把一个函数与事件驱动相关联，这是和其他语言不一样的地方。

通常在 HTML 文档的 head 部分定义所有的函数，这样可以保证每当页面被装载时首先装载函数，否则有可能在文档正被载入时用户因触发了一个事件句柄而调用一个还没有定义的函数，导致一个错误产生。

【示例 14.6】 说明 JavaScript 函数的使用，包括定义一个计算圆面积的函数，在表单中输入圆半径，通过调用函数来计算圆面积，此外还有函数嵌套调用等。

有关的代码可参见下面，源程序文件见"webPageBook\codes\ E14_06.html"。

```
<!DOCTYPE HTML>
<html>
<head><meta charset = "utf - 8">
  <title>JavaScript 的函数使用示例</title>
  <script language = "JavaScript">
      <!-- Begin 下面定义了一个计算圆面积的函数
      function mj(r)
         { return Math.PI * r * r;}                              //End -->
</script>
<script language = "JavaScript">
    <!-- Begin 下面定义了一个函数
    function change(b,c)                              //函数定义语句
    { //函数的两个属性：caller(函数的调用者)和 arguments(函数的参数数组)
      document.writeln("change.caller 是：" + change.caller + "<br>");
      document.writeln("change.arguments[1] = " + change.arguments[1] + "<br>");
    document.writeln("change.arguments.length = " + change.arguments.length + "<br>");
      }
    //函数嵌套调用函数语句
    function call_change()
```

374

```
        {change(4,6);}
      //End  -->
    </script>
  </head>
  <body>
    <h2 align = "center">示例 14.6</h2>
    <hr size = "3" color = "#CC0066">
    <h3 align = "center">JavaScript 的函数使用示例</h3>
    <script language = "JavaScript">
      <!-- /*面积函数调用示例*/
      var s = mj(2)
      document.writeln("半径为 2 的圆的面积是: ",s);           //输出为 12.566370614359172
      /*函数属性调用示例*/
      call_change();                                          //函数调用语句
      //caller(函数的调用者)和 arguments(函数的参数数组)的使用,在函数体外使用为 null
      document.writeln("change.caller 是: " + change.caller + "<br>");
      document.writeln("change.arguments = " + change.arguments + "<br>");
      //--></script>
    <hr size = "3" color = "#CC0066">
    <form>
      <p>请输入圆的半径: <input type = "text" name = "T1" size = "20">
        <!-- 将函数与事件相关联 -->
        <input type = "button" value = "计算面积" name = "B1" onClick = "T2.value = mj(T1.
value)">
      </p>
      <p>圆的面积是: <input type = "text" name = "T2" size = "20"></p>
    </form>
  </body>
</html>
```

在 IE 浏览器中的显示效果如图 14.9 所示。

图 14.9 JavaScript 的函数使用示例

14.6 JavaScript 的程序流程控制语句

在任何一种语言中程序控制流是必需的,它能减小整个程序的混乱,使之按设定的方式顺利地执行,如可以按照预先给定的条件执行或重复执行某些语句等。下面介绍 JavaScript 中常用的程序控制流结构及语句。

14.6.1 条件分支语句

条件分支语句可以由预先设定的条件来判断程序的执行方向,改变语句的执行顺序。条件分支语句根据执行方向的多少分为单分支语句、双分支语句和多分支语句。

1. 单分支语句

单分支语句是指程序的流程走向只有一种情况,其基本语法如下:

```
if(条件表达式)
{语句片段}
```

在执行时首先判断条件表达式,若为 true,执行语句片段;否则什么也不做,直接转移到 if 语句的下一条语句执行。例如:

```
if (a>1)
{document.write("a>1"); }
```

(1)"条件表达式"的计算结果只能够是逻辑值 true 或 false。它会将 0 和非 0 的数分别转化成 false 和 true。

(2)"语句片段"可以为空,如果其中只有一条语句,则括号{ }可以省略。

2. 双分支语句

双分支语句是指程序的流程走向有两种情况,其基本语法如下:

```
if(条件表达式)
  {语句片段 1}
else
  {语句片段 2}
```

在执行时首先判断条件表达式,若为 true,执行语句片段 1,否则执行语句片段 2。执行完毕转移到分支结构的下一条语句执行,例如:

```
if (a>1)
  {document.write("a>1"); }
else
  {document.write("a<=1");}
```

3. 多分支语句

多分支语句是指程序的流程走向有多种情况,其基本语法如下:

```
switch(表达式)
  {case 分支表达式 1:
```

```
        语句片段
           break;
   …
   case 分支表达式 n:
        语句片段
           break;
   default:
        语句片段}
```

在执行时首先计算"表达式"的值,然后依次查看其与下面哪个 case 后面的"分支表达式"的值相等,则执行该分支中相应的语句,直到遇到一个 break 语句,结束该多分支结构。如果没有使用 break 语句,则后面的 case 块仍被执行。

如果没有一个 case 的"分支表达式"的值等于"表达式"的值,则跳转到 default,执行其中的语句,如果没有 default,则转移到分支结构的下一条语句执行。

"分支表达式"后面必须使用冒号,不是分号;各 case 分支中的语句不能够使用{}括起来。

例如下面 switch 语句代码的输出结果为"分支二"。

```
switch("abc")
  {case 1:
     document.writeln("分支一");break;
  case "abc":
     document.writeln("分支二");break;
  default:
     document.writeln("default 分支");break;
  }
```

【示例 14.7】 说明 JavaScript 分支语句的使用,使用多分支语句定义一个日常工作安排函数来设置一周的每天工作安排。

有关的代码可参见下面,源程序文件见"webPageBook\codes\E14_07.html"。

```
<!DOCTYPE HTML>
<html>
<head>
 <meta charset = "utf-8">
 <title>JavaScript 的分支语句使用示例</title>
 <script language = "JavaScript">
     <!-- Begin 下面定义了一个日常工作安排函数
     function work(day)
       {switch(day.getDay())              //多分支语句举例
          {case 1:document.writeln("星期一,上课: ");break;
           case 2:document.writeln("星期二,上课: ");break;
           case 3:document.writeln("星期三,上课: ");break;
           case 2+2:document.writeln("星期四,上课: ");break;
           case 5:document.writeln("星期五,上课: ");break;
           case 6:document.writeln("星期六,休息: ");break;
           case 0:document.writeln("星期日,休息: ");break;
          }
       }
```

```html
        //End  -->
      </script>
  </head>
<body>
    <h3 align = "center"> 分支语句使用示例</h3>
    <hr size = "3" color = "#CC0066">
    <script language = "JavaScript">
        <!-- /* if 分支语句示例 */
        if(0)                                 //条件表达式为 0,表示 false
          document.writeln("条件表达式为 false ");
        if(2 + 3)                             //条件表达式为非 0 的数,表示 true
          document.writeln("条件表达式为 true ");
        /* 多分支语句示例 */
        switch("abc")                         //多分支语句举例
            {case 1:document.writeln("分支一");break;
             case 2.5:document.writeln("分支二");break;
             case "abc":document.writeln("分支三");break;
             default:document.writeln("default 分支");break;}
      //-->
    </script>
      <script language = "JavaScript">
        var curr = new Date(); hour = curr.getHours();
        document.writeln("curr.getDay()是: " + curr.getDay() + "<br>");
        document.writeln("今天是: " + curr + "<br>" + "很高兴见到您!");
        /* 该例子首先定义了一个变量 curr 并用 newDate 函数取得当前的时间,然后通过变量 hour
取得当前的小时数,通过与 12 比较来确定是"早上"还是"下午",再用 if 语句判断问"早上好"或"下
午好" */
        if(hour < 12)
          {document.write("上午 好" + "<br>")}
      else
          {document.write("下午 好" + "<br>")}
        document.writeln("下面是我本周的日常工作安排: <br>" + "今天是: ");
        work(curr);                           //调用日常工作安排函数
    </script>
</body>
</html>
```

在浏览器中的显示效果如图 14.10 所示。

图 14.10　JavaScript 的分支语句使用示例

JavaScript 的基本语法

14.6.2 循环语句

循环语句可以由预先设定的条件来判断某个程序块是否应该不断地重复执行。根据循环条件的不同,循环语句的形式包括 for、for…in、while、do…while 循环语句,以及 break(循环的中断)和 continue(循环的继续)语句。

1. for 循环语句

for 循环语句是指循环变量从指定的初始值开始取值,在满足循环条件的情况下依次取值进行的循环。for 循环语句的基本语法如下:

```
for(初始化表达式; 条件表达式; 增量表达式)
    {语句片段}
```

在执行时首先计算"初始化表达式",用来给循环变量赋初值,告诉循环的开始位置,该表达式只在执行循环前被执行一次;然后计算"条件表达式",它是一个 boolean 表达式,用于判别循环是否进行的条件。若为 true,则执行循环体"{语句片段}",并计算"增量表达式"重新计算循环变量的值,即改变循环条件,第一次循环结束。以后每次从计算"条件表达式"开始到计算"增量表达式"为止为一次循环,直到"条件表达式"的值为 false 才退出循环。

语句片段为循环体,可以为空,如果其中只有一条语句,则括号{ }可以省略。例如,输出"1 到 10 的和"的 for 循环语句代码如下:

```
var i = 0, sum = 0;
for(i = 1; i < = 10; i++)
    {sum = sum + i;}
document.writeln(sum);
```

2. for…in 循环语句

for…in 循环语句是指循环变量在从指定的对象或数组中依次取值的情况下进行的循环,其基本语法如下:

```
for(循环变量 in 对象或数组)
    {语句片段}
```

在执行时首先让"循环变量"从"对象"或"数组"中取出第一个属性或元素;然后执行循环体"{语句片段}",第一次循环结束;继续从"对象"或"数组"中取值,直到把"对象"中所有的属性或"数组"中所有的元素都取完才退出循环。例如,输出"数组对象 myarray 的所有元素"的 for…in 循环语句结构如下:

```
myarray = new Array();
…
for(s in myarray )
    {document.writeln(s);}
```

3. while 循环语句

while 循环语句是在满足循环条件的情况下进行的循环,其基本语法如下:

```
while(条件表达式)
    {语句片段}
```

在执行时首先计算"条件表达式"的值,若为 true,则执行循环体"{语句片段}",第一次循环结束;以后每次从计算"条件表达式"开始到执行循环体"{语句片段}"为止为一次循环,直到"条件表达式"的值为 false 才退出循环。

该语句和 for 语句相比较,可以不限制循环的次数,仅需给出一个总的条件表达式,只要条件为真就不断循环。例如,输出"1 到 10 的和"的 while 循环语句结构如下:

```
var i = 0,sum = 0;
while(i <= 10;)
    {sum = sum + i; i++;}
    document.writeln(sum);
```

4. do…while 循环语句

do…while 循环语句也是在满足循环条件的情况下进行的循环,其基本语法如下:

```
do
   {语句片段}
while(条件表达式);
```

在执行时首先执行循环体"{语句片段}",第一次循环结束;以后每次从计算"条件表达式"开始到执行循环体"{语句片段}"为止为一次循环,直到"条件表达式"的值为 false 才退出循环。

该语句和 while 语句类似,唯一的区别是该语句至少要执行一次循环体"{语句片段}"。例如,输出"1 到 10 的和"的 do…while 循环语句结构如下:

```
var i = 0,sum = 0;
do{sum = sum + i; i++;}
   while(i < 10;);
document.writeln(sum);
```

5. 转移语句

(1) break 语句:用于中断某一语句块(例如循环和 switch 语句)的执行。

(2) continue 语句:只能用于循环语句,中断本次循环,继续执行下一次循环。

【**示例 14.8**】 说明 JavaScript 循环语句的使用。

有关的代码可参见下面,源程序文件见"webPageBook\codes\ E14_08.html"。

```
<! DOCTYPE HTML >
< html >
< head >
  < meta charset = "utf - 8">
  < title >JavaScript 循环语句使用示例</title>
  < script language = "JavaScript">
      <!--                        //for 循环语句举例:下面的函数测试"Select 框对象"中被选择的项数
      function howMany(selectObject)
        {var nimberSelected = 0;
```

```
                for(var i = 0; i < selectObject. options. length; i++)
                    {if(selectObject. options[i]. selected == true)
                        {nimberSelected++    }
                }
                return nimberSelected;
                } // -->
        </script>
</head>
<body>
    <h3 align = "center">循环语句使用示例</h3>
    <hr size = "3" color = "#CC0066">
    <script language = "JavaScript">
        <!-- /* for 循环语句示例 */
        var sum1 = 0;
        for(i1 = 1; i1 <= 10; i1++)
            {sum1 = sum1 + i1;}
        document. writeln("1 到 10 的和是: " + sum1);
        /* while 循环语句示例 */
        var i2 = 1, sum2 = 0;
        while(i2 <= 10)
            {sum2 = sum2 + i2; i2 = i2 + 2;}
        document. writeln("<br>1 到 10 的奇数和是: " + sum2);
        /* do…while 循环语句示例 */
        var i3 = 0, sum3 = 0;
        do{i3 = i3 + 2; sum3 = sum3 + i3;}
            while(i3 < 10);
        document. writeln("<br>1 到 10 的偶数和是: " + sum3);
        /* 数组对象定义示例 */
        myarray = new Array();
        for (i = 0; i < 10; i++)
            {myarray[i] = i;}
        /* for…in 循环语句示例 */
        document. writeln("<br>数组的元素依次是: ");
        for(s in myarray )
            {document. writeln(s);}
    // -->
    </script><hr>
    <p>选择你想去旅游的国家,并查看选择的数量
    <form name = "selectForm">
        <p><select name = "country" size = "4" multiple>
                <option value = "USA">美国</option>
                <option value = "China">中国</option>
                <option value = "Japan">日本</option>
                <option value = "Russia">俄罗斯</option>
                <option value = "England">英国</option>
                <option value = "France">法国</option>
        </select>
            <input type = "button" name = "button" value = "查看选择的国家数" onClick = "alert('
你选择的国家数量是: ' + howMany(document. selectForm. country))">
        </p></form><hr>
    <script language = "JavaScript">
    <!-- /* for…in 循环语句示例 */
        document. writeln("<br>window 对象的属性依次是: ");
```

```
      for(a in window)
          {document.writeln(a);}
      //-->
  </script>
  </body>
  </html>
```

在 IE 浏览器中的显示效果如图 14.11 所示。

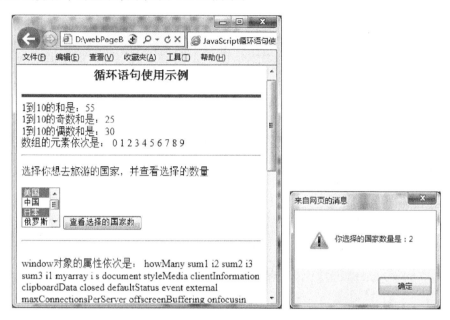

图 14.11　JavaScript 循环语句使用示例

14.7　使用 DWCS5 进行 JavaScript 网页设计

1. 目标设定与需求分析

本节的目标是运用 JavaScript 代码实现用户登录网上商城口令验证,具体如下:

(1) 在页面上设计一个登录表单,包括一个"提交按钮"和一个"口令文本框"。

(2) 在外部 JavaScript 文件中自定义一个 JavaScript 函数,名称为 checkData( ),其内部使用 if…else 语句并调用 alert()函数。

(3) 当用户单击"提交按钮"时由 checkData ( )函数判断口令是否正确,并用 alert 对话框告诉用户。

(4) 如果口令正确,提示用户可以访问主页,否则提示口令无效。

在 IE 浏览器中的参考效果如图 14.12 所示。

2. 设计页面布局和内容

根据页面需求来确定页面结构,本例中需要在页面中设计一个表单,并插入文本框和提交按钮,具体操作方法参见第 5 章内容。

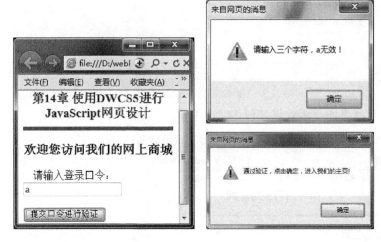

图 14.12　效果图

3. 用 DWCS5 设计 JavaScript 脚本

首先新建一个外部 JavaScript 文件,操作步骤为选择"文件"→"新建"→"JavaScript 文件"。将新建的文件以"E14_09.js"命名,并保存到 webPageBook/javascript 目录下。然后根据需要编写其中的 JavaScript 脚本,在本例中需编写 checkData 函数对用户输入的内容进行验证,具体代码如下。

```
<!-- //函数与条件语句的运用:下面的函数测试"password框对象"中输入字符的个数
  function checkData()
  {if(document.form1.password.value.length == 3)
    {alert("通过验证,点击确定,进入我们的主页!");
     location.href = "../codes/E14_01.html";}
   else
    {alert("请输入三个字符," + document.form1.password.value + "无效!");
     return false;
     }
  }
 //End -->
//JavaScript Document
```

4. 在 HTML 文件中应用外部 JavaScript 文件

(1) 插入外部 JavaScript 脚本文件:操作步骤为选择"插入"→HTML→"脚本对象"→"脚本",弹出"添加外部脚本文件"对话框,选择"text/javascript"文件类型,并选择要连接的外部脚本文件"webPageBook/javascript/E14_09.js",单击"确定"按钮。

(2) 为文本框的 onChange 事件应用脚本文件中的函数 checkData():操作步骤为选中文本框,右击选择"编辑标签",然后选中文本框的 onChange 事件,并在右侧编辑框中输入"checkData()",单击"确定"按钮,显示效果如图 14.13 所示。

此时在代码窗口中生成如下代码:

```
< input name = "password" type = "text" onChange = "checkData()">
```

图 14.13　引用函数

引用脚本后代码如下，源程序见"webPageBook/codes/E14_09.html"。

```
<!DOCTYPE HTML>
<html>
<head>
  <meta charset = "utf-8">
  <title>第14章 使用 DWCS5 进行 JavaScript 网页设计</title>
  <script type = "text/javascript" src = "../javascript/E14_09.js"></script>
</head>
<body>
  <h3 align = "center"><font color = "#800000">第14章 使用 DWCS5 进行 JavaScript 网页设计
</font>
  <hr size = "4" color = "#008080">
  <h3 align = "center">欢迎您访问我们的网上商城</h3>
  <form name = "form1">
    <p>请输入登录口令：<input type = "text" name = "password" onChange = "checkData()">
    </p>
    <p><input type = "submit" value = "提交口令进行验证" name = "B1"></p>
  </form>
</body>
</html>
```

本 章 小 结

　　本章主要介绍 JavaScript 的概念、应用案例，讲述了 JavaScript 的基本语法，包括 JavaScript 的特点、内部 JavaScript 代码和外部 JavaScript 文件的基本操作、JavaScript 编程规范；JavaScript 的基本数据类型、常量和变量、运算符和表达式、函数以及程序流程控制语句。

通过本章的学习读者了解了 JavaScript 在实际网页设计中的运用,掌握了 JavaScript 编程的基本知识和技术;通过示例的学习读者掌握了运用 DWCS5 工具设计包含 JavaScript 页面的操作方法;同时进阶学习知识的补充使读者了解了 JavaScript 和 Java 的区别,以及 JavaScript 语言规范的前沿知识和技术,也开阔了视野。

进 阶 学 习

1. 外文文献阅读

阅读下面关于"JavaScript 语言"知识的双语短句,从中领悟并掌握专业文献的翻译方法,培养外文文献的研读能力。

(1) What is JavaScript?[①] JavaScript is the Netscape-developed object scripting language used in millions of web pages and server applications worldwide. Netscape's JavaScript is a superset of the ECMA-262 Edition 3 (ECMAScript) standard scripting language, with only mild differences from the published standard.

【参考译文】:JavaScript 是什么? JavaScript 是 Netscape 公司开发的对象脚本语言,被使用在数以百万计的网页和服务器的应用领域。Netscape 的 JavaScript 是 ECMA-262 第 3 版(ECMAScript)标准脚本语言的一个超集,与公布的标准只有轻微的差异。

(2) JavaScript can function as both a procedural and an object oriented language. Objects are created programmatically in JavaScript, by attaching methods and properties to otherwise empty objects at run time, as opposed to the syntactic class definitions common in compiled languages like C++ and Java. Once an object has been constructed it can be used as a blueprint (or prototype) for creating similar objects.

【参考译文】:JavaScript 可以作为一个程序和一个面向对象的语言。对象在 JavaScript 中以编程方式创建,在运行时为空对象附加方法和属性,而不像常见的编译语言,如 C++ 和 Java 的语法类的定义。一旦对象被创建,它可以用来作为一个蓝图(或模板)创建类似的对象。

2. JavaScript 语言规范及外部 JS 乱码的深度学习

自从 JavaScript 诞生以来,JavaScript 语言规范就不断发展,从 1.1、1.2、1.3 发展到现在的 1.5 版本,不断完善 JavaScript 数据表现和控制的能力。目前 JavaScript 正在酝酿着自问世以来最大规模的改进,引进了类(class)、接口(interface)等面向对象语言才具有的语法,其目的是使 JavaScript 成为功能更加强大的脚本编程语言。

如用户需要相关的更多信息,可以访问 Netscape 公司的网站,了解有关 Netscape JavaScript 内容方面的介绍。

在 Web 开发中我们一般会不可避免地使用 JS,可以将 JS 代码直接放在页面中(即通过内部使用 JS)。但是为了给页面做良好的"瘦身",我们一般会将 JS 代码放在外部,然后通过 src 引用。在这个时候我们需要注意一个问题——编码问题。如果 Web 页面也采用不同编码,这个时候就会出现乱码(内部使用 JS 不需要注意编码问题,因为它们采用的是同一

---

① 资料来源为"https://developer.mozilla.org/en-US/docs/Web/JavaScript/About_JavaScript"。

种编码）。

对于大多数的 Web 页面，我们一般使用 UTF-8、GB2312 两种编码，所以我们只需要统一页面和 JS 编码就可以解决乱码问题。

对于 GBK 页面，引用编码为 UTF-8 的 JavaScript 文件如果出现乱码问题，可以使用下面的代码来解决。

```
< script type = "text/javascript" src = "test.js" charset = "utf - 8"></script>
```

同样，在 UTF-8 页面中引入编码为 GBK 的 JavaScript 文件如果出现乱码问题，可以使用如下方式：

```
< script type = "text/javascript" src = "test.js" charset = "gb2312"></script>
```

此方法当 JS 文件中出现中文，以及其他容易造成 GBK 与 UTF-8 编码错误字符的时候使用，对于纯英文的就不需要了。

3. JavaScript 和 Java 的区别

谈到 JavaScript 人们往往会想起 Java，JavaScript 与 Java 有紧密的联系，Java 是一种比 JavaScript 更复杂的程序语言，而 JavaScript 是相当容易了解的语言。JavaScript 代码的编写者可以不那么注重程序技巧，所以许多 Java 的特性在 JavaScript 中并不支持。两者是两个公司开发的两个不同的产品。Java 是 Sun 公司推出的新一代面向对象的程序设计语言，特别适合于 Internet 应用程序开发；JavaScript 是 Netscape 公司的产品，是为了扩展 Netscape Navigator 功能而开发的一种可以嵌入 Web 页面中的基于对象和事件驱动的解释性语言，它的前身是 Live Script，而 Java 的前身是 Oak 语言。下面对两种语言的异同进行比较。

（1）基于对象和面向对象：Java 是一种真正的面向对象的语言，即使是开发简单的程序也必须设计对象。JavaScript 是一种脚本语言，可以用来制作与网络无关的、与用户交互的复杂软件。它是一种基于对象（Object Based）和事件驱动（Event Driver）的编程语言，因此它本身也提供了非常丰富的内部对象供设计人员使用。

（2）解释和编译：两种语言在其浏览器中执行的方式不一样。Java 的源代码在传递到客户端执行之前必须经过编译，因而客户端上必须具有相应平台上的仿真器或解释器，它可以通过编译器或解释器实现独立于某个特定的平台编译代码。JavaScript 是一种解释性编程语言，其源代码在发往客户端执行之前不需要经过编译，而是将文本格式的字符代码发送给客户端由浏览器解释执行。

（3）强变量和弱变量：两种语言所采取的变量是不一样的。Java 采用强类型变量检查，即所有变量在编译之前必须做声明。例如"Integer x；String y；x＝1234；x＝4321；"。

其中 $x=1234$ 说明是一个整数，$y=4321$ 说明是一个字符串。在 JavaScript 中变量声明采用其弱类型。即变量在使用前不需要声明，而是解释器在运行时检查其数据类型，例如"x=1234；y = "4321"；"，前者说明 x 为数值型变量，后者说明 y 为字符型变量。

（4）代码格式不一样：Java 是一种与 HTML 无关的格式，必须通过像 HTML 中引用外部媒体那样进行装载，其代码以字节代码的形式保存在独立的文档中。

JavaScript 的代码是一种文本字符格式，可以直接嵌入 HTML 文档中，并且可以动态装载,编写 HTML 文档就像编辑文本文件一样方便。

(5) 嵌入方式不一样:在 HTML 文档中两种编程语言的标识不同,JavaScript 使用 < script >....</script >来标识,而 Java 使用< applet >…</applet >来标识。

(6) 静态联编和动态联编:Java 采用静态联编,即 Java 的对象引用必须在编译时进行,以使编译器能够实现强类型检查。JavaScript 采用动态联编,即 JavaScript 的对象引用在运行时进行检查,如不经编译就无法实现对象引用的检查。

思考与实践

1. 思辨题

判断(✓×)

(1) JavaScript 是一种新的描述语言,是可以嵌入到 HTML 文件之中的客户端脚本语言。 ( )

(2) JavaScript 只是在执行时才由一个内置于浏览器中的 JavaScript 解释器将代码动态地处理成可执行代码。 ( )

(3) 在定义 JavaScript 变量时必须指出变量名和值。 ( )

(4) String 对象是 JavaScript 本身内建的一个对象,用来处理与字符串有关的功能。

( )

选择

(5) 若 var str＝"Look At This",则 str. lastIndexOf('o')的值是( )。

A. 0 B. 1 C. 2 D. 3

(6) 在 JavaScript 语言中,若 x 的原值为 5,则对于"y＝x－－;",y 的值为( )。

A. 5 B. 6 C. 4 D. 3

(7) Math 对象中表示绝对值的方法为( )。

A. ceil B. floor C. abs D. pow

填空

(8) _____是一种解释性语言,即无须预先编译而产生可执行的机器代码。

(9) 在 JavaScript 语言中,$x＝2.1$,则"document. write(! ((x＜0)||(x＞1)));"的输出为_____。

(10) 在 JavaScript 语言中,若 x 的原值为 5,则对于"y＝＋＋x;",y 的值为_____。

2. 外文文献阅读实践

查阅、研读一篇大约 1500 字的关于 JavaScript 语言的小短文,并提交英汉对照文本。

3. 上机实践

1) 页面设计:编写一个 HTML 文件 chp14_zy31. htm

要求运用内部 JavaScript 代码对用户输入的测试成绩给予评价,成绩 60 分以下为不合格、60～70 为合格、70～80 为中等、80～90 为良好、90～100 为优秀、100 为满分,具体如下:

(1) 在页面上设计"提交按钮"、"重置按钮"、"成绩录入文本框"、"成绩显示与评价文本框"。

(2) 自定义一个 JavaScript 函数,名称为 cmdok_onclick(),其内部使用 if…else 语句和

switch 语句并调用 alert()函数。

（3）当用户单击"提交按钮"时，由 cmdok_onclick（）函数根据录入的成绩(0～100)进行评价，当用户输入非法时，用 alert 对话框提示。参考效果如图 14.14 所示(参考答案见 chp14_zy31.html)。

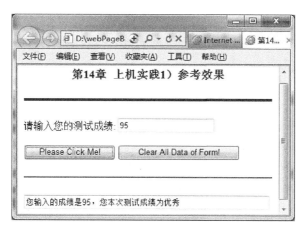

图 14.14 效果图

2）页面设计：编写一个 HTML 文件 chp14_zy32.htm

要求运用内部 JavaScript 代码按照用户输入的图像层数进行图像的排列，具体如下：

（1）在页面上设计"提交按钮"、"重置按钮"、"图像层数录入文本框"。

（2）自定义两个 JavaScript 函数：imgstr()，保存图像标记字符串；cmdok_onclick（），其内部使用 for 循环语句。

（3）当用户单击"提交按钮"时，由 cmdok_onclick（）函数根据录入的图像层数显示图像的排列。参考效果如图 14.15 所示(参考答案见 chp14_zy32.html)。

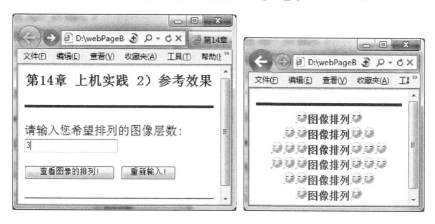

图 14.15 效果图

3）案例研读分析

用 IE 浏览器或 Chrome 浏览器打开一个具有代表性的网站主页，并用文件名称 chp14_zy33.html 保存，然后找出其应用 JavaScript 的完整或部分源代码，对其功能进行分析，从而领会 JavaScript 技术的应用，最后写出书面报告。

第15章 JavaScript 的对象与内置函数

本章导读:

第 14 章我们学习了 JavaScript 的基本语法,为理解和运用 JavaScript 代码奠定了一定的基础,但仅此远远不够,因为在网站中许多交互技术是通过对象与内置函数实现的,本章就引导读者学习 JavaScript 的对象与内置函数技术。

首先通过对象概念及案例的介绍让读者了解什么是 JavaScript 的对象及其在网站中的实际运用情况;接着通过理论与示例相结合的方式具体讲解 JavaScript 的自定义对象,对象的事件及事件处理,主要的内置对象和内置函数的相关知识;最后指导读者使用 DWCS5 工具实现一个包含 JavaScript 对象和内置函数的页面设计。

15.1 JavaScript 对象简介及应用案例

15.1.1 对象的概念及使用

1. JavaScript 中对象的概念

面向对象(Object)的语言(如 Java)以实际问题中所涉及的各种对象为主要研究内容。对象就是现实世界中某个具体的物理实体在计算机中的映射和表示。对象及其属性和方法是用户掌握面向对象的程序设计技术所必须理解的几个重要概念。

(1)任何一个对象都存在一定的状态,具有一定的行为。例如卡车、公共汽车、轿车等都会涉及几个重要的表示其存在状态的物理量,如载客数、速度、耗油量、自重和车轮数等,另外还有几个重要的行为,如加速、减速、刹车和转弯等。在面向对象的语言中把描述对象状态的物理量称为对象的属性,而把对象所具有的行为称为对象的方法。

(2)JavaScript 的对象不像基本数据类型(如布尔、数值、字符)那么简单,它是一种集合性的数据类型。也就是说,每一个对象都可以拥有属于它自己的成员,这些成员依照性质的不同又分为数据成员及函数成员,数据成员用来存放与对象相关的静态数据,如对象的颜色、长度、名称等;而函数成员则是可供调用的函数,用来对对象的属性进行操作,表示对象的行为。所以 JavaScript 中对象的属性由数据成员表示,而对象的方法由函数成员表示。对象则是由属性(properties)和方法(methods)两个基本的元素构成的。

如将汽车看成是一个对象,那么汽车的颜色、大小、品牌等就是该对象的属性,由数据成员表示;而发动、刹车、拐弯等是汽车对象的方法,由函数成员表示。

(3)JavaScript 语言是基于对象的(Object-Based)脚本语言,而不是完全的面向对象的(Object-Oriented)编程。之所以说它是一门基于对象的语言,主要是因为它没有提供像类、抽象、继承、重载等有关面向对象语言的许多功能,而是把其他语言所创建的复杂对象统一起来,从而形成一个非常强大的对象系统。虽然 JavaScript 语言是一门基于对象的语言,但它还具有面向对象的基本特征。它可以根据需要创建自己的对象,从而进一步扩大 JavaScript 的应用范围,增强编写功能强大的 Web 文档的能力。

在 JavaScript 中可以使用的对象包括用户自定义的对象、浏览器根据 Web 页面的内容自动提供的对象(如 window 和 document 等)、JavaScript 的内置对象(如 String、Math、Date 等)。

2. JavaScript 中对象的使用

一个对象在被使用之前必须存在,否则在使用时会出现错误信息。在 JavaScript 中对于对象的使用包括对象实例的创建与删除以及对象属性与方法的调用。

1) 对象实例的创建与删除

在 JavaScript 中对象有两种情况:如果该对象是静态对象,则在使用该对象时不需要为它创建实例,如 Math 对象;如果该对象是动态对象,则在使用前必须为它先创建一个实例。

我们可以使用 new 运算符为用户自定义对象或预定义对象(例如数组、日期、函数、图像、字符串等)创建一个实例。创建对象实例的语法格式如下:

```
实例名 = new 对象名(若干参数);
```

若干参数之间用逗号分隔。

创建好的对象实例还可以用 delete 运算符删除,语法格式如下:

```
delete 实例名;
```

例如用 JavaScript 的内置对象 String 创建对象实例 Astring,之后再删除,代码如下:

```
var Astring = new String("abcd");      //创建对象实例 Astring
Astring: delete Astring;               //删除对象实例
```

2) 对象属性与方法的调用

(1) 对象属性的调用:在 JavaScript 中对象的属性和数组密切相关。事实上,它把对象的所有属性组成一个数组,这个数组叫对象的关联数组(associative array),其数组名同对象的实例名。对象的属性可作为数组的下标使用,下标从 0 开始编号。因此在 JavaScript 中属性既可按一般对象方式访问,也可按数组方式访问,具体语法格式如下:

① 按对象方式访问:对象实例名.属性名;

② 按数组方式访问:对象实例名["属性名"]或对象实例名[数组下标序号]。

例如,假设 Mycomputer 是计算机对象 computer 的实例,对象 computer 具有属性生产年限 year,则对 year 赋值的代码格式如下:

```
Mycomputer. year = 1999;               //按对象方式访问
Mycomputer[" year"] = 1999;            //按数组方式访问
Mycomputer[0] = 1999;                  //按数组方式访问
```

(2) 对象方法的调用:对象的方法实际上就是对象自身的函数,方法的调用和属性的

调用相似。调用的基本语法如下:

> 对象实例名.方法名(参数表);

如果是静态对象,则直接用对象名调用,语法格式如下:

> 对象名.方法名(参数表);

例如调用 JavaScript 的内置静态对象 Math 的正弦 sin()方法,计算 sin(PI/2)的格式如下:

```
var  y = 0;
y = Math.sin(Math.PI/2);
```

3) 对象操作语句

with 语句为一段语句建立默认的对象,任何无对象的属性引用都假定使用该默认的对象。with 语句的语法格式如下:

> with(对象名){语句片段}

语句片段中的属性和方法若未指定所属的对象,则默认对象均指"对象名"。with 语句提供了一种对象和其属性、方法之间的简单表示方式。

例如下面的语句并未给属性 PI 以及方法 cos()和 sin()指定所属的对象,实际上均指 JavaScript 的内置对象 Math。

```
var s, x, y;
var r = 10;
with(Math){
  s = PI * r * r;
  x = r * cos(PI);
  y = r * sin(PI/2);}
```

4) 对象引用关键字 this

this 是 JavaScript 中的一个特殊关键字,我们用它可以在一个方法中引用当前的对象。当我们将其用于 form 属性时,this 关键字引用当前对象。

例如下面的代码,当用户按下按钮 button1 时,文本框对象 text1 内的内容将以其父表单的名字"myForm"来代替原值"文本框":

```
< form   name = "myForm">
  < input   type = "text"    name = "text1"     value = "文本框">
  < input   type = "button"  name = "button1"   value = "显示表单名"
  onClick = "this.form.text1.value = this.form.name">
</form>
```

15.1.2 对象在网页中的应用案例

图 15.1 是著名团购网站"美团网"的页面[①],在这个页面中就应用了很多 JavaScript 的

[①] 网址为"http://www.meituan.com/index/changecity/initiative?mtt=1.index%2Ffloornew.0.0.ijztgwr8"。

对象和内置函数。在图 15.1 中选择省份和城市的下拉列表项使用 JavaScript 来实现动态改变,当第一个下拉菜单选择省份时,第二个下拉菜单会自动出现该省份包括的城市。

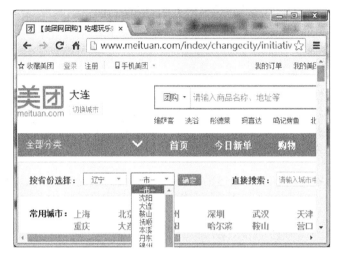

图 15.1　美团网使用 JavaScript 的示例

图 15.1 中呈现的奇妙效果就是应用 JavaScript 的内置对象 Array(数组)等后实现的,该效果的具体实现代码参见 15.6 节。

15.2　自定义对象的创建

在 JavaScript 中允许用户自己定义对象,创建自定义对象的步骤包括定义对象的构造函数、定义对象的方法、创建对象的实例。

15.2.1　定义对象的构造函数

构造函数是一种特殊的函数,在创建对象实例时调用。函数的名字必须与对象的名字相同,函数体主要完成对对象的初始化。

定义对象的构造函数主要是指明函数的名字,并对对象的各种属性赋初值,其他要求与前面所述的一般函数的定义相同。

例如,假设我们需要创建的对象名字为 computer(计算机),它具有 3 个属性,即 brand(品牌)、year(生产年限)、owner(拥有者)。则该计算机对象 computer 的构造函数可定义如下:

```
function computer(brand,year,owner)
  { this.brand = brand;
    this.year = year;
    this.owner = owner;                //this 必须有,表示"这个对象"即调用该函数的对象
  }
```

15.2.2　定义对象的方法

对象的方法就是赋值给某个对象的一个函数,所以定义一个方法和定义标准函数一样。

其步骤是首先定义一个预作为对象方法的函数,然后将该函数赋值给对象的方法。

例如,若已经定义了作为对象方法的函数 function displayComputer(){…},现在需要把该函数定义为 computer(计算机)对象的方法,假设方法名字为 display,则只需要在构造函数中加入下面的赋值语句:

```
this.display = displayComputer;
```

这样即可将函数 displayComputer()赋值给对象 computer 的方法 display。

如果准备把一个函数定义为某个对象的方法,则在函数体内部即可使用 this 操作符。

15.2.3　创建对象的实例

创建自定义对象实例与前面所述的一般对象实例的创建相同,也使用 new 语句创建。其语法格式如下:

```
实例名 = new 构造函数名(实际参数表);
```

例如调用自定义对象 computer(计算机)的构造函数,创建一个 brand(品牌)为 IBM、year(生产年限)为 1996、owner(拥有者)为 Li 的实例 MYComputer,语句格式如下:

```
var  MYComputer;
MYComputer = new computer("IBM",1996,"Li");
```

【示例 15.1】　说明 JavaScript 的自定义对象的使用,包括定义对象的构造函数,创建对象的实例,调用对象的属性、方法等。

有关的代码可参见下面,源程序文件见"webPageBook\codes\E15_01.html"。

```
<html>
<head>
    <meta charset = "utf-8">
    <title>第 15 章 JavaScript 的对象与内置函数使用示例</title>
    <script language = "JavaScript">
     <!-- Begin //注:如果准备把一个函数定义为某个对象的方法,则在函数体内部可使用 this
//操作符
        function displayComputer()
            {var result = "一台" + this.year + "年制造的" + this.brand + "计算机,所有者" +
this.owner + "<br>";
             document.writeln(result);
            }
        //对象的构造函数
        function computer(brand,year,owner)
            {this.brand = brand;this.year = year;this.owner = owner;   //this 必须有
            //把函数 displayComputer()注册为对象的方法
            this.display = displayComputer;
            }
        //输出"对象属性"的函数
        function show(obj_name,obj)
            { var result = "",i = "";
              document.writeln("<h3>" + obj_name + "对象实例的属性值如下: </h3>");
              //for(i in obj)语句的使用,以及对象属性的两种引用方法
```

```
            for(i in obj)
                {result += obj_name + "." + i + " = " + obj[i] + "<br>"; }
            document.writeln(result);
        }
    //End -->
    </script>
</head>
<body>
    <h3 align = "center">第 15.2 JavaScript 的自定义对象使用示例</h3>
    <hr size = "3" color = "#CC0066">
    <script language = "JavaScript">
        <!--                       //创建对象实例
        var MYComputer = new computer("IBM",1996,"Li");
        //程序运行时可为对象动态加入属性,但不影响其原来值
        MYComputer.current = "Legnd";
        //创建对象的另一个实例
        var AnotherComputer = new computer("Microsoft",1998,"Wang");
        //调用输出对象属性的函数
        show("我的计算机",MYComputer);
        show("another",AnotherComputer);
        //调用对象的"display()方法"
        document.writeln("<h3>调用对象的"display()方法"</h3>");
        MYComputer.display();
        AnotherComputer.display();
        //-->
    </script>
</body>
</html>
```

在 IE 浏览器中的显示效果如图 15.2 所示。

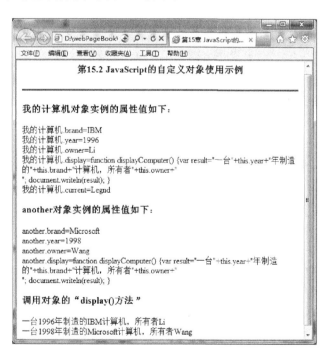

图 15.2 JavaScript 的自定义对象的使用

15.3　对象的事件及事件处理

15.3.1　事件的概念

JavaScript 是基于对象(Object-Based)的语言,这与 Java 不同,Java 是面向对象的语言,而基于对象的基本特征就是采用事件驱动(Event-Driven),它是在用图形界面的环境下和用户进行交互对话的。

通常我们把鼠标或热键的动作称为事件(Event),事件定义了用户与页面交互时产生的各种操作,是浏览器响应用户交互操作的一种机制。归纳起来,在 JavaScript 中使用的事件有以下三大类。

(1) 鼠标操作引起的事件:当用户在页面中操作鼠标时就会引起鼠标事件。例如,当用户单击超链接或按钮时就产生一个鼠标 Click(单击)操作事件;当用户将鼠标指针移动到元素或控件上方时则会产生 MouseOver (鼠标在上方)事件;当用户将鼠标指针从元素或控件上方移出时则会产生 MouseOut(鼠标移出)事件。

(2) 键盘操作引起的事件:当用户在页面中进行键盘操作时则会引起键盘事件。例如,当用户按下一个键时就产生一个键盘 KeyDown(按下)操作事件;当用户放开一个键时就产生一个键盘 KeyUp(释放按键)事件;当用户按下并放开一个键时则产生一个键盘 KeyPress(击键)事件;当用户通过键盘输入改变文本框的文字时则会产生一个 Change (文本框内容改变)事件。

(3) 浏览器自己引起的事件:事件不仅可以在用户通过鼠标或键盘操作与页面进行交互的过程中产生,而且浏览器自己的一些动作也会产生事件。例如,当浏览器载入一个页面时就会发生 Load(载入)事件;而当浏览器卸载一个页面时则会发生 Unload(卸载)事件等。

15.3.2　事件处理及处理器

浏览器为了响应某个事件而进行的处理过程叫事件处理。为了响应用户的事件,例如 Click (鼠标单击)事件等,必须首先定义事件处理器(event handler),由它来调用相应的 JavaScript 代码完成对用户的响应。

1. 事件处理器的定义

为了给 HTML 标记定义一个事件处理器来处理一个事件,需要为标记加入一个事件处理器属性,属性值为双引号包含的 JavaScript 代码,其语法格式如下:

```
< tag eventHandler = "statement1;statement2;statement3; … " >
```

其中< tag >是 HTML 的标记,statement1、statement2、statement3 是事件发生时 eventHandler 要执行的 JavaScript 语句序列,各语句之间用分号";"来分隔,若每行一条语句可省略分号。

例如为按钮定义鼠标单击事件的事件处理器 onClick,语法如下:

```
< input type = button value = "改变背景色 " onClick = " document.bgColor = 'red';
    alert('背景色变为了红色');
```

```
document.bgColor = 'blue';
alert('背景色又变为了蓝色')">
```

上面的事件处理器 onClick 调用了 4 条语句,完成了文档背景色的改变和提示。注意单、双引号的正确使用。

2. 事件处理器的说明

事件处理器的名称是在 event 前加上一个前缀"on",例如 onClick、onChange、onMouseOver 等。这些 event handler 若在 HTML 中使用,例如在< form >或< body >标记内,可不考虑大小写,但若在< script >内,就一定要全部用小写,例如 onclick、onchange、onmouseover。

需要注意的是,在 event handler 内,有些地方是不能省略上层的父对象的,例如 onClick="window.close( )"就不能简写为 onClick="close( )"。因为我们在很多情况下不知道各版本的浏览器对于简略写法的兼容程度,所以应该尽量使用标准写法。

在 event handler 中使用的字符名称要放在双引号" "或单引号' '内,否则浏览器会将这些字符当作变量来处理。

在一些 event handler 中,当事件处理器调用一个函数 function(或方法 method)时,若这个 function 的返回值为 true,则 event handler 会正常操作;若返回值为 false,则 event handler 会取消。

每种浏览器对每个 HTML 标记能使用的事件有所不同,具体内容读者可以参见其他资料。浏览器在程序运行的大部分时间都等待交互事件的发生,并在事件发生时自动调用事件处理器,完成事件处理过程。JavaScript 的事件处理机制可以改变浏览器响应用户操作的方式,以此可以开发出具有交互性并易于使用的网页。

3. 常用的事件及事件处理器

表 15-1 给出了 JavaScript 支持的一些常用事件及事件处理器,同时对事件发生的条件和适用的元素或对象进行了说明。

表 15-1　JavaScript 支持的常用事件

事 件 名 称	事件发生的条件	适用的元素或对象
Abort	用户中断装载图像(如单击一个链接)	Img(图像)
Blur	用户使窗口或表单元素失去焦点,使该对象成为后台对象时	Window(窗口)和所有表单元素
Change	用户改变 Text、Password 或 Texturea 元素值时引发该事件,同时当 select 中的一个选项的状态发生改变也会引发该事件	Window(窗口)和所有表单元素
Click	用户单击鼠标按钮时	Button(按钮)、Radio(单选按钮)、Checkbox(复选框)、Submit(提交按钮)、Reset(重置按钮)、链接
DragDrop	用户拖放一个对象到浏览器窗口,如拖放一个文件到浏览器窗口	Window(窗口)
Error	装载文档或图像出错时	Img(图像)、Window(窗口)

续表

事 件 名 称	事件发生的条件	适用的元素或对象
Focus	用户使窗口或表单元素获得焦点,使该对象成为前台对象时	Window(窗口)和所有表单元素
KeyDown	用户按下一个键	Document(文档)、Img(图像)、链接、表单文本域
KeyPress	用户按下并放开一个键	Document(文档)、Img(图像)、链接、表单文本域
KeyUp	用户释放按键	Document(文档)、Img(图像)、链接、表单文本域
Load	当用户载入文档时	Document(文档)
MouseDown	用户按下鼠标键	Document(文档)、按钮、链接
MouseMover	用户移动鼠标光标	默认
MouseOut	用户在一个区域或链接中移出鼠标光标	区域、链接
MouseOver	用户在一个区域或链接上移动鼠标光标	区域、链接
MouseUp	用户释放鼠标按钮	Document(文档)、按钮、链接
Move	用户或脚本移动窗口	Window(窗口)
Reset	用户重置表单(按 Reset 按钮)	Reset 按钮
Resize	用户或脚本改变窗口大小	Window(窗口)
Select	当用户选择 Text 或 Textarea 对象中的文字时	Text(文本框)、Textareas(文本区)
Submit	用户提交表单	Submit 按钮
Unload	当用户卸载文档(即 Web 页面退出)时	Document(文档)

15.3.3 事件驱动

由鼠标或热键等事件引发的一连串程序执行的动作称为事件驱动(Event Driver)。例如,当用户在按钮上单击鼠标时产生 Click 事件,由此会启动 onClick 这一 event handler,这个事件处理器会调用我们预设的 JavaScript 代码序列完成特定的功能。

【示例 15.2】 说明 JavaScript 对象的事件及事件处理的使用,包括通过事件驱动来改变文本内容字体的大小,调用 JavaScript 函数等。

有关的代码可参见下面,源程序文件见"webPageBook\codes\ E15_02.html"。

```
<html>
<head><meta charset = "utf - 8">
    <title>第 15 章 JavaScript 对象的事件及事件处理</title>
    <!-- 样式表的定义 -->
    <style type = "text/css">
        .bfont {font - size:24px;}
        .nfont {font - size:16px;}
        .sfont {font - size:10px;}
        .cdiv {font - size:12px;}
```

```
              .cdiv span {cursor:hand;text - decoration:underline;color:blue;}
     </style>
     <script language = "JavaScript">
      <!--                       //事件调用的函数
       function hello(){
         do{username = prompt("您好,请输入您的姓名","请在这里输入");}
         while(username == "")
         document.write("啊原来是: " + username + "!先生,欢迎老顾客访问本站!");
         }
         //-->
     </script>
</head>
<!--Load 事件定义 -->
< body id = pgcontent class = nfont onLoad = 'alert("^_^欢迎光临我的主页")'>
     < h3 align = "center" >第 15.3 JavaScript 对象的事件及事件处理使用示例</h3>
     < hr size = "3" color = " #CC0066">
     <div class = cdiv><!--Click 事件定义 -->
        <p>点击下面的"大字体","中字体","小字体",改变字体大小。</p>
        < span onclick = "pgcontent.className = 'bfont';">大字体显示</span> |
        < span onclick = "pgcontent.className = 'nfont';">中字体显示</span> |
        < span onclick = "pgcontent.className = 'sfont';">小字体显示</span>
        <p>我没有任何变化,你知道吗,呵呵!</p>
     </div>
     < div align = "center"><font face = "楷体_GB2312" color = green>
        <p><font face = "隶书" color = brown>静夜思(唐朝:李白)</font></p>
        <p>床前明月光,疑是地上霜。</p>
        <p>举头望明月,低头思故乡。</p>
        <p><font face = "隶书" color = brown>相思(唐朝:王维)</font></p>
        <p>红豆生南国,春来发几枝?</p>
        <p>愿君多采撷,此物最相思。</p>
     </div>< hr size = "3" color = " #CC0066">
        < Form >
        <!--Change 事件定义 -->
        < input type = "text" name = "tex" value = "你敢改变我吗?"  onchange = 'alert("^_^哈哈,
你胆子真大!")'>
        <!--MouseOver 事件定义 -->
        < input type = "button" value = "请到我上方吧!" name = button1 onmouseover = "hello()">
     </Form>
</body></html>
```

【代码解析】

（1）本例用页面的 Load 事件实现在网页下载完时出现向访问者问好的对话框的功能。

（2）用鼠标的 Click 事件实现改变正文字体大小的功能。

（3）用文本框的 Change 事件在用户改变 Text 内容时出现对话框。

（4）用鼠标的 MouseOver 事件实现对 JavaScript 函数的调用。

在 IE 浏览器中的显示效果如图 15.3～图 15.6 所示。

第

15

章

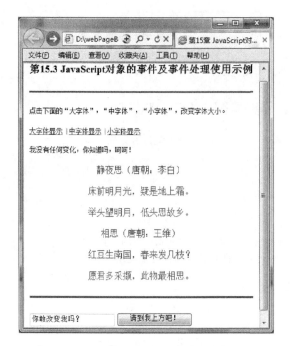

图 15.4　加载页面时打开的对话框

图 15.3　JavaScript 对象的事件及事件处理　　　　图 15.5　改变文本框值时打开的对话框

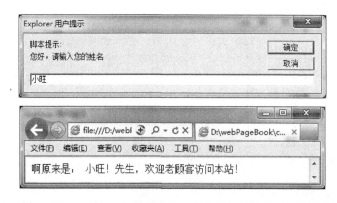

图 15.6　鼠标移到按钮上方时打开的对话框及单击"确定"按钮后页面显示的内容

15.4　JavaScript 的内置对象

　　JavaScript 把程序设计中的常用功能（如数学运算、日期和时间处理、字符串处理等）设计成内置对象、内置函数，提供给用户使用，为程序设计提供了方便。

　　内置对象包括 String、Math、Date、Array 等，它们都有自己的属性和方法，其访问方式也和自定义对象一样，下面进行详细讲述。

15.4.1　String 对象

　　String 对象是 JavaScript 本身内建的一个对象，用来处理与字符串有关的功能。String 对象可用于处理或格式化文本字符串以及确定和定位字符串中的子字符串。

1. String 对象的实例变量的建立

如果要建立 String 对象的实例,可以通过它的构造函数来进行,其格式如下:

```
var 实例变量 = new String(参数)
```

例如建立一个 String 对象的实例 OneString,其值为"good"。语句如下:

```
var OneString = new String("good");
```

2. String 对象的属性

String 对象的 length 属性的功能是返回字符串的长度。

3. String 对象的方法

String 对象的方法按功能可以分为三类,一些常用方法如表 15-2 和表 15-3 所示。

表 15-2   字符串自身处理的方法

方 法 名 称	方 法 说 明
charAt(idx)	返回指定位置处的字符。String 内的字符(character)是一个序列,排序位置 index(索引号或下标)是从 0 开始,由左到右排下去,包括空格字符,例如: <p align="center">str = "Good Morning"</p> <p align="center">index 0 = G index 5 = M index 11 = g</p> 如果要返回某个位置(index)的字符,可以使用 charAt()方法,语法如下: <p align="center">stringName.charAt(index)</p>
indexOf( )	indexOf("searchchr ", fromIndex),从指定位置 fromIndex 处开始在原串中查找子字符串 searchchr,并返回找到的第一个指定子字符串 searchchr 的索引(即排序位置,从 0 开始),若子字符串 searchchr 不存在,则给出 −1
lastIndexOf("searchchr")	在原串中查找子字符串 searchchr,并返回找到的最后一个子字符串 searchchr 的索引(即排序位置,从 0 开始),若子字符串 searchchr 不存在,则给出 −1
slice(fromidx,toidx) substring(fromidx,toidx)	slice 方法在原字符串中从第 fromidx 个位置开始到 toidx 个位置结束(不包括该位置),提取一个子字符串。若没有参数 toidx,就是抽取至尾部。如果参数 toidx 为负数,表示从尾部向左数。substring(fromidx,toidx)的功能及语法和 slice( )相同
substr(fromidx,number)	在原字符串中从第 fromidx 个位置开始提取 number 个字符,组成一个新串。若没有参数 number,就是抽取至尾部
charCodeAt(index)	返回指定位置处的字符的 ASCII 编码
fromCharCode()	fromCharCode(number1, number2,⋯),将各个 ASCII 编码 number1、number2 等,转换为相应的字符,例如 65 变为 A,66 变为 B,67 变为 C 等。fromCharCode( )是一个固定的 method,由 JavaScript 的 String object 调用,不可用于自定义的 string,例如 str.fromCharCode(65)是错误的语法

表 15-3　字符串在页面中的外观处理及其他的方法

方 法 名 称	方 法 说 明
big()	加大字符串的字号,即为字符添加< big >标记
bold()	粗体显示字符串,即为字符添加< b >标记
fontcolor(color)	指定字符串显示的颜色,即为字符添加字体颜色标记
sub()	使字符串以下标显示
strike()	为字符串加删除线
其他方法	
link(URL)	把调用该方法的字符串转换成 HTML 超链接元素< a >。通过 URL 串的不同取值可以使字符串对象链向不同的页面,从而动态地产生超链接
concat(string2)	将当前串和 string2 连接,生成新串
toLowerCase()	把字符串中的全部字符转换为小写
toUpperCase()	把字符串中的全部字符转换为大写

【应用示例】

(1) indexOf("searchchr ", fromIndex)方法:

例如从第 5 个位置处开始在 x 中查找子字符串"ing"。语句如下:

```
x = "Good Morning. What a nice day ! ";
document.write( x.indexOf( "ing", 5 ) );          //输出为: 9
```

(2) lastIndexOf("searchchr")方法:

例如在 x 中查找子字符串"o",并返回找到的最后一个 o 的索引。语句如下:

```
x = "Good Morning. What a nice day ! ";
document.write( x.lastindexOf( "o") );          //输出为: 6
```

(3) slice(fromidx,toidx)方法:

例如在 x 中从第 5 个位置开始到第 12 个位置结束提取一个子字符串。语句如下:

```
     0    5    12
     ↓    ↓    ↓
x = "John Smith junior"
document.write("Hello," + x.slice(5,12))          //输出为:Hello, Smith j
```

例如在 x 中从第 5 个位置开始到 -5 个位置结束提取一个子字符串。语句如下:

```
     5    -5   -1
     ↓    ↓    ↓
x = "John Smith junior"
document.write("Hello," + x.slice(5, -5))          //输出为:Hello, Smith j
```

(4) substr(fromidx,number)方法:

例如在 x 中从第 5 个位置开始提取 7 个字符。语句如下:

```
     0    5    12
     ↓    ↓    ↓
x = "John Smith junior"
document.write("Hello," + x.substr(5,7))          //输出为:Hello, Smith j
```

（5）charCodeAt(index)方法：

例如返回字符串"happy"第 0 个位置处的字符的 ASCII 编码。语句如下：

```
b = "happy".charCodeAt(0);              //b 的值是 104
```

（6）fromCharCode(number1，number2，…)方法：

例如返回 ASCII 编码对应的字符。语句如下：

```
document.write(String.fromCharCode(65,66,67,68,69) );       //输出为：ABCDE
```

（7）concat(string2)方法：

例如将当前串 *a* 和 *b* 连接生成新串。语句如下：

```
a = "Good Morning.";
b = "What a nice day! ";
document.write( a.concat(b) );          //输出为：Good Morning. What a nice day!
```

说明：

（1）不要将 String 对象和字符串变量相混淆,如下面的代码中 s1 为字符串变量,而 s2 为 String 对象：

```
s1 = "moon"; s2 = new String("moon")
```

（2）用户可以在字符串变量中调用任何 String 对象方法,JavaScript 会自动将字符串变量转换为临时的 String 对象并调用其方法,然后丢弃该临时 String 对象。

（3）用户也可以在一个字符串变量中使用 String.length 属性。

（4）建议首先使用字符串变量,除非有特殊需要,因为 String 对象不够直观,例如：

```
s1 = "2 + 2"                  //创建字符串变量
s2 = new String("2 + 2")      //创建 String 对象
eval(s1)                      //返回数值 4
eval(s2)                      //返回字符串 "2 + 2"
```

【示例 15.3】 说明 JavaScript 的内置对象 String 的各种方法的使用。有关的代码可参见下面,源程序文件见"webPageBook\codes\E15_03.html"。

```
<html>
<head><meta charset = "utf－8">
    <title>第 15.4 JavaScript 的内置对象使用示例</title>
</head>
<body>
    <h3 align = "center" >第 15.4 JavaScript 的内置对象使用示例</h3>
    <hr size = "3" color = "#CC0066">
    <h3 align = "center" >String 对象使用示例</h3>
    <p><font color = "#0033CC"><b>字符串自身处理的方法示例：</b></font><br>
    <script language = "JavaScript">
        var str = "Look At This"
        document.writeln("\'Look At This\'.charAt(5) = " + str.charAt(5) + "<br>");
```

```
        document.writeln("\'Look At This\'.lastIndexOf('0') = "
                        + str.lastIndexOf("o") + "<br>");
        document.writeln("\'Look At This\'.concat('ok') = " + str.concat(" ok") + "<br>");
        document.writeln("\'Look At This\'.slice(2,6) = " + str.slice(2,6) + "<br>");
    </script>
    <p><font color = "#0033CC"><b>字符串在页面中的外观处理方法示例: </b></font><br>
    <script LANGUAGE = "JavaScript">
        var str = "Look At This"
        document.writeln("\'Look At This\'.strike() = " + str.strike() + "<br>");
        document.writeln("\'Look At This\'.sub = " + str.sub() + "<br>");
        document.writeln("\'Look At This\'.fontcolor(red) = "
                        + str.fontcolor("red") + "<br>");
    </script>
    <p><font color = "#0033CC"><b>把字符串转换成超链接的方法示例: </b></font><br>
    <script LANGUAGE = "JavaScript">
        var linktext = "Yahoo 公司";var URL = "http://www.yahoo.com"
        document.open();                    //打开缓冲区,并将 writeln()的内容写入缓冲区
        document.writeln("这是一个指向 " + linktext.link(URL) + "的超链接"
                        + "<br>" + "<br>");
        document.close();                   //关闭缓冲区,并将缓冲区的内容写入网页
    </script>
</body></html>
```

在 IE 浏览器中的显示效果如图 15.7 所示。

图 15.7 JavaScript 的 String 对象使用示例

15.4.2 Math 对象

Math 对象用来处理各种数学运算,它是一个静态对象,无须构造实例,用户可以直接引用其属性(即一些常数)和方法(即一些常用的数学函数)。

1. Math 对象的属性

Math 对象的属性是一些数学常量,如 E(2.71828)、LN10(10 的自然对数)、LN2(2 的自然对数)、PI(3.1415926)、SQRT2(2 的平方根)等。例如,我们可以直接用 Math.PI 来获取圆周率。

2. Math 对象的方法

Math 对象的方法是一些标准的数学函数,如 sin(a)、cos(a)、log(a)、abs(a)等。例如,我们可以直接使用 Math.sin(1.56)来计算 1.56 的正弦值。Math 对象方法中所有的三角函数的参数都为弧度。

Math 对象的一些常用方法如表 15-4 所示。

表 15-4　Math 对象的常用方法

方 法 名 称	方 法 说 明
abs	求绝对值(abs,即 absolute value)
sin、cos、tan	标准三角函数,分别是正弦 sine、余弦 cosine 和正切 tangent 函数
asin、acos、atan	反三角函数,分别是反正弦 arcsine、反余弦 arccosine 和反正切 arctangent 函数,返回弧度
exp、log	指数(exponent)和自然对数(natural logarithm),底数(base)为 e
ceil	返回大于等于其数值型参数的最小整数(ceil 是 ceiling 的缩写,意为天花板,由此可知其含义)
floor	返回小于等于其数值型参数的最大整数(floor 意为地板,由此可知其含义)
min、max	分别返回两个参数的较大者 maximum 和较小者 minimum
pow	幂函数(exponent power),第一个参数为基数,第二个参数为指数
round	以四舍五入的方式返回最接近的整数
sqrt	平方根(square root)

【应用示例】

(1) Math.abs( ):例如输出 x 的绝对值。语句如下:

```
x = 10 * -3;
y = Math.abs ( x );
document.write(" The absolute value of x is " + y )   //输出为: 30
```

(2) Math.round( ):例如对 x 四舍五入,并保留两位小数。语句如下:

```
<script>
  function twoDecimal(a)
    {return (Math.round(a * 100) ) /100 }
    x = Math.PI * 2
    document.write( "直径为 2cm, 圆的周长是: " + twoDecimal(x) + " cm。")
</script>
```

说明:这里设计了一种对 x 四舍五入并保留两位小数的函数,可以推广到保留任意位小数的情况。那么应该如何推广呢? 请思考。

(3) Math.ceil( ):例如输出数值型参数的 ceil 值。语句如下:

```
x = Math.ceil(34.56);          //x 的值为 35
y = Math.ceil( -3.412);        //y 的值为 -3
```

（4）Math. floor( )：例如输出数值型参数的 floor 值。语句如下：

```
x = Math. floor (34.56);          //x 的值为 34
y = Math. floor (-3.412);         //y 的值为-4
```

（5）Math. max( )、Math. min( )：例如输出数值型参数的 max、min 值。语句如下：

```
x = Math. max (34,56);            //x 的值为 56
y = Math. min (-3,412);           //y 的值为-3
```

15.4.3 Date 对象

网页特效有很多必须要用到日期、时间，像显示目前的时间、依用户到访时间不同打开不同的网页等，所以日期、时间的使用是很重要的。最常见的用途是查看网页打开的时间，然后在页面中显示诸如 Good Morning、Good Afternoon 或 Good Evening 等欢迎词，也可用来提示用户距离某一个重要的日期(如报名截止日)或节日(新年、圣诞节、春节等)还有多少日子。

JavaScript 没有日期、时间数据类，但我们可以用 Date 对象及其方法来取得日期和时间。Date 对象有许多方法来设置、提取和操作时间，但它没有任何属性。

JavaScript 处理时间的方法类似于 Java。Date 对象可以储存任意一个日期，从 0001 年到 9999 年，并且可以精确到毫秒数(1/1000 秒)。在内部，日期对象是一个整数，它是从 1970 年 1 月 1 日零时开始计算到日期对象所指的日期的毫秒数。如果所指日期比 1970 年早，则它是一个负数。所有的日期时间，如果不指定时区，都采用 UTC 时区[①]。

1. Date 对象实例的创建

创建一个 Date 对象实例的语法如下：

```
var dateObjectName = new Date([parameters]);
```

其中，dateObjectName 是创建的 Date 对象名，它可以是一个新对象或已存在的对象；parameters(参数)可以是以下几种。

（1）无参数：创建现在的日期和时间，如 today = new Date()。

例如输出当前的日期、时间值。语句如下：

```
now1 = new Date();
document.writeln("现在是:" + now1 + "欢迎你来到这里");
```

其输出的值是"现在是：Tue Feb 2 11:08:46 UTC+0800 2016 欢迎你来到这里"，其中显示的日期和时间是运行代码时的时间。

（2）用字符串描述时间：形如"月日，年，小时：分：秒"，如 Xmas14 = new Date("December 25，2015，13:30:00")，如果省略了时、分或秒，该值将设为零。

（3）一串"年，月，日"的整数值，如 Xmas14 = new Date(2015，12，25)。

---

① UTC(Universal Time Coordinated，世界时)时区，与"GMT"(Greenwich Mean Time，格林威治平均时间)在数值上是一样的。如 UTC+0800 是本地的时区(即中国时区)，是 GMT 时间加 8 小时。

（4）一串"年，月，日，小时，分，秒"的整数值，如 Xmas14 ＝ new Date(2015,12,25,9,30,0)。这里一定要包括年、月、日的数字，后面的时、分、秒可以省略。

2. Date 对象的方法

在 JavaScript 的 Date 对象里提供了许多方法给程序设计者使用，主要分为下面几类。

（1）set 方法：在 Date 对象中设置日期和时间。

（2）get 方法：在 Date 对象中提取日期和时间值。

（3）to 方法：从 Date 对象返回字符串值。

（4）parse 方法：解析一个包含日期的字符串，主要用于给一个已存在的 Date 对象赋日期字符串值。

Date 对象中的一些常用方法如表 15-5 所示。

表 15-5　Date 对象的常用方法

方 法 名 称	方 法 说 明
get/set[UTC]Fullyear()	返回/设置当前四位数的公元年份。如果使用"x. set[UTC]FullYear(99)"，则年份被设定为 0099 年
get/set[UTC] Month()	返回/设置当前月份减去 1(0～11)
get/set[UTC] Date()	返回/设置当前月份的号数(范围是 1～31)
get/set[UTC] Day()	返回/设置当前是星期几，范围是星期日到六(0～6)
get/set[UTC] Hours()	返回/设置当前几点，范围是清晨零点到晚上十一点(0～23)
get/set[UTC] Minutes()	返回/设置当前几分，范围是零分到五十九分(0～59)
get/set[UTC] Seconds()	返回/设置当前时间是几秒(0～59)
get/set[UTC]Milliseconds()	返回/设置当前时间是多少毫秒
get/setTime()	返回从 GMT 时间 1970 年 1 月 1 日凌晨到指定日期对象之间的毫秒数。 如果要使某日期对象所指的时间推迟 1 小时，就用"x. setTime(x. getTime() ＋ 60 ＊ 60 ＊ 1000);"(一小时 60 分，一分 60 秒，一秒 1000 毫秒)
getTimezoneOffset()	返回日期对象采用的时区与格林威治时间所差的分钟数。在格林威治东方的市区，该值为负，例如中国时区"GMT＋0800"返回"－480"分，即 8 小时
toString()	返回一个字符串，描述日期对象所指的日期。这个字符串的格式类似于"Tue Feb 2 11:08:46 UTC＋0800 2016"
toLocaleString()	返回一个字符串，描述日期对象所指的日期，用本地时间表示格式，例如"2016-02-21 15:43:46"
toGMTString()	返回一个字符串，描述日期对象所指的日期，用 GMT 格式
toUTCString()	返回一个字符串，描述日期对象所指的日期，用 UTC 格式
parse()	用法为"Date. parse(<日期对象>);"，返回该日期对象的内部表达方式
get /set[UTC] Year()	返回/设置当前四位数的年份。如用两位数设定，浏览器自动以"19"开头，故使用"x. set[UTC]Year(00)"把年份设定为 1900 年

说明：get/set 方法中如果带有"UTC"字母，则表示获得/设定的数值是基于 UTC 时间的，没有则表示基于本地时间或浏览器默认时间。

getYear()方法的返回值在 IE 和 Netscape 两种浏览器中的结果是不同的。对于 IE,在公元 2000 年后,getYear()会返回四位数的年份;而 Netscape 返回的值会是目前的年份减去 1900。在读取年份时最好使用 getFullyear()来取得四位数的有效数字。

【示例 15.4】 说明 JavaScript 的内置对象 Date 及 Math 的使用,包括设计一个简单的时钟,内置对象的实例化及方法调用。

有关的代码可参见下面,源程序文件见"webPageBook\codes\E15_04.html"。

```html
<!DOCTYPE HTML>
<html><head><meta charset="utf-8">
    <title>第 15.4 JavaScript 的内置对象使用示例</title>
    <script language="Javascript">
    //Date 对象的实例练习,一个数字时钟函数
        var timeStr,dateStr;
        function clock()                        //该函数在<body>中被调用
          { var now = new Date();
            hours = now.getHours();
            minutes = now.getMinutes();
            seconds = now.getSeconds();
            //计算时间串
            timeStr = "" + hours;
            timeStr += ((minutes<10)?":0":":") + minutes;
            timeStr += ((seconds<10)?":0":":") + seconds;
            document.clock.time.value = timeStr;
            date = now.getDate();
            month = now.getMonth() + 1;
            year = now.getYear();
            //计算日期串
            dateStr = "" + month;
            dateStr += ((date<10)?"/0":"/") + date;
            dateStr += "/" + year;
            document.clock.date.value = dateStr;
            //每隔一秒自动调用一次 clock()函数
            Timer = setTimeout("clock()",1000);
          }
    </script>
</head>
<body onLoad="clock()">
    <h3 align="center">第 15.4 JavaScript 的内置对象使用示例</h3>
    <hr size="3" color="#CC0066">
    <h3 align="center">Date 及 Math 对象使用示例</h3>
    <script language="JavaScript">
        now1 = new Date();newyear = new Date("January 1,2017")
        var gap = newyear.getTime() - now1.getTime();
        document.writeln("现在是:" + now1 + "欢迎你来到这里<br><br>");
        document.writeln("现在距离 2017 年元旦还有:" + Math.floor(gap/(1000 * 60 * 60 * 24))
    + "天,我们盼望新年的来到!");
    </script>
    <form name="clock">
        <p>这是一个简单的时钟,请您准确对时。</p>
        <p>Time <input type="text" name="time" size="20"></p>
        <p>Date <input type="text" name="date" size="20"></p>
```

```
        </form>
    </body>
</html>
```

在 IE 浏览器中的显示效果如图 15.8 所示。

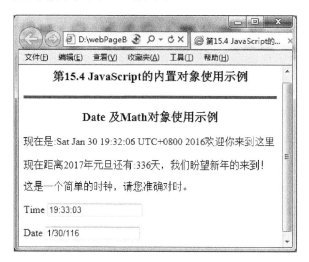

图 15.8 JavaScript 中 Date 及 Math 对象的应用

15.4.4 Array 对象

JavaScript 没有显式的数组数据类，然而其提供的预定义 Array 对象及其方法可以对创建任何数据类型的数组给予支持。数组是一组数据的序列，可以使用数组名字和索引访问其元素。

1. Array 对象的创建

JavaScript 提供了两种方法来创建一个数组对象，具体如下。

（1）在创建数组的同时给它赋值：语法格式如下。

```
var  arrayObjectName = new Array(element0, element1, …, elementN)
```

这里 arrayObjectName 是创建的数组实例名。它既可以是已经存在的对象，也可以是一个新的对象。element0、element1、……、elementN 是数组元素的值。

例如创建一个名字为 fruit 的数组，包含元素 apple、orange、banana，语句如下：

```
var  fruit = new Array(apple,orange,banana);
```

（2）创建数组但并不赋值：语法格式如下。

```
var  arrayObjectName = new Array(arrayLength);
```

这里 arrayLength 是数组初始化的长度。例如创建一个名字为 fruit 并具有 3 个元素的数组，语句如下：

JavaScript 的对象与内置函数

```
var  fruit = new Array(3);
```

2. 数组元素的赋值及引用

（1）数组元素的赋值：除了可以在创建数组时给它的元素赋值以外，我们还可以在需要时用下面的方式给数组赋值。

例如为 fruit 数组的 3 个元素分别赋值 apple、orange、banana。语句如下：

```
fruit [0] = "apple"; fruit [1] = " orange "; fruit [2] = " banana ";
```

在 JavaScript 中所有的数组元素的索引（或下标）都是从零开始的，所以引用上面的第二个元素的写法是 fruit [1]。

（2）数组元素的引用：当数组创建好之后，我们就可以引用其中的元素，引用的方法是通过数组名字和下标。例如输出 fruit 数组的第二个元素的值，语句如下：

```
var f2 = fruit [1];
document.writeln(f2);                    //输出为 orange
```

3. Array 对象的属性

Array 对象的属性 length 的功能是返回数组的长度，即元素的个数。

4. Array 对象的方法

JavaScript 的 Array 对象提供了许多方法给程序设计者使用，常用的方法如表 15-6 所示。

表 15-6　Array 对象的常用方法

方 法 名 称	方 法 说 明
concat	concat 是 concatenation（结合）的缩写，用来合并两个数组并返回一个新数组
join(separator)	合并一个数组内的所有元素为一个字符串，各元素之间用指定的分隔符（separator）连接，若省略参数 separator，则用逗号连接
pop	删除数组内的最后一个元素并返回该元素的名称，因此 array 的 length 也减少一个
push(element1, element2,…)	在数组尾部增加一个或多个元素并返回该数组的新长度值
reverse	只将数组元素的位置进行反转，元素名称不变
shift	删除数组内的第一个元素并返回该元素的名称，因此 array 的 length 也减少一个。该方法与 pop 方法相反
slice(begin,end)	抽取数组内的一部分元素（从第 begin 个元素开始到 end 个元素前结束）并生成一个新数组。若无 end 参数，则表示取到末尾。参数可以为负数，表示从右边数
splice(begin,number, element1,…)	从一个数组指定下标 begin 开始删除 number 个元素后在此位置再添加新元素 element1、element2 等。该方法返回被删除元素生成的新数组
sort	只对数组中的元素进行排序，元素名称不变
unshift	加入一个或多个元素到数组顶端并返回数组的新长度

【应用示例】

（1）concat() 方法：例如使用 concat 方法合并数组 colors1 和 colors2 成为 colors3，并输出 colors3 的各元素。语句如下：

```
colors1 = new Array("red","green","blue");
colors2 = new Array("white", "yellow");
colors3 = colors1.concat(colors2);      //将 colors1 放在 colors2 之后,合并为 colors3
for ( i = 0; i < colors3.length; i++)
    {  document.write( colors3[i] + " <br> " )  }     //输出 5 个元素
```

（2）join(separator) 方法：例如使用 join 方法将数组 colors 的各元素分别用逗号和 * 号连接为新串。语句如下：

```
colors = new Array("red","green","blue");
x = colors.join(); y = colors.join( " * " );
document.write ( x + " <p> " );       //输出为：red,green,blue
document.write ( y );                 //输出为：red * green * blue
```

（3）pop() 方法：例如使用 pop 方法将数组 colors 的最后一个元素删除并输出。语句如下：

```
colors = new Array("red","green","blue");
x = colors.pop();
document.write ("<p> " + x);       //输出为：blue
```

（4）push(element1，element2，…) 方法：例如使用 push 方法在数组 colors 的最后增加两个元素并输出新长度。语句如下：

```
colors = new Array("red","green","blue");
x = colors.push ("pink","teal" );
document.write ("<p> " + x);       //输出为：5
```

（5）reverse() 方法：例如使用 reverse 方法将数组 colors1 的元素倒排后输出。语句如下：

```
colors1 = new Array("red","green","blue");
colors1.reverse();
for ( i = 0; i < colors1.length; i++)
{document.write( colors1[i] + " <br> " )}     //输出为：blue, green, red
```

（6）shift () 方法：例如使用 shift 方法将数组 colors 的第一个元素删除并输出。语句如下：

```
colors = new Array("red","green","blue");
x = colors.shift ();
document.write ("<p> " + x);       //输出为：red
```

（7）slice(begin,end) 方法：例如使用 slice 方法从数组 colors 中下标为 2 的元素开始到下标为 6 的元素为止取出并生成新数组 x。语句如下：

```
colors = new Array("red","green","blue","white","black", "indigo","violet","yellow");
  x = colors. slice(2,6);      //x 为: blue white black indigo
```

(8) splice(begin, number, element1, element2, …): 例如使用 splice 方法从数组 colors 中下标为 2 的元素开始删除 3 个元素,加入元素 pink 和 gray,并返回被删除的新数组 x。语句如下:

```
colors = new Array("red","green","blue","white","black", "yellow");
x = colors. Splice (2,3,"pink","gray");      //x 为: blue white black
```

(9) sort()方法: 例如使用 sort 方法将数组 colors1 的元素排序后输出。语句如下:

```
colors1 = new Array("red","green","blue");
colors1. sort ();
for (i = 0; i < colors1.length; i++)
    {document.write( colors1[i] + " <br> " )}      //输出为: blue, green, red
```

【示例 15.5】 说明 JavaScript 的内置对象 Array 的使用,包括 Array 对象的创建、属性和方法的调用。

有关的代码可参见下面,源程序文件见"webPageBook\codes\E15_05. html"。

```
<! DOCTYPE HTML >
< html >< head >< meta charset = "utf - 8">
    <title>第 15.4 JavaScript 的内置对象使用示例</title></head>
< body >
  < h3 align = "center" >第 15.4 JavaScript 的内置对象使用示例</h3 >
  < hr size = "3" color = " #CC0066">
  < h3 align = "center" > Array 对象使用示例</h3 >
  < script LANGUAGE = "JavaScript">
      //concat 方法示例
      colors1 = new Array("red","green","white");
      colors2 = new Array("black", "white", "yellow");
      colors3 = colors1.concat(colors2);
      document.write( "数组 colors3 的长度为: " + colors3.length + ",各元素依次是 <br> " )
      for (i = 0; i < colors3.length; i++)
          {document.writeln( colors3[i]  )}
      //push 方法示例
      add1 = colors1.push("blue","pink");
      document.writeln("< br >增加两个元素后,数组 colors1 的长度是: " + add1 );
      //reverse 方法示例
      colors3. reverse();
      document.write( "数组 colors3 的长度为: " + colors3.length +
                  ",反转后各元素依次是 < br > " )
      for (i = 0; i < colors3.length; i++)
          {document.writeln( colors3[i]  )}
    x = colors3. slice(1, - 1);                      //slice 方法示例
    document.write( "< br >数组 colors3 被 slice(1, - 2)后,新数组 x 的各元素依次是 < br > " )
    for (i = 0; i < x.length; i++)
          {document.writeln( x[i]  )}
      //splice 方法示例
      removedList = colors3.splice(2, 3, "cyan","gold","gray", "brown" )
```

```
document.write( "<br>数组 colors3 被 splice 后的各元素依次是 <br>" )
  for (i = 0; i < colors3.length; i++)
      {document.writeln(colors3[i]  )}
document.write( "<br>数组 colors3 被 splice 后,数组 removedList 的各元素依次是 <br>" )
  for (i = 0; i < removedList.length; i++)
      {document.writeln(removedList[i]  )}
colors3.sort();                        //sort 方法示例
document.write( "<br>数组 colors3 被 sort 后,各元素依次是 <br>" )
  for (i = 0; i < colors3.length; i++)
      {document.writeln(colors3[i]  )}
  </script>
</body></html>
```

在 IE 浏览器中的显示效果如图 15.9 所示。

图 15.9　Array 对象使用示例

15.5　JavaScript 的主要内置函数

在 JavaScript 中有一些预先定义好的函数,这些函数不从属于任何对象,被称为 JavaScript 的内置函数,在 JavaScript 语句的任何地方都可以使用这些函数。从功能来看,内置函数主要集中在数据类型的各种转换上,包括 eval( )、parseInt( )、parseFloat( )、isFinite( )、isNaN( )、escape(string)、unescape(string)、number( )和 string( )等。下面对这些函数的语法和功能进行介绍。

1. eval( )函数

eval( )函数的基本语法格式如下:

```
var returnvalue = eval(str);
```

该函数接收一个字符串形式的表达式 str,并试图求出表达式的值,作为参数的表达式 str 可以包括任何合法的运算符和常数。

如果传递给这个函数的参数中包含 JavaScript 语句,这些语句也可以被执行,并返回执行的结果,就像这些语句是 JavaScript 程序的一部分一样。利用这个性质我们可以把字符串转化为 JavaScript 的语句。

例如使用 eval 函数计算数学表达式"sin(π/4)"的值后输出。语句如下:

```
var x = Math.sin(Math.PI/4);
document.write( eval(x))        //输出为: 0.7071067811865475
```

例如使用 eval 函数执行语句"y＝new Date()",并输出 y 的值。语句如下:

```
eval(y = new Date());
document.writeln(y);            //输出为: Wed Sep 13 10:27:21 UTC + 0800 2015
```

2. parseInt ()函数

parseInt ()函数的基本语法格式如下:

```
var returnvalue = parseInt(str,radix);
```

该分析(parse)函数接收一个字符串形式的表达式 str,并试图从一个字符串中提取一个整数,作为参数的表达式 str 可以包括任何合法的运算符和常数。

参数 radix 用来指定 str 中字符串表示的数据的基数,是一个可选的整数 n,返回 n 进制的一个整数。例如,若基数 n 为 10 则将其转化为十进制,为 8 则转化为八进制,为 16 则转化为十六进制,为 2 则转化为二进制。

如果基数省略或它与首字符相矛盾,JavaScript 假定基数是基于字符串的第一个字符,如果第一个字符不能转换为基于基数的数字,它将返回"NaN"。

如果在字符串 str 中碰到一个字符不是符号(＋或－)、数字,那么返回值到那个位置为止而忽略所有后继字符;如果第一个字符不能转换为一个数值(即它是一个无效字符),那么它将返回"NaN"值。

例如,使用 parseInt()函数的语句如下:

```
var x = "12a";document.write( parseInt(x,16))        //输出为: 298
var x = "12a";document.write( parseInt(x,10))        //输出为: 12
var x = "x12 + 18";document.write( parseInt(x,10))     //输出为: NaN
```

3. parseFloat()函数

parseFloat()函数的基本语法格式如下:

```
var returnvalue = parseFloat (str);
```

该函数接收一个字符串形式的表达式 str,并试图从一个字符串中提取一个浮点数,作为参数的表达式 str 可以包括任何合法的运算符和常数。

如果在字符串 str 中碰到一个字符不是符号(＋或-)、数字、十进制小数点或指数,那么返回值到那位置为止而忽略所有后继字符;如果第一个字符不能转换为一个数值(即它是一个无效字符），那么它将返回"NaN"值。

例如，使用 parseFloat（str）函数的语句如下：

```
var x = "123.45";document.write(parseFloat(x))          //输出为：123.45
var x = "123.4ab5";document.write(parseFloat(x))        //输出为：123.4
var x = "ab12.4";document.write(parseFloat(x))          //输出为：NaN
```

4. isNaN()函数

isNaN()函数的基本语法格式如下：

```
var returnvalue = isNaN (testValue);
```

该函数计算一个参数 testValue 的值，以确定它是否为"NaN（不是数字）"。若计算的结果为"NaN"，则返回 true，否则为 false。

当 JavaScript 遇到一个使用 parseInt()函数和 parseFloat()函数中的任何一个都不能转换成数字的字符串时将自动返回一个叫 NaN 的结果。isNaN()函数可以测试这两个函数返回的结果是否为 NaN，如果是，函数返回 true。

例如，使用 isNaN()函数的语句如下：

```
var   x = "ab12.4";y = parseFloat(x);document.write(isNaN (y));     //输出为：true
var   x = "12.4";y = parseFloat(x);document.write(isNaN (y));       //输出为：false
```

5. isFinite()函数

isFinite()函数的基本语法格式如下：

```
var returnvalue = isFinite (number);
```

该函数计算一个参数 number 的值，以确定它是否为一个有限数值。此处，number 是一个数值，如果参数为 NaN（非数字）、正无穷或负无穷，该方法返回 false，否则返回 true。

例如，使用 isFinite()函数的语句如下：

```
var x = 2007.4;document.write(isFinite(x));                        //输出为：true
var x = "year2007.4";y = parseFloat(x);document.write(isFinite(y)); //输出为：false
```

6. escape()、unescape()函数

这两个函数构成一对函数，用于将字符串进行编码或解码。escape()、unescape()函数的基本语法格式分别如下：

```
var returnvalue = escape (string);
var returnvalue = unescape(string);
```

escape()函数将字符串转换为基于 ISO Latin 字符集的十六进制 ASCII 码。对于字母、数字、字符将返回它们自身，而对于符号将返回它们的 ASCII 码，其形式为%xx。例如，"空格"写成"%20"这种格式，而语句 document. write(escape(Hi!"))的输出结果是"Hi%21"。

unescape()函数是 escape()的反过程，解码括号中的字符串成为一般字符串。

escape()函数不与任何其他对象关联，它实际上是 JavaScript 语言的一个固有部分。

例如，使用 escape()、unescape()函数的语句如下：

```
var x = "year2007? Yes !";
document.write(escape(x));              //输出为：year2007％3F％20Yes％20％21
var y = escape(x);
document.write(unescape(y));            //输出为：year2007? Yes !
```

7. number()、string()函数

number()、string()函数的基本语法格式分别如下：

```
var returnvalue = number(objRef);
var returnvalue = string(objRef);
```

number(objRef)函数可以将一个对象转换为一个数字，其中 objRef 是一个对象的引用。

string(objRef)函数可以将一个对象转换为一个字符串。

例如使用 string(objRef)函数将一个 Date 对象转换为一个可读的字符串。语句如下：

```
var D = new Date (430054663215);
document.write(string(D))       //输出为：Thu Aug 18 19:37:43 UTC＋0800 1983
```

使用 number(objRef)函数将一个 Date 对象转换为一个数字。语句如下：

```
var date = new Date();
document.write(date);                  //输出为：Thu Mar 22 08:40:07 UTC＋0800 2007
var y = number(date);document.write(y);    //输出为：1174524007591
```

8. toString()函数

toString()函数的基本语法格式如下：

```
var str = <对象>.toString();
```

该函数把对象转换成字符串。如果在括号中指定一个数值，则转换过程中所有数值转换成特定进制。

例如使用 toString（）函数将一个 Date 对象转换为一个字符串。语句如下：

```
var date = new Date(1174524007591);
var str1 = date.toString();
document.writeln(str1);         //输出为：Thu Mar 22 08:40:07 UTC＋0800 2007
```

15.6 使用 DWCS5 进行对象与内置函数网页设计

1. 目标设定与需求分析

本节的目标是参照 15.1 节"美团网"网页利用 JavaScript 实现地址下拉列表项动态改变的案例，使用 DWCS5 进行页面设计，实现月份、日期下拉列表项的动态改变，参考效果如图 15.10 所示。

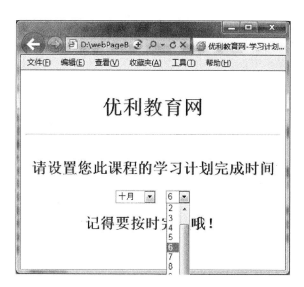

图 15.10　利用 JavaScript 实现月份、日期下拉列表项的动态改变

2. 设计页面布局和内容

根据页面需求确定页面结构，本例中需要在页面中设计一个表单，并插入两个下拉列表框，具体操作方法参见本书的第 5 章内容。

3. 用 DWCS5 设计 JavaScript 脚本

首先新建一个 JavaScript 文件，操作步骤是选择"文件"→"新建"→"JavaScript 文件"，将新建的文件以"E15_06.js"命名，并保存到"webPageBook/javascript"目录下。然后根据需要编写 JavaScript 脚本，本例中需要编写实现月份、日期的下拉列表项动态改变的函数，具体代码如下。

```
window.onload = initForm;                        //在窗口下载时调用函数 initForm()
function initForm(){
document.getElementById("months").selectedIndex = 0;          //"months"列表框初始显示"月份"
    document.getElementById("months").onchange = populateDays;}   //在选择月份时调用函数
function populateDays(){
var monthDays = new Array(31,28,31,30,31,30,31,31,30,31,30,31);
//将 12 个月的每月的天数存入数组 monthDays
var monthStr = this.options[this.selectedIndex].value;
//使用 this 获取当前月份的 value 属性值，存入 monthStr
if(monthStr != ""){var theMonth = parseInt(monthStr);              //转化为 int 型
    document.getElementById("days").options.length = 0;
    //清除前面的数据，将 days 选项的长度重新设置为 0
    for(var i = 0;i < monthDays[theMonth];i++){                    //该循环动态添加日期列表框选项
        document.getElementById("days").options[i] = new Option(i + 1);}
    //因为 option 是从 0 开始的，这里新加的选项都要加 1，即 i + 1
}
}
```

4. 在 HTML 文件中应用 JavaScript 文件

（1）插入外部 JavaScript 脚本：操作步骤是选择"插入"→HTML→"脚本对象"→"脚本"，弹出"添加外部脚本文件"对话框，选择"text/javascript"文件类型，并选择要连接的外部脚本文件"webPageBook/javascript/E15_06.js"，单击"确定"按钮。

（2）应用脚本文件：由于本例中采用的是 window.onload()函数，不用单独引用。页面在加载时会自动调用脚本中的 initForm()函数，完成表单的初始化，并由代码"document.getElementById("months").onchange＝populateDays;"监控月份列表项的选择，自动改变日期列表项的内容。

引用脚本后代码如下，源程序见"webPageBook/codes/E15_06.html"。

```html
<!DOCTYPE HTML>
<html>
<head>
    <meta charset = "utf-8">
    <title>优利教育网-学习计划完成时间设置</title>
    <style>
        body{text-align:center;}
        header,section,footer{
            position:relative;
            top:20px;
        }
    </style>
    <script type = "text/javascript" src = "../javaScript/E15_06.js"></script>
</head>
<body>
    <header><h1>优利教育网</h1><hr>
    <section>
        <h2>请设置您此课程的学习计划完成时间</h2>
        <form action = "#">
            <select id = "months">
                <option value = "">月份</option>
                <option value = "0">一月</option>
                <option value = "1">二月</option>
                <option value = "2">三月</option>
                <option value = "3">四月</option>
                <option value = "4">五月</option>
                <option value = "5">六月</option>
                <option value = "6">七月</option>
                <option value = "7">八月</option>
                <option value = "8">九月</option>
                <option value = "9">十月</option>
                <option value = "10">十一月</option>
                <option value = "11">十二月</option>
            </select>    
            <select id = "days">//初始时只显示一项"日期",其余选项通过 JS 动态添加
                <option>日期</option>
            </select>
        </form>
    </section>
    <footer><h2>记得要按时完成哦!</h2></footer>
</body>
</html>
```

本 章 小 结

本章主要介绍 JavaScript 中对象的概念、应用案例，讲述了对象的两个基本构成元素属性和方法，对象的种类，对象实例的创建、删除，对象属性与方法的调用，对象的事件及事件处理，以及 JavaScript 中各种内置对象和内置函数的知识。

通过本章的学习读者了解了对象在实际网页中的运用，掌握了使用对象的基本知识和技术；通过示例的学习读者掌握了运用 DWCS5 工具设计包含对象页面的方法；同时新内容的跟踪和进阶学习知识的补充使读者了解了运用对象的前沿知识和技术，也开阔了视野。

进 阶 学 习

1. 外文文献阅读

阅读下面关于"数组对象 Arrays"知识的双语短文，从中领悟并掌握专业文献的翻译方法，培养外文文献的研读能力。

The JavaScript Array global object is a constructor for arrays, which are high-level, list-like objects. [①]

Arrays are list-like objects whose prototype has methods to perform traversal operations. Neither the length of a JavaScript array nor the types of its elements are fixed. Since an array's size can grow or shrink at any time, JavaScript arrays are not guaranteed to be dense. In general, these are convenient characteristics; but if these features are not desirable for your particular use, you might consider using typed arrays.

【参考译文】：JavaScript 数组全局对象是一个数组构造器，是高层的，类似列表的对象。

数组与列表对象相同，其原型具有进行遍历操作的方法。JavaScript 数组元素的长度和类型是不固定的。由于数组的大小可以在任何时候增加或缩小，JavaScript 不保证是稠密的。一般来说，这些都是其便捷的特点；除非这些功能不符合用户的特定用途，否则用户都会考虑使用 JavaScript 数组。

2. 为什么 JavaScript 是单线程

JavaScript 语言的一大特点就是单线程，也就是说，在同一个时间只能做一件事。那么为什么 JavaScript 不能有多个线程呢？这样能提高效率啊。

JavaScript 的单线程与它的用途有关，作为浏览器脚本语言，JavaScript 的主要用途是与用户互动以及操作 DOM。这决定了它只能是单线程，否则会带来很复杂的同步问题。比如，假定 JavaScript 同时有两个线程，一个线程在某个 DOM 结点上添加内容，另一个线程删除了这个结点，这时浏览器应该以哪个线程为准？

所以，为了避免复杂性，从一诞生起 JavaScript 就是单线程，这已经成了这门语言的核心特征，将来也不会改变。

为了利用多核 CPU 的计算能力，HTML5 提出 Web Worker 标准，允许 JavaScript 脚

---

① 资料来源为"https://developer.mozilla.org/en-US/docs/Web/JavaScript/Reference/Global_Objects/Array"。

本创建多个线程,但是子线程完全受主线程控制,且不得操作 DOM,所以这个新标准并没有改变 JavaScript 单线程的本质[①]。

3. 内置对象 arguments 的使用

arguments 是 JavaScript 中的一个内置对象,它很古怪,也经常被人忽视,但实际上是很重要的。所有主要的 JS 函数库都利用了 arguments 对象,所以 agruments 对象对于 JavaScript 程序员来说是必须熟悉的。

所有的函数都有属于自己的一个 arguments 对象,它包括了函数要调用的参数。它不是一个数组,如果用 type of arguments,返回的是"object"。虽然我们可以用调用数据的方法来调用 arguments,例如 length 还有 index 方法,但是数组的 push 和 pop 对象是不适用的。

arguments 对象允许我们执行所有类型的 JavaScript 方法。下面是对一个 makeFunc 函数的定义,这个函数允许我们提供一个函数引用和这个函数的所有参数。它将返回一个匿名函数去调用我们规定的函数,也提供了匿名函数调用时所附带的参数。具体代码如下:

```
function makeFunc() {
    var args = Array.prototype.slice.call(arguments);
    var func = args.shift();
    return function() {
     return func.apply(null, args.concat(Array.prototype.slice.call(arguments)));
    };
}
```

第一个 arguments 对象给 makeFunc 提供了用户想调用的函数的引用,它是从 arguments 数组里移除的。然后 makeFunc 返回了一个匿名函数去运行规定的方法。第一个应用的 arguments 指向了函数调用的范围,主要是函数内部关键部分所指向的。我们先保持这个为 null。第二个 arguments 是一个数组,会转变为 arguments 对象。makeFunc 把原始的数组值串联到 arguments 对象里提供给匿名函数和所调用函数的数组。

思考与实践

1. 思辨题

判断(✓✗)

(1) JavaScript 中任何一个对象都存在一定的状态,具有一定的行为。　　　　　(　　)

(2) 虽然 JavaScript 语言是一门基于对象的语言,但它还具有面向对象的基本特征。

(　　)

(3) 对象的属性可作为数组的下标使用,下标从 1 开始编号。　　　　　　　　(　　)

(4) JavaScript 语言是基于对象的(Object-Based)脚本语言,是完全的面向对象的(Object-Oriented)编程。　　　　　　　　　　　　　　　　　　　　　　　　(　　)

---

① 资料来源为"http://javascript.ruanyifeng.com/bom/timer.html"。

选择

(5) 假设 Mycomputer 是计算机对象 computer 的实例,对象 computer 具有属性生产年限 year,则下列对 year 赋值的代码格式错误的是(   )。

    A. Mycomputer. year=1999;　　　　B. Mycomputer["year"]=1999;

    C. Mycomputer[0]=1999;　　　　　　D. Mycomputer. year[0]=1999;

(6) 下列(   )事件是用户释放按键。

    A. KeyDown　　　　B. KeyUp　　　　C. KeyPress　　　　D. KeyRelex

(7) 当用户将鼠标指针移动到元素或控件上方时会引发(   )事件。

    A. MouseDown　　　B. MouseMove　　　C. MouseOut　　　D. MouseOver

填空

(8) 在 JavaScript 中可以使用的对象包括用户自定义的对象、浏览器根据 Web 页面的内容自动提供的对象、_____。

(9) 创建好的对象实例还可以用_____运算符删除。

(10) 归纳起来,在 JavaScript 中使用的事件有三大类:鼠标操作引起的事件、键盘操作引起的事件、_____。

2. 外文文献阅读实践

查阅、研读一篇大约 1500 字的关于在网页中运用 JavaScript 内置对象的小短文,并提交英汉对照文本。

3. 上机实践

1) 页面设计:编写一个 HTML 文件 chp15_zy31.htm

要求运用内部 JavaScript 代码,实现用户注册功能,具体如下:

(1) 在页面上设计一个提交按钮、一个重置按钮、多个信息填写文本框。

(2) 自定义一个对象的构造函数,名称为 customer( );一个对象的属性显示函数,名称为 show( );并调用 confirm()函数,以便用户确认填写内容正确与否,调用 alert()函数,给用户相应的提示。

(3) 当用户单击"提交"按钮时,由 newcustomer( )函数调用函数 customer()和 show(),创建并显示对象的属性。

(4) 如果内容正确,显示欢迎词,否则返回重填。注意,返回前一页的代码为"history. go(-1)"。

在 IE 浏览器中的参考效果如图 15.11 所示。

2) 页面设计:编写一个 HTML 文件 chp15_zy32.htm

要求运用内部 JavaScript 代码实现文本编辑功能,具体如下:

(1) 在页面上设计一个提交按钮、一个重置按钮、一个文本编辑区,以及查找和替换文本框。

(2) 自定义函数,名称为 find( )、replace()、LowerCase(),分别完成查找、替换、大写变小写功能。

(3) 当用户单击"开始查找"按钮时调用 find( )函数进行查找,对找到的字符询问用户是否替换;替换完成后调用 LowerCase( )函数将大写字母全部变为小写字母;最后单击"提交"按钮调用 end()函数显示文本长度及完成时间。

在 IE 浏览器中的参考效果如图 15.12 所示。

JavaScript 的对象与内置函数

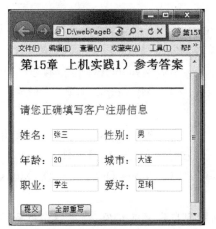

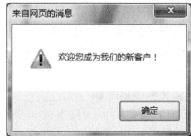

图 15.11　效果图

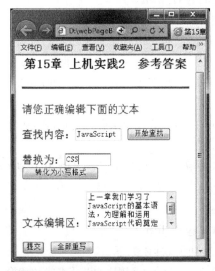

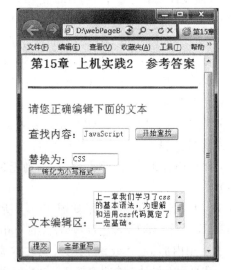

图 15.12　效果图

3）页面设计：编写一个 HTML 文件 chp15_zy33.htm

要求运用内部 JavaScript 代码实现加密、解密功能，具体如下：

（1）在页面上设计一个表单，其中包含两个按钮、一个文本框。

（2）自定义函数，名称为 encryptForm()，利用 charCodeAt(i)方法对表单中各元素的"value"文本加密。

（3）当用户单击"加密输出"按钮时调用 encryptForm（）函数进行加密，并依次显示加密后各元素的"value"属性。

（4）举例说明利用 fromCharCode()方法对部分 ASCII 编码的解密。

在 IE 浏览器中的参考效果如图 15.13 所示。

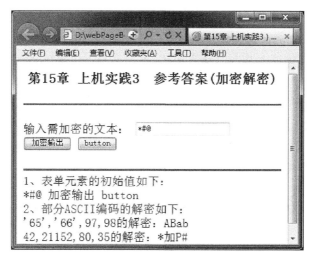

图 15.13　效果图

JavaScript 的对象与内置函数

第 16 章　JavaScript 与 HTML5 对象模型

本章导读：

前两章我们学习了 JavaScript 的基本语法以及 JavaScript 的对象与内置函数技术，为理解和运用 JavaScript 页面交互设计奠定了一定的基础，但仅此远远不够，因为在网站中许多复杂的交互技术是通过浏览器对象实现的，本章就引导大家学习 JavaScript 的浏览器对象层次模型 BOM 和文档对象层次模型 DOM 的相关技术。

首先通过对 BOM 概念的介绍让大家了解什么是浏览器对象层次模型 BOM；接着通过理论与示例结合的方式具体讲解 BOM 中的各对象，对象的属性、方法及事件处理，以及 DOM 中的文档、元素、属性、事件等对象的相关知识；最后指导大家使用 DWCS5 工具实现一个包含 JavaScript BOM 和 DOM 技术的页面设计。

16.1　JavaScript 与 HTML5 BOM

16.1.1　BOM

JavaScript 除了内置对象外还有多个浏览器对象，据此我们可以移动浏览器窗口的位置，改变窗口的大小，打开新窗口和关闭窗口，弹出对话框，进行导航以及获取客户的一些信息，如浏览器品牌版本、屏幕分辨率。BOM 是 Browser Object Model 的缩写，简称浏览器对象模型，是用于描述这种对象与对象之间层次关系的模型。BOM 提供了独立于内容的、可以与浏览器窗口进行互动的对象结构。BOM 由一系列相关的对象组成，并且每个对象都提供了很多方法与属性。其中代表浏览器窗口的 window 对象是 BOM 的顶层对象，其他对象都是该对象的子对象，浏览器对象的层次图如图 16.1 所示。

在 BOM 中各对象的关系如同家庭中的父子关系，上层对象叫下层对象的父对象，而下层对象叫上层对象的子对象。在图 16.1 中我们可以看到最上层的对象就是浏览器的窗口（window）对象，作用是弹出新的浏览器窗口，移动、关闭浏览器窗口以及控制浏览器窗口的大小，它是所有其他对象的父对象。在其下面又有多个子对象，主要如下。

- history（历史）：指浏览器的历史对象，代表用户浏览过的网页历史。
- location（地址）：指浏览器的地址栏对象，代表用户在当前窗口中打开的网页地址。
- document（文档）：指浏览器的文档对象，代表用户在当前窗口中打开的 HTML 文档。BOM 最强大的功能是它提供了一个访问 HTML 页面的入口——document 对象，使得用户可以通过这个入口来使用 DOM 的强大功能。
- frame（框架）：指浏览器的框架对象，代表用户在当前窗口中打开的框架文档。

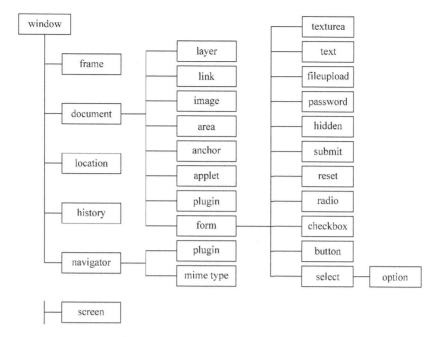

图 16.1　浏览器 BOM 对象的层次结构

- navigator(导航)：提供 Web 浏览器详细信息的导航对象。
- screen(屏幕)：提供用户屏幕分辨率详细信息的屏幕对象。

16.1.2　window 对象

window(窗口)对象表示整个浏览器窗口,但不必表示其中包含的内容[①]。它位于浏览器 DOM 对象模型层次结构的顶层,因此在引用它的属性时一般不需要使用"window. 属性"这种形式,而直接使用"属性"。例如,下面两句代码是一样的：

```
document.write("hello");window.document.write("hello");
```

通过窗口对象提供的方法和属性可以对窗口进行动态控制、制作出各种各样的窗口特效,以满足不同页面设计的需要。

在网站页面设计上最常见的控制窗口的特效有打开一个具有工具栏或状态条的窗口,改变目前窗口的位置、大小,关闭一个窗口等；另外还有一些小技巧,像如何在一张网页中执行另一张网页的 JavaScript 等,这些都和窗口操作有很大的关系。

下面具体介绍窗口对象的属性、方法及其在网页设计中的应用。

1. window 对象的属性和方法

window 对象提供了许多属性和方法供程序设计者使用,JavaScript 中的任何一个全局函数或变量都是 window 的属性,不过要注意有一些属性或方法只有单一的浏览器支持,详见表 16-1 中的说明。

---

① window 对象的详细介绍可参见"http://www.w3school.com.cn/htmldom/dom_obj_window.asp"、"http://www.dreamdu.com/javascript/what_is_bom"。

window 对象的常用属性如表 16-1 所示。

表 16-1   window 对象的常用属性

属 性 名 称	属 性 说 明
name	窗口名称,由打开它的链接(< a target＝"…">)或框架页(< frame name＝"…">)或某一个窗口调用的 open()方法决定,一般我们不会用这个属性
top	指占据整个浏览器窗口的最顶端(上层)的框架窗口对象
parent	指当前框架窗口的父框架
self	指目前这个窗口或框架本身,如 self.close()指关闭窗口本身
defaultStatus	指窗口状态条的默认内容
status	指窗口下方"状态栏"所显示的内容,通过对 status 赋值可以改变状态栏的显示。如当鼠标指针移动到链接上时状态栏会显示"hello,欢迎光临本站!"。语句如下: < a href ＝ " ♯ " onMouseOver ＝ "window.status ＝ 'hello,欢迎光临本站!';">请访问教育在线</a>
frames[]	指在这个窗口内所有的框架窗口组成的数组
opener	返回打开本窗口的窗口对象。如果窗口不是由其他窗口打开的,则在 IE 中返回"未定义"(undefined),在 Netscape 中返回 null
closed	表示窗口是否被关闭
history	指窗口的 history(历史)对象,包括窗口中最近访问的网页的 URL 清单
document	指窗口中的当前文档对象
location	指窗口的 location(地址栏)对象,包括窗口中当前网页的 URL 地址及各部分内容
length	指在这个窗口内包含的所有框架窗口的个数
offscreenBuffering	指定是否使用窗口信息屏外缓冲,如为 true,则先装入所有窗口元素,再显示窗口内容
以下属性只有 Netscape 能够使用	
innerHeight、innerWidth	分别指窗口内文件的高度、宽度
outerHeight、outerWidth	分别指窗口的高度、宽度
pageXOffset、pageYOffset	分别指目前窗口内滚动条的 X 轴、Y 轴位置

window 对象的常用方法如表 16-2 所示。

表 16-2   window 对象的常用方法

方 法 名 称	方 法 说 明
open()、close()	分别用来打开一个窗口或关闭一个已打开的窗口;调用 close()方法时,如果窗口有状态栏,浏览器会警告"网页正在试图关闭窗口,是否关闭?"然后等待用户选择是否;如果没有状态栏,调用该方法将直接关闭窗口。关闭当前窗口的方法为 window.close()或 self.close(),self 等于 window
focuse()、blur()	focuse 使窗口获得焦点,变为"活动窗口";blur 使焦点从窗口移走,窗口变为"非活动窗口"

方 法 名 称	方 法 说 明
scrollTo(x,y)	拖动滚动条到指定的位置,即使滚动条滚动到从窗口左上角数起的(x, y)点
scrollBy(deltaX, deltaY)	使窗口向右滚动 deltaX 像素、向下滚动 deltaY 像素。如果取负值,则向相反的方向滚动
moveBy(deltaX, deltaY)	使窗口相对当前位置向右移动 deltaX 像素、向下移动 deltaY 像素。如果取负值,则向相反的方向移动
moveTo(x,y)	使窗口向右移动到 X 坐标、向下移动到 Y 坐标。如果取负值,则向相反的方向移动
resizeBy(deltaX, deltaY)	使窗口调整大小,宽度增加 deltaX 像素、高度增加 deltaY 像素。如果取负值,则减少
resizeTo(x,y)	使窗口调整大小到宽 x 像素、高 y 像素
alert(字符串)	弹出一个只包含"确定"按钮的 alert(警示)对话框,并显示<字符串>的内容,此时 Script 的运行会暂停,直到用户单击"确定"按钮
prompt(<字符串>[,<初始值>])	弹出一个包含"确认"、"取消"按钮和一个文本框的 prompt(警示)对话框,并显示<字符串>的内容,同时提示用户在文本框中输入一些数据,此时 Script 的运行会暂停。 如果用户单击"确认"按钮,则返回文本框中已有的内容,如果用户单击"取消"按钮,则返回 null 值。如果指定<初始值>,则文本框中会有默认值
confirm(字符串)	弹出一个包含"确定"和"取消"按钮的 confirm(确认)对话框,并显示<字符串>的内容,同时要求用户做出确认,此时 Script 的运行会暂停。 如果用户单击"确定"按钮,则返回 true 值,如果单击"取消"按钮,则返回 false 值。以上 3 种对话框是模态的[①]
print()	打印目前窗口内的网页
setIntervel(指令,毫秒)	每隔毫秒就执行指定的指令
setTimeout(指令,毫秒)	在经过"毫秒"后执行指定的指令一次
clearInterval()	删除设置的时间间隔定时器 SetInterval()

clearTimeout()	删除设置的超时定时器 SetTimeout(),示例如下:
	`var iTimeoutId = setTimeout("alert('Hello World!')",1000);`
	`clearTimeout( iTimeoutId );`

以下方法只有 Netscape 能够使用	
back()、forward()	分别相当于"上一页"、"下一页"的功能
find(value)	在网页里寻找指定的文字
home()	相当于回到首页的功能
stop(0)	停止目前这个窗口的下载操作

2. open()方法的使用

该方法的语法是 open("URL","窗口名称字符串","特征参数表"),功能是以指定的特

---

① 模态对话框的意思是如果用户未单击"确定"按钮或"取消"按钮关闭对话框,就不能在浏览器窗口中做任何动作。

征参数打开一个窗口并命名,同时在该窗口中显示 URL 指定的页面,参数说明如下。

- URL:描述所打开的窗口要显示的网页,可以是 URL 网址,也可以是本机的文件。如果为空(''),则不打开任何网页。
- 窗口名称字符串:描述被打开的窗口名称,可以使用'_top'、'_blank'等内建名称。这里的名称与"< a href=""…" target=""…">"里的"target"属性值是一致的。
- 特征参数表:描述被打开的窗口的详细特征。如果只需要打开一个普通窗口,该字符串留空('');如果要指定详细特征,就在字符串里写一到多个参数,参数之间用逗号隔开。具体的特征参数如表 16-3 所示。

表 16-3 窗口的特征参数表

特征参数名	参 数 说 明
top	取值为窗口顶部距离屏幕顶部的像素数,对应 Netscape 中的 screenY
left	取值为窗口左端距离屏幕左端的像素数,对应 Netscape 中的 screenX
width、height	值为窗口的宽度和高度,不能小于 100
toolbar、menubar	窗口是否显示 toobar(浏览器工具栏,包括后退、前进、停止按钮等)和 menubar(菜单栏),取值为 yes/no
location、status	窗口是否显示 locationBar(地址栏)和 status(状态栏),取值为 yes/no,默认值是 no
scrollbars	窗口是否有滚动条,取值为 yes/no
resizable	窗口的大小是否能够通过鼠标拖动改变,取值为 yes/no,默认值是 no
fullscreen	窗口是否全屏显示(该属性只有 IE 能够使用),该属性的全屏显示无标题栏,所以要将窗口关闭需要使用键盘,即同时按下 Alt 和 F4 键,取值为 yes/no
directories	窗口是否有指示区,如 Netscape 浏览器中所在的"What's new," "What's cool,"等,取值为 yes/no

open()方法有返回值,返回的就是它打开的窗口对象,所以"var newWindow = open('','_blank');"是把一个新窗口赋值到 newWindow 变量中,以后通过 newWindow 变量就可以控制窗口了。例如:

使用 open 方法打开一个 400×100,具有滚动条,并可调整大小的空白窗口。语句如下:

```
window.open('','_blank','width = 400, height = 100, menubar = no, toolbar = no, location = no,
directories = no, status = no, scrollbars = yes, resizable = yes')
```

使用 open 方法打开一个小窗口并将其赋值给变量 mywindow,然后建立将窗口移到前台或后台的两个链接。语句如下:

```
var mywindow = window.open("hello.html","hello_name", "width = 200, height = 200");
< a href = "#" onMouseOver = "mywindow.focus();">窗口移到前台</a>
< a href = "#" onMouseOver = "mywindow.blur();">窗口移到后台</a>
```

使用 open 方法打开一个窗口,访问一个网站,并用两种方法进行全屏显示。语句如下:

```
window.open("http://www.dufe.edu.cn","duf_name","width = " + screen.width", height = " +
screen.width + ");
window.open("http://www.dufe.edu.cn","duf_name", "fullscreen = yes , directories ");
```

使用 open 方法打开一个 400×200，具有滚动条，并可调整大小的窗口，要求窗口左端、顶部分别距离屏幕左端、顶部的像素数为 200 和 50，并兼容 IE 和 NN 两种浏览器。语句如下：

```
window.open('','_blank','width = 400,height = 200,left = 200,top = 50,X = 200, screenY = 50,
            scrollbars = yes,resizable = yes')
```

3. window 对象常用属性和方法的应用示例

【示例 16.1】 使用 window 对象的 open()、close()、scrollTo(x, y)、focuse()、'setTimeout()方法及各种特征参数设计广告页面，除了主文件 E16_01.html 以外还有两个辅助页面，命名为 yinhua1.html、car.html，页面在浏览器中的显示效果如图 16.2 所示。

图 16.2　window 对象属性和方法的应用示例

有关的代码可参见下面，源程序文件见"webPageBook\codes\E16_01.html"。

```
<!DOCTYPE HTML>
<html>
<head>
 <meta charset = "utf-8">
 <title> window(窗口)对象的应用</title>
 <script language = "JavaScript">
    <!-- var myw2;
    //事件调用的函数,打开汽车广告窗口
    function open1(){
       myw2 = window.open("car.html","w2","top = 300,left = 200,width = 300,height = 200,
                          scrollbars,location,status");
    }
  //-->
</script>
```

```
</head>
<body bgcolor = "lightgrey" onload = "open1()"
    onblur = 'setTimeout("window.focus();myw2.close();myw1.close()",10000)'>
  <h3 align = "center">16.1.2. window(窗口)对象 open() 方法参数使用示例</h3>
  <hr size = "3" color = "#CC0066">
  <script language = "JavaScript">
      <!-- //open方法的应用,打开花卉广告窗口
      var myw1 = window.open("yinhua1.html","w1","top = 0,left = 100,width = 100,
                  height = 200,resizable, scrollbars,location = yes,directories");
      myw1.scrollTo(50,100);
      //-->
  </script>
  <form>
      <!--click 事件定义 -->
      <input type = "button" value = "关闭花卉广告窗口" name = "B2" onclick = "myw1.close()">
  </form>
</body>
</html>
```

说明：

（1）使用 open 方法打开花卉广告窗口，并通过方法 scrollTo(50,100)设置了滚动条，要注意对 window 对象的 open 方法的各种特征参数的理解。

（2）用页面的 load 事件调用 open1 函数，打开汽车广告窗口，并进行定位；同时用页面的 blur 事件调用 setTimeout()方法，10 秒钟后关闭广告窗口。该功能有广泛的应用，请读者注意掌握。

（3）用鼠标的 click 事件实现关闭花卉广告窗口的功能。

本例调用汽车广告页面的有关代码可参见下面，源程序文件见"webPageBook\codes\car.html"。

```
<!DOCTYPE HTML>
<html>
<head>
    <meta charset = "utf-8">
    <title>汽车广告</title>
</head>
<body onblur = "window.close()">
    <p align = "center"><font color = "#008000" size = "6" face = "华文新魏">
        <b>汽车广告</b></font><br>
        <img border = "0" src = "../image/car.jpg" width = "320" height = "160"></p>
    <p align = "center"><font color = "#800000">
        <b>请欣赏我公司生产的 2016 款新型轿车,欢迎选购!</b></font>
    </p>
</body>
</html>
```

本例调用花卉广告页面的有关代码可参见下面，源程序文件见"webPageBook\codes\yinhua1.html"。

```
<!DOCTYPE HTML>
<html>
```

```
<head>
    <meta charset = "utf-8">
    <title>花 卉 广 告</title>
</head>
<body>
    <p align = "center"><font color = "#008000" size = "6" face = "华文新魏">
    <b>花 卉广 告</b></font><br>
        <img border = "0" src = "../image/yinhua1.jpg" width = "320" height = "160"></p>
    <p align = "center"><font color = "#800000">
        <b>请欣赏我公司生产的 2016 花卉新品种,欢迎选购!</b></font>
    </p>
</body>
</html>
```

【**示例 16.2**】 使用 window 对象的 confirm()、prompt()、alert()方法设计访问网上商城主页的按钮和改变页面正文边框样式的按钮,在 IE 浏览器中的显示效果如图 16.3 所示。如果口令(hello)输入错误,将打开 alert("很遗憾,您的口令错误!")对话框,否则将访问主页文件 E11_05.html。

图 16.3　window 对象属性和方法的应用示例

有关代码可参见下面,源程序文件见"webPageBook\codes\E16_02.html"。

```
<!DOCTYPE HTML>
<html>
<head><meta charset = "utf-8">
  <title>window(窗口)对象方法使用示例</title>
  <script language = "JavaScript">
    //事件调用的函数,设置窗口主体的样式
    function border1(){
      with(window.document.body.style)
        {borderWidth = 5;borderStyle = "solid";
        borderColor = "green";
        }
      }
    //主页登录函数
```

```
        function enter1(){
            var yes = confirm("要访问网上商城吗?");
            if(yes)
              {var pass = prompt("请输入口令");
                if (pass == "hello")
                  {window.open("E11_05.html","","scrollbars,location,status");}
                else
                  {alert("很遗憾,您的口令错误!")}
              }
            else
            {alert("欢迎有机会来看看呀!")}
        }//-->
    </script></head>
<body bgcolor = "lightgrey">
    <h3 align = "center">window(窗口)对象方法使用示例</h3>
    <hr size = "3" color = "#CC0066">
    <form><!-- click事件定义 -->
        <input type = "button" value = "改变文档的边框样式" name = "B1" onclick = "border1()">
        <input type = "button" value = "进入网上商城" name = "B3" onclick = "enter1()">
    </form>
</body>
</html>
```

说明:

(1) 用鼠标的 click 事件调用主页登录函数 function enter1()。

(2) 用鼠标的 click 事件调用函数 border1(),设置窗口主体的样式。

【示例 16.3】 使用 window 对象的 moveTo()、resizeTo()方法设计一个实现浏览器窗口的定位和大小改变的页面,在 IE 浏览器中的显示效果如图 16.4 所示。

图 16.4 window(窗口)的定位及由小变大的应用示例

有关代码可参见下面,源程序文件见"webPageBook\codes\E16_03.html"。

```html
<! DOCTYPE HTML >
< html >
< head >
    < meta charset = "utf - 8">
    < title > window(窗口)对象方法使用示例</title>
  < script language = "JavaScript">
    <!-- Begin
    window.moveTo(0,0);                                    //窗口定位到屏幕左上角
    document.writeln("屏幕的宽度: " + screen.availWidth);   //输出屏幕的宽度
    document.writeln("屏幕的高度: " + screen.vailHeight);   //输出屏幕的高度
    //事件调用的函数,设置窗口由小变大
    function expand() {
      for(x = 0; x < 50; x++) {                            //定义动态的窗口定位点
          window.moveTo(screen.availWidth *  - (x - 50) / 100,
              screen.availHeight *  - (x - 50) / 100);     //定义动态窗口的尺寸
          window.resizeTo(screen.availWidth * x / 50, screen.availHeight * x / 50);
      } //当50次的变动完成时定位窗口回到(512,384),大小为屏幕的一半
    window.moveTo(512,384);                                //定位到屏幕中央
    window.resizeTo(screen.availWidth/2, screen.availHeight/2);
    }
    //End -->
  </script >
</head >
< body >
< h3 align = "center">窗口的定位及由小变大</h3>
< hr size = "3" color = "#CC0066">
< form ><!-- click 事件定义 -->
    < a href = "http://www.dufe.edu.cn" onClick = "expand();">点击链接看效果</a>
    < input type = "button" value = "单击按钮看效果" name = "B1" onclick = "expand()">
  </form>
  < img border = "2" src = "../image/yinhua1.JPG" width = "1000" height = "700">
</body >
</html >
```

说明:

(1) 分别在按钮和链接上用鼠标的 click 事件调用窗口大小变化的函数 function expand(),使浏览器窗口由小变大,呈现一个渐变的过程。

(2) 这个程序的思路就是先根据浏览器的可利用的宽度和高度算出一个中心坐标点,然后每次都把窗口定位到这个点上,再算出相应窗口的变大尺寸,循环 50 次,最终实现浏览器窗口的渐变状态。

16.1.3　location 对象

location(地址栏)对象是 window 对象的子对象,是 document 对象和 window 对象的属性,它提供了当前文档 URL 地址的各部分信息。

通过 location 对象的属性和方法我们可以了解当前文档的相关信息,并进行某种操作,如重新加载当前页面或将当前页面用新页面替换等。

1. location 对象的访问

location(地址)对象的访问方式有下面两种。

（1）访问当前窗口的 location（地址）：只需要使用"location"即可。

（2）访问某一个窗口的 location（地址）：使用"窗口对象.location"。

属于不同协议或不同主机的两个地址之间不能互相引用对方的 location 对象，这是出于安全性的需要。

例如，当前窗口打开的是"www.my.com"下面的某一页，另外一个窗口（对象名为 youWindow）打开的是"www.you.com"的网页。如果在当前窗口中使用"youWindow.location"，就会出现"没有权限"的错误，这个错误是不能用错误处理程序（Event Handler，参阅 onError 事件）来接收处理的。

2. location 对象的属性

location 对象提供了许多属性供程序设计者使用，常用的 location 对象属性如表 16-4 所示。

表 16-4　location 对象的常用属性

属 性 名 称	属 性 说 明
protocol	返回地址的协议，取值为'http:'、'https:'、'file:'等
hostname	返回地址的主机名，例如对于地址"http://www.sohu.com/china/"，则 location.hostname == 'www.sohu.com'
port	返回地址的端口号，一般 http 的端口号是'80'
host	返回主机名和端口号，如' www.sohu.com:80'
pathname	返回路径名，如对于地址"http://www.sohu.com/b/c.html"，则 location.pathname == 'b/c.html'
hash	返回"#"以及以后的内容（即 URL 的散列参数，锚点名），如对于地址"http://www.sohu.com/b/c.html#chapter4"，则 location.hash == '#chapter4'；如果地址里没有"#"，则返回空字符串
search	返回"?"以及以后的内容（即查询字符串），如对于地址"http://www.sohu.com/b/c.asp?selection=3&jumpto=4"，则 location.search == '?selection=3&jumpto=4'；如果地址里没有"?"，则返回空字符串
href	返回以上全部内容，也就是说返回整个地址。在浏览器的地址栏上怎么显示就怎么返回。如果想在一个窗口对象打开某地址，可以使用"location.href = '…'"，也可以直接用"location = '…'"来达到此目的

3. location 对象的方法

location 对象提供了部分方法供程序设计者使用，常用的 location 对象方法如表 16-5 所示。

表 16-5　location 对象的常用方法

方 法 名 称	方 法 说 明
reload()	重新加载当前页面，相当于按浏览器工具栏上的"刷新"（IE）或"Reload"（Netscape）按钮。 该方法提供了重新加载页面的 3 种方式：every time（每次都从服务器重新加载）、once per session（每次会话时从服务器重新加载）、never（尽可能不从服务器重新加载，而是从缓冲区中加载）

方 法 名 称	方 法 说 明
assign(URL)	将当前窗口切换到用 URL 参数指定的新页面,相当于为 location.href 属性指定新值
replace (URL)	将当前窗口或框架中的页面用 URL 参数指定的新页面替换。它与 assign 方法的不同之处在于被替换的当前页面将不会记录在 history 对象的历史记录列表中。在使用 history.back()方法(或按下浏览器的"后退"键)时不能返回到被替换的页面
toString()	返回 location.href 的值

【示例 16.4】 使用 window 对象的 open()、setTimeout()方法以及 location 对象的 href 属性设计一个页面,文件名为 E16_05.htm。

网页功能要求如下:

(1) 使用 location 对象的 href 属性结合 window 对象的 setTimeout()方法实现窗口内部文档的定时切换,使广告窗口 car.html 短暂停留 10 秒,之后打开另一个页面 E11_05.html。

(2) 输出 location 对象的属性。

该页面在 IE 浏览器中的显示效果如图 16.5 所示。

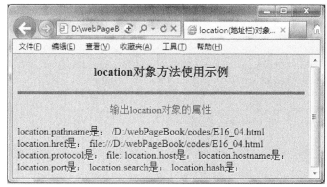

图 16.5 location 对象使用方法示例

car.html 和 E11_05.html 的源程序见前面,这里不再给出。有关代码可参见下面,源程序文件见"webPageBook\codes\E16_04.html"。

```
<! DOCTYPE HTML >
< html >
< head >
  < meta charset = "utf - 8">
  < title > location(地址栏)对象方法使用示例</title>
  < script language = "JavaScript">
    <!-- //打开广告页面 car.html
    var myw1 = window. open("car.html","w1","scrollbars,location,status, resizable ");
      //10 秒钟后广告窗口会被 E1_1.html 文档替换
    setTimeout("myw1.location.href = 'E11_05.html'",10000);
    // -->
  </script >
</head>
< body bgcolor = "lightgrey" >
  < h3 align = "center" > location 对象方法使用示例</h3>
  < hr size = "3" color = " # CC0066">
  < p align = "center" >< font color = "blue">输出 location 对象的属性</font></p>
  < script language = "JavaScript">
    <!-- //输出 location 对象的属性
    document. writeln("location. pathname 是: " + location. pathname);
    document. writeln("location. href 是: " + location. href);
    document. writeln("location. protocol 是: " + location. protocol);
    document. writeln("location. host 是: " + location. host);
    document. writeln("location. hostname 是: " + location. hostname);
    document. writeln("location. port 是: " + location. port);
    document. writeln("location. search 是: " + location. search);
    document. writeln("location. hash 是: " + location. hash);
    // -->
  </script >
</body >
</html>
```

16.1.4　history 对象

history(历史)对象是 window 对象的子对象,该对象记录了浏览器的浏览历史,即最近访问过的页面 URL 地址。鉴于安全性的需要,该对象受到很多限制,现在只剩下少量属性和方法可以使用,常用的 history 对象属性和方法如表 16-6 所示。

表 16-6　history 对象的常用属性和方法

属性/方法名称	方 法 说 明
length	length 属性表示历史记录列表中历史的项数,即页面 URL 地址的数量
back()	back(后退)方法加载历史记录列表中当前页面的前一个页面,与单击浏览器工具栏中的"后退"按钮是等效的
forward()	forward(前进)方法加载历史记录列表中当前页面的下一个页面,与单击浏览器工具栏中的"前进"按钮是等效的
go(para)	在历史记录的范围内到指定的一个地址。参数 para 可以取整数 x 或字符串。 如果 $x<0$,则后退 x 个地址,如果 $x>0$,则前进 x 个地址,如果 $x==0$,则刷新当前打开的网页。history. go(0)和 location. reload()是等效的。 如果参数 para 为字符串,则加载 URL 中包含 para 字符串的最近一个网页

【示例16.5】 使用 history 对象的 back() 方法、forward() 方法、go() 方法设计一个页面，文件名为 E16_05.htm。

网页功能要求如下：

(1) 首先通过两个超链接打开两个窗口。

(2) 通过按钮的 click 事件调用 history 对象的 back() 方法、forward() 方法、go(0) 方法，实现在历史列表中的后退、前进和刷新功能。

(3) 通过按钮的 click 事件调用 window 对象的 alert() 方法，显示历史列表的项数。

该页面在 IE 浏览器中的显示效果如图 16.6 所示。

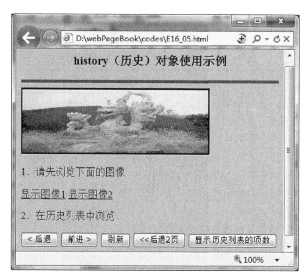

图 16.6　history 对象使用示例

有关代码可参见下面，源程序文件见"webPageBook\codes\E16_05.html"。

```
<! DOCTYPE HTML >
< html >
< head >< meta charset = "utf - 8">
    <title > history(历史)对象使用示例</title >
</head >
< body bgcolor = #D3D3D3 ">
  <h3 align = "center" > history(历史)对象使用示例</h3 >
  < hr size = "3" color = " #CC0066">
  < img border = "2" src = "../image/dragon.jpg" width = "400" height = "200" >
  < p >< font color = " #800000">1.请先浏览下面的图像</font ></p >
   < p >< a name = "Image1"   href = "../image/yinhua1.jpg" >显示图像 1</a >
      < a name = "Image2"   href = "../image/yinhua2.jpg" >显示图像 2</a >
   </p >
  < form name = "myform">
   < p >< font color = " #800000">2.在历史列表中浏览</font ><p >
   < p >< input type = "button" value = "< 后退" name = "B1" onClick = "history.back()">
      < input type = "button" value = "前进 >" name = "B2" onClick = "history.forward()">
      < input type = "button" value = "刷新" name = "B3" onClick = "history.go(0)">
      < input type = "button" value = "<<后退 2 页" name = "B3" onClick = "history.go( - 2)">
      < input type = "button" value = "显示历史列表的项数" name = "B4"
             onClick = "alert('当前历史列表的项数是: ' + history.length)">
```

```
        </p>
      </form>
    </body>
  </html>
```

16.1.5 navigator 对象

navigator(浏览器程序)对象和 window 对象一样,是浏览器中的顶层对象,而不是其他对象的子对象。它提供了当前浏览器的类型和版本信息,通过 navigator 对象的属性和方法我们可以了解当前系统所用的浏览器,从而进行相应的页面设计。

navigator 对象的常用属性和方法如表 16-7 所示。

表 16-7 navigator 对象的常用属性和方法

属性/方法名称	属性/方法说明
javaEnabled()	navigator 对象的方法 javaEnabled()返回一个布尔值,判断当前浏览器是否允许使用 Java
appName	返回浏览器名称。IE 返回'Microsoft Internet Explorer',NN 返回'Netscape'
appVersion	返回浏览器版本,包括主版本号、次版本号、语言、操作平台等信息
appCodeName	返回浏览器的"代码名",流行的 IE 和 NN 都返回'Mozilla'
platform	返回浏览器的操作系统平台,对于 Windows 9x 上的浏览器,返回'Win32'(大小写可能有差异)
mimeTypes	返回浏览器当前支持的 MIME 类型数组
plugins	返回浏览器当前安装的插件对应的数组
userAgent	返回以上全部信息。例如,IE5.01 返回'Mozilla/4.0(compatible;MSIE 5.01;Windows 98)'。它们是浏览器发往服务器的 HTTP 协议中的用户代理头(即标题)
IE 特有的属性	
appMinorversion	返回浏览器的版本号
browserLanguage	返回浏览器的配置语言
connectionSpeed	返回浏览器的连接速度
cookieEnabled	返回浏览器是否接受 cookie
cpuClass	返回浏览器所运行系统的 CPU 类型
onLine	返回浏览器是否联机
userLanguage	返回访问者使用的语言
systemLanguage	返回操作系统的默认语言

【示例 16.6】 使用 navigator(浏览)对象的属性、方法设计一个页面,文件名为 E16_06.htm。

网页功能要求如下:

(1) 首先通过代码< body onLoad＝"TestBrowser()">测试浏览器名称,据此进入不同主页[①]。经过 9 秒钟后,若检测到用户使用的浏览器为 Netscape,则调用 E16_06_nsindex. html,

---

① 由于 IE 和 Netscape 的某些不兼容,使得主页制作出来后在两者中有较大的差别,有的甚至不能使用。为便于浏览,最佳的方法就是先测试浏览器类型,再调用相应的主页面,此处就是用了这种技术的。

否则进入主页 E11_05.html。

（2）通过按钮的 click 事件调用函数 navmsg() 显示浏览器的各种属性信息。

该页面在 IE 浏览器中的显示效果如图 16.7 所示。

图 16.7 navigator(浏览)对象使用示例

有关代码可参见下面，源程序文件见"webPageBook\codes\E16_06.html"。

```
<!DOCTYPE HTML>
<html>
<head>
  <meta charset = "utf-8">
  <title>navigator(浏览)对象使用示例</title>
  <script language = "JavaScript">
    <!-- //Begin
    //显示浏览器信息函数
```

JavaScript 与 HTML5 对象模型

```
        function navmsg( )
      {ver = navigator.appVersion;
       name = navigator.appName;
       code = navigator.appCodeName;
       agen = navigator.userAgen;
       document.write("浏览器的名称是：",name,"<br>");
       document.write("浏览器的版本是：",ver,"<br>");
       document.write("浏览器的代码名称是：",code,"<br>");
       document.write("浏览器的所在的平台是：",navigator.platform,"<br>");
       document.write("浏览器的支持的 Mime 类型是：",navigator.mimeTypes[0],"<br>");
       document.write("浏览器的用户代理是：",agen,"<br>");
       document.write("浏览器的次版本号是：",navigator.appMinorVersion,"<br>");
       document.write("浏览器的配置语言是：",navigator.browserLanguage,"<br>");
       document.write("浏览器是否接受 cookie：",navigator.cookieEnabled,"<br>");
       document.write("浏览器是否支持 java：",navigator.javaEnabled(),"<br>");
       document.write("浏览器运行的 cpu 类型是：",navigator.cpuClass,"<br>");
       document.write("浏览器是否联机：",navigator.onLine,"<br>");
       document.write("浏览器运行的操作系统的默认语言是：",navigator.systemLanguage,"
<br>");
       document.write("访问者使用的语言是：",navigator.userLanguage,"<br>");
       }
      //"测试浏览器名称,据此进入不同主页"函数
      function TestBrowser(){
      ie = ((navigator.appName == "Microsoft Internet Explorer") &&(parseInt(navigator.
appVersion) >= 3 ))
      ns = ((navigator.appName == "Netscape") && (parseInt(navigator.appVersion) >= 3 ))
      if (ns) {setTimeout('location.href = "E16_06_nsindex.html"',9000);}
      else {setTimeout('location.href = " E11_05.html"',9000);}
    }
    //End -->
  </script>
</head>
< body bgcolor = #D3D3D3 onLoad = "TestBrowser()">
  < h3 align = "center" > navigator(浏览)对象使用示例</h3>
  < hr size = "3" color = "#CC0066">
  < img border = "2" src = "../image/yinhua1.jpg" width = "250" height = "150" name = "myImage">
  <p><font color = "#800000">1.自动识别浏览器名称和版本。</font></p>
  < script language = "JavaScript">
    <!--
    document.write("<CENTER>您的浏览器是：" + navigator.appName + " " + navigator.
appVersion +"</CENTER>")//-->
  </script>
  < form name = "myform">
    <p><font color = "#800000">2.用 click 事件调用函数"navmsg()。</font></p>
    <p>< input type = "button" value = "显示浏览器信息" name = "B1"  onclick = "navmsg()">
</p>
  </form>
</body>
</html>
```

16.1.6　screen 对象

screen(屏幕)对象是和 window 对象相关的一个对象,通过 screen 对象的属性我们可以了解当前系统所用的显示器的特性,从而进行相应的页面设计,如网页的全屏显示等。

screen 对象的常用属性如表 16-8 所示。

表 16-8　screen 对象的常用属性

属 性 名 称	属 性 说 明
width、height	分别返回屏幕的宽度和高度(像素数)
availWidth	返回屏幕的可用宽度(除去一些不自动隐藏的类似任务栏的东西所占用的宽度)
availHeight	返回屏幕的可用高度
colorDepth	返回当前用户使用的显示卡所支持的颜色位数,其值为整数。－1:黑白;8:256 色;16:增强色;24/32:真彩色

【示例 16.7】　使用 screen(屏幕)对象的属性设计一个页面,文件名为 E16_07. html,网页功能要求通过动态输出 HTML 代码的方式输出当前 screen(屏幕)对象的部分属性信息。

该页面在 IE 浏览器中的显示效果如图 16.8 所示。

图 16.8　screen(屏幕)对象使用示例

有关代码可参见下面,源程序文件见"webPageBook\codes\E16_07. html"。

```
<!DOCTYPE HTML>
<html>
<head><meta charset = "utf-8"><title> screen(屏幕)对象使用示例</title></head>
<body bgcolor = #D3D3D3>
    <h3 align = "center"> screen(屏幕)对象使用示例</h3>
    <hr size = "3" color = "#CC0066">
    <img border = "2" src = "../image/grass1.JPG" width = "350" height = "130" name = "myImage">
    <script language = "JavaScript">
```

JavaScript 与 HTML5 对象模型

```
        <!-- //Begin
        //动态输出 HTML
        document.write("<p><font color = '#800000'>下面是当前 screen(屏幕)对象的部分属性信
    息</font></p>");
        document.write("<ul>");
        document.write("<li>Document title: " + document.title + "</li>");
        document.write("<li>屏幕的宽度: " + screen.Width + "</li>");      //输出屏幕的宽度
        document.write("<li>屏幕的可用宽度: " + screen.availWidth + "</li>");
        document.write("<li>屏幕的高度: " + screen.height + "</li>");     //输出屏幕的高度
        document.write("<li>屏幕的可用高度: " + screen.availHeight + "</li>");
        document.write("<li>显示卡所支持的颜色位数: " + screen.colorDepth + "</li>");
        //End --></script>
</body>
</html>
```

16.2　JavaScript 与 HTML5 DOM

16.2.1　DOM

document 对象代表浏览器窗口中所加载的文档。使用 document 对象可以操作文档中的内容,包括页面中的表单、表格、段落、锚点、链接、图像等元素。

DOM 是 Document Object Model 的缩写,简称文档对象模型。文档各元素通过文档对象模型有效地相互关联起来。在网页加载时,每个元素被放入一个堆栈中,与其他相似元素放在一起。每个元素都加上了注释,说明与其他相关元素的关系。这样,网页中的每个元素、属性及其内容、状态都反映在文档对象模型中,从而可以随时查看、访问各个元素。

在 HTML DOM(文档对象模型)中,每个部分都是结点,包括文档结点、元素结点、属性结点、文本结点(元素内的文本)和注释结点。

DOM 提供了一种按顺序、层次方式访问文档中各个结点的结构化方式。这种方式将文档中的各结点按照父子从属关系连接起来,使所有结点构成一个整体,相当于建立了一个文档内容的关系数据库。它们之间的层次结构关系可以通过一个树形图表示出来,如图 16.9 所示。

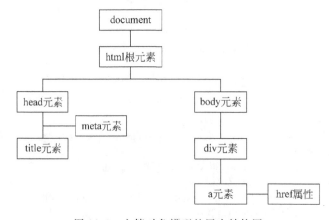

图 16.9　文档对象模型的层次结构图

在文档对象模型的层次结构中,每个对象或子对象都具有自己的属性和方法,可以通过 JavaScript 访问,像打印一张网页、改变链接地址等,访问的方法总是从高层对象开始向底层对象定位,各层之间通过圆点符号"."连接。

一个对象的"子对象"可以看作是该对象的属性,例如一个名为 form 的表单对象可以看作是父对象 document 的一个属性。因此,我们可以像这样来引用它:document.form。也就是说,为了引用一个指定的子对象,我们必须指定其对象名及其父对象。通常,一个对象是从 HTML 标记中的 name 属性获得它的名字的。

引用某个子对象的属性和方法的语法格式为"父对象 1.父对象 2.…子对象名.属性名(或方法)"。

例如当前文档中有一个名为 myform1 的表单,它的一个文本框名为 text1,则为了引用该文本框的 value 属性,我们可以用下面的代码:

```
var str = document.myform1.text1.value;
document.write(str);
```

16.2.2 document 对象

document(文档)对象描述当前窗口或指定窗口对象中打开的文档[①],它是 window 对象的子对象,是唯一一个既属于 BOM 又属于 DOM 的属性,提供了访问文档中表单、图像等所有元素的属性和方法,可以对文档进行动态控制,以满足不同页面设计的需要,如把一段文字写到文档的指定位置、改变网页的背景颜色和文档中链接的颜色等。

document 对象的常用属性如表 16-9 所示。

表 16-9 document 对象的常用属性

属 性 名 称	属 性 说 明
title、URL、domain、cookie	分别返回当前文档标题、URL 地址、域名和 cookie
linkColor、alinkColor、vlinkColor	分别指定链接未按下时、活动链接(按下时)、已访问(按过)链接的颜色
bgColor、fgColor	分别指定网页的背景颜色和前景(网页文字)颜色。例如语句"document.bgColor=" ♯C0C0C0";"将把网页的背景颜色变为灰色
lastModified	返回网页最后修改的日期、时间,这是一个 Date 对象
anchors[ ]、links[ ]、forms[ ]、images[]	分别指定文档中包含的锚点、链接、表单、图像集合(或数组)
referrer	如果当前文档是通过单击链接打开的,则 referrer 返回原来的 URL
body、anchor、link 对象	分别指定文档中的 body、anchor(锚点)和 link(链接)元素
applets[]、embeds[]、all[]	分别指定文档中包含的所有 Java 小程序、插件和 HTML 元素数组

---

① document 对象的学习网站参见"http://www.w3school.com.cn/jsref/dom_obj_document.asp"。

JavaScript 与 HTML5 对象模型

document 对象的常用方法如表 16-10 所示。

表 16-10 document 对象的常用方法

方 法 名 称	方 法 说 明
open()、close()	open 方法打开一个输出流，以便调用 write()或 writeln()方法向文档的当前位置写入数据。通常不需要用这个方法，在需要的时候 JavaScript 会自动调用。 close 方法关闭用 open()方法打开的输出流，并显示选定的数据。在调用 write()之前先调用 open()方法，写完后调用 close()方法完成显示
getElementById()	返回对拥有指定 id 的第一个对象的引用
getElementBynName()	该方法返回带有指定名称的对象集合
getElementsByTagName()	该方法分别返回带有指定标签名的对象集合
write()、writeln()	语法是 write(str1,…,strn)，功能是将指定的参数"str1,…,strn"数据写入文档。这些参数可以是普通的字符串、HTML 代码、表达式。如果是表达式，则将其结果写入文档。 writeln()与 write()的不同在于，writeln()在写入数据以后会加一个换行。例如语句"document.write(document.title)；"会把一个网页的标题写到文档里

【**示例 16.8**】 使用 document 对象的属性、方法设计一个页面，文件名为 E16_08.html。网页功能要求如下：

(1) 通过单击链接调用 alert()方法显示图像的高度和宽度。

(2) 用鼠标的 MouseOver、MouseOut 事件改变图像的大小；用 Click、DblClick 事件改变文档的背景色。

(3) 用 writeln()、write()方法输出 document(文档)对象的部分属性信息。

该页面在 IE 浏览器中的显示效果如图 16.10 所示。

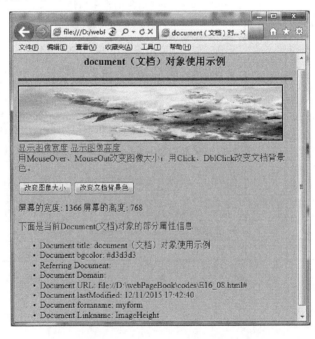

图 16.10 document 对象使用示例

有关代码可参见下面,源程序文件见"webPageBook\codes\E16_08.html"。

```html
<!DOCTYPE HTML>
<html>
<head>
  <meta charset = "utf-8">
  <title>document(文档)对象使用示例</title></head>
<body bgcolor = #D3D3D3>
  <h3 align = "center">document(文档)对象使用示例</h3><hr size = "3" color = "#CC0066">
  <img border = "2" src = "../image/yinhua1.jpg" width = "500" height = "250" name = "myImage">
  <!-- 用两种方法读取图像属性 -->
  <a name = "ImageWidth" href = "#" onClick = 'window.alert("图像宽度是: " + document.
myImage.width)'>显示图像宽度</a>
  <a name = "ImageHeight" href = "#" onClick = 'window.alert("图像高度是: " + document.
images[0].height)'>显示图像高度</a>
  <form name = "myform"><font color = "#800000">        用 MouseOver、MouseOut 改变图像大小;
用 Click、DblClick 改变文档背景色。</font>
      <p><input type = "button" value = "改变图像大小" name = "B1"
              onMouseOver = "document.images[0].height = 400"
              onMouseOut = "document.images[0].height = 100">
        <input type = "button" value = "改变文档背景色" name = "B2" onClick = "document.
bgColor = 'yellow'" onDblClick = "document.bgColor = '#D30A77'">
      </p>
  </form>
  <script language = "JavaScript">
    <!-- //Begin
    document.open();
    document.writeln("屏幕的宽度: " + screen.availWidth);    //输出屏幕的宽度
    document.writeln("屏幕的高度: " + screen.availHeight);    //输出屏幕的高度
    //动态输出 HTML
    document.write("<p><font color = '#800000'>下面是当前 Document(文档)对象的部分属性
信息</font></p>");
    document.write("<ul>");
    document.write("<li>Document title: " + document.title + "</li>");
    document.write("<li>Document bgcolor: " + document.bgColor + "</li>");
    document.write("<li>Referring Document: " + document.referrer + "</li>");
    document.write("<li>Document  Domain: " + document.domain + "</li>");
    document.write("<li>Document  URL: " + document.URL + "</li>");
    document.write("<li>Document lastModified: " + document.lastModified + "</li>");
    //链接数组、表单数组的运用
    document.write("<li>Document formname: " + document.forms[0].name + "</li>");
    document.write("<li>Document Linkname: " + document.links[1].name + "</li>");
    document.write("</ul>");
    document.close()
    //End -->
  </script>
</body>
</html>
```

16.2.3　Element 对象

在 HTML DOM 中,Element(元素)对象表示 HTML 元素,可以拥有类型为元素结点、属性结点、文本结点、注释结点的子结点[①]。

Element 对象的常用属性和方法如表 16-11 所示。

表 16-11 Element 对象的常用属性和方法

属性/方法	说　　明
element. accessKey	设置或返回元素的快捷键
element. appendChild()	向元素添加新的子结点，作为最后一个子结点
element. attributes	返回元素属性的 NamedNodeMap
element. childNodes	返回元素子结点的 NodeList
element. className	设置或返回元素的 class 属性
element. clientHeight、element. clientWidth	返回元素的可见高度和宽度
element. cloneNode()	复制元素
element. compareDocumentPosition()	比较两个元素的文档位置
element. contentEditable	设置或返回元素内容的可编辑性
element. firstChild、element. lastChild	返回元素的第一个和最后一个子结点
element. getAttribute()	返回元素结点的指定属性值
element. getAttributeNode()	返回指定的属性结点
element. getElementsByTagName()	返回拥有指定标签名的所有子元素的集合
element. getFeature()	返回实现了指定特性的 API 的某个对象
element. hasAttribute()、element. hasAttributes()	如果元素拥有指定属性，返回 true，否则返回 false
element. hasChildNodes()	如果元素拥有子结点，返回 true，否则返回 false
element. id、element. lang、element. dir	设置或返回元素的 id、语言代码和文本方向
element. innerHTML	设置或返回元素的标记对之间的所有 HTML 代码
element. insertBefore()	在指定的已有子结点之前插入新结点
element. isContentEditable	判断元素的内容是否可编辑
element. isEqualNode()、element. isSameNode()	检查两个元素是否为相等或相同的结点
element. isSupported()	如果元素支持指定特性，返回 true
element. nextSibling	返回位于相同结点树层级的下一个结点（即兄弟结点）
element. nodeName、element. nodeType	返回元素结点的名称和结点类型
element. nodeValue	设置或返回元素结点的值
element. normalize()	合并元素中相邻的文本结点，并移除空的文本结点
element. offsetHeight、element. offsetWidth	返回元素的高度和宽度
element. offsetLeft、element. offsetTop	返回元素的水平和垂直偏移位置
element. offsetParent	返回元素的偏移容器
element. ownerDocument	返回元素的根元素（文档对象）
element. parentNode	返回元素的父结点
element. previousSibling	返回位于相同结点树层级的前一个元素
element. removeAttribute()	从元素中移除指定属性
element. removeAttributeNode()	移除指定的属性结点，并返回被移除的结点
element. removeChild()、element. replaceChild()	从元素中移除和替换子结点
element. scrollHeight、element. scrollWidth	返回元素的整体高度和整体宽度
element. scrollTop、element. scrollLeft	返回元素上边缘和左边缘与视图之间的距离

---

① 对 HTML 元素处理的参考网站见"http://www. w3school. com. cn/jsref/dom_obj_document. asp"。

属性/方法	说　　明
element. setAttribute()	把指定属性设置或更改为指定值
element. setAttributeNode()	设置或更改指定属性结点
element. title、element. style	设置或返回元素的 title 属性和 style 属性
element. tabIndex	设置或返回元素的 Tab 键控制次序
element. tagName	返回元素的标签名
element. textContent	设置或返回结点及其后代的文本内容
element. toString()	把元素转换为字符串
nodelist. item()、nodelist. length	返回 NodeList 中位于指定下标的结点和 NodeList 中的结点数

16.2.4　Attribute 对象

在 HTML DOM 中 Attr 对象表示 HTML 属性[①]，Attr 对象的常用属性和方法如表 16-12 所示。

表 16-12　Attr 对象的属性和方法

属　　　性	说　　明
attr. isId	如果属性是 id 类型，返回 true，否则返回 false
attr. name	返回属性的名称
attr. value	设置或返回属性的值
attr. specified	如果已指定属性，返回 true，否则返回 false
nodemap. getNamedItem()	从 NamedNodeMap 返回指定的属性结点
nodemap. item()	返回 NamedNodeMap 中位于指定下标的结点
nodemap. length	返回 NamedNodeMap 中的结点数
nodemap. removeNamedItem()	移除指定的属性结点
nodemap. setNamedItem()	设置指定的属性结点(通过名称)

在 HTML DOM 中 NamedNodeMap 对象表示元素属性结点的无序集合。NamedNodeMap 中的结点可通过名称或索引(数字)来访问。所有浏览器(IE、Firefox、Chrome、Safari、Opera)都支持 Attr 对象和 NamedNodeMap 对象。

16.2.5　event 对象

在 HTML DOM 中 Event 对象表示 HTML 事件，提供了对 HTML 事件的处理[②]，代表事件的状态，比如事件名称及在其中发生的元素(见 15.3 节对象的事件及事件处理)、键盘按键的状态、鼠标的位置、鼠标按钮的状态。事件通常和函数结合使用，函数不会在事件发生前被执行。Event 对象与鼠标和键盘相关的常用属性如表 16-13 所示。

①　对 HTML 属性处理的参考网站见"http://www.w3school.com.cn/jsref/dom_obj_document.asp"。
②　参考网站同①。

表 16-13　Event 对象与鼠标和键盘相关的属性

属　　性	说　　明
altKey	返回当事件被触发时 Alt 键是否被按下
button	返回当事件被触发时哪个鼠标按钮被单击
clientX；clientY	返回当事件被触发时鼠标指针的水平、垂直坐标
ctrlKey；shiftKey	返回当事件被触发时 Ctrl 键或 Shift 键是否被按下
relatedTarget	返回与事件的目标结点相关的结点
screenX；screenY	返回当某个事件被触发时鼠标指针的水平、垂直坐标

16.2.6　form 对象

　　form 对象也是 document 对象的子对象,表示文档中定义的表单,提供了对表单所包含的各个子对象(如按钮、文本框等)进行访问的属性和方法。form 对象的常用属性和方法如表 16-14 所示。

表 16-14　form 对象的常用属性和方法

属性/方法名称	说　　明
name	返回表单的名称,也就是对应于 HTML 中< form name="…">标记的 name 属性值
action	返回或设定表单的提交地址,也就是对应于 HTML 中< form action="…">标记的 action 属性值
method	返回或设定表单提交数据的方法,也就是对应于 HTML 中< form method="…">标记的 method 属性值
target	返回或设定表单提交后返回的窗口,也就是对应于 HTML 中< form target="…">标记的 target 属性值
encoding	返回或设定表单提交内容的编码方式,也就是对应于 HTML 中< form enctype="…">标记的 enctype 属性值
length	返回该表单所含元素的数目
elements	返回该表单包含的所有元素的数组,一般我们不用该数组,而直接引用各个具体的元素对象
reset()	该方法的作用是重置表单。这与单击"重置"按钮的效果是一样的
submit()	该方法的作用是提交表单,传送表单数据。这与单击"提交"按钮的效果是一样的
以下为表单的子元素对象,它们分别与 HTML 中的相应标记对应	
Button、Submit、Reset	分别对应 form 中的按钮、提交按钮、重置按钮子对象
Checkbox、Radio	分别对应 form 中的复选框、单选按钮对象
Text、Password、Textarea	分别对应 form 中的文本框、密码输入域、多行文本输入区对象。例如语句 "document. myForm. myText;"用来访问文档中 name 为"myForm"的表单中名称为"myText"的文本框
Select	对应 form 中的选择框(下拉菜单、列表)对象
Hidden	对应 form 中的隐藏输入域对象

【**示例 16.9**】 使用 form 对象的属性、方法设计一个注册页面,文件名为 E16_09.html。
网页功能要求如下:

(1) 当用户使姓名文本框失去焦点时将调用 checkxm(this) 函数,使用 alert() 方法显示姓名字段的输入情况。

(2) 用鼠标的 Click 事件使"复制姓名框"复制输入的姓名。

(3) 在"继续注册"按钮上用鼠标单击事件动态改变表单的 action 属性值,将表单初始的 action = "E11_05.html"改为 action = 'E16_09.html',继续访问当前页面注册。

该页面在 IE 浏览器中的显示效果如图 16.11 所示。

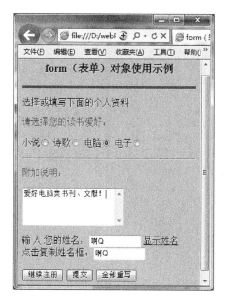

图 16.11 form 对象使用示例

有关代码可参见下面,源程序文件见"webPageBook\codes\E16_09.html"。

```
<!DOCTYPE HTML>
<html>
<head><meta charset = "utf - 8"><title>form(表单)对象使用示例</title>
  <script language = "JavaScript">
    <!-- //Begin
    //验证表单姓名字段函数
    function checkxm(field) {
      if (field.value == "") {
        window.alert("您还没有输入姓名呢!");
          field.focus(); }
      else{
        alert('原来你叫: ' + field.value) }
    }//End -->
  </script> </head>
<body bgcolor = lightgrey>
    <h3 align = "center" > form(表单)对象使用示例</h3>
    <hr size = "3" color = " #CC0066">
    <p>选择或填写下面的个人资料</p>
```

448

```
< form name = "myform" method = "post" action = "E11_05.html">
    < p >< font color = "#008000">请选择您的读书爱好: </font ></p>
    <!-- radio 的名字相同,所以不可以多选 -->
    < p >小说< input type = "radio" name = "r1" value = "小说" >
        诗歌< input type = "radio" name = "r1" value = "诗歌">
        电脑< input type = "radio" name = "r1" value = "电脑">
        电子< input type = "radio" name = "r1" value = "电子">
    </p >< hr >
    < p >< font color = "#008000">附加说明: </font ></p>
    < p >< textarea rows = "4" name = "myta" cols = "20"></textarea ></p>
    <!-- 侦测、验证文本框,动态复制文本框内容 -->
    < p >输 入 您的姓名:< input type = "text" name = "mytext" size = "10" onBlur =
        "checkxm(this)">
    <!-- 读取姓名文本框的值 -->
    < a name = "xma" href = "#" onClick = 'window.alert("您的姓名是: + document.myform.
mytext.value)'>显示姓名</a>
    < br >点击复制姓名框:< input type = "text" name = "copytext" size = "10" onClick =
"document.myform.copytext.value = document.myform.mytext.value;"></p>
    <!-- 定义鼠标单击事件,动态改变表单的 action,继续填写注册资料 -->
    < p >< input type = "button" value = "继续注册"  name = "send"
        onclick = "this.form.action = 'E13_07.html';this.form.submit();">
    < input type = "submit" value = "提交" name = "B1">
    < input type = "reset" value = "全部重写" name = "B2"></p>
</form >
</body >
</html >
```

【示例 16.10】 使用 form 对象的属性、方法设计一个注册页面,文件名为 E16_10.html。
网页功能要求如下:

(1)单击"提交"按钮时将根据 action="E11_05.html"打开该页面。

(2)用鼠标的 Click 事件使鼠标单击"显示选择的省"链接时使用 alert()方法显示所选
择省的情况。

(3)用鼠标单击"加入省份"按钮时将调用 jrush()函数,增加用户输入的省份到已有的
seclect 列表中,并使用 alert()方法显示加入省份的情况。

该页面在 IE 浏览器中的显示效果如图 16.12 所示。

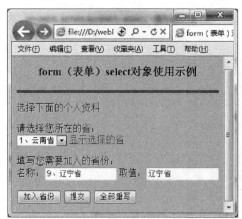
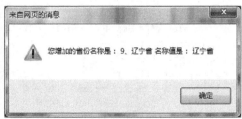

图 16.12　form(表单)的 select 对象使用示例

有关代码可参见下面,源程序文件见"webPageBook\codes\E16_10.html"。

```html
<!DOCTYPE HTML>
<html>
<head>
    <meta charset = "utf-8">
    <title> form(表单)对象使用示例</title>
 <script language = "JavaScript">
    <!-- //Begin
    //加入用户填写的省份函数
    function jrush()
      {alert("目前可供选择的省份数目是: " + document.myform.myselect.length);
       document.myform.myselect.length++;
      var len = document.myform.myselect.length;
      alert("现在省份数目增加到: " + len);
      myform.myselect.options[len-1].text = document.myform.shtext.value;
      document.myform.myselect.options[len-1].value = document.myform.shztext.value;
       chr = myform.myselect.options[len-1].text
       val = myform.myselect.options[len-1].value
      alert("您增加的省份名称是: " + chr + " 名称值是: " + val);
      }//End -->
 </script>
</head>
<body bgcolor = #AAD3D3>
  <h3 align = "center"> form(表单)select 对象使用示例</h3>
  <hr size = "3" color = "#CC0066">
  <p>选择下面的个人资料</p>
  <form name = "myform" method = "post" action = "E11_05.html">
      请选择您所在的省: <BR>
     <select name = "myselect">
      <option    value = "云南省">1、云南省</Option>
      <option    value = "四川省">2、四川省</Option>
      <option    value = "贵州省">3、贵州省</Option>
      <option    value = "山东省">4、山东省</Option>
      <option    value = "江苏省">5、江苏省</Option>
      <option    value = "浙江省">6、浙江省</Option>
      <option    value = "安徽省">7、安徽省</Option>
      <option    value = "河南省">8、河南省</Option>
     </select>
     <a name = "sha" href = '#' onClick = 'alert("您选择的省是: " +
        document.myform.myselect.value);'>显示选择的省</a>
     <!-- 侦测文本框的变化内容 -->
     <p>填写您需要加入的省份: <br>
     名称: <input type = "text" name = "shtext" size = "15" onChange = "alert('你输入的省份是:
' + this.value)">
     取值: <input type = "text" name = "shztext" size = "15"></p>
        <!-- 动态增加 Select 项 -->
     <p><input type = "button" value = "加入省份"   name = "jrsh" onClick = "jrush()">
         <input type = "submit" value = "提交" name = "B1">
         <input type = "reset" value = "全部重写" name = "B2"></p>
  </form>
</body>
</html>
```

JavaScript 与 HTML5 对象模型

16.3　使用 DWCS5 进行 BOM 和 DOM 对象页面设计

1. 目标设定与需求分析

本节的目标是运用 JavaScript 代码以及 BOM 和 DOM 对象实现站点导航功能,具体需求如下。

(1) 在页面上设计一个"下拉框导航栏",一个"动态导航栏",导航栏内容包括会员注册、商品信息、客服中心、订单下载等栏目。

(2) 当用户单击"导航栏目"时在新窗口中打开相应的页面,要求至少"会员注册"页面能够打开。

(3) 使用表单对象完成下拉列表式的导航菜单。使用 window 对象的 open()方法实现打开导航页面效果,如选择"会员注册",单击 go 按钮,可打开 E11_05.html 页面。

(4) 使用 Array 对象设计"超链接导航栏",使用 marquee 及 document 对象的 write()方法输出走马灯式的"超链接动态导航栏",如单击"会员注册"链接,可打开 E11_05.html 页面。参考效果如图 16.13 所示。

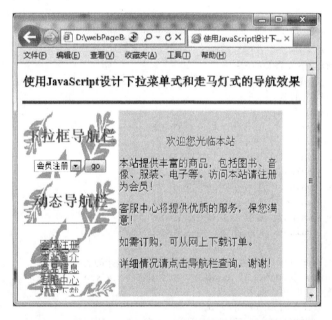

图 16.13　利用 JavaScript BOM 和 DOM 对象实现导航效果

2. 设计页面布局和内容

根据页面需求确定页面结构,本例中使用两行两列表格布局。操作步骤是在设计窗口中选择"插入"→"表格"(选择对应的行列数,本例中为两行两列);然后选中第 2 列并右击,选择"表格"→"合并单元格",表格布局完成。

布局需要在表格的第 1 个单元格中设计一个表单,包括"下拉框导航栏"和 go 按钮;在第 2 个单元格中输入"欢迎您光临本站"标题及相关内容;在第 3 个单元格中插入外表——

E16_13.js 文件,输出一个"超链接动态导航栏",具体操作方法参见本书的第 5 章内容。

3. 用 DWCS5 设计 JavaScript 脚本

首先新建两个 JavaScript 文件,操作步骤是选择"文件"→"新建"→"JavaScript 文件",将新建的文件以"E16_12.js"和"E16_13.js"命名,并保存到"webPageBook/javascript"目录下,然后根据需要编写 JavaScript 脚本代码。其中 E16_12.js 利用表单对象实现下拉选择框导航栏函数,具体代码如下:

```
<!-- hide the script from old browsers
  //下拉选择框导航栏函数
  function goto(form){
    var myindex = form.navlist.selectedIndex
    window.open(form.navlist.options[myindex].value, target = "_blank")
  } -->
```

E16_13.js 使用 Array 对象设计超链接导航栏,使用 document 对象的 write()方法输出走马灯式的"超链接动态导航栏",具体代码如下:

```
<!--
  var index = 5
  link = new Array(2);              //数组的大小可以自动伸缩
  text = new Array(2);
  link[0] = 'E11_05.html';
  link[1] = 'about.html';
  link[2] = 'source.html';
  link[3] = 'chat.html';
  link[4] = 'download.html';
  text[0] = '会员注册';
  text[1] = '本站简介';
  text[2] = '商品信息';
  text[3] = '客服中心';
  text[4] = '订单下载';
  document.write("<marquee scrollamount = '1' scrolldelay = '100' direction = 'up' width = '100'
height = '100'>");
  for(i = 0;i < index;i++){
      document.write("<a href = " + link[i] + " target = '_blank'>");
      document.write(text[i] + "</a><br>");
   }
  document.write("</marquee>");
-->
```

4. 在 HTML 文件中应用 JavaScript 文件

(1) 插入外部 JavaScript 脚本文件:操作步骤是选中表格的第 2 行第 1 列,选择"插入"→HTML→"脚本对象"→"脚本",弹出"添加外部脚本文件"对话框,选择"text/javascript"文件类型,并选择要插入的外部脚本文件"webPageBook/javascript/E16_12.js",单击"确定"按钮,然后用同样的方法插入 E16_13.js。

(2) 应用脚本文件:为 go 按钮的 onClick 事件引用对应函数。操作步骤是选中 go 按钮右击,选择"编辑标签",然后选中文本框的 onClick 事件,并在右侧的编辑框中输入"goto(this.form)",如图 16.14 所示,单击"确定"按钮,此时在代码窗口中生成如下代码:

451

```
< input type = "button" value = "go" onClick = "goto(this.form)">
```

图 16.14　引用函数

引用脚本后代码如下,源程序见"webPageBook/codes/E16_11.html"。

```
<! DOCTYPE HTML >
< html >
< head >
   < meta charset = "utf - 8">
   < title >使用 JavaScript 设计下拉菜单式和走马灯式的导航效果</title>
   < script type = "text/javascript" src = "../javaScript/E16_12.js"></script>
</head>
< body >
   < h3 align = "center" >使用 JavaScript 设计下拉菜单式和走马灯式的导航效果</h3>
   < hr size = "3" color = "♯CC0066">
   < font color = "♯0000FF"></font>
   <!-- 下拉选择框导航栏 -->
   < table border = "0" height = "175" width = "424" >
     < tr >
       < td width = "150" background = "../image/叶子.gif" height = "105" align = middle >
         < h2 align = "center">< font color = green>下拉框导航栏</font></h2 >
         < form name = "navform">
         < select name = "navlist" size = "1">
           < option selected value>站点导航</option>
           < option value = "E11_05.html">会员注册</option>
           < option value = "about.html">本站简介</option>
           < option value = "source.html">商品信息</option>
           < option value = "chat.html">客服中心</option>
           < option value = "download.html">订单下载</option>
         </select>
         < input type = "button" value = "go" onClick = "goto(this.form)">
```

```
            </form>
        </td>
        <td width = "260" rowspan = "2" height = "171"   bgcolor = "♯E7DFE7">
            <p align = "center"><font color = "♯0000FF">欢迎您光临本站</font></p>
            <p>本站提供丰富的商品,包括图书、音像、服装、电子等。访问本站请注册为会员!</p>
            <p>客服中心将提供优质的服务,保您满意!</p>
            <p>如需订购,可从网上下载订单。</p>
            <p>详细情况请点击导航栏查询,谢谢!</p>
        </td>
    </tr>
    <tr>
        <td width = "150" background = "../image/叶子.gif" height = "62" align = middle>
            <h2 align = "center"><font color = brown>动态导航栏</font></h2>
            <hr align = "center">
            <script type = "text/javascript" src = "../javaScript/E16_13.js"></script>
        </td>
    </tr>
</table>
</body>
</html>
```

本 章 小 结

本章主要介绍 JavaScript 与 HTML5 BOM 和 DOM 的概念,讲述了组成浏览器对象层次模型 BOM 的各对象的内容,包括 window(窗口)、location(地址栏)、history(历史)、navigator(浏览器程序)、screen(屏幕)对象,还讲述了 HTML5 文档对象层次模型 DOM 的各对象的内容,包括 document(文档)、Element(元素)、Attribute(属性)、event(事件)、form(表单)对象。

通过本章的学习读者了解了 BOM 和 DOM 在实际网页设计中的运用,掌握了 BOM 和 DOM 的基本知识和技术;通过示例的学习读者掌握了运用 DWCS5 工具设计 BOM 和 DOM 页面的操作方法,具备了综合运用 BOM 和 DOM 的各种技术进行网页设计的能力;同时新内容的跟踪和进阶学习知识的补充使读者了解了 BOM 和 DOM 的前沿知识和技术,也开阔了视野。

进 阶 学 习

1. 外文文献阅读

阅读下面关于"文档对象模型(DOM)"知识的双语短句,从中领悟并掌握专业文献的翻译方法,培养外文文献的研读能力。

DOM[①] The Document Object Model (DOM) is an API defined by the W3C to represent and interact with any HTML or XML document.

---

① 资料来源为"https://developer.mozilla.org/en-US/docs/Glossary/DOM"。

【参考译文】：文档对象模型(DOM)是一个由 W3C 定义的 API,用来表示任何 HTML 或 XML 文档并与之交互。

The DOM is a model of an HTML or XML document that is loaded in a web browser. It represents a document as a tree of nodes, where each node represents a portion of the document, such as an element, a portion of text or a comment.

【参考译文】：DOM 是在 Web 浏览器加载的一种 HTML 或 XML 文档模型。它用树形结点表示一个文档,其中每个结点代表文档的一部分,如元素、文本或注释的一部分。

The DOM is one of the most used APIs on the web because it allows code running in a web browser to access and interact with every node in the document. Nodes can be created, moved and changed. Event listeners can be added to nodes. Once a given event occurs all of its event listeners are triggered.

【参考译文】：DOM 是一个网页最常用的 API,因为它允许代码在 Web 浏览器中运行、访问和与文档中的每个结点交互。结点可以被创建、移动和改变。事件监听器可以被添加到结点。一旦某个事件发生,其所有事件侦听器被触发。

The early versions of the DOM is sometime refered as DOM 0. Today, the DOM specification is lead by the W3C and the DOM Working Group is currently working on the fourth version of the DOM specification.

【参考译文】：DOM 的早期版本有时被称为 DOM 0。今天,DOM 规范由 W3C 领导,DOM 工作组目前正致力于 DOM 规范的第四版。

2. BOM 模型相关知识进阶

(1) BOM 标准相关知识：JavaScript 语法的标准化组织是 ECMA,DOM 的标准化组织是 W3C。

BOM 提供对 cookie 的支持,没有相关的标准,最初是 Netscape 浏览器标准的一部分,每一种浏览器都有自己的 BOM 实现。

在熟悉了 BOM 对象之后就能够利用每个对象所提供的属性和方法,以便利用 JavaScript 轻松地控制这些对象。需要注意的是,IE 和 Netscape 对于对象的解释并不完全相同,某些 IE 能控制的对象 Netscape 却不能控制,有些 Netscape 提供的方法 IE 并不支持,因此在进行页面设计时需要注意两种浏览器的兼容性问题。

(2) document 对象描述：HTMLDocument 接口对 DOM Document 接口进行了扩展,定义 HTML 专用的属性和方法。很多属性和方法都是 HTMLCollection 对象(实际上是可以用数组或名称索引的只读数组),其中保存了对锚、表单、链接以及其他可脚本元素的引用。

这些集合属性都源自于 0 级 DOM,它们已经被 Document.getElementsByTagName() 所取代,但是仍然被经常使用,因为它们很方便。

write()方法值得用户注意,在文档载入和解析的时候它允许一个脚本向文档中插入动态生成的内容。

注意,在 1 级 DOM 中,HTMLDocument 定义了一个名为 getElementById() 的非常有用的方法。在 2 级 DOM 中,该方法已经被转移到了 Document 接口,它现在由 HTMLDocument 继承而不是由它定义了。

（3）window 对象在框架中的应用：如果页面使用框架集合，每个框架都由它自己的 window 对象表示，存放在 frames 集合中。在 frames 集合中可用数字（由 0 开始，从左到右，逐行的）或名字对框架进行索引，可以用 top 对象代替 window 对象（例如 top.frames[0]），top 对象指向的都是最顶层的框架，即浏览器窗口自身。

由于 window 对象是整个 BOM 的中心，所以它享有一种特权，即不需要明确地引用它，在引用函数、对象或集合时解释程序都会查看 window 对象，所以 window.frame[0]可以只写 frame[0]。

window 的另一个实例是 parent。parent 对象与装载文件框架一起使用，要装载的文件也是框架集。对于 window 对象的 name 属性，它存储的是框架的名字。

一个更加全局化的窗口指针是 self，它总是等于 window，如果页面上没有框架，window 和 self 就等于 top，frames 集合的长度为 0。

3. event 对象的进一步学习

除了本章前面 event 对象的鼠标/事件属性以外，IE 浏览器还支持如表 16-15 所示的属性。

表 16-15　event 对象的鼠标/事件属性扩展

属　　性	描　　述
cancelBubble	如果事件句柄想阻止事件传播到包容对象，必须把该属性设为 true
fromElement	对于 mouseOver 和 mouseOut 事件，fromElement 引用移出鼠标的元素
keyCode	对于 keyPress 事件，该属性声明了被敲击的键生成的 Unicode 字符码；对于 keyDown 和 keyUp 事件，它指定了被敲击的键的虚拟键盘码，虚拟键盘码可能和使用的键盘的布局相关
offsetX,offsetY	发生事件的地点在事件源元素的坐标系统中的 x 坐标和 y 坐标
returnValue	如果设置了该属性，它的值比事件句柄的返回值的优先级高。把这个属性设置为 fasle，可以取消发生事件的源元素的默认动作
srcElement	对于生成事件的 window 对象、document 对象或 element 对象的引用
toElement	对于 mouseOver 和 mouseOut 事件，该属性引用移入鼠标的元素
x,y	事件发生的位置的 x 坐标和 y 坐标，它们相对于用 CSS 动态定位的最内层包容元素

表 16-16 列出了 2 级 DOM 事件标准定义的属性、方法，IE 的事件模型不支持这些方法。

表 16-16　2 级 DOM 事件标准定义的属性、方法

属　　性	描　　述
bubbles	返回布尔值，指示事件是否为起泡事件类型
cancelable	返回布尔值，指示事件是否可用可取消的默认动作
currentTarget	返回其事件监听器触发该事件的元素
eventPhase	返回事件传播的当前阶段
target	返回触发此事件的元素（事件的目标结点）
timeStamp	返回事件生成的日期和时间
type	返回当前 Event 对象表示的事件的名称
initEvent()	初始化新创建的 Event 对象的属性
preventDefault()	通知浏览器不要执行与事件关联的默认动作
stopPropagation()	不再派发事件

4. img(图像)对象运用技术

1) img 对象提供了对文档中的 img 元素及其属性的访问方法

包括下面 3 种：

(1) 利用< img >(图像)数组 images[]访问,代码格式为"document. images[i]"。

(2) 利用元素的 name 属性访问,代码格式为"document. 图像名"。

(3) 利用< img >(图像)数组 images[]和 ID 属性值访问,代码格式为"document. images[id 值]"。

例如使用数组 images[]将文档中第一个图像的边框设为 4。语句如下：document. images[0]. border＝4；

使用数组 images[]将文档中第二个图像的 src 设为 dog. jpg。语句如下：document. images[1]. src＝"dog. jpg"；

2) 图像的预载入(preload)功能

"clickImage ＝ new Image；clickImage. src ＝ "flower2. jpg"；"实现了图像的预载入(preload)功能。预读图片以后,浏览器的缓存里就有了图片的副本,当真正要把图片放到文档中的时候图片就可以立刻显示了。

使用图像预载入功能的原因是当给对象的 src 属性赋值的时候整个文档的读取、JavaScript 的运行都会暂停,让浏览器"专心地"读取图片,从而影响程序的运行速度。

现在的网页中经常会有一些图像链接,当用鼠标指针指向它的时候图像换成另外一幅图像,它们都采用了图像的预载入功能。

动态创建图像的语句格式也可以是"var myImage ＝ new Image(<图片地址字符串>)；"。

3) 图像的动态变化

动态 HTML 最引人注意的地方通常少不了图像的变化。图像变化的原理主要是通过改变图像< img >对象的 src 属性来完成,例如下面的程序代码：

```
onClick = "document.myImage.src = clickImage.src;"
onDblClick = "document.myImage.src = DblClickImage.src;"
```

意思是,当单击链接时 myImage 图像对象的 src ＝ clickImage. src,而当双击链接时 myImage 图像对象的 src ＝ DblClickImage. src。

思考与实践

1. 思辨题

判断(✓×)

(1) BOM 提供了独立于内容的可以与浏览器窗口进行互动的对象结构。　　　(　)

(2) MoveTo(x,y)使窗口向右移动到 x 坐标、向上移动到 y 坐标。　　　(　)

(3) 代表浏览器窗口的 window 对象是 BOM 的顶层对象,其他对象都是该对象的子对象。　　　(　)

选择

(4) 在 DOM 中,( )指浏览器的文档对象,代表用户在当前窗口中所打开的 HTML 文档。

    A. document   B. navigator   C. html   D. location

(5) 以下( )方法返回对拥有指定 id 的第一个对象的引用。

    A. getElementBynName()   B. getElementsByTagName()

    C. getElementById()   C. writeln()

(6) 返回结点属性的方法是( )。

    A. element.getAttributeNode()   B. element.contentEditable()

    C. element.cloneNode()   D. element.getAttribute()

填空

(7) _____对象表示 HTML 属性,提供了对 HTML 属性的处理。

(8) 在 HTML DOM 中,_____对象表示元素属性结点的无序集合。

(9) element.accessKey 设置或返回元素的_____。

(10) element._____方法可以把元素转换为字符串。

2. 外文文献阅读实践

查阅、研读一篇大约 1500 字的关于浏览器对象的小短文,并提交英汉对照文本。

3. 上机实践

1) 页面设计:编写一个 HTML 文件 chp16_zy31.html

要求运用内部 JavaScript 代码,实现"状态栏动态文字"效果功能,请先查阅"状态栏"的设计技术,再行设计,具体如下:

(1) 在页面上设计一个"走马灯效果"按钮、一个"打字效果"按钮和一个"刷新页面"按钮。

(2) 自定义一个实现"走马灯效果"的函数,一个实现"打字效果"的函数。

(3) 当用户单击"走马灯效果"按钮和"打字效果"按钮时分别调用相应函数使状态栏文字呈现走马灯效果和打字效果。单击"刷新页面"按钮时刷新当前页面。

(4) 本页面设计需要综合应用 window.setTimeout()、window.status、location.reload()等知识,请读者查阅相关资料学习。

在 IE 下的参考效果如图 16.15 所示[①](参考答案见 chp16_zy31.html)。

2) 页面设计:编写一个 HTML 文件 chp16_zy32.html

要求运用 img(图像)对象的属性实现图片广告的动态变化,具体如下:

(1) 在页面上设计两个链接、一个按钮。

(2) 通过"幻灯片播放"的方式实现图片的切换,达到广告轮播的效果;使用图像的预载入(preload)功能为幻灯片的流畅播放提供保证。

(3) 可以改变图像的大小,打开页面时随机显示广告图像。

(4) 当用鼠标单击链接时通过提示对话框可以显示图像的源文件。

[①] 看不到浏览器的状态栏,导致效果无法欣赏的解决方法:在浏览器的最上端选择"查看"→"工具栏"→"状态栏"命令。

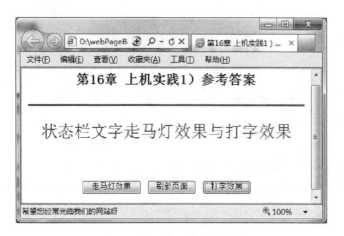

图 16.15　状态栏打字效果图

在 IE 下的参考效果如图 16.16 所示(参考答案见 chp16_zy32.html)。

图 16.16　使用 img(图像)对象的随机及轮播广告效果

3) 页面设计:编写一个 HTML 文件 chp16_zy33.html

要求运用内部 JavaScript 代码制作一个贺卡,具体要求如下:

(1) 在页面上设计一个表格,贺卡设计在表格内。贺卡要求由 GIF 动画、文字、marquee 组成多个图层。

(2) 自定义一个实现"动态滤镜"的函数。

（3）当用户单击表格时调用"动态滤镜"函数，使贺卡上的文字动态变化。

（4）本页面设计需要综合应用 CSS、JavaScript 等知识，请读者查阅相关资料学习。

在 IE 下的参考效果如图 16.17 所示（参考答案见 chp16_zy33.html）。

图 16.17　贺卡效果图

JavaScript 与 HTML5 对象模型

第17章 JavaScript 与 HTML5 前沿技术应用

本章导读:

在前面的章节中我们已经学习了 HTML5 新增加的基本特性和知识,也对 JavaScript 技术有了一定的认识,在本章我们将进一步学习 HTML5 的前沿新技术,这些新技术都是结合 JavaScript 来实现的,下面具体介绍基于 Geolocation API[①] 实现地理位置定位和在线地图功能;应用显示 API 实现页面或其元素的可见与全屏显示;使用 DOM 实现文档内容可编辑,以及与 Web 本地存储相关的 HTML5 前沿技术。

17.1 地理位置定位和在线地图的使用

17.1.1 地理位置定位的简介

在 HTML5 中,当请求一个位置信息时,如果用户同意,浏览器就会返回位置信息,该位置信息是通过支持地理定位功能的底层设备(比如笔记本电脑或手机)提供给浏览器的。

地理位置定位(Geolocation)被誉为未来万维网最热门的应用之一,用户通过地理定位可以获得有用的位置信息。例如,查找附近最近的商家,并获得最优的前往路线;显示最近的加油站、银行或餐厅。

地理定位必须在用户的许可下才能进行,用户的地理位置信息一直都是由用户自己控制的。当访问支持地理定位的网站时,浏览器会在用户共享信息之前询问用户,此外用户也可以选择关闭位置服务。

除了像谷歌地图这样提供地理定位服务的网站以外,地理位置定位(Geolocation)更多地应用在移动网页或移动 App 上。目前大部分手机带有 GPS 定位功能,能精准地找到手机所处的具体位置,手机网络服务商也能根据无线网络信息来确定用户所在的区域。

随着移动电子商务的发展和 O2O 模式的兴起,基于位置的服务(LBS)[②]获得了广阔的发展前景,利用 HTML5 新增的 Geolocation API,我们将可以方便地开发 LBS 的 App 和 Web 应用程序。

[①] API(Application Programming Interface,应用程序编程接口)是一些预先定义的函数,目的是提供应用程序与开发人员基于某软件或硬件得以访问一组例程的能力,而又无须访问源码,或理解内部工作机制的细节。

[②] 基于位置的服务是指通过电信移动运营商的无线电通信网络或外部定位方式获取移动终端用户的位置信息,在 GIS 平台的支持下为用户提供相应服务的一种增值业务。

17.1.2 地理位置信息处理 API——Geolocation

通过使用浏览器内置的 Geolocation API，即 window. navigator 对象的 geolocation 属性，可以非常方便地查询用户所在的地理位置，并且可以在 JavaScript 等脚本程序中调用。

目前浏览器对 Geolocation 的支持情况如表 17-1 所示。

表 17-1 浏览器对 Geolocation 的支持情况

浏览器	IE	Firefox	Opera	Safari	Chrome	Android	iPhone
Geolocation	9.0+	3.5+	10.6+	5.0+	5.0+	2.0+	3.0+

1. 浏览器地理定位支持性检查

在应用地理位置定位之前需要首先检测浏览器是否支持该功能，代码如下：

```
windows. navigator. geolocation;
```

其功能是获取 Geolocation 对象，不支持地理定位的浏览器并不包含这一对象。当浏览器不支持时可以提供一些替代文本，以提示用户升级浏览器或安装插件（如 Gears）来增强现有浏览器功能。

下面的代码可以根据浏览器的支持情况做出判断，从而做不同的处理。

```
if(windows.navigator.geolocation){
    //你的浏览器支持地理位置定位,可以进行下一步操作
    …
}else{
    alert('你的浏览器不支持地理位置定位');
}
```

或者在需要检查浏览器支持情况时使用下面的函数：

```
function testSupport() {
    if (navigator.geolocation) {
        document.getElementById("support").innerHTML = "支持 HTML5 Geolocation。";
    } else {
        document.getElementById("support").innerHTML =
    "该浏览器不支持 HTML5 Geolocation !建议升级浏览器或安装插件(如 Gears)。";}
}
```

在上面的代码中，testSupport()函数检测了浏览器的支持情况。这个函数应该在页面加载的时候就被调用，如果浏览器支持 HTML5 Geolocation，那么 navigator. geolocation 属性将返回该对象，否则将触发错误。预先定义的 support 元素会根据检测结果显示浏览器支持情况的提示信息。

在访问 Geolocation 对象的 API 时，浏览器会弹出提示框来询问用户是否允许网站访问自己的位置信息，只有获得用户的许可才会继续，否则将被停止。

2. 获取当前的地理位置信息

在获得用户的许可后就可以使用 Geolocation. getCurrentPosition()方法来获取用户的位置信息，该方法的语法格式如下：

```
Geolocation.getCurrentPosition(successCallback [,errorCallback[,options]])
```

其中第一个参数为必选参数,另外两个为可选参数。

(1) 参数 successCallback:它是一个回调函数,当成功获取位置信息后执行该函数。获取位置操作可能需要较长的时间才能完成,用户不希望在检索位置时浏览器被锁定,这个参数就是异步收到实际位置信息后进行数据处理的地方。

回调函数包含将一个 Position 对象作为该函数的参数(其中 Position 对象包含了用户的位置信息),代码如下:

```
function successCallback(position)
  {…}
```

(2) 参数 errorCallback:它也是一个回调函数,当用户拒绝时或者获取位置信息出错时执行该函数。回调函数包含将一个 PositionError 对象作为该函数的参数,PositionError 对象包含了出错信息,有 code(错误代码)和 message(具体错误信息)两个属性,其中 code 属性值如表 17-2 所示。

表 17-2　PositionError 对象的 code 属性值

属　　性	描　　述
error. PERMISSION_DENIED (或 1)	用户拒绝浏览器获得其位置信息
error. POSITION_UNVAILABLE (或 2)	尝试获取用户位置信息失败
error. TIMEOUT (或 3)	尝试获取用户位置超时(需要在 options 对象中设置 timeout 值)
error. UNKNOWN_ERROR (或 0)	未知错误,不包括上述错误代码中的错误,需要通过 message 参数查找错误的详细信息

例如,下面的代码片段说明了错误处理函数的使用方法。

```
function handleLocationError(error) {
    switch (error.code) {
    case 0:
        alert ("尝试获取您的位置信息时发生错误: " + error.message);
        break;
    case 1:
        alert ("用户拒绝了获取位置信息请求。");
        break;
    case 2:
        alert ("浏览器无法获取您的位置信息。");
        break;
    case 3:
        alert ("获取您的位置信息超时。");
        break;
    }
}
```

(3) 参数 options:对象定义配置项,它是一些可选属性的列表,可以调整 HTML5 Geolocation 服务的数据收集方式,属性如表 17-3 所示。

表 17-3　options 对象的属性

属　　性	说　　明
enableHighAccuracy	如果设置该属性为 true,则浏览器会启动 HTML5 Geolocation 服务的高精确度模式,这将导致机器花费更多的时间和资源来确定位置,大家应谨慎使用。其默认值为 false。如 enableHighAccuracy：true
timeout	指定获取地理位置的超时时间,单位为毫秒 ms,如果在这个时间段内未完成,就会调用错误处理程序。其默认值为 Infinity,即无穷大（不限时）。如 timeout5000
maximumAge	最长有效期,表示浏览器重新获取位置信息的时间间隔,以 ms 为单位。其默认值为 0,这意味着浏览器每次请求时必须立即重新计算位置。如 maximumAge：3000

例如代码：

```
navigator. geolocation. getCurrentPosition (updateLocation, handleLocationError,  {timeout:
10000});
```

这个调用告诉 HTML5 Geolocation 当获取位置请求的处理时间超过 10s(10000ms)时触发错误处理程序,这时 error. code 应该是 3。

【**示例 17.1**】　使用 Geolacation 对象设计一个页面,文件名为 E17_01. html。

网页功能要求如下：

当单击"查看谷歌地图"按钮后就会调用函数 getLocation(),当浏览器成功获取位置信息后进一步调用函数 showPosition(position),在该函数内读取经度和纬度信息,并显示谷歌地图,否则调用函数 showError(error)输出出错信息。

有关的代码可参见下面,源程序文件见"webPageBook\codes\E17_01. html"。

```
<!DOCTYPE HTML >
< html >
< head >< title >使用 Geolocation 对象获得地理位置</title>
  < meta charset = "utf - 8"></head>
< body >
  < p id = "demo">点击这个按钮,显示谷歌地图：</p>
  < button onclick = "getLocation()">查看谷歌地图</button>
  < div id = "mapholder"></div>
  < script >
    var x = document. getElementById("demo");
    function getLocation(){
      if (navigator. geolocation)
      {navigator. geolocation. getCurrentPosition(showPosition,showError);}
      else{x. innerHTML = "Geolocation is not supported by this browser.";}
      }
    function showPosition(position){
    var latlon = position. coords. latitude + "," + position. coords. longitude;
    var img_url = "http://maps. google. com/maps/api/staticmap?center = "
      + latlon + "&zoom = 14&size = 400x300&sensor = false";
      document. getElementById("mapholder"). innerHTML = "< img src = '" + img_url + "' />";
      }
    function showError(error){
```

JavaScript 与 HTML5 前沿技术应用

```
        switch(error.code)
          {case error.PERMISSION_DENIED:
             x.innerHTML = "User denied the request for Geolocation."
             break;
          case error.POSITION_UNAVAILABLE:
             x.innerHTML = "Location information is unavailable."
             break;
          case error.TIMEOUT:
             x.innerHTML = "The request to get user location timed out."
             break;
          case error.UNKNOWN_ERROR:
             x.innerHTML = "An unknown error occurred."
             break;}
        }
    </script>
</body>
</html>
```

在使用 IE9 浏览器打开时站点会提示“需要跟踪您的物理位置”信息,单击“允许”后重新单击按钮即可获得地理位置。在使用 Chrome 等浏览器时可能会发现无法获取地理位置,这时可能需要更改浏览器的隐私保护设置等,不同浏览器的使用情况请读者查阅相关资料。

3. 地理位置信息监视及清除

有时候,仅获取一次用户位置信息是不够的。比如对于使用移动设备的用户,随着用户的移动,页面应该能够不断更新显示附近的位置,如餐馆信息,这样所显示的餐馆信息才对用户有意义。幸运的是,HTML5 Geolocation 服务的设计者已经考虑到了这一点。

HTML5 Geolocation 提供了监视、跟踪设备位置的函数 geolocation. watchPosition()。如果应用程序不需要再接收用户的位置更新消息,只需要使用函数 clearWatch(Id)即可清除监视。具体用法如下。

1) 重复性位置更新请求 API

应用程序可以使用如下 API 进行重复性位置更新请求。

```
void watchPosition(updateLocation, optional handleLocationError, optional options);
```

当监控到用户的位置发生变化时,HTML5 Geolocation 服务就会重新获取用户的位置信息,并调用 updateLocation()函数处理新的数据,及时通知用户。

这个函数的参数跟前面提到的 getCurrentPosition 函数的参数一样,这里不再赘述,但该方法会返回一个监控 id。

2) watchPosition 和 clearWatch 方法的使用

(1) watchPosition 方法用于持续监视用户的当前地理位置信息,并返回一个监控 id,使用该方法的代码如下:

```
var watchId = navigator.geolocation.watchPosition(updateLocation, handleLocationError);
```

(2) clearWatch 方法的作用是停止监视用户的当前地理位置,不再接收用户位置更新消息,使用该方法的代码如下:

```
navigator.geolocation.clearWatch(watchId);
```

17.1.3 地理位置定位——Position 对象

1. 位置定位的工作原理

当用户浏览一个位置定位网站时,浏览器会收集获取用户周围的无线热点和 PC 的 IP 地址,然后把这些信息发送给位置定位服务提供者,如百度或谷歌等,由它来计算用户的位置,最后用户的位置信息就在网站上被计算出来。

2. 位置定位的精确度

精确度会根据不同的位置有所差别。在某些地方,位置服务提供商可能只提供很小范围的定位服务,而在另一些地方提供商的服务范围是非常大的,被服务商返回的位置是一个估算的值。

但是,对于通过 IP 地址获得的 IP 地理位置信息未必非常准确,因为这个 IP 是 ISP 分配给用户的,用户获得的事实上是 ISP 的地理位置。另外,如果使用代理或 VPN,用户实际获得的可能是十万八千里之外的地方。

3. 处理位置信息

当成功获取位置信息后会返回一个 Position 对象,该对象包含了用户的位置信息,包括 coords(坐标)属性和一个获取位置数据时的时间戳。coords 属性的返回值是一个 coordsCoordinates 对象,包含了地理位置坐标。位置信息由纬度、经度坐标[①]和海拔、海拔准确度、行驶方向和速度等一些其他属性元数据组成,具体情况取决于浏览器所在的硬件设备,如果浏览器不支持该属性则返回 null。

coordsCoordinates 对象的一些属性如表 17-4 所示。

表 17-4   coordsCoordinates 对象的属性

属　　性	描　　述
latitude	获取维度,代码为"position.coords.latitude;"
longitude	获取经度,代码为"position.coords.longitude;"
altitude	获取海拔
accuracy	获取经、纬度的精确度,误差单位为米
altitudeAccuracy	获取海拔的精确度,误差单位为米
heading	获取移动设备行动的方向,以度为单位,参照北向顺时针。0≤heading＜360 度
speed	获取移动设备的移动速度,以 m/s 为单位

【示例 17.2】　使用 HTML5 Position 对象设计一个页面,文件名为 E17_02.html。

网页功能要求:通过单击按钮获取当前的地理坐标,即经度和纬度,在 IE9 中的显示效果如图 17.1 所示。

---

①　经纬度坐标有两种表示方式:十进制格式(例如 39.9)和 DMS(Degree Minute Second,角度)格式(例如 39°54′20″)。HTML5 Geolocation API 返回的坐标格式为十进制格式。例如,北京故宫位置的经、纬度坐标是北纬 39.9、东经 116.4。

图 17.1　使用 Position 对象获取当前的地理坐标

有关的代码可参见下面,源程序文件见"webPageBook\codes\E17_02.html"。

```
<!DOCTYPE HTML>
<html>
<head><title>使用 position 对象获取当前的地理坐标(经纬度)</title>
  <meta charset = "utf-8">
</head>
<body>
  <p id = "demo">单击按钮获取您当前的经纬度坐标(可能需要比较长的时间获取): </p>
  <button onclick = "getLocation()">查看经纬度坐标</button>
  <script>
    var x = document.getElementById("demo");
    function getLocation(){//检测是否支持地理定位,如果支持,则运行 getCurrentPosition()方
                          //法;如果不支持,则提示用户
        if (navigator.geolocation)
          { //如果 getCurrentPosition()运行成功,则向参数 showPosition 中规定的函数返回一
            //个 coordinates 对象
          navigator.geolocation.getCurrentPosition(showPosition);}
          else{x.innerHTML = "该浏览器不支持获取地理位置。";}
        }
    function showPosition(position)
      { //showPosition()函数获得并显示经度和纬度
        x.innerHTML = "您所在位置的纬度: " + position.coords.latitude +
        "<br>您所在位置的经度: " + position.coords.longitude;
        }
    </script>
</body>
</html>
```

17.1.4　百度在线地图的使用

在页面中使用百度地图需要使用百度地图的 HTML5 地理位置 API,因此首先需要在页面中包括导入 API 的脚本文件,代码如下:

```
<script type = "text/javascript" src = "http://api.map.baidu.com/api?v = 1.3"></script>
```

主要 API 的用法步骤如下。

(1)创建地图并将其显示在页面 id="map"的区域中,代码如下:

```
var map = new BMap.Map("map");
```

（2）创建所在位置点并指定其坐标，代码如下：

```
var longitude = value.coords.longitude;
var latitude = value.coords.latitude;
var point = new BMap.Point(longitude, latitude);
```

（3）地图的初始化，设置地图中心点坐标和地图级别（级别越大越精确），代码如下：

```
map.centerAndZoom(point, 14);
```

（4）创建对指定点的标注，将标注添加到地图中，代码如下：

```
var marker = new BMap.Marker(new BMap.Point(longitude, latitude));
map.addOverlay(marker);
```

（5）创建标注信息窗口对象，指定窗口中的注释文本，代码如下：

```
var infoWindow = new BMap.InfoWindow("您在这里");
```

（6）开启标注信息窗口，代码如下：

```
map.openInfoWindow(infoWindow,point);
```

【示例 17.3】 使用基于百度地图的 HTML5 地理位置 API 设计一个页面，文件名为 E17_03.html。

网页功能要求：提示用户当前位置的地理坐标，即经度和纬度；显示百度地图；创建标注，并添加到地图中。在 IE9 中的显示效果如图 17.2 所示。

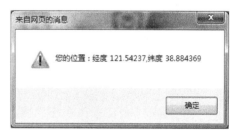

图 17.2　提示用户当前位置的经度和纬度

有关的代码可参见下面，源程序文件见 "webPageBook\codes\E17_03.html"。

```
<!DOCTYPE HTML>
<html>
<head>
  <!-- 基于百度地图的 HTML5 地理位置定位实例 -->
  <meta charset="gb2312"><title>基于百度地图的 HTML5 地理位置定位</title>
  <script type="text/javascript" src="http://api.map.baidu.com/api?v=1.3"></script>
  <script type="text/javascript">
    function getLocation() {
      if (navigator.geolocation) { navigator.geolocation.getCurrentPosition(showMap,
handleError, {enableHighAccuracy:true, maximumAge:1000});
      }else{alert("您的浏览器不支持使用 HTML5 来获取地理位置服务");}
    }
    function showMap(value){
      var longitude = value.coords.longitude;
      var latitude = value.coords.latitude;
      var map = new BMap.Map("map");
```

```
        var point = new BMap.Point(longitude, latitude);      //创建点坐标
        map.centerAndZoom(point, 15);                    //地图的初始化,设置中心点坐标和地图级别
        var marker = new BMap.Marker(new BMap.Point(longitude, latitude));   //创建标注
        map.addOverlay(marker);                          //将标注添加到地图中
        map.panTo(value.point);
        alert('您的位置:经度 ' + longitude + ',纬度 ' + latitude);
        var infoWindow = new BMap.InfoWindow("您在这里");    //创建标注信息窗口对象
        map.openInfoWindow(infoWindow,point);            //开启标注信息窗口
    }
    function handleError(value){
      switch(value.code){
        case 1:
          alert("位置服务被拒绝");  break;
        case 2:
          alert("暂时获取不到位置信息");  break;
        case 3:
          alert("获取信息超时");  break;
        case 4:
          alert("未知错误");  break;
        }
    }
    function init()
      { getLocation();}
    window.onload = init;
 </script>
</head>
<body>
    <h2><font color = blue>基于百度地图的 HTML5 地理位置定位,下面是您所在的位置</h2>
</font>
    <div id = "map" style = "width:600px;height:600px;"></div>
</body>
</html>
```

在使用 IE9 浏览器打开时站点会提示"已限制网页运行脚本或 ActiveX 控件",单击"允许阻止的内容";接着提示"需要跟踪您的物理位置"信息,单击"允许"后即可获得地理位置。

17.2　应用显示 API 实现页面的可见与全屏显示

17.2.1　Page Visibility API 的应用

1. Page Visibility API 概述

大家在浏览网页时可能都会遇到这样的情况:在浏览器打开多个带有音、视频的页面时,加载之前打开的所有标签页,会听到几个页面发出的混合在一起的声音。虽然浏览器通过标签的声音图标、插件等方法告知用户发声的页面,但这种体验还是很糟糕,使得网站不够友好。

现代浏览器在多 Tab (标签)的构建形式上基本达成了共识,通常而言我们都是打开新标签页,在当前浏览器窗口中每次只有一个标签页处于激活态(或者说高亮),其余均为隐藏态。

浏览器中的每个标签页无论是激活态还是隐藏态,运作机制模式基本没有区别,原来该计算的还是在计算,原来在放视频的还是在放视频,原来占内存的还是在占内存。

如何让网站不要浪费资源和进程在我们看不到的视频或动画上,而只在页面被激活使用时才发出声音呢?现在 HTML5 提供了解决方案,使用 Page Visibility(页面可见性)API既能使用户获得良好的页面访问体验,又能减少浏览器占用的计算机资源和网络带宽,有助于当前页面获得更好的性能,使网站更受用户欢迎。

2. Page Visibility API 应用场合

引入 HTML5 的 Page Visibility API 可以更好地利用页面"时隐时现"的动作,使网站更友好、更绿色、更有责任感。其主要的应用场景如下:

(1)视频网站用户在看视频的时候切换到另外一个标签页,或浏览器窗口最小化,视频自动暂停;当页面变为可见状态时继续播放。

(2)一些耗性能的页面在标签页处于隐藏状态时自动停止相关运算,节省资源[①]。

(3)在具有多幅图片的幻灯片广告连续播放页面,当页面处于不可见状态时图片广告自动暂停播放,当页面变为可见状态时继续播放。

(4)在实时显示服务器端信息的页面中,当页面处于不可见状态时暂停向服务器发出数据处理请求,当页面变为可见状态时继续执行定期向服务器发出数据处理的请求。

3. Page Visibility API 用法

目前 Chrome 21、Firefox 16.0.2、Opera 12.11、IE10 以及更新版本的浏览器都支持 Page Visibility API。Page Visibility API 包括两个属性和一个事件,具体内容如下。

1) Page Visibility API 属性

(1) document.hidden 属性:该属性表示当前页面是否处于隐藏状态,其值为 boolean值,当标签页处于隐藏态时为 true,反之处于激活态时为 false[②]。

(2) document.visibilityState 属性:该属性返回当前页面的可见状态,有以下 4 个属性值。

- hidden:表示页面隐藏,不可见。当浏览器最小化、切换 Tab(标签)、电脑锁屏时 visibilityState 值是 hidden。
- visible:表示页面可见。当浏览器顶级上下文(context)的文档(document)至少显示在一个屏幕(screen)当中时返回 visible;当浏览器窗口没有最小化,但是浏览器被其他应用遮挡时,visibilityState 值也是 visible。
- prerender:表示页面预渲染。当文档加载离屏(is loaded off-screen)或者不可见时返回 prerender,并非所有的浏览器支持这个属性。
- preview:表示页面预览。

2) Page Visibility API 事件

对于 visibilitychange(可见性改变)事件,每次页面的可见性状态发生更改时就会触发此事件。

3) Page Visibility API 浏览器支持性判断

并非所有的浏览器都支持该 API,所以在进行页面设计时对此要做出判断。

在页面中判断浏览器是否支持 addEventListener(事件监听器)和 Page Visibility API

---

① 参考资源网址为"http://www.alloyteam.com/wp-content/uploads/2012/11/page-visibility.html"。

② Page Visibility API 采用保守方式来报告 document 的隐藏:如用户在同一浏览器窗口切换就报告,但若是用其他窗口遮住当前页,就不会报告。这个 API 不是万无一失的,在某些情况下会误报,在使用时大家要注意。

(页面可见性 API),如不支持,给出提示;否则对监听的 page visibility change(页面可见性改变)事件进行处理,关键 JavaScript 代码如下。

```
if (typeof document. addEventListener === "undefined" || typeof document[hidden] ===
"undefined")
    {alert("浏览器不支持 Page Visibility API.");}
else{
    //调用函数 handleVisibilityChange,处理 visibilityChange 事件
    document.addEventListener(visibilityChange, handleVisibilityChange, false);
    }
//处理 visibilityChange 事件的函数
function handleVisibilityChange() {
     //代码略,详见示例 17.4
    }
```

【示例 17.4】 使用 Page Visibility API 设计一个网页,命名为 E17_04. html。

网页功能要求如下:

(1) 使用 HTML5 视屏标签在页面中插入一个视频[①],要求视频自动播放并带有视频控制栏。

(2) 使用 Page Visibility API 来设置当页面不可见时停止视频播放,当可见时恢复播放状态。

(3) 当停止视频播放时标题栏显示"视频在暂停中",当视频播放时标题栏显示"视频在播放中"。在 Firefox 浏览器中的效果如图 17.3 所示。

图 17.3 Page Visibility API 示例演示

---

① 注意 HTML5 支持的视频格式有 MP4、OGV、OGV,对 AVI 格式的视频暂不支持。

有关的代码可参见下面,源程序文件见"webPageBook\codes\ E17_04.html"。

```
<!DOCTYPE HTML>
<html>
<head><meta charset = "utf-8">
  <title>Page Visibility API 示例演示</title>
  <style>body{text-align:center;}</style>
</head>
<body>
  <h3>Page Visibility API 示例演示</h3><hr>
  <p>当页面由可见,变为不可见时,视频会停止播放</p>
  <main><video src = "../image/The+Village-SD.mp4" autoplay controls
          id = "videoElement">sorry,播放视频出现异常,请尝试其他浏览器</video></main>
  <aside><p><font color = blue>这是一个美丽的村庄,请欣赏人们劳作、生活的场景!
          <br>如果要停止播放,可以最小化浏览器窗口</font></p></aside>
  <footer><h4><font color = "#f78">备注:请在 Firefox 等支持 Page Visibility API 的浏览器
下欣赏</font></h4></footer>
  <script>
    //Set the name of the "hidden" property and the change event for visibility
      var hidden, visibilityChange;
      if (typeof document.hidden !== "undefined") {
            hidden = "hidden";   visibilityChange = "visibilitychange";}
      else if (typeof document.mozHidden !== "undefined") { //Firefox up to v17
              hidden = "mozHidden";   visibilityChange = "mozvisibilitychange"; }
      else if (typeof document.webkitHidden !== "undefined") {//Chrome up to v32
              hidden = "webkitHidden"; visibilityChange = "webkitvisibilitychange";}
      var videoElement = document.getElementById("videoElement");
      document.addEventListener("visibilitychange", function() {
          if (document[hidden])
            {videoElement.pause();}
          else {videoElement.play();}
        });
    //When the video pauses and plays, change the title
      videoElement.addEventListener("pause", function(){
          document.title = '视频在暂停中';}, false);
      videoElement.addEventListener("play", function(){
          document.title = '视频在播放中'}, false);
  </script>
</body>
</html>
```

17.2.2 Fullscreen API 的应用

1. Fullscreen API 概述

HTML5 中新增的 Fullscreen API[①] 是一个新的 JavaScript API,简单而又强大,不仅能够使整个页面全屏显示,还可以使页面中的某个元素全屏显示,并随时可以退出全屏状态。它的设计初衷是为了全屏显示 HTML5 视频和网页游戏,以便更全面地替代 Flash 功能。尽管它还有很多有待完善的地方,但是作为一个新的浏览器特性,在某些地方还是能够

---

① 外文参考资源为"https://davidwalsh.name/fullscreen"。

极大地增强用户体验的。

2. Fullscreen API 用法

全屏 API 提供了进入和退出全屏模式的方式,并提供了相应的事件来监测全屏状态的改变。目前 Firefox 10、Safari 5.1+、Chrome 15+以及 IE11 都提供了对全屏 API 的支持。Fullscreen API 的属性、方法和事件如下。

1) Fullscreen API 属性

(1) document.fullscreenElement 属性:该属性返回正处于全屏状态的网页元素,在代码中需要根据不同的浏览器添加相应的前缀①,语法如下。

```
var fullscreenElement = document.fullscreenElement || document.mozFullScreenElement || document.webkitFullscreenElement;
```

(2) document.fullscreenEnabled 属性:该属性返回一个布尔值,表示当前是否处于全屏状态,语法如下。

```
var fullscreenEnabled = document.fullscreenEnabled || document.mozFullScreenEnabled || document.webkitFullscreenEnabled ||document.msFullscreenEnabled;
```

2) Fullscreen API 方法

(1) requestFullscreen()方法:调用该方法,浏览器会将页面或元素设置为全屏显示状态。下面的函数会根据不同浏览器判断其是否支持全屏显示 API,如果支持,则调用requestFullscreen()方法,将元素设置为全屏显示。

```
function launchFullscreen(element) {
    if(element.requestFullscreen)
        {element.requestFullscreen();}
    else if(element.mozRequestFullScreen)
        { element.mozRequestFullScreen();}
    else if(element.msRequestFullscreen)
        { element.msRequestFullscreen(); }
    else if(element.webkitRequestFullscreen)
        {element.webkitRequestFullScreen();}
}
```

将需要全屏显示的 DOM 元素作为参数,调用此方法,即可让 window 进入全屏状态。

① 在使用上述函数时可以针对整个网页,也可以针对某个网页元素(比如播放视频的 video 元素),代码如下。

```
launchFullscreen(document.documentElement);   //针对整个网页,其中 document.documentElement
                                              //表示 DOM 对象的根结点对象
launchFullscreen(document.getElementById("videoElement"));  //针对某个元素
```

② 当放大一个元素的时候,Firefox 和 Chrome 在行为上略有不同。Firefox 自动为该元素增加一条 CSS 规则(width:100%;height:100%),将该元素放大至全屏状态;而

---

① 到目前为止,Fullscreen API 依然是带前缀的,并且很快主流浏览器都会支持。

Chrome 则是将该元素放在屏幕的中央,保持原来的大小,其他部分变黑(在不同浏览器下查看示例 17.5 页面体会)。为了让 Chrome 的行为与 Firefox 保持一致,需要用户自定义一条 CSS 规则。

```
:-webkit-full-screen #myvideo {
  width: 100%;
  height: 100%;
}
```

（2）exitFullscreen()方法：调用该方法,浏览器会退出全屏,返回原先的布局。该方法在一些老的浏览器上也支持带有前缀。

下面的函数会根据不同浏览器判断其是否支持退出全屏,如果支持,则调用 document 对象的 exitFullscreen()方法[①]退出全屏显示,代码如下。

```
function exitFullscreen() {
    if (document.exitFullscreen) {
      document.exitFullscreen();
    } else if (document.msExitFullscreen) {
      document.msExitFullscreen();
    } else if (document.mozCancelFullScreen) {
      document.mozCancelFullScreen();
    } else if (document.webkitExitFullscreen) {
      document.webkitExitFullscreen();
    }
}
exitFullscreen();          //调用退出全屏方法
```

3) Fullscreen API 事件

当页面或元素进入/退出全屏模式时会触发 fullscreenchange 事件。

3. 全屏状态的 CSS 设置

在全屏状态下,大多数浏览器的 CSS 支持:full-screen 伪类,只有 IE11 支持:fullscreen 伪类。使用这个伪类可以对处于全屏状态下的页面或元素设置单独的 CSS 属性指定其显示方式,代码如下。

```
:-webkit-full-screen {  /* CSS properties */}
:-moz-full-screen {  /* properties */}
:-ms-fullscreen {  /* properties */}
:fullscreen { /* spec */
    /* properties */
  }
/* deeper elements */
:-webkit-full-screen video {
    width: 100%;
    height: 100%;
}
```

---

① exitFullscreen 方法只能通过 document 对象调用,而不是使用普通的 DOM element。

【示例 17.5】 使用 FullScreen API 设计一个网页,命名为 E17_05.html。

网页功能要求如下:

(1) 在页面上设计一个 div 文本,同时使用 HTML5 视频标签在页面中插入一个视频,设置视频自动播放,并带有视频控制栏。

(2) 当单击文本块 div 或单击视频区域时该元素会进入全屏状态,再次单击则退出全屏。

(3) 当单击页面空白区域时该网页会进入全屏状态,再次单击则退出全屏。

在 Firefox 浏览器中的效果如图 17.4 所示(可在 Chrome 等浏览器下查看不同效果)。

图 17.4　FullScreeen API 使用示例

有关的代码可参见下面,源程序文件见"webPageBook\codes\E17_05.html"。

```
<!DOCTYPE HTML>
<html>
<head><meta charset = "utf-8"><title>FullScreeen API 使用示例</title>
  <style>
    :-webkit-full-screen { background: pink;}
    :-moz-full-screen { background: pink;}
    :-ms-fullscreen { background: pink;}
    :fullscreen { /* spec */
      background: pink;}
    /* deeper elements 在 Chrome 浏览器下单击页面空白区查看效果 */
    :-webkit-full-screen video {
      width: 100%;
      height: 400px;}
  </style>
</head>
```

```
<body>
    <div id = "div1" class = "fullScreen" style = "width: 600px; height: 80px; background -
color: yellow">
        点击这个 Div 区块,该块儿将进入全屏状态;再次点击,则退出全屏<br>点击下面视频区域
则视频进入全屏播放状态 </div><hr>
    <div id = "div2" class = "fullScreen" style = "width: 600px; height: 500px; ">
        <video src = "../image/The + Village - SD.mp4" autoplay controls>sorry,播放视频出现异
常,请尝试其他浏览器</video></div>
    <script type = "text/javascript">
        var inFullScreen = false; //inFullScreen 属性为布尔类型,判断是否为全屏显示,初始值
                                  //设置为 false
        var fsClass = document.getElementsByClassName("fullScreen");
                                       //fsClass 的值为所有"fullScreen"类型元素的数组
        for (var i = 0; i < fsClass.length; i++) {
          fsClass[i].addEventListener("click", function (evt) {
          //为"fullScreen"类型元素添加"click"单击事件监听器
          if (inFullScreen == false) {
            makeFullScreen(evt.target);      //如果不是全屏,则发生单击事件,就调用全屏方法}
          else{
            reset();                         //否则调用 reset 方法,退出全屏}
          }, false);                         //false 清除前面的数据影响
        }
        function makeFullScreen(divObj) {
          if (divObj.requestFullscreen) {
            divObj.requestFullscreen(); }
          else if (divObj.msRequestFullscreen)
            { divObj.msRequestFullscreen();}
          else if (divObj.mozRequestFullScreen)
            {divObj.mozRequestFullScreen();}
          else if (divObj.webkitRequestFullscreen)
            {divObj.webkitRequestFullscreen();}
          inFullScreen = true;
          return;
        }
        function reset() {
          if (document.exitFullscreen) {
            document.exitFullscreen(); }
          else if (document.msExitFullscreen) {
            document.msExitFullscreen();}
          else if (document.mozCancelFullScreen) {
            document.mozCancelFullScreen();}
          else if (document.webkitCancelFullScreen) {
            document.webkitCancelFullScreen();}
          inFullScreen = false;
          return;
        }
    </script>
</body>
</html>
```

在这个示例中,当我们单击视频区域时就会自动进入全屏播放,一些视频网站中已经开始使用 FullScreen API 来达到观看视频时更友好的交互效果。

17.3 使用 DOM 方法实现文档内容的可编辑处理

17.3.1 元素的可编辑性

1. contenteditable 属性

contenteditable 是由微软开发、被其他浏览器反编译并投入应用的,是 HTML5 中 DOM 元素的一个新的全局属性,其主要功能是允许用户编辑元素中的内容,包括元素中包含的任何文字和它的子对象。所以该元素必须是可以获得鼠标焦点的元素,而且在单击鼠标后要向用户提供一个插入符号,提示用户该元素中的内容允许编辑,即内容可以删除、添加,并且可以将网页中其他元素的内容拖动到该元素中。

contenteditable 属性的语法格式为< element contenteditable = "value" >。其中 value 可以是 true(或空字符串)、false 或者 classname。当元素可编辑时,属性值为 true(或空字符串),否则属性值为 false。若元素继承类名为 classname 的父元素的 contenteditable 属性,那么属性值为 classname。例如表示元素 p 的内容可以编辑的代码[①]如下:

```
< p contenteditable = "true">这是一段可编辑的段落,请试着编辑该文本。</p>
```

除此之外,该属性还有一个默认的 inherit(继承)属性,即当父元素的 contenteditable 属性为 true 时该元素被指定为允许编辑;当属性为 false 时元素被指定为不允许编辑;在未指定 true 或 false 时则由 inherit 状态来决定,如果元素的父元素是可编辑的,则该元素就是可编辑的。

2. isContentEditable 属性

元素还有一个 isContentEditable 属性,当元素可编辑时属性值为 true;当元素不可编辑时属性值为 false。

17.3.2 整个页面的可编辑性

designMode 属性用来指定整个页面是否可编辑。该属性有"on"与"off"两个值,当属性被指定为"on"时页面可编辑;当被指定为"off"时页面不可编辑。当页面可编辑时,页面中任何支持上文所述的 contentEditable 属性的元素都变成了可编辑状态。designMode 属性值只能在 JavaScript 脚本里被编辑修改。页面可编辑属性被指定为"on"时的代码如下:

```
document.designMode = "on";
```

针对 designMode 属性,各浏览器的支持情况各不相同:IE8 出于安全考虑,不允许使用 designMode 属性让页面进入编辑状态;IE9 允许使用 designMode 属性让页面进入编辑状态;Chrome 3 和 Safari 使用内嵌 frame 的方式,该内嵌 frame 是可编辑的;Firefox 和 Opera 允许使用 designMode 属性让页面进入编辑状态。

---

① 如果想要整个网页可编辑,请在 body 标签内设置 contentEditable。

【示例 17.6】 使用 contenteditable 设计一个简单的内容可编辑网页,命名为 E17_06.html。

功能要求如下:

(1) 分别设置一个可编辑的列表和两个 article 块元素。

(2) 第一个元素将"contenteditable"属性设置为"true",可直接对其内容编辑;第二个 < article >元素显示编辑后的内容。

(3) 当用户编辑完成后,单击"显示修改后诗句"按钮,则将编辑后的内容显示在第二个 < article >元素中。

在 Firefox 浏览器中的效果如图 17.5 所示。

图 17.5　网页内容可编辑示例

有关的代码可参见下面,源程序文件见"webPageBook\codes\E17_06.html"。

```
<!DOCTYPE HTML>
<html>
<head>
  <meta charset = "utf - 8">
  <title>文档内容可编辑示例</title>
  <script type = "text/javascript" async = "true">
    /* 先将修改完成的内容保存至变量"strArt"中,然后通过元素 ID 号"art_1"获取用于显示结果的<article>元素,并将该元素显示的内容设置为变量"strArt"的值 */
    function Btn_Click(){      //单击"显示修改后诗句"按钮时调用该函数
      var strArt = document.getElementById("art_0").innerHTML;
      var objArt = document.getElementById("art_1");
      objArt.innerHTML = '< font color = blue >' + strArt + "</font>";
```

```
        }
      </script>
   </head>
   <body>
      <h3>1.下面图书列表可编辑</h3>
         <ul contenteditable="true">
            <li>HTML5 教程</li>
            <li>CSS3 教程</li>
            <li>JavaScript 教程</li>
         </ul>
      <h3>2.下面诗句可编辑补充</h3>
      <article contenteditable="true"  id="art_0">
        <fieldset>
            <legend>登鹳雀楼：王之涣</legend>
            <div id="oDiv" style="min-height:80px;" contenteditable="true">
               <pre>白日依山尽,黄河入海流。
               …… ……</pre>
            <img src="../image/wangwei.jpg"  height=100px />
            </div>
        </fieldset>
      </article>
      <input type="button" value="显示修改后诗句"  onClick="Btn_Click();">
      <h3>3.修改后诗句的内容</h3>
      <article  id="art_1">修改后诗句的显示位置</article>
   </body>
   </html>
```

注意,目前暂无相关的 API 对编辑后的内容进行直接保存。如果想要保存其中的内容,只能借助于 Ajax 或 jQuery 中的异步操作把该元素的 innerHTML 发送到服务器端进行保存,因为改变元素内容后该元素的 innerHTML 内容也会随之改变。

17.3.3 元素的拖放编辑

拖放(drag 和 drop)是一种常见的特性,即选择页面对象以后将其拖动并放置到另一个位置,它是 HTML5 标准的组成部分,任何元素都能够拖放。目前它已得到多数浏览器的支持,如 Internet Explorer 9、Firefox、Opera 12、Chrome 以及 Safari 5 等。下面结合例子讲述拖放编辑的用法。

1. 设置元素为可拖放

首先,为了使元素可拖动,需要把元素的 draggable 属性设置为 true。例如设置图像可拖动的代码为<img draggable="true" />。

2. 拖动开始事件的处理

主要使用 ondragstart 属性和 setData()方法,规定当元素开始拖动时 ondragstart 事件属性调用的函数,如"ondragstart="drag(event)";",以便对拖动开始事件进行处理;setData()方法设置被拖动时传送的数据类型和值。

在下面的函数代码中,"setData("Text",ev.target.id);"方法设置被拖数据的数据类型是"Text",值是可拖动元素的 id(如"drag1")。

```
function drag(ev)
{ev.dataTransfer.setData("Text",ev.target.id);}
```

3. 拖动过程中事件的处理

主要使用 ondragover 事件属性和 event 对象的 preventDefault()方法,规定当元素在页面上方拖动时 ondragover 事件属性调用的函数,如"ondragover＝"allowDrop(event)";",以便对拖动事件进行处理;preventDefault()方法阻止对元素的默认处理方式,允许将数据或元素放置到其他元素中,调用方法见下面的函数代码。

```
function allowDrop(ev)
  {ev.preventDefault();}
```

4. 元素放置事件的处理

主要使用 ondrop 事件属性和被拖数据在所放置的目标元素中的处理方法,规定当元素被放置时 ondrop 事件属性调用的函数,如"ondrop＝"drop(event)";",以便对放置事件进行处理。

在下面的函数代码中,preventDefault()方法阻止浏览器对数据的默认处理(drop 事件的默认行为是以链接形式打开的);dataTransfer.getData("Text")方法获得被拖的数据,即在 setData()方法中设置的数据;target.appendChild()方法将被拖数据追加到要放置的目标元素中。

```
function drop(ev)
{ev.preventDefault();
var data = ev.dataTransfer.getData("Text");
ev.target.appendChild(document.getElementById(data));}
```

【**示例 17.7**】 使用拖放(drag 和 drop)编辑 API,设计一个网页,命名为 E17_07.html。功能要求如下:

(1) 设计两个可编辑的文本 div,并进行样式设置。

(2) 首先在第一个 div 中放置一个图像,但允许图像在两个 div 块之间进行拖放编辑。在 Firefox 浏览器中的效果如图 17.6 所示。

图 17.6　网页内容拖放(drag 和 drop)编辑示例

有关的代码可参见下面,源程序文件见"webPageBook\codes\E17_07.html"。

```
<!DOCTYPE HTML>
<html><head>
  <style type="text/css">
    #div1, #div2{float:left; width:250px; height:200px; margin:10px;padding:10px;
              border:3px solid #05f;}
  </style>
  <script type="text/javascript">
    function allowDrop(ev)
      {ev.preventDefault();}
    function drag(ev)
      {ev.dataTransfer.setData("Text",ev.target.id);}
    function drop(ev){
      //避免浏览器对数据的默认处理,drop事件的默认行为是以链接形式打开,不同浏览器有差异
      ev.preventDefault();
      //该方法返回在setData()方法中设置的数据,即被拖元素的id("drag1")
      var data = ev.dataTransfer.getData("Text");
      //把被拖元素追加到目标元素中
      ev.target.appendChild(document.getElementById(data));
    }
  </script>
</head>
<body>
  <h3>元素的拖放编辑:可在两个div块之间拖放图像</h3>
  <div id="div1" ondrop="drop(event)" ondragover="allowDrop(event)">
    <img src="../image/ktboy.jpg" height=180px draggable="true" id="drag1"
    ondragstart="drag(event)" /></div>
  <div id="div2" ondrop="drop(event)" ondragover="allowDrop(event)"></div>
</body></html>
```

17.4　基于 Web 存储技术实现数据的客户端存储

17.4.1　Web Storage 概述

在早些时候,本地存储使用的是 Cookies,Cookie 的大小限制在 4KB 左右,并且每次请求一个新的页面时 Cookie 都会随 HTTP 事务一起被发送过去,这样无形中浪费了带宽,不适合存储业务数据。但是 Web 存储需要更加安全、快速的方法,HTML5 Web 存储是一个比 Cookie 更好的本地存储方式,可以在本地存储用户的浏览数据,而无须被保存在服务器上;并且可以存储大量的数据,而不影响网站的性能。但 Cookie 也是不可以或缺的,Cookie 的作用是与服务器进行交互,作为 HTTP 规范的一部分存在,而 Web Storage 仅仅是为了在本地"存储"数据。

内置到 HTML5 中的 Web 存储对象有两种类型,即 sessionStorage(会话存储)对象和 localStorage(本地存储)对象。两者的区别就是一个作为临时保存,一个长期保存。

sessionStorage 对象负责存储一个会话期①内需要保存的数据。如果用户关闭了页面

---

① 会话(session)是用户在浏览网站时从打开浏览器访问网站开始到退出网页关闭浏览器为止所经过的时间,也就是用户访问这个网站所花费的时间。

或浏览器,则会销毁数据。因此 sessionStorage 不是一种持久化的本地存储,仅仅是会话级别的存储。

localStorage 对象将数据保存在客户端本地的硬件设备中(如硬盘等),存储的数据没有时间限制。即使当 Web 页面或浏览器关闭时仍会保持数据的存储,下次打开浏览器访问网站时仍然可以继续使用。当然这还取决于为此用户的浏览器设置的存储量。

所有最新的浏览器版本均支持 Web 存储特性,这些浏览器包括 Firefox、Chrome、Safari、Opera 和 Internet Explorer,表 17-5 显示了支持 HTML5 Web 存储的每个桌面浏览器版本。

表 17-5　HTML5 Web 存储的桌面浏览器支持

浏览器名称	Chrome	Firefox	Safari	Opera	Internet Explorer
浏览器图标					
浏览器版本	4+	4+	4+	11+	8+

除了 Opera Mini 之外,其他移动浏览器也提供了对 HTML5 Web 存储的支持,表 17-6 显示了支持 HTML5 Web 存储的每个移动浏览器版本。

表 17-6　HTML5 Web 存储的移动浏览器支持

浏览器名称	iOS	Android	Opera Mini	Opera Mobile
浏览器图标				
浏览器版本	5+	3+	NA	11+

为了检查浏览器对 Web 存储的支持情况,可以使用一个简单的条件语句查看 HTML5 存储对象是否已经定义。如果已经定义,就可以放心地进行 Web 存储脚本的编写;如果未定义,而数据存储又是必需的,则需要采用一种备选方法,比如 JavaScript cookie。下面的代码显示了一种简单的浏览器对 Storage 对象支持情况的检查方式。

```
if(window.localStorage){
    alert("您的浏览器支持 localStorage")}
  else{
    alert("您的浏览器暂不支持 localStorage") }
//或者 if(typeof window.localStorage == 'undefined'){ alert("浏览器暂不支持
//localStorage") }
```

sessionStorage 和 localStorage 对象具有相同的方法和属性,考虑到实用性,下面主要讲述 localStorage 对象的用法。

17.4.2　localStorage 对象的使用

HTML5 localStorage 对象是 window 对象的一个属性,因此通常写作 window.localStorage,它提供了几种简单、易用的方法实现 Web 数据本地存储的功能。这些方法支持设置一个键/值对,提供了基于键来检索某个值的方法,允许清除所有的键/值对,也可删除某个特定的键/值对。表 17-7 显示了 HTML5 Web 存储可用的方法。

表 17-7　localStorage 对象的主要方法

方　法　名	方　法　说　明

setItem(key,value)	该方法将数据保存到 Web 存储对象 Storage,供以后使用。参数为键/值对,作用是将 value 存储到 key 字段。其中值是要保存的数据,可以是任何数据类型,例如字符串、数值、数组、对象等。如保存用户姓名的"键/值"对"name/吴明"的代码:
	
	`localStorage.setItem('name','吴明');或 localStorage.name = '吴明';`
	
	或
	
	`localStorage["name"] = "吴明";`

getItem(key)	该方法用来获取已保存的数据,基于起初用来存储它的这个键检索保存在对象 localStorage 里的值。如获取"name"值"吴明"的代码:
	
	`localStorage.getItem('name');或 localStorage.name;`
	
	或
	
	`varnm = localStorage["name"]`

clear()	该方法用来清除已保存的全部数据,从此 Web 存储对象清除所有的键/值对。如代码: `localStorage.clear();`
removeItem(key)	该方法基于某个键,用来清除已保存在 localStorage 对象的键/值对。如清除"name"值"吴明"的代码: `localStorage.removeItem('name');`
key(*n*)	检索 key[*n*],即下标为 *n* 的 key 的值

1. localStorage 对象中存储数据的遍历

localStorage(或 sessionStorage)对象提供的 key()方法和 length 属性可以方便地实现存储数据的遍历,实现代码如下:

```
var storage = window.localStorage;
for (var i = 0, len = storage.length; i < len; i++)
    {var key = storage.key(i);
    var value = storage.getItem(key);
    console.log(key + " = " + value); }
```

2. 复杂结构数据的存取

如果要存取数组或对象等复杂结构的数据,必须使用 JSON[①] 对象通过 JSON.stringify 方法将数据转换为一个字符串保存;在检索此数据时可以使用 JSON.parse 方法进行检索,此时它会返回原始状态的对象或数据。如在 HTML5 localStorage 对象中将一个数组存储

---

① 　JSON 是 JavaScript Object Notation 的缩写,是将 JavaScript 中的对象作为文本形式保存时使用的一种格式。

为字符串的代码如下：

```
var myArray = newArray('FirstName','LastName','EmailAddress');
localStorage. formData = JSON. stringify(myArray);
```

　　如果要从 Web 存储检索数组的字符串版本，并将它转换为一个可用的 JavaScript 数组，只需使用 JSON. parse 方法，代码如下：

```
varmyArray = JSON. parse(localStorage. formData);
```

17.4.3　localStorage 示例

　　【示例 17.8】　使用 localStorage 对象设计一个网页，命名为 E17_08. html。
　　网页功能要求如下：
　　(1) 说明浏览器对 localStorage 对象的支持情况以及 localStorage 对象的数据存取方法。
　　(2) 设计一个个人电子笔记本，包括笔记撰写文本区、笔记显示按钮和清空笔记按钮。
　　(3) 使用 localStorage 存储笔记内容并显示到笔记显示文本区。
　　在 Firefox 浏览器中的显示效果如图 17.7 所示。

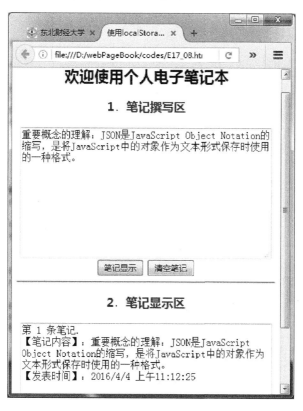

图 17.7　使用 localStorage 实现的个人电子笔记本

　　有关的代码可参见下面，源程序文件见"webPageBook\codes\E17_08. html"。

```
<!DOCTYPE HTML>
<html>
<head><meta charset = "utf - 8"><title>使用 localStorage 实现的个人电子笔记本 </title>
    <style type = "text/css">
        body{ text - align:center;}
        textarea { width: 400px; height: 200px; }
    </style>
<script type = "text/javascript">
    if(window.localStorage){
        alert("您的浏览器支持 localStorage")}
    else{
        alert("您的浏览器暂不支持 localStorage") }
    }
</script>
</head>
<body>
    <div>
        <h2>欢迎使用个人电子笔记本</h2>
        <h3><font color = blue>1.笔记撰写区</font></h3>
        <textarea id = "t1"></textarea><br />
        <input type = "button" class = "button" onclick = "addInfo()" value = "笔记显示" />
        <input type = "button" class = "button" onclick = "cleanInfo()" value = "清空笔记" />
        <br /><hr />
        <h3><font color = blue>2.笔记显示区</font></h3>
        <textarea id = "show" readonly = "readonly"></textarea>
    </div>
    <script type = "text/javascript">
        function upInfo() {
            var lStorage = window.localStorage;
            var show = window.document.getElementById("show");
            if (window.localStorage.myBoard) {
                show.value = window.localStorage.myBoard;
                if (localStorage.clickcount)
                    { localStorage.clickcount = Number(localStorage.clickcount) + 1; }
                else
                    { localStorage.clickcount = 1; }
            }
            else {//myBoard 不存在
                show.value = "您还没有新笔记"; }
        }
        function addInfo() {
            var info = window.document.getElementById("t1");
            var lStorage = window.localStorage;
            if (lStorage.myBoard) { var date = new Date();
                    lStorage.myBoard += "第" + localStorage.clickcount + "条笔记.\n【笔记内
容】: " + t1.value + "\n【发表时间】: " + date.toLocaleString() + "\n";}
                else { var date = new Date();
                    lStorage.myBoard = "第" + localStorage.clickcount + "条笔记.\n【笔记内
容】: " + t1.value + "\n【发表时间】: " + date.toLocaleString() + "\n";}
            upInfo();      //更新笔记内容
            }
        function cleanInfo() {window.localStorage.removeItem("myBoard");
            localStorage.clickcount = 1;
            alert("笔记已经清空");
```

```
                upInfo();}
    </script>
</body>
</html>
```

本 章 小 结

本章在前面 HTML5 和 JavaScript 学习的基础上讲述了二者相互结合实现网页特殊功能的前沿技术,具体内容如下:

(1) 讲解了 HTML5 Geolocation API,用于获得用户的地理位置,实现地理位置信息监视及清除,学习了地理位置定位——Position 对象,以及 Google Map 和百度在线地图的使用。

(2) 介绍了应用显示 API,实现页面的可见与全屏显示技术,包括页面可见(Page Visibility)和全屏显示(Fullscreen)API 的应用方法。

(3) 讲述了使用 DOM 方法实现文档内容的可编辑处理,包括元素的可编辑性和整个页面的可编辑性,以及元素的拖放编辑方法和技术。

(4) 最后介绍了基于 Web 存储技术实现数据客户端存储功能,包括 Web Storage 概述、localStorage 对象的使用以及 Web 存储方法及示例应用。

进 阶 学 习

1. 外文文献阅读

阅读下面关于"全屏 API"相关知识的双语短文,从中领悟并掌握专业文献的翻译方法,培养外文文献的研读能力。

Fullscreen API[①]: As we move toward more true web applications, our JavaScript APIs are doing their best to keep up. One very simple but useful new JavaScript API is the. The Fullscreen API provides a programmatic way to request fullscreen display from the user, and exit fullscreen when desired. Here's how to use this incredibly simple API!

【参考译文】:

全屏 API:当我们走向更真实的 Web 应用程序时,JavaScript API 也正在竭尽全力保持同步。一个非常简单,但有用的、新的 JavaScript API 就是全屏 API,它提供了一种编程方式满足用户请求的全屏显示,当需要时可退出全屏。这里讲述如何使用这个非常简单的 API!

1) Launching Fullscreen Mode

The fullscreen API's requestFullscreen method is still prefixed in some browsers, so you'll need to do a bit of searching to find it:

---

① 关于 Fullscreen API 的外文资源见"https://davidwalsh.name/fullscreen"。

```
//Find the right method, call on correct element
function launchIntoFullscreen(element) {
  if(element.requestFullscreen) {
    element.requestFullscreen();
  }
...
}
//Launch fullscreen for browsers that support it
launchIntoFullscreen(document.documentElement);                    //the whole page
launchIntoFullscreen(document.getElementById("videoElement")); //any individual element
```

Simply call the request method on the element you'd like to receive fullscreen and the window morphs to fullscreen, requesting that the user allow fullscreen mode. Remember it's plausible that the user will reject fullscreen mode. If fullscreen mode is accepted, the toolbars and general chrome go away, making the document frame span the entire width and height of the screen.

【参考译文】：1) 启动全屏模式

在某些浏览器中全屏 API 的 requestFullscreen 方法仍然是带有前缀的,所以用户需要做一些搜索来找到它:

```
//找到正确的方法,调用正确的元素
function launchIntoFullscreen(element) {
  if(element.requestFullscreen) {
    element.requestFullscreen();
  }
...
}
//启动支持全屏 API 浏览器的全屏模式
launchIntoFullscreen(document.documentElement);                    //整个页面全屏显示
launchIntoFullscreen(document.getElementById("videoElement")); //任何单独的元素全屏显示
```

只要调用用户想要收到全屏显示效果的元素的请求方法,窗口就会变成全屏,要求用户允许全屏模式,记住用户拒绝全屏模式也是可能的。如果全屏模式被接受,工具栏和通用 Chrome 菜单等会消失,使文档框架横跨整个屏幕的宽度和高度。

2) Exiting Fullscreen Mode

The exitFullscreen method (also prefixed in older browsers) morphs the browser chrome back into standard layout:

Note that exitFullscreen is called on the document object only -- not needing to pass the individual element itself.

【参考译文】：2)退出全屏模式

exitFullscreen 方法(在老式浏览器中也带有前缀)改变浏览器窗口回到标准布局:

注意,exitFullscreen 方法只由文档对象调用,不需要通过单个元素自身调用。

2. 位置信息的获取方式

位置信息一般从以下数据源获得：IP 地址、GPS(Global Positioning System,全球定位系统)、Wi-Fi、手机信号、用户自定义数据。它们各有优缺点,如表 17-8 所示,为了保证准确度更高，许多设备使用多个数据源组合的方式。

表 17-8　不同数据源位置信息获取方式的对比

数据源	优　　点	缺　　点
IP 地址	在任何地方都可用，在服务器端处理	不精确（经常出错，一般精确到城市级），运算代价大
GPS	很精确	定位时间长，耗电量大；室内效果差；需要额外硬件设备支持
Wi-Fi	精确，可在室内使用，简单、快捷	在乡村这些 Wi-Fi 接入点少的地区无法使用
手机信号	相当准确，可在室内使用，简单、快捷	需要能够访问手机或其 Modem 设备
用户自定义	可获得比程序定位服务更准确的位置数据；用户自行输入可能比自动检测更快	可能很不准确，特别是当用户位置变更后

3. Geolocation 规范的隐私保护机制

HTML5 Geolocation 规范提供了一套保护用户隐私的机制，必须先得到用户的明确许可才能获取用户的位置信息。不过，从可接触到的 HTML5 Geolocation 应用程序示例中可以看到，通常会鼓励用户共享这些信息。例如，午餐时间到了，如果应用程序可以让用户知道附近餐馆的特色菜及其价格和评论，那么用户就会觉得共享他们的位置信息是可以接受的。

在访问使用 HTML5 Geolocation API 的页面时会触发隐私保护机制，因为位置数据属于敏感信息，所以接收到之后必须小心地处理、存储和重传。如果用户没有授权存储这些数据，那么应用程序应该在相应任务完成后立即删除它。如果要重传位置数据，建议对其进行加密。

4. 编程进阶：基于 HTML5 Geolocation API 的距离跟踪器

构建一个简单有用的 Web 应用程序——距离跟踪器，通过此应用程序可以了解到 HTML5 Geolocation API 的强大之处。

想要快速确定在一定时间内的行走距离，通常可以使用 GPS 导航系统或计步器这样的专业设备。基于 HTML5 Geolocation 提供的强大服务，我们可以自己创建一个网页来跟踪从网页被加载的地方到目前所在位置所经过的距离。虽然它在台式机上不太实用，但在手机上运行时非常理想。只要在手机浏览器中打开这个示例页面并授予其位置访问的权限，每隔几秒钟应用程序就会更新计算走过的距离。

每当有新的位置返回，就将其与上次保存的位置进行比较以计算距离。距离的计算使用著名的 Haversine 公式来实现，这个公式能够根据经纬度计算地球上两点间的距离。它的 JavaScript 实现如下：

```
function toRadians(degree) {
    return this * Math.PI / 180;
}
function distance(latitude1, longitude1, latitude2, longitude2) {
  //R 是地球半径(KM)
  var R = 6371;
```

```
    var deltaLatitude = toRadians(latitude2 - latitude1);
    var deltaLongitude = toRadians(longitude2 - longitude1);
    latitude1 = toRadians(latitude1);
    latitude2 = toRadians(latitude2);
    var a = Math.sin(deltaLatitude/2) *
            Math.sin(deltaLatitude/2) +
            Math.cos(latitude1) *
            Math.cos(latitude2) *
            Math.sin(deltaLongitude/2) *
            Math.sin(deltaLongitude/2);
    var c = 2 * Math.atan2(Math.sqrt(a), Math.sqrt(1 - a));
    var d = R * c;
    return d;
}
```

其中,distance()函数用来计算两个经纬度表示的位置间的距离,我们可以定期检查用户的位置,并调用这个函数来得到用户的近似移动距离。这里有一个假设,即用户在每个区间上都是直线移动的。

显示不准确的位置信息会给用户提供误导,给用户极坏的印象,认为我们的应用程序不可靠,我们应该尽量避免。因此,我们将通过 position. coords. accuracy 过滤掉所有低精度的位置更新数据,代码如下:

```
//如果 accuracy 的值太大,我们认为它不准确,不用它计算距离
if (accuracy >= 500) {
    updateStatus("这个数据太不靠谱,需要更准确的数据来计算本次移动距离。");
    return;
}
```

最后,我们来计算移动距离。假设前面已经至少收到了一个准确的位置,我们将更新移动的总距离并显示给用户,同时还存储当前数据以备后面的比较,代码如下:

```
//计算移动距离
if ((lastLat != null) && (lastLong != null)) {
    var currentDistance = distance(latitude, longitude, lastLat, lastLong);
    document.getElementById("本次移动距离").innerHTML =
    "本次移动距离: " + currentDistance.toFixed(4) + " 千米";
    totalDistance += currentDistance;
    document.getElementById("总计移动距离").innerHTML =
        "总计移动距离: " + currentDistance.toFixed(4) + " 千米";
}
lastLat = latitude;
lastLong = longitude;
updateStatus("计算移动距离成功。");
}
```

至此已经给出了"构建一个能够持续监控用户位置变化的示例应用程序"的所有核心代码,请进行完善并把它放到支持地理位置定位的手机或移动设备上,查看一天大概能行走的距离。

思考与实践

1. 思辨题

判断（✓✗）

（1）在使用 Page Visibility API 时，用户在同一浏览器窗口里切换就会报告，如果是用其他窗口遮住当前页面也会报告。　　　　　　　　　　　　　　　　　　　（　　）

（2）随着移动电子商务的发展和 O2O 模式的兴起，基于位置的服务（LBS）获得了广阔的发展前景，利用 HTML5 新增的 Geolocation API 我们可以方便地开发 LBS 的 App 和 Web 应用程序。　　　　　　　　　　　　　　　　　　　　　　　　　　　　（　　）

（3）Fullscreen API 不能够使整个页面全屏显示，但可以使页面中的某个元素全屏显示。　　　　　　　　　　　　　　　　　　　　　　　　　　　　　　　　　　（　　）

选择

（4）支持 Geolocation API 的浏览器不包括（　　　）。

    A. Android 1.0　　　B. IE9　　　　　C. Firefox 3.5　　　D. Chrome 5.0

（5）下列（　　　）不是 document.visibilityState 属性的值。

    A. hidden　　　　　B. visible　　　　C. absolute　　　　D. preview

（6）下列（　　　）方法使得浏览器全屏。

    A. exitFullscreen()　　　　　　　　　B. launchFullscreen()

    C. requestFullscreen()　　　　　　　　D. respondFullscreen()

填空

（7）每次页面的可见性状态发生更改时就会触发＿＿＿＿＿＿事件。

（8）＿＿＿＿＿＿属性允许用户改变元素中包含的任何文字。

（9）＿＿＿＿＿＿属性用来指定整个页面是否可编辑。

（10）内置到 HTML5 中的 Web 存储对象有两种类型，＿＿＿＿＿＿对象负责存储一个会话的数据。

2. 外文文献阅读实践

阅读下面关于地理位置定位的小短文，并提交译文文本。

How the Geolocation API determines your location?

1) IP Address

Location information based on your IP address uses an external database to map the IP address to a physical location. The advantage of this approach is that it can work anywhere; however, often IP addresses are resolved to locations such as your ISP's local office. Think of this method as being reliable to the city or sometimes neighborhood level.

2) GPS

Global Positioning System, supported by many newer mobile devices, provides extremely accurate location information based on satellites. Location data may include altitude, speed and heading information. To use it, though, your device has to be able to see the sky, and it can take a long time to get a location. GPS can also be hard on your batteries.

3) Cell Phone

Cell phone triangulation figures out your location based on your distance from one or more cell phone towers (obviously the more towers, the more accurate your location will be). This method can be fairly accurate and works indoors (unlike GPS); it also can be much quicker than GPS. Then again, if you're in the middle of nowhere with only one cell tower, your accuracy is going to suffer.

4) WiFi

WiFi positioning uses one or more WiFi access points to triangulate your location. This method can be very accurate, works indoors and is fast. Obviously it requires you are somewhat stationary (perhaps drinking a venti iced tea at a coffee house).

where are you

let's see where your browser thinks you are. To do that we'll just create a little HTML:

```html
<! DOCTYPE HTML>
<html>
<head><meta charset = "utf-8">
<title>Where am I?</title>
<script src = "myLoc.js"></script>
<link rel = "stylesheet" href = "myLoc.css"></head>
<body>
<div id = "location">Your location will go here.</div>
</body>
</html>
//myloc.js
window.onload = getMyLocation;
function getMyLocation() {
  if (navigator.geolocation) {
    navigator.geolocation.getCurrentPosition(displayLocation);
  } else {
    alert("Oops, no geolocation support");
  }
}
function displayLocation(position) {//position is an object that's passed into your success
                                   //handler by the geolocation API
  var latitude = position.coords.latitude;
  var longitude = position.coords.longitude;
  var div = document.getElementByIdx_x_x_x_x_x_x("location");
  div.innerHTML = "You are at Latitude: " + latitude + ", Longitude: " + longitude;
}
```

3. 上机实践

1) 页面设计:用记事本或工具软件建立一个 HTML 文件 chp17_zy31.html,保存并显示要求如下:

(1) 设计一个留言板,包括姓名、邮箱、留言编辑区域以及留言提交按钮。

(2) 实现判断用户提交的信息是否有效的功能。

（3）使用 localStorage 存储留言内容并显示到留言显示文本区。

在 Chrome 浏览器中的参考效果如图 17.8 所示（参考答案见 chp17_zy31.html）。

2）页面设计：用记事本或工具软件建立一个 HTML 文件 chp17_zy32.html，保存并显示

要求如下：

（1）设计一个个人信息编辑网页。

（2）文本信息通过修改默认的可编辑内容生成。

（3）头像通过拖放图片生成。

在 Chrome 浏览器中的参考效果如图 17.9 所示（参考答案见 chp17_zy32.html）。

3）案例研读分析

用 IE 或 Chrome 等浏览器打开一个具有代表性的网站主页，并用文件名称 chp17_zy33.html 保存，然后找出应用本章技术的完整或部分源代码，对其功能进行分析，从而领会相关前沿技术的应用，最后写出书面报告。

图 17.8　效果图

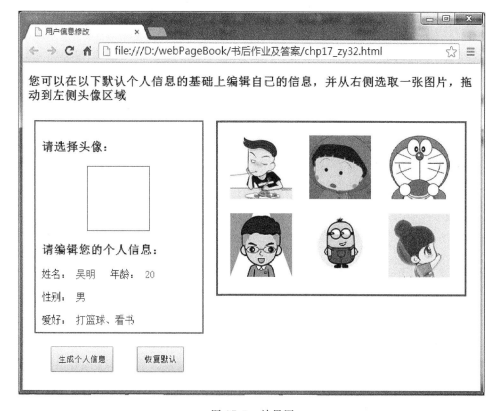

图 17.9　效果图

参 考 文 献

[1] 刘继山.商务网站页面设计技术[M].大连：东北财经大学出版社,2007.

[2] 刘继山.电子商务网站建设[M].北京：对外经济贸易大学出版社,2008.

[3] 陆凌牛.HTML5 与 CSS3 权威指南(上册)[M].3 版.北京：机械工业出版社,2015.

[4] 陆凌牛.HTML5 与 CSS3 权威指南(下册)[M].3 版.北京：机械工业出版社,2015.

[5] 张忠琼.HTML+CSS 网页设计与布局课堂实录[M].北京：清华大学出版社,2015.

[6] Elizabeth Castro,Bruce Hyslop. HTML5 与 CSS3 基础教程[M].8 版.望以文译.北京：人民邮电出版社,2014.

[7] Adam Freeman. HTML5 权威指南[M].谢延晟,牛化成,刘美英译.北京：人民邮电出版社,2014.

[8] 李刚.疯狂 HTML 5/CSS3/JavaScript 讲义[M].北京：电子工业出版社,2012.

[9] Eric Freeman,Elisabeth Robson. Head First HTML5 Programming(中文版)[M].林琪,等译.北京：中国电力出版社,2012.

[10] J. D. Gauchat. HTML5 精粹[M].曾少宁,等译.北京：机械工业出版社,2012.

[11] 明日科技.HTML5 从入门到精通[M].北京：清华大学出版社,2012.

[12] 温谦.CSS 网页设计标准教程[M].北京：人民邮电出版社,2009.

[13] 温谦.HTML+CSS 网页设计与布局从入门到精通[M].北京：人民邮电出版社,2008.

[14] 曾探.JavaScript 设计模式与开发实践[M].北京：人民邮电出版社,2015.

[15] Nicholas C. Zakas. JavaScript 面向对象精要[M].胡世杰译.北京：人民邮电出版社,2014.

[16] Michael Moncur. JavaScript 入门经典[M].4 版.王军译.北京：人民邮电出版社,2012.

[17] (美)弗兰纳根.JavaScript 权威指南[M].6 版.淘宝前端团队译.北京：机械工业出版社,2012.

[18] Keith,J. ,Sambells,J..JavaScript DOM 编程艺术[M].2 版.北京：人民邮电出版社,2011.

[19] 阮文江.JavaScript 程序设计基础教程[M].2 版.北京：人民邮电出版社,2010.

[20] 修毅,洪颖,邵熹雯.网页设计与制作 Dreamweaver CS6 标准教程[M].2 版.北京：人民邮电出版社,2015.

[21] 文杰书院.Dreamweaver CS6 网页设计与制作基础教程[M].北京：清华大学出版社,2014.

[22] 何欣,郝建华,刘玉平.Adobe Dreamweaver CS5 网页设计与制作技能基础教程[M].北京：科学出版社,2013.

[23] 教传艳.Dreamweaver CS5 中文版完全自学手册[M].北京：人民邮电出版社,2012.

[24] Horton, Sarah, Lynch, et al. Web Style Guide：Basic Principles for Creating Web Sites. 2th ed. New Haven,Conn. ：Yale University Press,2002.

专题学习资源网址

[1] W3C的教程：http://www.w3schools.com/html5/default.asp.

[2] HTML5官方指导：http://dev.w3.org/html5/html-author/.

[3] 在线CCS3动画制作工具：http://ecd.tencent.com/css3/tools.html.

[4] 页面标题(header)元素学习：http://html5doctor.com/the-header-element/.

[5] 正则表达式的内容学习：http://www.w3school.com.cn/js/index.asp.

[6] 表单设计知识学习：http://www.iteye.com/news/24822.

[7] CSS3的 Media Queries 特性及应用案例学习：http://www.cnblogs.com/lhb25/archive/2012/12/04/css3-media-queries.html.

[8] 通用字体族学习：http://www.w3school.com.cn/css/css_font-family.asp.

[9] CSS3 border-image 属性深入学习：http://www.w3cschool.cc/cssref/css3-pr-border-image.html.

[10] CSS鼠标光标属性 cursor 学习：http://www.shejicool.com/web/html_css/306.html.

[11] 使用 CSS Counters 相关属性实现非列表元素的个性化项目编号设计：http://www.w3cplus.com/css3/css-counters.html.

[12] Styling ordered lists 学习：http://red-team-design.com/css3-ordered-list-styles/.

[13] CSS 中相关属性的三维层次关系学习资料：脚本之家 www.jb51.net.

[14] What is JavaScript? 资料来源：https://developer.mozilla.org/en-US/docs/Web/JavaScript/About_JavaScript.

[15] "数组对象 Arrays"知识学习：https://developer.mozilla.org/en-US/docs/Web/JavaScript/Reference/Global_Objects/Array.

[16] window对象详细介绍：http://www.w3school.com.cn/htmldom/dom_obj_window.asp；http://www.dreamdu.com/javascript/what_is_bom.

[17] document对象学习：http://www.w3school.com.cn/jsref/dom_obj_document.asp.

[18] 文档对象模型(DOM)资料：https://developer.mozilla.org/en-US/docs/Glossary/DOM.

[19] Web实例学习网站：http://daniemon.com/tech/.

[20] page-visibility-api学习：https://developer.mozilla.org/en-US/docs/Web/Guide/User_experience/Using_the_Page_Visibility_API；http://www.alloyteam.com/2012/11/page-visibility-api/；http://code.tutsplus.com/articles/html5-page-visibility-api-cms-22021.

[21] World Wide Web Consortium：http://www.w3.org/TR/2007/CR-CSS21-20070719 etc..

[22] Wichita State University Software Usablity Research Laboratory Usability News：http://www.surl.org/usabilitynews/62/whitespace.asp.

[23] Extreme type terminology. I Love Typography, the Typography Blog：http://ilovetypography.com/2008/03/21/extreme-type-terminology/etc.

[24] A simple character entity chart.：http://www.evolt.org/article/A_Simple_Character_Entity_Chart/17/21234/.

图书资源支持

感谢您一直以来对清华版图书的支持和爱护。为了配合本书的使用,本书提供配套的素材,有需求的用户请到清华大学出版社主页(http://www.tup.com.cn)上查询和下载,也可以拨打电话或发送电子邮件咨询。

如果您在使用本书的过程中遇到了什么问题,或者有相关图书出版计划,也请您发邮件告诉我们,以便我们更好地为您服务。

我们的联系方式:

地　　址: 北京海淀区双清路学研大厦 A 座 707

邮　　编: 100084

电　　话: 010-62770175-4604

资源下载: http://www.tup.com.cn

电子邮件: weijj@tup.tsinghua.edu.cn

QQ: 883604(请写明您的单位和姓名)

扫一扫
资源下载、样书申请
新书推荐、技术交流

用微信扫一扫右边的二维码,即可关注清华大学出版社公众号"书圈"。